数理逻辑引论
——计算机科学与系统的天然基础

刘志明　裘宗燕　编著

科学出版社

北　京

内 容 简 介

  数理逻辑系统是形式语言、形式语义和证明的三位一体。本书讨论这类系统的核心思想、重要概念、组成部分、构建方法，以及它们与数学和计算机科学的紧密关系，解释数理逻辑系统中符号化语言、解释、模型等概念，研究递归、迭代、分解组合、模块化、等价替换等处理结构复杂性的方法和技术。正是这些概念、结构、方法和技术形成了计算思维的核心，也成为计算机科学和计算机软件与系统的天然基础。

  本书需要读者具备一定的高等数学和程序设计的基础知识，适合作为大学与计算机专业相关的本科生和研究生，以及数学和工程技术专业的学生的参考书，也适合从事计算机科学、软件与系统领域研究和实践工作的专业人员阅读参考。

图书在版编目（CIP）数据

数理逻辑引论: 计算机科学与系统的天然基础/刘志明，裘宗燕编著. —北京: 科学出版社，2022.10
ISBN 978-7-03-073238-5

I. ①数… Ⅱ. ①刘…②裘… Ⅲ. ①数理逻辑 Ⅳ. ①O141

中国版本图书馆 CIP 数据核字（2022）第 176920 号

责任编辑：任　静／责任校对：胡小洁
责任印制：吴兆东／封面设计：刘万伟　迷底书装

科学出版社 出版
北京东黄城根北街 16 号
邮政编码：100717
http://www.sciencep.com

北京九州迅驰传媒文化有限公司 印刷
科学出版社发行　各地新华书店经销

*

2022 年 10 月第　一　版　　开本：787×1092　1/16
2023 年 4 月第二次印刷　　印张：20
字数：474 000
定价：168.00 元
（如有印装质量问题，我社负责调换）

前　言

　　逻辑学是一门关于思维和论证的科学，具有悠久的历史。首先，作为语言学和修辞学的基础，逻辑是处理信息、定义和分析概念，提出、论证和判定断言，建立领域规则并形成知识体系的重要工具。其次，学习和从事科学及工程技术研究与实践的人都知道，在形式逻辑基础上发展起来的数理逻辑同数学有紧密的关系，而数学又是所有科学与工程技术领域的基础。因此，逻辑思维、推理和判断是大学生应该培养并不断发展提高的最基础也最重要的能力，需要通过不同专业课程的学习和实践来淬炼，也需要专业的学习和教育。对理工科学生而言，尤其需要在大学本科低年级阶段学习一些数学课程。

　　传统理工科学生需要学习数学分析、线性代数和微分方程等课程；经济和金融专业的学生还会学习概率论和统计学等；而对计算机科学与工程（包括软件工程）专业的学生而言，学习离散数学、数理逻辑、抽象代数和组合数学等数学课则更为重要，其中尤以数理逻辑最为关键。数理逻辑是计算理论中 λ-演算、递归函数论和图灵机理论的源头，数理逻辑中形式逻辑语言的语法和语义的定义与处理技术是计算机程序语言和语义相关定义与实现的理论基础。由于这些情况，数理逻辑被认为是"计算机科学的数学分析"，意指其在这里的重要性堪比数学分析在其他科学与工程领域的地位。自 20 世纪末以来，基于学习的人工智能迅速发展，人工神经网络的研究和应用更是如火如荼；相应的，线性代数、概率论和数理统计学等也成为计算机科学与工程专业的基础课。进一步的，在分布式计算、通信与控制理论，以及工程化方法深度融合基础上形成了信息物理系统这一新的系统工程领域，数学分析和微分方程也是该领域最重要的基础。这些情况说明，计算机科学与工程专业各领域均以数学领域的相关分支作为其理论基础，而作为该专业核心计算理论的源头，数理逻辑的重要性如何评估都不会过分。

　　计算机科学与工程蓬勃发展并越来越广泛深入地应用在各科学和工程领域，也加深了与它们的紧密融合。作为计算机科学家和工程师，需要理解数理逻辑同计算机科学与软件工程（及其数学基础）之间的联系，尤其是数理逻辑思维与数学思维、计算思维之间的关系，包括其中的符号化、抽象、模型、递归、算法、分解组合、模块化、等价替换（重用）等处理复杂性和不确定性的重要思想方法和有效技术。本书试图帮助学生建立对这些思想方法和技术的清晰理解。

　　在欧美很多大学里，数理逻辑长期作为数学专业和计算机专业的本科基础课。课程大纲已比较成熟，核心内容也基本标准化，而且有不少优秀的教科书。然而，中国目前大部分学校的数学或计算机专业只在离散数学课程中讲一些朴素命题逻辑和谓词逻辑的内容，远未做到系统和完整，无法帮助学生建立形式逻辑的形式语言、形式推理和语义三位一体的观念。专门的数理逻辑课只在一些计算机学科建设较好的大学开设，少数为本科生基础课，很多作为研究生课程。由于在大学本科阶段没建立起学习数理逻辑的动机、兴趣和习惯，加之精力主要放在了自己的研究方向上，数理逻辑作为研究生课程时也不太受学生重视，讲授和学习效果常常不够理想。这种情况非常不利于培养学生可持续发展的能力以及毕业后做出原创性工作，显然也不符合当前国家强调的重视基础理论对科研和创新的重要性，号召和鼓励加强基础理论方面的教育和科研的理念。帮助改变这些现状也是作者撰写本书的一方面愿景。为了帮助普通大学本科学生和在本科阶段未系统学过数理逻辑的研究生建立学习数理逻辑的动机和兴趣，本书在内容选择、组织以及知识点阐述和讨论方式等方面都有所考虑。

关于内容组织

本书在内容上既不求深度，亦不求广度，主要追求在最基本的概念、思想和方法上讨论的可理解性、严谨性和系统性，并尽可能阐述一些能帮助学生理解和领悟相关学科内容的方法。本书精心选择了数理逻辑中最核心和最小的基础内核，在阐述和讨论中特别注意知识和方法的开放性，也就是可扩展性和可深度化，为读者提供继续研修和应用数理逻辑的基础。

第 1 章是导论。引导学生建立学习数理逻辑的动机、目的和兴趣，使之领悟数理逻辑与他们要学习掌握的数学和计算机科学与工程紧密相关，是不可缺少的基础，无论从知识和技能角度，还是思维方式和对问题的提出和解决能力的角度都很重要。虽然有人觉得用数学或逻辑对问题形式化只适合玩具性的例子 (toy examples)，不能处理复杂的实际问题。但毫不夸张地说，没有数学和数理逻辑对问题的抽象，不使用数学和逻辑的符号化技术严谨系统地处理问题，人类根本不可能解决大规模的复杂的问题。作为一个简单实例，大家熟知的囚徒困境问题，如果仅用自然语言，就无法有效地讨论和研究！因此，没有数学和逻辑思维及其提供的符号化系统，我们将无法处理解决科学和工程的复杂问题。

在学习研究一门学问、一个方向或一个领域的过程中，追溯其本源、追踪其发展历程、明确其基本概念、了解其研究和解决的基本问题、树立相关研修的目标，对建立研修兴趣，从而能坚持并自觉地进行深入的学习和研究，都有重要的影响。我们为此提供了较一般教科书长了许多的导论，试图用通俗易懂但又不失专业严谨性的语言，以相对科普的风格，阐释逻辑和数理逻辑研究的问题，涉及的基本概念，以及从亚里士多德的形式逻辑，通过一步步深入地符号化，最终发展演化到近代的数理逻辑，以及帮助催生计算机科学并在其中广泛应用的历史过程。这个过程也是建立**形式和内容相分离**的抽象过程，这一最高级的抽象使形式逻辑达到了普适化、系统化，并达到了完全确定性和非歧义性。自然，这一章的内容主要供读者自行阅读，并希望在不同学习阶段反复阅读和玩味。

第 2 章为学习、理解第 3~6 章中有关数理逻辑的内容，以及第 7 章中有关形式化数学系统的讨论，所需要有关于朴素集合论、关系和函数的基础知识。应该指出，这些数学基础知识很重要，但数学思维和对问题的数学处理技能也同样重要，甚至更重要，这些都需要通过做足够的习题进行锻炼才能真正建立起来。基于这一考虑，第 2 章中给出许多与这些数学基础知识有关的习题。这一章里也有意识地讨论了集合、关系和函数在定义各种结构和工程系统架构方面的重要意义，以及多层次建模思想和方法的重要性。在讨论数理逻辑的章节中，我们也尽量注意引导读者在这方面的领悟。在第 7 章和第 8 章介绍如何用数理逻辑的思想和手段建立和研究数学系统，定义和研究图灵机、程序语言的语法和语义，以及采用逻辑手段做程序分析和证明时，我们还展示和解析了各种结构化的建模方法。

数学系统的离散数学基础的核心内容在第 2.1~2.6 节和第 2.8 节提供。而格、完全格和完全偏序集的内容（第 2.7 节）则是学习第 8 章计算机程序设计理论的基础，尤其是程序语言的指称语义理论。相关的，这一章还介绍了后续章节使用的一些数学术语和共同的思维方式。

第 3~6 章是本书的核心内容，讨论命题演算和一阶谓词演算的希尔伯特公理系统，包括命题演算和谓词演算系统中逻辑语言的语法组成部分的定义，形式推演证明系统的建立，逻辑语言的语义定义，以及两个形式系统的元理论，即有效性（也称可靠性）和完全性（也称充分性）的定义和证明。以此揭示所有形式系统在组成结构、定义和分析方面时需要研究处理的共性问题、方法和技术。为帮助学生理解形式化系统的重要性，学习如何把不同领域的概念、命题和推理问题形式化，进而建立面向领域的形式逻辑系统，培养学生的抽象和建模能力，命题演算和一阶谓词演算的内容都分为两章展开讨论，其中一章介绍朴素形式的相应逻辑，另一章讨论形式化的逻辑：第 3 章是朴素命题逻辑，第 4 章是形式命题演算，第 5 章和第 6 章分别讨论朴素谓词逻辑和形式谓词逻辑。在该部分的最后介绍了哥德尔的不完备性定理以及其意义，但考虑其证明的技术细节超出大部分非逻辑专业学生的接受能力，一门课的课时通常很难涵盖这方面内容，我们省去了该定理的证明。另外，本书也不包括可判定性理论（可计算性理论），因为这些通常在计算理论的课程中讲授。我们相信，在必要的时候，本书提供的数理逻辑基础可以很好地支持读者在这些方面继续深入研修。

第 7 章在第 3~6 章的基础上，介绍了如何使用形式逻辑建立形式化数学系统、研究数学问题，帮助读者理解数理逻辑和数学系统的关系。这些讨论对数学建模的思想和技术也非常重要，其中还讨论了形式逻辑和形式化数学中存在的问题。这一章的学习能进一步加强对从朴素逻辑到形式逻辑的系统性转换的理解，建立形式逻辑的语言、语义和语用的一体化概念和系统应用。

第 8 章深入讨论数理逻辑和计算机科学及软件工程的联系，主要是介绍程序的理论。这里首先介绍了图灵机的定义，并且讨论了如何建立图灵机的状态转移函数和符号化逻辑推理（重写）规则之间的联系。随后展示如何将形式逻辑中形式语言的定义和研究方法自然地迁移到程序语言的定义，并用定义和研究一阶逻辑语言语义的方法与技术研究程序语言的形式语义，包括操作语义、指称语义、公理语义和代数语义（规约）。这一讨论中使用的概念、符号的使用和表达方式上都尽量与第 3~6 章中保持一致。这样的讨论也厘清了从数理逻辑到程序逻辑的发展脉络，并说明数理逻辑是计算机程序语言设计和实现，程序设计、分析和验证的天然基础。

关于阐述和表达方式

本书的两位作者都不是数理逻辑领域的专家，而是数理逻辑的学习者和使用者，在软件理论与方法领域从事教学和科研近 40 年，尤其是在软件形式化方法领域，多年来为计算机专业的本科和研究生教授数理逻辑课程。因此，我们在讲述和讨论中特别强调如何学习、理解和使用逻辑和数学语言，注重概念的严谨性、清晰、多角度和多层次理解，相关知识的基础性及方法的系统性，特别关注思维方法的训练。在讨论中，我们有意识地加入了一些自己在长期使用和教授逻辑中遇到过的难点和解惑过程的体会，供读者参考。由于逻辑是有关思维和论证的科学，而思维和论证的关键是概念和命题清晰、陈述严格。本书对重要概念给出严格陈述后，会从多方位和多角度解释和讨论其内涵和外延，对重要的定理给出从直观意义、证明思路到证明方法等的多方面讨论，希望帮助读者既知其然也知其所以然。我们希望支持学生循序渐进地学习和理解相关知识内容，逐步认识概念、问题、处理方法和技术之间的联系，最终建立起关于数理逻辑的知识体系。当然，这些只是我们的愿望，效果如何还需接受实践检验。因此，我们还建议读者在拿起本书时不要只是简单地阅读，使用本书教授课程的老师也不要简单地照讲，应该充分发挥自己的独立思考能力，注重批判性思维[1]，这样做才可能真正融会贯通。由于在阐述和讨论中着重 "讲道理讲思想" 而且追求 "技术细节尽量简单"，本书比较明显地违反了一般好教科书 "简洁精练" 的标准，经常给出重要概念涉及的不同术语和不同阐述方式。这样做，既是为了提供对理解概念的不同角度，也有助于读者参考其他书籍和文献，但也可能造成有些讨论略显冗长。从这方面讲，此书也很适合对数理逻辑有兴趣者用来自学。我们相信读者能够在阅读时筛选出对自己的成长有增益的部分。

　　本书注重概念的讨论和理解，这个努力的一个有意义的副产品是本书系统地汇集了一批相关的中英文术语，并细心地提供了中文术语和对应英文术语的索引。目前常见中文科技书籍在这方面往往有缺失和不足。我们认为概念和术语索引对科技书籍是非常必要，除能帮助读者在研学中方便地查找重要概念的相关内容，也可以作为专业术语汇集供读者参考查询。

关于读者和本书的使用方式

　　本书可以作为计算机专业或数学专业的本科生或研究生的教科书或参考书。计算机专业的学生只需要一些朴素集合论的基础，即第 2 章前几节的内容，就可以学习第 3~6 章中有关数理逻辑的核心内容。如果希望继续学习数理逻辑基础上的程序设计理论，则需要本书第 2 章中的大部分的数学基础，包括格、完全格和完全偏序集（第 2.7 节）。如果用作计算机专业的课程教材，第 7 章 "数学系统" 可以不讲或选讲其中较为简单的内容，如带等词的逻辑系统和形式化算术；第 8 章 "程序设计理论基础"，可以有选择性以讲座的形式讨论。数学专业的学生和课程则可以选择放弃第 8 章程序设计理论基础和第 2 章中有关格、完全格和完全偏序集的讨论。如前所述，本书只提供了数理逻辑的最小内核，但根据我们的体会，掌握了这些基本知识和技能，就可以继续更深更广的研修。当然，如果课时充分，学生基础和能力许可，相关数理逻辑课也可以在此内核的基础上增加适当内容。

　　本书的每一节最后，都给出了一些习题。大部分习题是常规的练习题，也有少量习题着眼于扩展相应的章节中的知识，帮助培养学生的自学和研修能力。

关于内容的来源

　　本书第一作者曾在 1983~1985 年给数学专业的本科生讲授数理逻辑课，当时用的教科书是 A. G. Hamilton 的《Logic for Mathematicians》(Cambridge University Press, 1978)，同时用胡世华和陆钟万先生的《数理逻辑基础》（上下册）为参考书。自 2014 年至今，第

---

[1] 数理逻辑也是培养批判性思维的重要学科。

一作者一直在西南大学为计算机科学与技术专业的研究生讲授 "面向计算机科学的数理逻辑" 的平台课（从 2020 年起，也是人工智能专业研究生的必修课），用的教科书依然是 A. G. Hamilton 的《Logic for Mathematicians》，该书 1988 出了第二版。本书中关于数理逻辑的第 3~6 章和关于数学系统的第 7 章是在《Logic for Mathematicians》中部分内容的基础上形成。

本书中有些内容的讨论借鉴了 1991 年国防科技大学出版社出版的，由王兵山、张强和李舟军撰写的《数理逻辑》中的讨论方式和数学表示方式。第 8 章中关于程序设计理论基础的一部分内容借鉴了 1985 年由湖南科学技术出版社出版、周巢尘院士著的《形式语义学引论》，该书 2017 年由科学出版社再版。我们对上述作者表示感谢。

在对学生需要掌握的知识点和技能的阐述和讨论方面，我们综合了在自己学习研究软件理论和方法，应用和教授数理逻辑中长期积累的理解和经验，使这本书具有面向计算机科学与工程领域的数理逻辑使用者的特征。本书在最后提供了一些教科书和专著供读者参考。

致谢

这本书的写作断断续续历经 4 年之久，感谢很多朋友的耐心帮助和支持。尤其感谢刘波博士对书稿的阅读和修改意见，陈卫卫教授对部分章节的修改建议，宋富教授、王戟教授和他们的部分学生也提出了很多宝贵的修改建议。在本书的写作过程中，作者就一些不确定的问题经常向刘万伟教授请教并与他讨论，刘万伟教授也阅读了本书的初稿并提出宝贵的修改意见，我们钦佩他在计算理论和数理逻辑方面深厚的造诣，并感谢他的支持和帮助。西南大学软件研究与创新中心 (RISE) 的部分研究生和博士生曾分工认真阅读了书稿两个版本的每一章，提出不少修改和修正意见，包括曹雪莲、董高秀、李果、孙全、王宗涛、吴贵森、张薇等，还有西北工业大学软件学院的研究生王晓迪、谭鹏飞和王杰等也阅读了部分章节，并提出了修改意见。对他们的辛勤劳动，我们表示衷心感谢。我们还要感谢西南大学计算机与信息科学学院 2014 至 2020 级的研究生在学习数理逻辑课时对概念和内容讨论、理解和阐述方面的贡献。最后，感谢我们的家人在撰写这本书的过程中给予我们的耐心和支持。

由于作者水平有限，书中难免存不少缺点和错误，敬请读者批评指正！

刘志明，袁宗燕

2021 年 11 月 20 日

目　　录

第 1 章　导　　论

　　学习一门学问，研究一个领域或一个方向，首先应该溯其本源，明确其基本概念，了解其研究和解决的基本问题，并追踪其发展历程。这有助于学习者明确相关研修的目标，建立研修兴趣，为进一步的深入研究奠定坚实基础。鉴此，本章将介绍**逻辑** (logic) 的基本概念，讨论其研究和解决的基本问题，并简述数理逻辑的发展史。我们也会论及数理逻辑研究中对人类思维及推理规律的思考及其所产生的指导作用，尤其要特别讨论数理逻辑与数学的关系，以及数理逻辑在各个科学与工程领域中所扮演的重要的基础性角色。最后，我们将基于计算理论及计算机科学与技术的视角，阐述数理逻辑在这一特定领域的地位与作用。

　　本章第 1.1 节和第 1.2 节首先介绍数理逻辑的起源、研究的基本问题，相关概念和术语等；第 1.3 节介绍从亚里士多德逻辑到近代数理逻辑的发展和演化，以及逻辑与数学的关系。最后，第 1.4 节讨论数理逻辑在计算机科学中的核心基础性地位，以及它对计算科学，尤其是程序语言设计和程序分析验证等领域发展的影响，并展望其对未来一些方向发展的重要性。对这一章的学习可以根据自己的背景选择性地进行：第 1.1 节和第 1.2 节对专业知识的假设很少，更适合一般性的读者；第 1.3.2 节需要一些数学常识，可以结合本书的第 2 章和第 7 章学习；第 1.4 节需要一些计算机科学的概念和知识，该节后面部分关于程序语言语义和程序的形式化验证的讨论需要一些形式化方法的基础知识，计算机专业的读者可以结合自己专业进行研读。本书第 8 章有对程序语言的语法和语义的介绍，读者可以在研读第 8 章后再回来读第 1.4 节。总之，这一章的内容可以在学习本书的过程中反复研读和思考。

1.1　逻辑的基本概念和术语

　　我们在日常生活的言谈中经常用到 "逻辑" 一词，譬如说 "你这是什么逻辑？"，"这不合乎逻辑"，"某某的逻辑性很强" 等。但是，如果讲授逻辑课的教授在第一节开始时想了解一下学生对逻辑的认识，并请学生们谈谈他们对 "什么是逻辑""逻辑的用途和意义""逻辑研究什么" 等问题的看法。一般情况下，学生们需要经过一定的努力和引导方能归结并提及如下的某些关键术语：**断言** (assertion)、**命题** (proposition)、**真** (true)、**假** (false)、**推理** (reasoning) 和**论证** (argument)、**证明** (proof)、**定理** (theorem)、**矛盾** (contradiction)、**悖论** (paradox)、**一致性** (consistency) 等。再多进行一些尝试和努力，可能会进而提到**可靠性** (soundness)、**合理性** (validity)、**完备性** (completeness) 和**严密、验证**等更高深些的术语。这一情况说明，一般人都有一些与逻辑相关的基本常识。但也非常遗憾，多数计算机专业本科毕业生缺乏对逻辑的系统认知，不清楚上述术语的确切含义及相互间的关系。阅读完这本书以后要达到的一个基本的目标是能够清晰和系统地理解这些术语的定义、内涵和外延，及这些概念之间的相互关系。

为了系统地认识逻辑及其相关问题，我们先考虑一类最简单的逻辑，称为**二值逻辑** (two-valued logic)。在二值逻辑中，一个命题就是一个或者为真或者为假的陈述句。也就是说，一个命题只有两种可能的 "值"，如果它 "事实上" 成立则其值为真（或简单说它为真），不成立则它为假。下面我们通过一些例句来帮助读者理解命题的二值特征。

例 1.1   我们不难判断下面几个例句的真假：

[例句 1] 所有人都喜欢吃巧克力。

[例句 2] 有些人不喜欢吃巧克力。

[例句 3] 这块黑板是黑色的。

例 1.2   但我们无法判断如下陈述句是真或假：

[例句 4] 刘备跑得快。

[例句 5] 这句话是谎言。

例 1.2 中例句 5 就是著名的 "说谎者的悖论 (The Liar's Paradox)"：如果这句话（"这句话是谎言"）为真，则 "这句话" 就为假；而如果 "这句话" 为真，则 "这句话是谎言" 就应该为假。研究如何避免悖论正是逻辑学兴起的一个重要原因。

逻辑一词本身也是一个多义词，它有时指一个具体的逻辑系统，即由一套逻辑语言、公理和推理规则构成的具体的逻辑。有时却指一种逻辑类别，如：根据不同的推理方式，逻辑可以分为**演绎逻辑** (deductive logic) 和**归纳逻辑** (inductive logic)；按照不同的哲学理念，又可以分为**经典逻辑** (classical logic) 和**直觉主义逻辑** (intuitionistic logic)；从表达静态与动态关系的方面考虑，静态的**命题逻辑** (propositional logic) 和**谓词逻辑** (predicate logic) 又可以扩展到相应的**模态逻辑** (modal logic)；另外还有**一阶逻辑** (first-order logic) 和**高阶逻辑** (higher-order logic) 之分。看到这么多分门别类的逻辑和术语，可能使人对研修数理逻辑有些望而生畏。本章和本书后面的章节将梳理和讨论各种不同逻辑的共同的和基础的性质。

每个具体**逻辑系统** (logic system) 都有一个表达**断言**或**命题**的**逻辑语言** (logic language)，通过一组严格的**语法规则** (syntactic rule) 定义，还有一套规定如何做推理及判断命题真假的**公理** (axiom) 和**推理规则** (inference rule)。在这样的逻辑（系统）里可以：

(1) 严格地表述断言或者命题；

(2) 判断并确定命题的**真值** (truth value)，或说其为真还是为假；

(3) 进行**推理**论证，以确定断言的真假和推理本身的合理性；

(4) 从一组断言**演绎**出（或说推导出）另一些断言，或者确定一些断言是否为以另一些断言为假设的正确结论，或者确定推演过程的正确性。

在一个逻辑系统中，上述 (1)~(4) 都必须能按严格的规则，通过一些机械步骤完成，而不能是通过试错或依靠直觉来完成。这种过程必须是可重复的，其正确性可以根据规则机械地检验。本节第一段中提到的术语，基本都是与所有逻辑系统相关的基本概念。在理想情况下，一个逻辑系统应该具有如下的基本性质：

(L1) 有严格的语法，保证断言满足语法正确性，能严格、机械地检查；

(L2) 有严格的公理、推理规则及推理过程的定义，保证推理过程的构造的正确性，能严格、机械地检查；

(L3) 公理和推理规则都是有效的，也称**可靠性** (sound)，是指由公理和推理规则证明的定理都是真的，在正确的前提下，推理的结果也是正确的。

(L4) 推理系统是**一致的**，是指使用推理系统的公理和推理规则不会推导出相互矛盾的结论。一致性也称为**协调性**和**相容性**。注意，有效性保证一致性，但反之不成立。

(L5) 公理、推理规则的推理能力足够强大，也称推理系统有充分的推理能力，能推导出所有为真的命题。这一保证称为该逻辑系统的**充分性/完全性** (adequacy)。

这里 "机械" 的意思可以理解为存在自动完成该项工作的计算机算法或程序。

本书将讨论一些常见的、有广泛应用的逻辑系统的构建，帮助读者学习并练习在这些逻辑中进行推理和论证，掌握主要的逻辑论证方法，学习如何定义和证明一个逻辑的可靠性和完备性，从中理解逻辑论证、逻辑系统的可靠性、充分性和相容性的重要意义。

1.2 逻 辑 学

根据牛津字典的解释，**逻辑** (logic) 一词源于希腊语 logikē，意指推理的艺术 (art of reasoning)。作为一门学问，逻辑学最初属于哲学的范畴，数学也如此。即便今天，数学学士和硕士在牛津大学、剑桥大学等一些西方大学仍属于人文学科（Arts）的学位。逻辑学的内涵是研究思维的规律。人们认为，思维的三种基本形式是：**概念**、**命题** 和**推理**。命题也称为**断言**，推理也称为**论证**或**证明**。

1.2.1 概念与命题

概念是对一个事物、现象或想法的抽象表述和定义。一个概念具有两个基本特征，即概念的**内涵** (intension) 和**外延** (extension)。内涵是对概念所指称的对象（类别）的意义、目的和本质的抽象描述；外延则指满足概念定义的所有**对象**或**实例**。概念具有结构性和层次性，一个概念可以由其他概念定义，或由其他概念的外延中的对象定义，一个概念也可能是另一个概念外延中的个体对象。逻辑中的命题就是刻画分析概念之间这种结构性和层次性关系，逻辑中的推理证明就是分析和判断这些命题的真或假的过程。

定义 1.1 (命题) 一个简单**命题**是对某概念的某种属性或几个概念的相互关系的一个陈述，或是描述概念外延中的对象性质或几个概念的外延中对象之间关系的一个**语句**，表述对象是否具有某种性质。根据概念的定义和对象的属性可以判定一个命题的**真值**，即该命题的成立与否。命题是一个有主语和谓语的句子，主语亦称为**主项** (subject term)，谓语也称为**谓项** (predicate term)。

例 1.3　例如，如果 "大学生" 这个概念的内涵是指在大学中为获取学位而学习的人，且学生的属性包括 "性别""年龄""所修课程" 等，则如下的各个陈述都是命题：

[例句 6] 张三是大学生。

[例句 7] 李四不是大学生。

[例句 8] 所有大学生都修了 Java 程序课。

[例句 9] 所有大学生都没有修逻辑课。

[例句 10] 有些大学生是 18 岁以上。

[例句 11] 有些大学生不是 18 岁以上。

上面例子显示了一个命题可涉及多个概念，而且一个概念也可由其他概念所定义。命题可以是**特称命题** (particular proposition)，如上面的例句 6 和 7；也可以是**全称命题**，如上面的例句 8 和 9。上面的例句 10 和 11 也称为**存在命题**。存在命题也属于特称命题，因为它们陈述的事实是针对某个（某些）未予明示的特定对象，而不是全部对象。根据命题中谓词的情况又可以将其分类为**肯定命题**和**否定命题**，这样就可以分出四种简单命题：全称肯定命题、全称否定命题、特称肯定命题和特称否定命题。除了简单命题，我们还可以表达更复杂的命题，称为**复合命题** (composite proposition)。

例 1.4　下面是几个复合命题：

[例句 12] 张三是大学生，而且张三 Java 程序课的成绩是 95 分。

[例句 13] 李四是大学生，而且李四 Java 程序课的成绩不到 85 分。

复合命题是由简单命题通过**连接词** (connective) 组合而成。进一步说，上面的 "大学生" 概念可以通过（已知的）概念 "人" 来定义的，即 "大学生" 是 "人" 的一个**子概念**。概念 A 的一个子概念 B 定义了一个对象集合，其中的对象也是其（超）概念 A 的实例。故如下命题是真。

[例句 14] 如果张三是大学生，则张三是人。

这个命题是用连接词 "如果 … 则 …" 将简单命题 "张三是学生" 与 "张三是人" 连接而构成的复合命题。在面向对象的软件技术中，概念用**类** (class) 表示。这样，子概念就是**子类** (subclass)，超概念就是**超类** (superclass)。一个类定义一个对象集合，一个子类的任何对象也是其超类的对象。

本章接下来的部分不再进一步讨论连接词和复合命题。

1.2.2 推理论证

推理是论述一个命题的 "合理性" 或说 "正确性" 的过程, 通常表示为一个有穷的命题序列。序列的最后一个命题称为该推理的**结论** (conclusion), 其余命题为其**前提** (premise)。我们希望推理中出现的每个命题都有清晰的证据说明其 "言之有理", 如果确实如此, 就说这一推理是有效的。

例 1.5 下面是一些表示推理的命题序列, 其中前提之间用逗号分隔, 分号之后是结论:

[推理 1] 张三是大学生; 所以, 张三是人。

[推理 2] 所有的人都会死, 苏格拉底是人; 所以, 苏格拉底会死。

[推理 3] 所有大学生都是人, 张三是大学生; 所以, 张三是人。

[推理 4] **有些** 大学生是 18 岁以上的人, 张三是大学生; 所以, 张三是 18 岁以上的人。

[推理 5] 所有大学生都是成年人, 张三**不是** 大学生; 所以, 张三**不是** 成年人。

[推理 6] 所有的鸟都会飞, 鸵鸟是鸟; 所以, 鸵鸟会飞。

首先应该看到推理 1 和例句 14 的区别: 对于推理 1, 我们关心的是所做推理的有效性, 而对于例句 14, 我们关心的是其真假值。

还应该注意推理 1 和推理 2 在**模式**或**形式**上的区别, 以及推理 2 和推理 3 形式上的类似性。推理 2 和推理 3 都是符合亚里士多德 (Aristotle) **三段论推理**模式的有效 (合理) 推理。而推理 1 的正确性却依赖于已知但却未显式出现在推理中的 "学生" 是 "人" 的前提。如果将这个前提显式写出来, 该推理就变为与推理 2 模式相同的推理 3。亚里士多德的三段论推理要求推理过程不能省略任何相关的隐含假设, 这也是现代形式逻辑系统的基本要求。这种要求很合理。如果允许缺省的前提, 在解释和检查推理时如何解释缺省前提, 就可能出现不同的看法。

前面说过, 基本命题按语法形式分为四类。有全称命题和特称命题之分, 全称和特称命题还分别有肯定命题和否定命题两种。上面的推理 4 和推理 5 都是三段论推理, 都有两个前提命题和一个结论命题。但在推理中的不同位置出现 "全称" 或 "特称" (量化的) 命题、肯定或否定命题, 这些情况对推理的有效性至关重要。譬如, 如果将推理 2 和推理 3 中的全称 "所有" 改为特称 "有些", 即使结论命题为真, 这个推理也是无效的。推理 4 就是这种情况, 这是一个无效推理。推理 5 与推理 2 和推理 3 中的命题相互之间的关系相同, 但却是一个无效推理。它与有效的推理 2 和推理 3 之间的差别在于其中第二个前提命题和结论命题是否定的。

在考虑推理时, 我们总是在假定前提为真的情况下考虑结论断言的真假。如果一个推理能保证在前提为真时结论一定真, 这个推理就是有效的。推理 6 反映了这方面的问题: 这个推理的结论是 "鸵鸟会飞", 但事实上鸵鸟不会飞, 一定是某个地方出了问题。这里同样采用了亚里士多德的三段论推理, 推理的结构与推理 2 和推理 3 完全一样, 为什么得到的结论不对呢? 转回去检查推理的前提, 原来 "所有的鸟都会飞" 并不成立, 由错误的前提造成了错误的结论。

　　逻辑推理和论证是人们在生活和社会活动中做出正确判断的方法，任何科学都需要以概念、命题和推理等逻辑基本原理作为阐述知识、论证观点的原则和方法。通过对上面 6 个推理例子的分析，可知保证和检查推理的有效性是非常复杂和困难的。当情况更复杂时，在自然语言中几乎无法做好，甚至做不到。另一方面，推理论证得出的命题是从已知的信息（或数据）、知识或条件推断出结论。为此就需要把信息、知识、条件和结论都表示为命题，而这种表示和推理过程往往很困难，需要具备逻辑基本知识，经受过相应的训练。从下面几个逻辑游戏中可见一斑。

例 1.6　彼得·凯萨特·瓦森问题 (Peter Cathcart Wason Problem)　这个问题也称为四张扑克牌问题。桌上有 4 张牌，如图 1.1 所示。每张牌的一面是数字，另一面是颜色。四张牌朝上的面分别显示 3、8、红和棕色。问题：若要确定这些牌是否满足 "如果一张牌的一面是偶数则另一面就是红色" 的条件，需要掀开哪几张牌？

　　答案是需要掀开朝上的面是 8 和棕色的两张牌。首先，朝上的面是 3 和红色的牌，无论另一面是什么，都满足命题 "如果一面是偶数则另一面就是红色"。而如果上面为 8 的那张牌满足命题，其另一面就必须是红色；如果棕色的牌满足命题，其另一面就不能是偶数。

图 1.1　瓦森选择问题

例 1.7　说实话和撒谎者的逻辑问题 (Raymond Smullyan)　设想你来到一个有并排的两个门的入口，一个门通向陷阱，另一个通向城堡。每个门前站着一个卫士，其中一个总讲实话，而另一个却总讲谎话。你可以任选一个卫士问一个回答为 "是" 或 "不是" 的问题。你要问一个什么问题才能保证知道哪个门通向城堡？

　　需要问一个卫士 "如果我问另一个卫士我要去城堡是否应该走这个门，他会如何回答？"。如果回答为 "是" 就应该走另一个门；如果回答为 "不是" 则应该走这个门。逻辑推理如下：

- **第一种情况**：如果被问的是说谎者，他说 "是" 也就是说 "说实话的卫士说这个门是通向城堡的"。因为这句话是谎言，所以说实话的卫士应该说 "不是"。所以你应该走另一个门。

- **第二种情况**：如果被问的是说谎者，他说 "不是" 也就是说 "说实话卫士说这个门不是通向城堡的"。因为这句话是谎言，所以说实话的卫士会说 "是"。所以你应该走这一个门。

- **第三种情况**：如果被问的卫士说实话，他说 "是" 也就是说 "说谎话的卫士会说这个门是通向城堡的"，那你一定要走另一个门。

- **第四种情况**：如果被问的卫士说实话，他说 "不是" 也就是说 "说谎话的卫士会说这个门不是通向城堡的"，那么这个门是通向城堡的，你一定要走这个门。

例 1.8 咖啡罐问题 (David Gries) 有一个咖啡罐，开始时罐中装了一些黑色豆子和一些白色豆子，罐外有一大堆黑豆和白豆。开始重复下面过程，直至咖啡罐中只剩一个豆子：

随机从罐子中取出两颗豆子，如果两个颜色相同，就将它们扔掉，然后从罐子外的豆子中选一个黑豆放进罐中；如果两个颜色不同，则将白豆放回罐中而将黑豆扔掉。

问题：上述过程一定会终止吗？罐中最后剩下的那个豆子的颜色和开始时罐中黑色豆子和白色豆子的个数有什么关系吗？

问题的回答如下：

- 上述过程会终止，原因是开始时罐中共有有穷个豆子，譬如说 n 个，而上述过程中每一步将使罐中的豆子减少一个。所以过程经过有穷步就会结束，确切说 $n-1$ 步就结束。

- 如果最后一个豆子是白色的，则开始时罐中有奇数个白豆，否则开始时有偶数个白豆。原因不难看清：上述过程中的每一步都不会改变罐中白豆个数的奇偶性：①如果取出的两个是黑色，扔掉它们再放进一个黑色，罐中白豆个数的奇偶性不变；②如果取出的两个都是白色，扔掉它们并放进一个黑豆，罐中白豆个数的奇偶性不变；③如果取出的两个颜色不同，将白豆放回，罐中白豆个数的奇偶性也不变。

上面三个推理论证的例子表明，将一个具体问题表述成逻辑命题和逻辑推理，常常不是轻而易举的事情，需要相当的训练和实践，需要很强的抽象能力和推理能力。

1.2.3 自然语言的歧义性与悖论

基于前面的讨论，我们可以简单地将**逻辑学**定义为研究如何建立满足第 1.1 节中条件 (L1)–(L5) 的逻辑系统及其应用的科学。虽然这个定义从内涵和外延上讲都显然比较狭隘，但也比较清晰和严格，而且概括了这本书所关心的逻辑学的范围。

我们已经看到例 1.2 中两个例句没有真假值的现象，也看到第 1.2.1 节和 1.2.2 节中例句 14 和推理 1 句型上的相似，以及推理 1 和推理 2 的正确性判定的困难。这些情况说明，建立满足条件 (L1) 和 (L2) 的逻辑也不是容易的事。我们暂时把这个困难称为形式上的困难。另一方面，在意义方面的困难则牵涉到自然语言的歧义性，譬如：

[例句 15] 李四不能一门课都考不过。

[例句 16] 我只借你一辆车。

这里例句 15 中的 "一" 字有歧义，它可以被理解为任何一门或者仅仅一门。例句 16 可以解释为我 "借了你的一辆车而没借别人的车" 或者 "只借了你的一辆车而没借你的其他东西"。前面讲到概念（类）"学生" 是概念（类）"人" 的子概念，而且 "学生" 是 "人" 的子类。我们不难理解 "白马" 是 "马" 的子类，但汉语中 "是" 的歧义使人难以确定 "白马是马"（或

"白马不是马")的真假。这也就是中国战国时期赵国著名辩士公孙龙的《白马论》提出的
"白马非马，可乎？"的问题。值得指出的是，不同自然语言有不同的歧义性，譬如，英文
就没有"白马非马"的悖论。例句 16 中还出现了汉语特有的歧义性，我们甚至无法确定究
竟是谁把车借给谁。

　　自然语言除可能产生上述形式和意义两方面的问题外，第三个问题就是可能导致如例
句 5 那样的诸多悖论。下面是另外两个著名的悖论。

　　理发师悖论 (The Barber's Paradox)：一个理发师在他的理发店里贴出广告说
　　"我将为本市不给自己刮脸的人刮脸，也只为这些人刮脸"。有一天他从镜子里看
　　到自己的胡子长了，请问他能不能给自己刮脸？

如果这个理发师不给自己刮脸，他就属于"不给自己刮脸的人"，他就应该给自己刮脸；而
如果他给自己刮脸呢？他又属于"给自己刮脸的人"，他就不该给自己刮脸。

　　突击测验悖论 (The Surprise Test Paradox)：一个哲学教授在课堂上向学生宣
　　布下周某个上课日（星期一至星期五）将有一次测验，他不告诉学生测验将在
　　哪天进行，但保证测验时学生会因出乎预料而感到惊讶。学生们通过推理论证
　　得出考试不会是星期五。因为如果是星期五，星期四晚上或星期五早晨就知道
　　在星期五，因此不会感到惊讶。已经知道测验不会在星期五，学生们推论测试就
　　不会在星期四。因为如果测试在星期四，星期三晚上或星期四早上就知道，这样
　　也不会惊讶。依次推导论证，测试不会在星期三，不会在星期二，也不会在星期
　　一。从而学生们得出结论，下星期根本不会有测验。但是，星期二教授来到课堂
　　宣布测验，所有的学生都大吃一惊。

　　由于各种悖论的发现以及前面讲的自然语言在形式和意义两方面的缺陷，最终促使人
们试图用**符号语言** (symbolic language) 来表达逻辑（命题和推理），这样就产生了**形式逻辑**
(formal logic)、**符号逻辑** (symbolic logic) 和**数理逻辑** (mathematical logic)。关于形式逻
辑、符号逻辑和数理逻辑的区别和联系，逻辑界并没有完全一致的意见。在下一节里，我们
将简单介绍并讨论从亚里士多德的**经典逻辑** (classical logic) 到现代数理逻辑的演化过程，
目的是帮助读者了解逻辑的不同程度的形式化以及形式化的重要意义。

1.3　从亚里士多德经典逻辑到现代数理逻辑的演化

　　作为研究思维的科学，逻辑可以说与人类是同生共存的。最早系统地研究逻辑的人主
要是古时候经常参加正式辩论的辩士，他们要在辩论中追求严谨而且不出现矛盾。辩士们
研究逻辑的目的很明确，就是为了提高自己的辩论和演讲水平，使之更有效也更可靠。缜
密思维和严谨推理论证的辩论也是好的为人处世之道。另外，辩士们研究逻辑的企图是建
立一套客观规则，希望依据这些规则可以对一场辩论的胜负做出不容置疑的裁判。由此可
见，逻辑从一开始就有很强的工具性，是用于在演讲和辩论中进行有效推理和论证，以及
检查判定推理论证正确性的工具。古代辩士研究的逻辑规则以及规则的运用是建立在自然
语言基础上的，自然语言的歧义性导致了大量的如前所述的悖论，并引发了人们对悖论的

研究，最终在公元前 384~322 年催生出**亚里士多德逻辑** (Aristotole's logic) 学说。因此，亚里士多德被普遍认为是传统逻辑或经典逻辑的创始人。

1.3.1 形式逻辑：推理形式与内容的分离

亚里士多德的逻辑学被其追随者编纂为《工具论》(Organon - instruments)，由六篇论著 (treatises) 构成：《范畴篇》(Categories)、《解释篇》(On Interpretation)、《论题篇》(Topics)、《前分析篇》(Prior Analytics)、《后分析篇》(Posterior Analytics) 和《辨谬篇》(On Sophistical Refutations)。这些著作涉及的范围很广，现在普遍被认为是逻辑学乃至哲学的基础[①]。《前分析篇》中的**三段论推理** (syllogism deduction) 对**现代形式逻辑** (modern formal logic) 的发展有无与伦比的影响。然而，在这一点上建立共识和理解也并不容易，经历了漫长的十几个世纪的时间。一个主要原因是人们长时间对形式逻辑并没有一个清晰的定义，对 "形式化" 没有一个明确统一的判定标准。为解释这个问题，以便认识理解亚里士多德逻辑与现代形式逻辑的联系和区别，我们将首先简论**推理的形式**对推理的**合理性** (validity) 的重要意义。在这一点上，我们采用的观点是不去讨论一个逻辑是不是形式逻辑，而是考虑一个逻辑的形式化程度 (degree or level of formalisation)。换言之，我们将关注推理合理性与推理的**形式**和**内容**的耦合度，以及在处理推理问题时应用数学理论和方法的程度，也就是处理问题的形式化程度。为此，我们将建立一个演化的观点，基于它去认识和理解从亚里士多德到当今的数理逻辑的发展过程。

1.3.1.1 三段论和形式逻辑

宇宙中万物都是其**形式**和**内容**的统一。事物的形式是指事物的**结构**和**组织方式**，而事物的内容是构成事物的各方面要素。譬如，很多桌子具有相同的形式（如都是四条腿的方形桌子），但是它们有不同的内容，例如其材质可能是金属、木质或塑料等。同样，**推理** (reasoning/argument) 也有其形式和内容。一个推理的内容是指推理论证的问题或主题 (subject matter)，一个推理的形式是指推理中的句子之间的关系和组织方式。本章第 1.2.2 节中例 1.5 的推理 2 和推理 3 形式相同，但内容不同，也就是说，它们推理判定的具体概念和对象不同。这两个推理与推理 1 和推理 4 的形式不同，但推理 1 与推理 3 的内容相同，推理 3 与推理 4 内容也相同。

一个事物的结构、形式或组织是指其构成部分如何集成，各部分之间的相互关系如何。我们讨论、规定和限制推理中能用的句子的（语法）形式以及构成一个推理的句子之间的关系，这样就能把推理的形式和结构与推理的内容分割（或分离）开。形式逻辑要求（或追求）推理的有效性（或合理性）仅仅依赖推理的形式，与推理的内容无关。形式和内容的分割，主要是为了在推理证明中排除或者说避免引入可能由自然语言导致的歧义。不难想象，欲达此目的，一个基本且有效的办法就是对推理证明中使用的句子和句子之间的结构做语法形式上的限制。

首先，为避免缺省前提，亚里士多德严格要求三段论推理的每个推理有且仅有两个**前提** (premise) 和一个**结论** (conclusion)，第一个前提称为**大前提** (major premise)，第二个前提称为**小前提** (minor premise)。譬如，例 1.5的推理 2 写成三段论的格的形式就是：

---

① 亚里士多德学说的地位是 19 世纪才被认识和建立起来的。

（大前提）	所有的人都会死	
（小前提）	苏格拉底是人	(1.1)
（结论）	所以，苏格拉底会死	

显然，例 1.5 的推理 1 不符合三段论的推理模式。在三段论[①]中，命题包含主语项和谓语项，分别简称为**主项**和**谓项**；结论命题的主项称为**小项** (minor term)，谓项叫**大项** (major term)。不在结论中出现的项称为**中项** (middle term)。大、中和小项分别记为 P、M 和 S。譬如，在例 1.5 的推理 2 及其三段论格式 (1.1) 中，S 是 “苏格拉底”，P 是 “会死”，M 是 “人”。这个推理形式用三元组表示是 (MP, SM, SP)。按照大项、小项和中项在三段论中不同的位置分布，三段论规定了四个模式: (MP, SM, SP)、(PM, SM, SP)、(MP, MS, SP) 和 (PM, MS, SP)，每个模式称为一个**格**，上述模式分别称为**第一格**、**第二格**、**第三格**和**第四格**。例 1.5 中推理 4~6 都是 (MP, SM, SP)-格的三段论推理。

必须指出，满足某个 “格” 式的推理并不一定是有效的。譬如，如果将例 1.5 的推理 2 和推理 3 中的全称 “所有” 改为特称 “有些”，即使按推理内容看其中的结论命题为真，这样改过的两个推理也无效。例 1.5 的无效的推理 4 清楚地说明这一点。该例中推理 5 是无效的，它与有效的推理 2 和推理 3 的区别就在于其中第二个前提命题和结论命题是否定的。

由此可见，在一个推理格中的不同位置使用 “全称” 和 “特称”（量化的）命题，肯定和否定命题，对于推理的有效性至关重要。在三段论的每个格中，大前提、小前提和结论命题都可能是全称肯定命题（记为 A）、全称否定命题（记为 E）、特称肯定命题（记为 I）、特称否定命题（记为 O），其组合数目是 $4 \times 4 \times 4 = 64$。因此，就形式的可能性而言，每格有 64 个式。三段论共有四个格，因此，三段论的可能式共有 $64 \times 4 = 256$ 个。

例 1.9 如下的推理实例分别是三段论的第二格 (AEE) 式、第三格 (EIE) 式和第四格 (IAI) 式的有效推理:

[推理 7] 所有大学生都是成年人，所有小学生都不是成年人；所以，所有小学生都不是大学生。

[推理 8] 一年级大学生都不学逻辑，张三是一年级大学生；所以，有些大学生不学逻辑。

[推理 9] 有些不学逻辑的大学生是一年级大学生，所有一年级大学生都是大学生；所以，有些大学生是不学逻辑的大学生。

命题 1.1 三段论中 4 格 256 式中有 19 个式是合理有效的，9 个式是不确定的，而其余的式都不是合理有效的推理。

值得再次指出，三段论的格式（一般称为**定格**）在一定程度上保证合理的推论中没有缺省的前提。换言之，有效推理一定是 “无缝” 且 “没有跳跃” 的推理，所有与结论有因果关系的前提都必须显式出现在推理中。然而，如果用自然语言，仅靠推理中句子的形式和推理中句子中项之间的联系，无法完全排除歧义，也不能保证无缺省前提。歧义常源于**多**

---

① 注意在我们的讨论中 “三段论” 一词的二义性，一方面用来代表三段论推理格式，另一方面是三段论学说。

义词 (polysemy) 和**同义词** (homonymy)，亚里士多德的《论题篇》(Topics) 特别指出了辨认同义词对合理论证的重要性。

基于上述讨论，我们可以总结出形式逻辑的如下四个重要特征：

(1) 推理的有效性只考虑推理中句子的字面意思 (literal meaning)，而将推理者的主观意思抽象掉，不应该考虑推理对话双方的默契。

(2) 所有与推断结论有关的前提都必须显式无缺省地在推理中给出。

(3) 提供相应的方法，检查推断各个结论需要的所有前提是否都显式地出现在推理中。

(4) 推理使用的语言中不应该出现同义词和歧义词。

亚里士多德的逻辑著作中对逻辑的这四个特征都有研究和论述，尤其是三段论。数理逻辑的奠基人之一戈特洛布·弗雷格 (Gottlob Frege, 1848~1925) 也在其《概念文字》(Begriffsschrift) 中强调这四个特征是**形式逻辑系统** (formal logic system) 的核心特征。因此可以说，亚里士多德逻辑是形式逻辑的开始，这一点对我们学习理解数理逻辑基础有重要意义。

1.3.1.2 从原始形式逻辑到符号逻辑

追求具有上一小节最后所述四个特征的形式化，其意义就在于推理的形式与内容完全分离，使推理可以完全主题中性化 (topic-neutral/topic-independent) 和泛化 (generalisable)，可以适用于关于任何题材内容的推理，这也是最高层次的抽象。然而，亚里士多德逻辑距离这个层次还很遥远。今天我们已经清楚地认识到，数学方法中使用的**变量** (variable) 和人造符号是最有效的抽象和泛化技术。一个变量就是一个符号，可以代表某给定集合中的任一元素。譬如，等式 $x + 2 = 5$ 中的 x 是一个在整数集上取值的变量。而符号比变量更泛化，其指称范围更广泛，如前面等式中的 "+" 说明符号还可用于代表运算或操作。**计算机科学** (computer science) 中的**类型论** (type theory) 有效统一了符号和变量的定义。类型论以及程序语言和形式建模语言的**操作语义** (operational semantics) 都建立在数理逻辑中的 λ-**演算** (λ-Calculus) 基础上。

亚里士多德在三段论中引进了变量这一重要概念，但他的变量概念只限于用字母表中的字母表示三段论格式中的大项、中项和小项。譬如，分别用 P、M 和 S 表示大、中和小项。这样，推理 (1.1) 可视为如下**推理规则** (inference rule) 的使用特例。

$$
\begin{array}{lll}
\text{(大前提)} & \text{所有 } M \text{ 是 } P & \\
\text{(小前提)} & S \text{ 是 } M & \quad (1.2)\\
\text{（结论）} & \text{所以，} S \text{ 是 } P &
\end{array}
$$

不难看出，仅仅这样使用变量并不能为三段论逻辑带来实质性的发展变化。因此，虽说三段论逻辑是形式逻辑的开始，但它最多只能算符号逻辑的胚胎阶段。譬如，仅靠使用变量无法系统且清晰地研究三段论中 4 格 256 式推理规则之间的关系，如它们之间的等价转换。也不能帮助我们系统而有效地将复杂命题的推理分解为简单命题的推理的组合。

但是，在很长的历史时期中，逻辑界一直满足于以亚里士多德为代表的逻辑学的"完美"和"成熟"，以至于在两千多年的时间内，从亚里士多德逻辑起步的形式逻辑没有明显的发展。

数学和计算机科学已取得了长足的发展，现在我们不难理解，与三段论中变量的使用相比，变量和符号的应用范围要广泛得多。在今天的符号逻辑里符号被用于表示个体（值）、函数、运算、命题、量词等。而且，我们经常用符号构成具有复合嵌套结构的表达形式。著名的美国现代逻辑学家路易斯 (C. I. Lewis, 1883~1964) 提出了**符号逻辑**应具有的三大特征：

(1) 使用**概念符号** (ideogram) 直接表示概念，譬如用乘号 × 表示乘法。目前程序设计语言中通常只用键盘可以输入的符号，常用 ∗ 表示乘法。

(2) 使用**演绎法** (deductive method)，通过使用有限的规则，能从少量简单的句子生成无穷多的新句子，这一特征也充分表现在计算机科学技术中。譬如，在程序语言中，变量都是由英语字母表中的字母和 "0~9" 中的数字构成；复杂的表达式是由变量、常量和运算符构成；复杂的程序也是由简单的几种语句形式构成。

(3) 使用**变量** (variable) 表示任何给定集合的元素，在符号逻辑中密集地使用变量。其有效性前面已经讨论过。

这三个特征也是数学的特征，所以符号逻辑的发展与数学的发展是紧密相连的。

符号逻辑发展史上第一个里程碑式的工作是布尔 (George Bool, 1815~1864) 的著作《逻辑之数学分析》(Mathematical Analysis of Logic) 以及后来的《思维定律》(The Laws of Thought)，其中采用一种数学语言表示和处理逻辑问题，该语言后来被称为**布尔代数** (Boolean Algebra)。布尔把一些逻辑分支中的推理规则表示为代数等式，称为定律 (law)，并说自己工作的主旨是

"研究人在推理过程中的工作规律，用一个符号语言将这些规律表示成演算的表达式，在此基础上建立逻辑的科学与方法"[①]。

布尔将其代数应用到一些逻辑学分支和问题中，包括经典的三段论等。这些说明，一直被认为是涵盖了所有演绎逻辑的亚里士多德三段论可以看作是逻辑代数的一个特例。

布尔的工作还包括布尔代数和集合论的关系。刘易斯·卡罗尔 (Lewis Carroll, 1832~1898) 追随布尔的工作，撰写了不少著作。卡罗尔还将表示集合运算的维恩图 (Venn Diagram) 发展成为一种有关集合的推理方法。与其同时代的厄恩斯特·施德尔 (Ernst Schöder, 1841~1902) 致力于寻求逻辑和数学中各种问题的快速判定算法，计算机专业的读者应该对这些很有兴趣。

现代命题逻辑中使用了**命题变量** (proposition variable)，命题变量可以取值为任何命题实例，可以是简单命题（也叫原子命题）或复合命题。简单命题中不包含任何其他命题，而复合命题由更简单的命题（称为子命题）通过**连接词** (connective) 组合而成。汉语中的主要逻

---

① 这在哲学上似乎和几百年后图灵 (Alan Turing, 1912~1954) 用图灵机表示人做计算中的规律相通。

辑连接词包括与、或、非、蕴涵（"如果 …… 则 ……"），对应的英文词是 "and""or""not" 和 "if ... then ..."。在常见逻辑教科书中，这些连接词分别用符号 "∧""∨""¬" 和 "→" 表示。布尔代数中命题变量（称为布尔变量）的取值（布尔值）为 0 或 1，**布尔表达式**由布尔值和布尔变量通过布尔操作构造起来。布尔操作通常用命题逻辑中的连接词符号 ∧、∨ 和 ¬ 表示。布尔表达式的性质用**等式**表示。譬如

$$a \wedge (b \vee c) = (a \wedge b) \vee (a \wedge c)$$

这个表达式与集合代数中关于集合的交运算与并运算的分配律 $x \cap (y \cup z) = (x \cap y) \cup (x \cap z)$ 以及整数乘法对加法的分配律 $k \times (m + n) = (k \times m) + (k \times n)$ 类似。

19 世纪为符号逻辑做出很大贡献的人中还有德·摩根 (Augustus de Morgan，1806~1871)、威廉姆·杰文斯 (William Stanley Jevons, 1835~1882)、查理·皮尔斯 (Charles Sanders Peirce, 1839~1914) 等。他们采用数学方法，将推理中的命题表示成代数表达式，将推理的有效性作为应用数学中的代数方程处理，这一传统方法在当代代数逻辑学中仍然很流行。

1.3.1.3 现代形式逻辑

现在我们可以从组织结构上给出一个现代形式逻辑系统的定义。

定义 1.2 (形式逻辑系统) 一个形式逻辑系统由如下几个部分组成：

(1) **字母表** (vocabulary)：一个符号集合。

(2) 形式**语法** (syntax)：一组使用字母表中符号构成句子的语法规则（一般为有穷条），满足语法规则的句子称为**合式公式** (well-formed formula，WFF)。

(3) **推理规则**：一组规则，每条规则说明可以由一个给定的公式集合（可能为空）一步推导出另一个公式。

现代形式逻辑系统也称为**符号逻辑**系统。由空公式集合一步推导出的公式称为**公理**。逻辑系统中一个形式**证明**就是一个公式序列，其中每个公式或者是公理，或者是由前面的几个公式通过使用某一条推理规则推导出的公式。证明中的公式称为**定理**。一阶谓词逻辑中的三段论格 (1.2) 可以表示为推理规则

$$\forall x.(M(x) \to P(x)), M(s) \vdash P(s) \tag{1.3}$$

这条规则表示从 ⊢ 左边的两个公式可以推导出 ⊢ 右边的那个公式，其中的 "∀x. ⋯" 表示对于所有的 x，⋯ 都成立。如果给上述规则中的符号如下解释：$M(x)$ 代表 x 是人，$P(x)$ 代表 x 会死，s 是变量 x 的一个特例，三段论格 (1.2) 就是这个规则一个特例。

在 19 世纪后期，符号逻辑逐渐成熟，作为数学结构和问题的表述以及命题推理证明的语言，成为解决数学发展中各种重要问题的有力工具。同时，数学方法和结构也被用来给出逻辑语言的**解释** (interpretation) 和**形式语义** (formal semantics) 的定义，从而能系统严格地研究逻辑语言的表达能力、推理系统的**有效性**、**相容性**、**充分性**、**完备性**和**可判定**

性①。用于定义和解释符号逻辑的数学方法和结构称为逻辑的**元理论** (meta-theory)，这些发展使逻辑学进入了数理逻辑发展阶段。数理逻辑具有完美的语言学特征，有**语法**、**语义**和**语用**。逻辑的元理论又反过来系统地解决了每个形式逻辑的描述和推理的范围，提示人们通过构建高阶逻辑系统增加表达能力和证明能力。这些研究证明和实践了符号化抽象的泛化优势和意义，大大推动了数学方法在各种科学领域的广泛应用，譬如代数等。数理逻辑是计算模型和理论的基础，**λ-演算**、**递归函数论**和**图灵机理论**都是逻辑系统的理论，用于定义和研究可计算的函数和问题。形式语言也是计算机程序语言的基础。同时，计算机技术也为研究数理逻辑和其他数学问题提供了强有力的工具。

1.3.2　数理逻辑

数理逻辑的主旨就在于体现逻辑和数学的相互联系。它一方面支持使用符号逻辑的方法和技术研究、处理和解决数学问题；另一方面是采用数学的方法和技术研究和证明逻辑系统的性质，包括逻辑语言的语义、表达能力、可靠性、完备性和可判定性（可计算性）等。两方面的结合研究促进了逻辑的发展，也发展了逻辑在数学及其他科学领域的应用。从形式逻辑和符号逻辑的推理形式和内容的分离演化发展到数理逻辑，建立起逻辑语言的语法、语义和语用的统一。

1.3.2.1　利用符号逻辑对数学的形式化

首先讨论第一方面的情况，即使用符号逻辑的方法和技术研究数学问题。随着数学的发展，数学中的证明也变得越来越复杂，不用完全符号化的形式语言，人们在数学研究中发现了矛盾和悖论的现象。下面的例子和事件都说明，用逻辑作为工具可以使数学更严密，从而对研究数学中的悖论产生重要或重大的影响，这里的讨论主要是想帮助读者理解使用符号逻辑进行形式化的思想，理解形式化的作用，启发读者思考在什么情况下可以考虑使用形式化技术。

数学分析中的极限定理　奥古斯丁·柯西 (Augustin Louis Cauchy，1789~1857)1820 年宣称证明了对任意的无穷**连续函数** (continuous function) 序列 $f_1(x), f_2(x), f_3(x), \cdots$，它们的和 $f(x) = \sum_{i=1}^{\infty} f_i(x)$ 也是连续的。但是，尼尔斯·阿贝尔 (Niels Henrik Abel，1802~1829) 在 1826 年找到一个反例，否定了柯西的猜想和证明。

为了解决这类问题，前面提到的弗雷格在 1879 年提议用符号逻辑作为数学推理的语言，使数学证明具有形式逻辑推理的特征（见 1.3.1 节）。也就是说，利用符号逻辑的精确性，严格而明确地表述证明中概念的定义、关于概念的命题，以及有关命题的数学推理的结构，使推理不出现缺省前提，使其有效性可以严格检查。实际上，在 17 世纪，德国数学家莱布尼兹 (Gottfried Wilhelm Leibniz，1646~1716) 已经做过这方面的尝试。他提议建立一个用概念符号组成的能表示所有科学概念的统一语言，认为利用这样的语言可以设

---

① 有效性也称为可靠性，充分性也称为完全性，和完备性是不同的，但是不同汉语文献中翻译有混淆。在本书中第 4 章和第 6 章都会具体讨论澄清。

计一个处理推理的通用演算 (universal calculus)，"自动" 求解该语言能描述的问题。当然，这个计划后来被证明是不可行的。

弗雷格的提议和相关工作极大地改进了数学证明的严格性，人们基于这种想法解决了不少数学问题。譬如，现代数学分析中极限的定义就是用标准的 ϵ-δ 定义给出的，避免了上述柯西有关连续函数序列和连续性证明中的歧义性。

康托尔基数理论和连续统假设 德国数学家格奥尔格·康托尔 (Georg Cantor, 1845~1918) 1883 年在符号逻辑的基础上研究定义了 "无穷大" 的层次结构，建立了**基数** (cardinal numbers) 理论。康托尔的基本推理步骤如下：

(1) 令 $\mathbb{N}$ 表示自然数的集合，显然 $\mathbb{N}$ 有无穷多个元素。

(2) 令 $2^{\mathbb{N}}$ 表示自然数的所有子集，即集合 $\mathbb{N}$ 的所有子集。

(3) 如果只有一个无穷大，则无穷集合 $2^{\mathbb{N}}$ 和无穷集合 $\mathbb{N}$ 的元素 "一样多"，这样我们可以给 $2^{\mathbb{N}}$ 中每个元素（也就是 $\mathbb{N}$ 的每个子集）一个与之对应的不同的自然数 n。因此，$2^{\mathbb{N}}$ 中 $\mathbb{N}$ 所有子集就形成一个（和 $\mathbb{N}$ 中自然数一样多的）无穷序列 $P_0, P_1, P_2, \cdots$。

(4) 定义 $\mathbb{N}$ 的子集 Q 为满足 $n \notin P_n$ 的全体自然数 n，显然 Q 是 $2^{\mathbb{N}}$ 的元素，根据前面假定，存在自然数 i 使得 $Q = P_i$。现在考虑 i 是否属于 Q，即 i 是否是 P_i 中的元素。

(5) 根据 Q 的定义，i 属于 Q 当且仅当 i 不属于 P_i，当且仅当 i 不属于 Q。这个命题用集合论符号化地表示为 $i \in Q \Leftrightarrow i \in P_i \Leftrightarrow i \notin Q$，这是个矛盾句。因此集合 $\mathbb{N}$ 和 $2^{\mathbb{N}}$ 中元素个数不可能是同一个无穷大。

这里的证明方法称为 "对角线" 法，这是一种反证法。为了使上述证明的步骤 (3) 严格化，康托尔首先严格定义了集合 "大小" 的概念，称为**基数**。集合 A 的基数用 $|A|$ 表示。

命题 1.2 给定两个集合 A 和 B，A 的基数小于等于 B 的基数，记为 $|A| \leqslant |B|$，当且仅当存在一个从 A 到 B **一对一** (one-one function) 的函数。

根据这个严格定义，上述关于 $|2^{\mathbb{N}}|$ 大于且不等于 $|\mathbb{N}|$ 的证明可以重新严格表示，而且推广为 "任何一个集合 A 的幂集 2^A 的基数 $|2^A|$ 必定大于这个集合的基数 $|A|$"。

康托尔定义了集合的基数：有穷集合的基数为其元素的个数；而第一个（最小的）无穷大是自然数集合 $\mathbb{N}$ 的基数，记为 $\aleph_0$，并将无穷集合的基数列出如下，称为**阿列夫-基数** (Aleph number)：

$$0, 1, 2, \cdots, \aleph_0, \aleph_1, \cdots$$

康托尔继而证明了实数集合的基数和自然数集合的幂集 $2^{\mathbb{N}}$ 的基数相等，记为 $2^{\aleph_0}$。在随后的研究中，康托尔 1874 年提出在可列集（即和自然数集基数相等的集合）基数和实数基数之间没有其他基数的猜测，也就是 $2^{\aleph_0} = \aleph_1$ 的猜想。这也就是大卫·希尔伯特 (David Hilbert, 1862~1943) 在 1900 年第二届国际数学家大会上提出的 20 世纪有待解决的 23 个重要数学问题之首的**连续统假设** (Continuum Hypothesis) 问题，又称希尔伯特第一问题。1938 年哥德尔 (Kurt Gödel, 1906~1978) 证明连续统假设和数学家公认的**公理集合论** (axiomatic set theory) ZF 公理系统（也称 ZFC 公理系统）不矛盾。1963 年美国数学家保罗·寇恩 (Paul Joseph Cohen，1934~2007) 证明连续假设和 ZF 公理系统彼此独立，因此在 ZF 公理系统内不能证明连续统假设的正确与否。

非欧几何   非欧几何的出现也对用形式逻辑研究数学问题起到了触发和推动的作用。非欧几何的研究始于 18 世纪，当时一些数学家希望证明**欧几里得几何**中的第 5 公理，即**平行公理**可以从其他欧氏几何公理推出，即试图证明平行公理的非独立性。平行公理说 "在空间的平面上，过直线外一点有唯一的一条直线与原直线平行"。直到 19 世纪初这种证明的努力都告失败。卡尔·高斯 (Johann Carl Friedrich Gauss, 1777~1855) 和施威卡特 (Ferdinand Karl Schweikart, 1780~1857) 大致在 1813 年和 1818 年分别独立地认识到这种证明是不可能的，也就是说，平行公理独立于其他公理，而且可以用不同的 "平行公理" 替代。但他们关于非欧几何的工作在生前都没有公开发表。高斯讨论这个问题的信件和笔记在 1885 年他去世后才出版并引起人们的注意。在 1930 年左右，匈牙利数学家波尔约 (Janos Bolyai, 1802~1860) 和俄国数学家罗巴切夫斯基分别发表了他们独立创建的非欧几何理论，后来被称为**波尔约-罗巴切夫斯基几何**，在中国被普遍称为罗氏几何。

波尔约在其几何中把平行公理替换为 "在空间的平面上，过直线外一点有一束直线不与原直线相交。当这束直线减少为一条时，该空间就是欧氏空间"；而罗巴切夫斯基在其几何中将平行公理替换为 "过直线外一点至少存在两条直线和已知直线平行"。在欧氏几何和波尔约-罗巴切夫斯基的几何中，每条直线都有与之平行的直线，那么是否存在某种几何使 "过直线外一点不能做直线和已知直线平行"？波恩哈德·黎曼 (Bernhard Riemann, 1826~1866) 在 1851 年所作的论文《论几何学作为基础的假设》肯定地回答了这个问题。他明确提出另一种几何学，后来被称为**黎曼几何**，开创了几何学的一片新的广阔领域。黎曼几何中的一条公理是：同一平面上的任意两条直线都有公共点（交点），所以在这种几何中不存在平行线。

以上发现与逻辑的证明能力和有效性相关。这种关系非常有趣，逻辑强大得令人兴奋乃至有时令人难以置信。人们接受欧氏平行公理的真理，是基于人们对空间观念的直观经验。而且大多数人认为上述否定平行公理的非欧式几何公理是不可想象的，很难构造出相应的模型。如果不是严密的现代形式逻辑已经成熟，很难想象会有这些全面突破欧氏几何数千年垄断地位的新几何理论产生。直到 19 世纪初，仍流行着黑格尔 (G.W. Friedrich Hegel, 1770~1831) 的论点：欧氏几何相当完备，"不可能有更多的进展"。非欧几何学使数学哲学的研究进入了一个崭新的历史时期，这种突破对哲学、数学和科学的发展都有重大意义。18 世纪和 19 世纪前半期最具影响的哲学是康德哲学，它的自然科学基础支柱之一是欧几里得空间。黎曼几何在广义相对论里得到了重要的应用，爱因斯坦的广义相对论中的空间几何就是黎曼几何的模型。

希尔伯特计划与罗素悖论   在 20 世纪之交，希尔伯特针对数学的系统性和严密性，提出了建立一个能系统推导出所有数学真理的形式化过程（系统）的重大计划。但是这个计划很快就遭到痛击。伯特兰·罗素 (Bertrand Russell，1872~1970) 在研究**朴素集合论** (naive set theory) 时提出了一个问题：所有的集合是否构成一个集合？他发现这个问题的答案是否定的，因为，如果所有的集合构成一个集合，根据康托尔集合论的概括原则，所有不是自身元素的集合也构成了一个集合 A，即 $A = \{B \mid B \notin B\}$ 是集合。然而，这时就有 A 是否属于 A 的问题。如果 A 属于 A，根据 A 的定义 A 就不属于 A；反之，如果 A 不属于 A，同样根据定义，A 就属于 A。无论如何都是矛盾，这就是著名的**罗素悖论** (Russell's Paradox)。

罗素进一步研究如何排除集合论中这个悖论，为此定义了集合的层次结构。位于某一个层次的集合只能包含较之为更低层次的集合为元素（成员）。罗素这个研究是他与怀德海 (Alfred North Whitehead, 1861~1947) 合作撰写的《数学原理》中最精彩的部分，有关工作完全形式化地，即纯符号化地证明了当时数学中很多结果。不难想象，合理的工程系统，包括软件系统和电子计算与通信系统的体系架构都遵循这种层次结构。

1.3.2.2 符号逻辑作为数学的研究对象

在使用符号逻辑作为工具解决数学问题的同时，符号逻辑本身作为形式化系统也成为数学的研究对象。这个方向的研究主要是用数学的方法定义形式逻辑语言的**语义解释**，这可以说是亚里士多德《工具论》中《解释篇》记载的关于逻辑的语义学在形式化和系统化基础上的发展，可以赋予抽象掉内容的符号逻辑任何适用的内容。在这个方面人们主要研究给定逻辑系统本身的各种性质，称为逻辑系统的**元性质**，包括：

- **逻辑系统与公式的语义模型**：逻辑系统中符号语言的语义用相应的**解释** (interpretation) 定义。一个解释将逻辑中的符号定义为某个数学结构中的元素，称为相应符号的**指称物** (denotation)。在这个解释下，逻辑中的合式公式被解释为关于这个数学结构的命题，它们或者为真或者为假。前面讨论推理规则的例 1.3 时，给出了它在谓词逻辑的一个解释下的语义。能使一个（或一组）公式为真的解释称为该公式（组）的一个**模型** (model)，在所有解释下都为真的公式就是**恒真公式** (valid formula)。这样，一个逻辑的表达能力将由可以作为它的解释的数学结构的范围以及逻辑公式能表述的命题决定，而能由该逻辑系统形式证明的定理的多少则表示了该逻辑系统的推理证明能力。如果一个逻辑系统能证明的所有定理都是恒真的，该逻辑就是**有效的**或**可靠的**；如果所有恒真公式都能在这个逻辑系统里形式地证明为定理，就说该逻辑则是**充分的**或**完全的**。

- **逻辑系统的相容性、完备性和完全性**：与逻辑系统的有效性和充分性紧密相关的概念还分别有**一致性** (consistency) 和**完备性** (completeness)。一个逻辑系统若不能同时证明一个命题以及该命题的否定都是其定理，则称它具有**一致性**。显然可靠性能保证一致性，但以后我们会知道反之不然。而一般情况下，一个逻辑的完备性是相对于满足某个性质的命题定义的，即一个逻辑系统相对一个性质是**完备的** (complete) 是指所有满足这个性质的命题都是这个逻辑系统的定理。因此，一个逻辑系统是**充分的** (adequate) 等价于该逻辑系统是相对命题的恒真性（也称有效性）的完备性，即所有恒真的命题都是该系统中可证明的定理。

- **逻辑系统的可判定性**：研究一个解释是否是一个公式的模型的可判定性及判定算法，称为**满足关系的判定问题** (satisfication relation decidability problem)；逻辑公式有无模型的判定性和算法，称为**可满足性的判定问题** (satisfiability decidability problem)；研究判定公式恒真性及公式之间的关系的可判定性问题和算法，譬如两个公式的等价性，一个公式蕴涵另一个公式，这类问题称为**有效性的判定问题** (validaity decidability problem)。

正当人们由于逻辑在数学分析等数学领域研究中的成功应用而欢欣鼓舞，以为找到了无比强大而且有效的工具时，对逻辑和形式系统的研究却揭示出一些重大的否定性结果：

(1) **哥德尔第一不完备性定理**：哥德尔证明了任何包含了算术的逻辑系统是不完备的，即存在关于算术的永真句子在这个系统中可以表达但不能证明。而这些在此系统不能证明的句子可以在一个（表达能力和推理能力）更强的系统中证明①。但这个新系统还可以表示另一些句子，它们在这个新系统中不能证明。

(2) **哥德尔第二不完备性定理**：哥德尔还证明，对于任何一个能表示自然数**算术** (arithmetics) 中所有句子的形式系统，其**一致性** (consistency) 是无法证明的，也就是说，无法证明在这个系统中不可能同时证明一个命题和其否定 (negation)。

(3) **丘奇-图灵可判定性**：阿隆佐·邱奇 (Alonzo Church, 1903~1995) 和艾伦·图灵 (Alan Turing, 1912~1954) 证明了对一些问题不存在判定算法。这也证明了欲找一个能判定所有成立的数学命题的算法是不可能的。

这些结果证明希尔伯特计划不可能实现。但即便如此，数理逻辑作为数学的分支仍在不断发展。

哥德尔的不完备性定理是建立在用数学方法研究符号化逻辑语言的**解释**、形式化系统以及形式化系统的**模型**理论基础上的。邱奇和图灵的不可判定性问题是**计算模型理论**（简称**计算理论**）的核心问题。计算理论起源于邱奇的形式化系统 λ-**演算**和以哥德尔为主要代表的**递归论** (recursivion theory)，后者是在前者基础上的研究发展的结果，后来又在**图灵机理论**的基础上进一步发展②。一般认为，冯·诺伊曼 (John von Neumann，1903~1957) 是在图灵机模型基础上提出了现代计算机的体系架构，所以图灵被称为计算机科学之父，而冯·诺伊曼被称为计算机之父。在第 8 章的程序设计理论简介中对此有进一步讨论。

形式逻辑（符号逻辑）主要研究和处理推理证明的形式，而数理逻辑一方面以形式逻辑为基础和工具解决数学问题，另一方面又使用数学方法研究逻辑系统的模型及其性质。这二者结合导致了形式化的（公理化的）数学系统 (formal mathematical system) 的建立，简称**形式系统**。这类系统包括**公理集合论** (axiomatic set theory)、**一阶算术** (first-order arithmetic)、**递归函数论** (recursion theory)、**公理化群论** (axiomatic group theory) 等。由于构造数学系统的相容性与系统的模型密不可分，所以对数学系统的研究又称为**模型论** (model theory)。传统上数理逻辑包括**证明论** (proof theory)、**模型论** (model theory)、**集合**

---

① 用逻辑术语讲，这个更强的系统是比原系统更高阶（higher order）的系统。
② 哥德尔和图灵都是邱奇的学生。

论 (set theory) 及**递归函数论** (recursion theory) 四个分支。每个形式逻辑系统都是**语言**、**解释**和**证明**的三位一体。本书第 3~6 章主要学习讨论逻辑语言、证明性，解释和模型的基本概念和理论，第 7 章介绍公理化群论、一阶算术和公理集合论等数学系统。

1.4　计算机科学中的逻辑

毫不夸张地讲，逻辑在计算机科学中无处不在。有些计算机科学家说数理逻辑是计算机科学的数学分析，意思是说数理逻辑在计算科学中地位与数学分析、线性代数以及微分方程在其他科学和工程领域中的意义一样重要。这表现在如下三个方面。首先，数理逻辑是计算机科学的基础；其次，数理逻辑是处理和解决计算机的应用问题的思维工具和语言工具；再者，逻辑学家和数学家也使用计算机技术辅助解决逻辑学和数学中的问题。

1.4.1　逻辑是计算理论的天然基础

在计算机出现之前，人们只能用头脑进行计算，可能以手和动作配合。有了计算机以后情况完全改变了，计算机成为人们实现计算的最强有力的工具。但是，用计算机解决任何问题，首先需要有一个**算法** (algorithm)。而什么是算法呢？是否存在这样的问题，对于它们根本就不存在求解算法呢？这两个关于计算的最基本问题的定义和答案都是在数理逻辑中建立的。

希尔伯特在 1928 年提出了**判定问题** (Entscheidungsproblem) 的重大挑战，实质上就是要寻求一个算法，给它输入一个一阶逻辑命题，该算法能根据这个命题的成立与否给出肯定 ("Yes") 或否定 ("No") 的回答。这里，一个命题成立（为真）是指它对满足给定的有限条公理（假设这些公理也作为算法的输入）的任何数学结构都成立。

要回答希尔伯特的问题，首先就需要给算法一个严格的定义。邱奇在 1936 年基于他的 λ-**可定义**的概念给出了算法的定义。他说一个求解问题是 λ-可定义，指它可以用 λ-演算中的一个 λ-**表达式**，或称 λ-项定义。同年，图灵也在其图灵机模型的基础上定义了算法的概念，而且他意识到 λ-演算和图灵机是等价的计算模型。这一观点后来发展为著名的**邱奇-图灵论题** (Church-Turing Thesis)，即一个问题可判定与否与具体的计算模型无关。在 1936 年左右，邱奇和图灵分别否证了希尔伯特判定问题。邱奇的否定答案证明了"不存在**可计算函数** (computable function) 能判定任意两个 λ-演算表达式是否等价"。值得指出的是，在邱奇的定义中，一个函数可计算当且仅当它可以表示为一个 λ-项。而图灵则是将希尔伯特的问题转换成一个特定问题，证明了不存在算法判定任意一个图灵机是否停机，也就是不存在一个图灵机能判断任何图灵机对任何输入是否停机。这就是经典的**停机问题** (halting problem)。停机问题不可判定也蕴涵着循环程序的终止与否是不可判定的。

计算理论中另一重要问题是问题的**计算复杂度** (computational complexity)，也就是计算或评估一个问题所需的时间和存储空间。时间复杂度通过问题的判定算法需要执行的步骤数来衡量。不难理解，算法执行的时间主要在于其中循环语句的重复执行次数，这种次数通常依赖于问题的大小，也就是算法输入数据的大小 n。譬如，将一组整数排序的算法的执行时间依赖于被排序整数的个数 n。给定一个输入大小为 n 的问题，如果存在能在 n 的多项式倍数的步骤内完成并给出答案的算法，该问题就称为是**多项式时间的问题** (problem of polynomial time)。用 **P** 记所有这类问题组成的集合。一般将 **P** 中的问题看作是容易的，或说是实际可计算的问题。上面定义中的算法是所谓的**确定性** (deterministic) 算法，也就是说，对给定的输入，每一计算步骤后下一步的计算都是确定的。如果我们允许算法在计算过程中可以做（有穷次）的任意选择（或猜测）操作，这样的算法就称为**非确定性** (non-deterministic) 算法。一类重要的计算问题就是存在多项式时间的非确定性算法的问题，记为 **NP**。显然 **P** 是 **NP** 的子集，但二者是否相等呢？这就是著名的被标出百万美元奖金的 **NP** =? **P** 问题。研究计算复杂度，常用的方法是考虑一个输入是否满足用逻辑描述的性质的判定算法的复杂度。另一种方法是研究要判定的性质在逻辑系统中表述的"复杂度"，称为**描述复杂度** (decription complexity)。从直观上考虑，难判定的问题可能也难描述，反之可能亦然，"表述困难"的问题都涉及否定和存在量词，研究已经证明了确实如此！基于描述复杂度和基于计算复杂度对计算问题的分类是一致的，这非常有意义又很有趣。值得指出的是，存在理论可计算而实际不可计算的问题本身也是很有意义的，甚至是人类生活不可或缺的，目前所有的电子加密算法都依赖这样复杂度高的计算问题。

1.4.2 计算机科学技术领域的形式语言

在计算机科学与技术中，人们使用语言描述计算机系统和软件的设计、分析、实现和使用。随着计算系统和软件的泛在化和复杂化，人们设计出的**描述语言** (decription language) 也越来越多，越来越复杂。然而，其中一些语言（特别是程序设计语言）最终要转换为可以由计算机执行的符号化语言，而且最终转化成由 "0" 和 "1" 构成的机器语言。因此，形式逻辑是定义和正确使用这些语言的基本工具。我们下面讨论一些重要的形式语言的研究情况。

1.4.2.1 程序设计语言

前面讲过，λ-演算也被视为经典的形式逻辑系统（符合定义 1.2），它也是最早被用于描述算法的符号语言。除了在可计算性理论方面的地位和作用，λ-演算也可以说是最早的程序设计语言。现代实用的高级程序设计语言都是符号化语言，具有递归的语法结构，其语法通常采用 BNF 范式 (Backus-Naur Form) 描述，程序就是这种形式化语言的"合式公式"。程序语言的编译器可以自动检查程序的语法正确性，并将程序自动翻译或解释到目标语言，这些目标语言也是符号化语言。在 λ-演算基础上建立的**类型论** (type theory) 使用带类型的 λ-演算，是有类型的程序设计语言的理论基础。此外，带类型的 λ-演算的应用现已扩展到概率编程和量子编程领域。

为了帮助人理解和使用程序设计语言、支持语言标准化、指导语言设计、帮助编写正确的编译器，以及分析和证明程序的性质，判定程序之间的等价性等，就需要为程序语言定义抽象而且严格的语义。这方面的研究开启了程序设计语言的**形式语义学**。程序设计语言的形式语义的思想、定义以及使用方法可以说都源于第 1.3.2 节中讨论的数理逻辑中逻辑的形式**语义**，但程序语言语义的定义方法要丰富得多。主要的语义定义技术包括**操作语义** (operational semantics)、**指称语义** (denotational semantics) 和**公理语义** (axiomatic semantics) 等。

操作语义 人们通常认为, 形式语义领域最早的工作是约翰·麦卡锡 (John McCarthy, 1927 ~2011) 用 λ-演算定义 LISP[①] 的语义。λ-表达式的求值过程用**抽象机** (abstract machine) 定义, 一个抽象机也就是由符号表达式及表达式之间的转换规则（称为迁移规则）构成的一个形式系统, 符合定义 1.2 的定义。一个程序作为一个表达式, 按这套规则一步一步地执行, 去模拟计算机操作程序的过程。这种直接模仿计算机执行程序的语义后来被称为**操作语义**。人们在定义程序设计语言 Algol 68 的语义时第一次正式提出了操作语义的概念。达纳·斯科特 (Dana Scott, 1932~) 在 1970 年首次使用术语 "操作语义"。

戈登·普洛特金 (Gordon Plotkin) 在 1981 年的一篇技术报告 (technical report) 中提出了**结构化操作语义** (structural operational semantics), 作为定义程序设计语言的逻辑方法。这种方法用**状态迁移系统** (state transition system) 来定义程序的语义。大致上讲, 一个状态也称为一个**格局** (configuration), 由程序变量的值和剩余待执行的程序代码构成, 譬如 $\langle (x,5), < x := x+1; x := x+2 > \rangle$。结构化操作需要定义状态的构成法则, 并递归地给出程序语言中各种基本语句和复合结构的一步状态迁移规则。譬如, 根据迁移规则, 有如下的两步程序执行步骤

$$\langle (x,5), < x := x+1; x := x+2 > \rangle \longrightarrow \langle (x,6), < x := x+2 > \rangle \longrightarrow \langle (x,8), <> \rangle$$

其中 $<>$ 表示 "空程序", 即程序执行终止。

将迁移状态系统的状态看作合式公式, 将状态迁移规则看作推理规则, 结构操作语义就形成一个符合定义 1.2 的形式逻辑系统。操作语义将一个程序语言定义成一个类似于 λ-演算的形式逻辑系统。可以说, 普洛特金的结构操作语义基本上完整建立了操作语义理论基础。在操作语义理论基础中, 程序分析及等价性证明主要是**互模拟** (bisimulation) 和**重写** (rewriting) 技术, 二者都可以看作是形式逻辑系统中的形式证明。

指称语义 换一种观点, 我们可以认为, 一个程序的语义就是它执行时产生的效果。但是, 程序的执行是一个可能很复杂的动态过程, 很不容易理解和把握。为了理解这种动态过程, 判定其是否满足我们的需求, 需要发展严格抽象地描述和分析程序功能及其性质的强有力技术。克里斯托弗·斯特拉奇 (Christopher S. Strachey, 1916~1975) 和达纳·斯科特 (Dana Scott) 参考数理逻辑中为形式逻辑系统定义解释的方法, 把一个程序的语义定义为一个函数, 作为程序的语义**指称物** (denotation)。解决这个问题的主要挑战在于如何将递归程序（和循环程序）定义为函数。为了解决这个问题, 斯科特和斯特拉奇在 1970 年左右建立了**域论** (domain theory), 常被称为斯科特-斯特拉奇域论, 简称**斯科特域论** (Scott Domain Theory)。

在斯科特域论中, 假设了一个可数无穷的变量集合 X 和相应的取值空间 V。程序执行中的任意一个**状态** (state) 被抽象为一个从 X 到 V 的函数, 所有状态组成的集合记为 Σ。这样, 一个程序的语义就可以定义为从一个（初始）状态映射到一个（终止）状态的函数。但要注意, 例如 $x := x/y$ 当 y 为 0 无法正常计算, 这使得相应的 "终止" 状态无定义。我们用 $\perp$ 表示**无定义的状态** (undefined state)。这样, 一个程序或程序命令 C 的语义 $[\![C]\!]$

[①] LISP 是除 Fortran 外最早的高级程序语言。

就是 $\Sigma^\perp \overset{\text{def}}{=} \Sigma \cup \{\perp\}$ 上的一个函数 $[\![C]\!] : \Sigma^\perp \longmapsto \Sigma^\perp$。定义状态空间 $\Sigma^\perp$ 上偏序关系 $\leqslant$，令 $\sigma \leqslant \sigma'$ 当且仅当 $\sigma = \sigma'$ 或 $\sigma = \perp$，这样 $(\Sigma^\perp, \leqslant)$ 就构成一个**偏序集** (partial ordered set)。对任何程序，从无定义状态开始执行时终止状态自然也无定义，所以我们要求程序的语义函数是**严格的** (strict)，即对任何程序 C 都有 $[\![C]\!](\perp) = \perp$。将 $(\Sigma^\perp, \leqslant)$ 中的偏序关系自然扩展到 $\Sigma^\perp$ 上的函数集 $\Sigma^\perp \longmapsto \Sigma^\perp$ 上的偏序关系，所有 $\Sigma^\perp \longmapsto \Sigma^\perp$ 上的单调且连续的函数都有最小不动点。这样，$(\Sigma^\perp \longmapsto \Sigma^\perp, \leqslant)$ 构成一个**完全偏序** (complete partial ordered set，CPO)，也称为一个**域** (domain)。

进一步，将程序语言中的**顺序组合**和**条件选择**等的语义定义为状态集 $\Sigma^\perp \longmapsto \Sigma^\perp$ 上的函数，证明它们单调且连续。这样，递归程序（和循环语句）的语义就可以（也应该）定义为递归函数的**最小不动点** (least fixed-point)。基于域论，可以将程序分析建立在函数分析的数学基础上。这种通过将符号语言中的语法结构定义为数学结构中的元素的方法称为**指称语义**。可以看出，为一个程序语言定义一个指称语义，就像在数理逻辑中为一个符号语言定义一个解释。为此需要给这个程序语言的每个语句定义指称物，而用程序语言写的程序就是这个形式语言里的合式公式。进而，程序的性质就是其模型（指称物）的性质。与形式逻辑不同的是程序语言本身及其指称语义并不提供形式的逻辑推理规则。因此，为支持基于指称语义的程序分析和证明，还需要再构建一个形式规约语言和相应的推理系统。另外，一个指称语义的正确性并不是显而易见，需要和其他语义模型比较。譬如，在操作语义下等价的程序应该有相等的指称。这说明，指称语义的定义必须满足程序设计和程序执行的基本规律，也就是程序定律。

指称语义理论对计算机系统和软件开发中严格地进行系统需求规约、求精、抽象、正确性验证和证明有重要指导意义，也是可信计算和软件形式化方法中**形式规约** (formal specification)、**精化理论** (refinement theory)、**抽象解释** (abstract interpretation)、**形式化验证** (formal verification) 的语义基础。其作用等同于在数理逻辑中通过模型论研究判定形式逻辑的表达能力、证明能力、可靠性和完备性，确定一个形式化方法的可靠性、有效性和适用性。

公理语义　程序语言的**公理语义**就是直接使用形式逻辑公理来刻画程序（语句）的语义。这种语义都建立在已有的形式逻辑系统基础上，再加上程序必须满足的基本命题，作为对程序进行推理的公理。这样，**每个公理语义就是一个形式（逻辑）系统，是一个程序设计逻辑** (programming logic)。有关程序性质的规约和证明都直接在这种形式系统中进行。当然，一个程序逻辑的表达能力、可靠性、完备性以及可判定性的研究，最终都需要采用数理逻辑的方法，但通常是以程序语言的指称语义和操作语义作为程序逻辑的解释模型。程序逻辑的基本思想和方法和数学形式系统相似，如公理算术、公理群论等。

用逻辑公式来定义程序语义的最早工作是美国计算机科学家罗伯特·弗洛伊德 (Robert W. Floyd, 1936~2001) 用逻辑定义程序**流程图** (flowchart) 的语义。弗洛伊德提出的技术是为流程图每条边标注一个有关程序状态的谓词逻辑公式。他还提出了一套方法，把一个程序的语义表示为一个谓词逻辑公式。该工作在 1967 年发表。1969 年英国计算机科学家托尼·霍尔 (Charles Antony Richard Hoare) 在弗洛伊德工作的基础上，为结构化程序建立了第一个程序逻辑，后来被称为**霍尔逻辑** (Hoare Logic)，也有人称**弗洛伊德-霍尔逻辑** (Floyd-Hoare Logic)。

霍尔逻辑中的基本命题是形式为 $\{P\}S\{Q\}$ 的**霍尔三元组** (Hoare Triple)，这里的 S 是一个**程序**或**命令**，P 和 Q 是两个关于程序状态的一阶谓词公式，通常包含程序变量。P 称为**前置条件** (precondition)，Q 称为**后置条件** (postcondition)。这种三元组的非形式语义为：当程序 S 从满足前置条件 P 的状态开始执行，如果其执行终止，就能保证得到的终止状态满足后置条件 Q。霍尔逻辑的可靠性和（相对）完备性是在程序的指称语义和操作语义的基础上建立的。

与霍尔逻辑类似的另一公理语义是艾兹格 · 迪科斯彻 (Edsger Wybe Dijkstra，1930～2002) 提出的**谓词转换器** (predicate transformer) 语义。在这个语义中，程序 S 的语义被定义为一个从程序状态的谓词 Q 转换为另一个谓词的函数（称为谓词转换器）$wp(S,Q)$。作为转换结果的谓词 $wp(S,Q)$ 是执行程序 S 之后能建立后置条件 Q 的最弱前提条件，即在霍尔逻辑中对给定的 S 和 Q 满足三元组 $\{P\}S\{Q\}$ 的最弱的谓词 P。

人们还提出并深入研究了程序设计语言的**代数语义**、**博弈语义**等。前者可以看作指称语义和模型论的结合，后者可以看作**模态逻辑**和操作语义的结合。

在开始阶段，有关形式语义的研究主要关注**顺序程序**，后来逐步扩展到**并发程序**和**分布式程序**。并发和分布式程序也涉及顺序程序语言及其语义，与顺序程序相比，它们提出的新问题主要是如何处理**同步**和**非确定性**，以及由此引起的**死锁**和**活锁**等问题。此外，**实时程序**也牵涉到并发和同步问题。

人们还看到，程序还常常需要不同的语义模型。为研究各种程序语言和各种不同语义模型的关系，建立一种统一的程序语义的构建方法，霍尔和何积丰在 1988 年建立了**统一程序设计理论** (Unifying Theory of Programming，UTP)。UTP 可以看成程序逻辑和指称语义的结合，其基本思想是认为一个程序的一种语义可定义为一组需满足的**健康条件** (healthiness condition)，这些健康条件可以视为相应语义系统的公理。在本书关于程序设计理论简介的第 8 章中，我们将介绍程序设计语言的操作语义、指称语义和公理语义。

1.4.2.2 形式规约和建模语言

一个**形式规约语言** (formal specification language) 也是一个形式逻辑意义上的形式语言，用于严格描述系统或软件需要满足的性质，或者定义它们的**抽象模型**，例如一个程序的指称语义模型。类似霍尔逻辑的公理语义可以直接用作规约语言，但是早期的程序逻辑不能刻画表述如带**指针**、**引用**或有**副作用**的顺序程序语言。后来，包括本书作者[①]在内的计算机科学家将这些程序逻辑都扩展到了带指针或引用的面向对象的程序设计语言。

随着计算机（或系统）的计算能力越来越强和计算机应用的发展，系统软件和应用软件也越来越复杂，软件的需求**规约** (specification)、分析和验证，以及算法的正确性描述（或规约）成为软件工程的挑战性问题。复杂软件和系统的需求分析需要解决基于自然语言的需求规约的歧义性，这就要求有结构化的严格的分析技术和工具。形式化的逻辑系统自然成为最重要的工具。然而，直接用程序设计语言的操作语义、公理语义或表述及证明指称语义的

---

① 刘志明与何积丰等定义了面向对象的关系语义，称为 rCOS。

形式逻辑系统，不能有效表述复杂系统设计开发过程中，从创建需求文档到程序代码生成各阶段不同抽象层次的**工件**。因此，20 世纪 70 年代理论计算机界开始设计**形式规约语言**。

规约语言大致分两类，一类是**面向模型的** (model-oriented)，另一种是**面向性质的** (property oriented)。面向性质的规约语言的基础是一个（受限的）形式逻辑，最具代表性的是阿米尔·伯努利 (Amir Pnueli，1941～2009)1977 年引进计算机科学的**线性时序逻辑** (Linear Temporal Logic，LTL)，爱德蒙·克拉克 (Edmund M. Clarke) 和艾伦·爱默生 (E. Allen Emerson)1981 年建立的**计算树逻辑** (Computation Tree Logic，CTL)，还有中国计算机科学家唐稚松 (1925～2008)20 世纪 70 年代提出的时序逻辑规约语言 XYZ 等。用这些逻辑语言写的规约一般只是对系统的一些关键性质的描述，而不是系统全部需求的规约。规约的形式证明可以在该规约的逻辑中进行。时序逻辑规约语言的语义一般是**克里普克模型** (Kripke Model) 或其计算模型的变种，如**自动机** (automaton)、**状态迁移系统** (state transition system) 等。

面向模型的语言也称为**建模语言** (modelling language)，其中有一类基于指称语义模型。给定这类语言的一个**规约**，可以根据规则构造或派生出一个模型，或者证明判定一个模型是否为符合规约。最早的这类规约语言包括**维也纳开发方法的规约语言** (VDM-SL)、**Z-语言** (Z-Notation) 和**统一代数描述语言** (common algebraic specification language，CASL)。VDM 是 20 世纪 70 年代初由丹尼斯·比约纳 (Dines Bjørner, 1937～) 和克里夫·琼斯 (Cliff Jones, 1944～) 等在 IBM 维也纳实验室开发，包括数据类型的规约和程序结构（即模块）的规约。数据类型的规约定义有类型的数据以及其上的操作，数据的范围约束以及操作需要满足的约束用一阶逻辑描述。模块的规约说明程序变量及其类型和一组过程或函数，其功能约束用霍尔逻辑描述。VDM 定义了模块的组合机制。Z-语言由简·阿布瑞尔 (Jean-Raymond Abrial)1974 年左右定义，目标是支持模块化的软件开发。一个模块的规约包括一个 **Z-模式** (Z-schema)，描述数据类型和程序功能，但统一用一阶谓词逻辑描述集合、函数和关系。Z 的逻辑基础是一阶谓词逻辑和集合论。Z-语言中的模块组合机制与 VDM 类似。VDM 和 Z 都建立在逻辑系统上。一个具体系统的规约等价于该逻辑上的一个或一组逻辑公式，其语义就是满足它的所有模型。

CASL 是约瑟夫·果根 (Joseph Goguen, 1941～2006) 等人基于**抽象数据类型** (abstract data type) 定义的**代数规约** (algebraic specification) 语言。一个代数规约由一些表述类 (sort) 的符号、类之间的**操作符**，以及用**多类等式逻辑** (many-sorted equality logic) 描述的等式公理组成。代数规约的模型就是满足它的数据类型，即该规约定义的**代数** (algebra)。

在开发 VDM、Z 和 CASL 等规约语言时，人们的重点在于规约结构化的顺序程序的计算功能，没有并发和交互程序方面的考虑，没包含显式的对同步和交互的表述结构。为了设计和开发并发和分布式系统，托尼·霍尔和罗宾·米尔纳 (Robin Milner，1934～2010) 分别在 20 世纪 70 年代末和 80 年代初开发了**通信顺序进程** (Communicating Sequential Processes，CSP) 和**通信系统演算** (Calculus of Communicating Systems，CCS)。一个 CCS 规约是一个 CCS 表达式，其语义用结构化操作语义定义。状态迁移规则是推导 CCS 表达式之间各种等价关系的形式系统，这些等价关系都通过**互模拟** (bisimulation) 关系定义。CSP 规约也是满足语法的表达式，但为这种表达式定义了一系列不同抽象层次的指称语义，按表达能力递增的顺序依次有**轨迹语义** (trace semantics)、**中断语义** (failure semantics) 和**中断-发散语义** (failure-divergence semantics)。后来人们也为 CSP 定义了完整的操作语义。CSP 和 CCS 都有很强的代数特征和性质，规约表达式的等价转换和精化都由代数等式和不等式推导，所以 CSP 和 CCS 以及类似的规约语言也被称为**进程代数** (process algebra) 或进程演算。

在功能比较单一的规约语言的基础上，人们还发展了一些数据功能和交互及并发相结合的规约语言，如 Event-B 和 Alloy 等。面向模型的[①]和面向性质的规约方法和技术也得到统一，譬如 CCS 和 μ-演算（一个模态逻辑）的结合，用 CCS 表达式定义模型，用 μ-演算表达和证明模型的性质。此外，如霍尔逻辑一类的程序逻辑既可以定义程序和程序的执行模型，也可以规约模型的性质。人们也对霍尔逻辑进行扩展，用于基于共享变量的并发程序规约，这方面代表性的工作有克里夫·琼斯的 Rely-Guarantee 规约以及皮特·阿亨 (Peter O'Hearn) 等人的基于**分离逻辑** (separation logic) 的规约。莱斯利·兰伯特 (Leslie Lamport) 的**动作时序逻辑** (Temporal Logic of Actions，TLA) 既可以描述模型也可以表述模型的性质。这样，**形式化方法**进入支持形式化建模和分析的**基于模型**或**模型驱动**的时代，为**模型驱动架构** (Model-Driven Architecture，MDA) 的软件工程方法提供有效的形式规约、验证和证明及**保持正确性的模型转换**。

命题逻辑是计算机硬件设计的核心基础，各种数字电路的行为都用**逻辑门** (logical gate) 表示，最基本的是"与门"电路、"或门"电路和"非门"电路，对应于三个逻辑连接词。所以，命题逻辑语言一直被用作复杂的逻辑电路设计的规约语言，人们做实际电路设计时使用的就是布尔代数。近几十年人们开发了类似于程序设计语言的**硬件描述语言** (hardware description language，HDL)，用它们支持硬件设计、分析和模拟自动化，以及嵌入式系统的软硬件协同设计等。现代硬件描述和证明中使用的代表性语言是基于 IEEE 1364 标准的硬件描述语言 Verilog 发展的 System Verilog。这样，硬件和软件设计语言和规约语言正在趋于统一。

在设计复杂的计算系统时，还需要设计和验证大量的人机之间以及机器之间的联系，为此人们开发了**接口语言** (interface description language)。这类语言的作用就是以严谨的形式描述对一个机器的功能和接口需求。虽然不同语言的语法各异，但是实质都和程序设计语言以及系统规约和模型语言类似，等价于一个逻辑系统的形式语言。譬如，用于与数据库交互的语言 SQL 实质上和一阶逻辑等价。

综上所述，各种规约语言的基础是数理逻辑中的语言、语义（解释）和用该语言写的规约的模型。随着实时系统和嵌入式软件的发展，人们扩展了一些规约语言及其模型（语义），建立了它们的能表述时间的扩展版本。本·莫斯科夫斯基 (Ben Moszkowski) 针对实时需求规约设计了**区间时序逻辑** (interval temporal logic)，周巢尘等人在其基础上建立了**时段演算** (duration calculus, DC)。计算、通信和控制三大技术的融合催生了人–信息–物理融合系统的研究，连续和离散行为的规约以及系统不确定性的描述和建模推动着**混成系统** (hybrid system) 的建模和规约以及处理系统不确定性的基于概率和统计的形式规约语言，建立在 CSP 和 DC 基础上的 Hybrid CSP 及**混成霍尔逻辑** (Hybrid Hoare Logic) 是**信息物理融合系统** (CPS) 的规约和证明语言。

---

① 以指称语义为基础的面向模型的规约语言一般包括能描述性质的子语言。

1.4.3 形式证明与验证

研究和创建形式语言及其语义的核心目的是为了严格、系统和有效地分析和证明软件和硬件系统的需求规约，设计和实现正确的和可靠的计算系统。

形式证明、模型检验与精化   在一个有形式化语法和语义的规约语言（包括程序设计语言）的基础上，我们可以提出如下典型的逻辑问题：

(1) 一个程序是否满足它的需求规约，即一个程序是否正确？

(2) 一个模型是否满足一个规约？

(3) 一个规约是否存在模型？

(4) 一个规约是否比另一个更强（蕴涵另一个）或与另一个等价？

问题 (1) 的一般形式是从一些已知或假设的规约能否推出另一个规约，如需求的性质。回答这个问题的方法就是形式逻辑的**形式定理证明** (formal theorem proving)。问题 (2) 的答案就是求解数理逻辑中逻辑公式的满足性问题，通常希望有一个能给出肯定或否定回答的算法，这种途径现在称为**模型检验** (model checking)。这两个问题都是关于系统的正确性证明，但问题 (2) 也可以用于证明被检查的模型不满足某个"坏"的性质，从而证明模型的安全性。还可以用于寻找系统中的漏洞 (bug)。问题 (3) 是问一个规约是否存在一个系统实现，这就是逻辑中的可判定性问题，需要寻求判定算法。问题 (1)~ 问题 (3) 一般是针对面向性质的规约，但其中的问题 (3) 也可以是针对面向模型的规约。

问题 (4) 是问题 (1) 的特殊情况，不过它是**规约求精理论** (theory of specification refinement) 或**模型求精** (model refinement) 和**抽象解释** (abstract interpretation) 的核心基础问题。规约求精是支持系统**自上而下开发** (top down development) 的**瀑布模型** (waterfall model) 的形式化工程方法，也是支持模型驱动架构的形式化方法。基于精化和模型驱动的技术也称为**构造即正确** (correct by construction) 的方法。

当然，在一般的情况下，在一个复杂系统的开发过程需要回答以上所有的四个问题。显然回答这些证明和验证问题，需要对一个形式规约语言，其语义以及在二者基础上建立的逻辑系统进行表达性、可靠性、完备性以及可判定性的研究，这些都属于数理逻辑的范畴。

可以看出，一个形式规约语言（包括其形式语法和形式语义），在此基础上建立形式推理规则以及规约的模型构成一个形式系统，这个形式系统仍然是数理逻辑的语言、解释以及证明三位一体。对这样一个系统，需要研发相关的形式证明的方法和技术，构建模型的方法和技术，判定规约可满足性的技术和算法，以及规约和模型处理及转换的技术和方法。使用这些技术是为了构造计算系统和软件系统的模型，所以它们是设计、分析和验证计算系统和软件系统的方法，称为**形式化方法** (formal method)。由于程序语言、规约语言和建模语言与形式逻辑语言之间的对应关系，以及程序、软件系统、软件模块与形式逻辑公式的对应关系，使得数理逻辑中处理逻辑公式的复杂结构、公式之间的等价与蕴涵关系及公式的模型思想、技术和手段，能够很自然地成为处理程序和软件系统静态结构、动态行为和相关性质的方法和工具。因此，程序设计和软件工程中原创性的理论和技术大多都能追溯到数理逻辑的源头。

证明和验证的工具支持 计算机科学技术的先驱，包括图灵和邱奇等人，就是在研究数理逻辑中的证明问题、判定性问题以及逻辑公式的可满足性问题时发明了计算的模型，他们也始终用逻辑的方法研究计算。在真实的计算机出现后，人们也开始用它做形式化的推理和证明，如证明了著名的四色定理。随着计算机、数据结构及算法的发展，很多形式化方法领域的专家致力于研究**自动定理证明** (automatic theorem proving)，开发了自动**证明检查器** (proof checker) 以及稍后的**模型检验** (model checking) 方法。**受限问题自动求解** (constraint problem solving) 近年取得了长足进展，为定理自动证明和模型检验技术的结合提供了支持。值得指出，计算机的计算能力日益强大，其方法与技术的发展，包括数据结构、（分布式）算法设计以及数理逻辑的模型构造技术等，都是促进证明和验证工具发展的重要因素。计算机辅助证明技术已经在工业界，尤其是硬件系统的证明领域得到广泛应用。学术界也完成了一些实际操作系统内核等复杂软件系统的验证。同时，形式化方法提供的抽象、可组合性的建模和分析的技术和工具，也为有效处理软件和系统的复杂性提供了理论基础以及系统的方法和技术，尤其是基于分层的和面向服务的系统架构 (layered componend-based and service-oriented architecture) 的建模、设计、分析和集成。

形式化方法的范畴论 每一个**形式化方法**都有作为其基础的形式逻辑系统，该逻辑的形式语言的语法生成的合式公式集合称为**形式规约** (formal specification) 集合。每个合适的规约与形式语言的解释有被满足的关系，即规约定义其模型集合。形式逻辑系统的推理规则生成证明和定理。语言的字母表（符号集合）、规约集合、解释集合、定理集合和证明集合（的幂集）都可以定义相应的**范畴** (category)。这些范畴的对象分别是字母表的子集、规约的子集、解释的子集、定理的子集和证明的子集。显然，规约的语法规则和推理规则决定这几个范畴对象之间的依赖关系，如规约集合对应它们的模型集合、定理和它们的证明集合等。形式化方法可以看作通过其语法规则和推理规则分析和处理这些依赖关系的**机构**，这些正符合果根 (Joseph Goguen) 和罗德布斯塔尔 (Rod Burstall, 1934~) 定义的机构的概念。不难将支持证明、求解和判定的计算机软件也加入这个机构，这样一个形式化方法就是一个提供了语言、语义（模型）、证明和工具四位一体的机构。

在传统上，数学界把范畴论看作数理逻辑的一个分支，认为它研究不同形式系统之间的语言、解释和证明的关系。譬如，语言语法的转换决定了保持模型的规约之间的转换，通过不同逻辑系统中语言语法和推理规则的关系确定其证明之间的关系。果根和罗德布斯塔尔正是在这个基础上提出了机构理论 (theory of institutions)，希冀建立不同形式化方法（形式规约、模型和证明）的联系和统一。这种统一可以为目前越来越多的涉及大量异质异构部件的模型、软件和系统，**面向服务的系统、物联网和人机物融合系统**等大规模的**系统之系统**的构建和运维技术，以及相关工具的开发提供必要和充分的基础。很显然，要构建这样的系统，必然要涉及使用、组合与继承那些基于不同模型、语言、设计、技术平台的子系统。只有建立起某种统一理论，方能解决部件之间的相容性问题，保证它们正确地互操作。然而，在理论上和工具支持方面，机构理论还相当不完善，继续这方面研修工作，可能有不错的收获。

　　这个导论用了比一般教科书中更多的篇幅，目的是在讲授数理逻辑具体理论和技术之前，首先讲一讲相关的道理和思想。在这里，我们从逻辑由来的第一因开始，讨论了形式逻辑、符号逻辑和数理逻辑的发展和演化的主要里程碑，以帮助读者理解在这一发展过程中遇到或出现的重要问题、概念和思想方法。随后讨论了数理逻辑如何成为计算理论和计算机科学产生的根源和发展的基础，说明形式逻辑是计算机科学的源头。在第 1.4 节中，我们主要讨论了计算理论、程序语言、程序设计和软件开发中的数理逻辑，这些构成了计算机科学与技术以及软件工程两个学科的核心内容，也是本书作者的专业领域。

　　数理逻辑在整个计算或信息科学与技术领域中无处不在。譬如，就数据库系统与技术而言，数理逻辑是关系数据库和面向对象的数据库的基础，数据库管理系统的检索语言（如SQL）就是典型的逻辑语言。可以说，没有数理逻辑的基础就不可能产生数据库及其相关技术。不言而喻，数理逻辑在数据库系统和技术基础上的大数据分析中也是十分重要的。在**人工智能** (artificial intelligence，AI) 领域，早期人工智能技术主要研究知识的表示和推理，可以看作数理逻辑在计算机领域的直接应用。以**机器学习**为基础的人工智能技术中的模型训练、决策和分类的泛化规则等，都需要数理逻辑的思维和方法作为基础。我们相信，任何新的学习模型的产生都离不开数理逻辑的理论和思想方法的支持。由于作者不是这些领域的专家，这里不作进一步讨论。但是，目前信息科学界，包括机器学习和**人工神经网络** (artificial neural network，ANN) 领域的创始人和前沿学者，都意识到了当前以机器学习和人工神经网络为核心的人工智能的局限性，提出基于数据的学习和分析技术亟需与知识表示及推理的技术结合和统一；认为人工智能不仅需要学习，也需要推理①。同时，人工智能系统的**可信性、可控性**与**可组合性**也是将人工智能软件可靠地集成到工程系统中的前提。这些工程系统包括第 1.4 节最后一段中提及的**面向服务的系统、物联网**和**人机物融合系统**等大规模的**系统之系统**。譬如，智能交通、智能制造、智慧健康医疗、智慧城市等系统。解决这些挑战都离不开数理逻辑理论、方法、技术和工具。

---

　　① 我们认为学习中需要推理，而推理中也需要学习。

第 2 章　离散数学基础

现代数学有很多分支，它们都有一个共同的基础：**集合论** (set theory)。有了它，数学这个庞大家族就有了一套共同的语言。集合论中提出了一些非常基本的概念：**集合** (set)、**关系** (relation)、**函数** (function)、**等价** (equivalence) 等，这些都是各个数学分支都必需的概念。对这些概念的理解，是进一步学习其他各数学领域的基础。当然，这些概念在高中数学中有所讨论，故理工科大学生对它们不会太陌生。在集合论的基础上，现代数学有两个最重要的研究领域：**代数** (algebra) 和**分析** (analysis)。至于其他数学领域，如几何学和概率论，在古典数学时代它们和代数并列，但是其现代体系则基本是建立在分析或代数的基础之上，因此在现代意义上它们同分析与代数并非平行的关系。数学分析是现代概率统计的基础，而后者又是当前数据分析与机器学习等热点领域的数学基础。本章也会涉及代数与分析的一些基本思想和概念。

本章主要介绍学习研究数理逻辑所必需的数学基础，主要是离散数学基础知识。但我们的目的并不是提供关于离散数学的完整与深入的讨论，而只是做一些基础性的论述，为后续各章节构建共同的知识与方法基础。当然，在计算机相关领域，离散数学是计算机科学最重要、最核心的基础知识领域。国内外有许多优秀的面向计算机专业的离散数学教科书，建议读者参考。

本章讨论旨在：

(1) 为后续各章学习及应用数理逻辑提供必要的离散数学知识基础、思维方法和基本技能；

(2) 明确本书使用的共同术语、符号和数学表达方式，从而建立共同的讨论语言；

(3) 根据上述目标，介绍并讨论相关数学概念、结构和方法，介绍它们在数理逻辑及计算机科学中的意义和应用；

(4) 帮助读者理解模型思维及其重要性，介绍模型思维的基本方法。

本章的主要内容包括：

(1) 集合与集合代数；

(2) 关系与关系代数；

(3) 函数；

(4) 偏序集、格、完全格、完全偏序集和不动点理论。

当然，再次提醒读者：若想深入学习这些方面的知识，建议参考阅读其他离散数学教科书。

2.1 集合与集合代数

本节主要定义集合的概念及重要的集合操作，这些是本章后续所有讨论的基础。

2.1.1 集合：概念、表示法和意义

集合是数学中最基础的概念，基础到无法给出严格定义，而只能借助直观的例子给予描述。关于集合的概念有如下定义：把一些东西放在一起就构成了一个**集合** (set)，其中每个东西都是该集合里的一个有定义且有别于其他东西的**元素**。最常见的情况是把一些具有相同 "特性" 或 "属性" 的东西放在一起，作为讨论中考虑的集合。然而，后面将会看到，集合的概念实际上比 "特性" 的概念更基础，或至少是同一层级。我们先通过几个例子来展示集合的概念。

例 2.1   下面是几个集合的例子：

(1) 所有自然数放在一起构成一个集合，称为**自然数集合** (set of natural numbers)。

(2) 自然数中所有的偶数构成一个集合，称为**偶数集合** (set of even numbers)。

(3) 自然数中所有的奇数构成一个集合，称为**奇数集合** (set of odd numbers)。

(4) 所有小于或等于 5 的自然数是一个集合，该集合只包含有穷个元素，所以是**有穷集合** (finite set)。

(5) 程序设计语言中的一个**类型** (type) 是一个集合，其中元素就是该类型中所有的值，譬如 C 语言的整数类型 int。

(6) 所有的男人构成一个集合。

(7) Java 程序中一个**类** (class) 也定义了一个集合，其元素是该类所有可能的对象。

上述的例子，尤其是 (5) 和 (7)，说明集合是对一组对象或元素抽象分类，根据讨论者的意图和目的，将对象的一些属性抽象掉，譬如程序语言中的数据类型和类还有其他重要的属性。集合中的对象称为该集合的**元素或成员**。显然，一个任意的对象 a 可以是或者不是某个集合 A 的元素，这些情况在数学中都有意义。

在数学中，有关集合的一个比较严格的定义如下。

定义 2.1 (集合)   由一些可相互区分的不同对象所构成的有明确定义的整体，将这个整体本身也看作一个对象，就是一个**集合** (set)。

这里 "有明确定义的" 的意思是 "清晰的，可以和其他集合区别的"。该定义源自朴素集合论的奠基人康德 (Georg Cantor, 1724~1804) 的原始定义，其英文原文为："a *set* is a *well-defined* collection of *distinct objects*, considered as an object in its own right"。康德对集合定义的英文阐释是："A set is a gathering together into a whole of definite, distinct objects of our perception or of our thought — which are called elements of the set"。

在日常生活中人们也时常会用到集合的概念，主要是用作事物的分类。譬如，人们常把某一类常用物品放在一个袋子里，如电源转接头、激光笔、U 盘等；把常用的钥匙和指甲剪穿在一个钥匙串上；钱包里通常有放卡的地方、放纸币的地方和放硬币的地方；一批人可能组织成为一个社团、政党、机构等。数学中的常见记法是把元素列在一对花括弧中表示一个集合，譬如用 $\{0, 1, 2, 3, 4, 5\}$ 表示小于或等于 5 的所有自然数组成的集合。这里的一对花括弧就对应于真实物理世界中的容器，如 "袋子""钥匙环""钱包" 及里面的各 "夹层" 等，同时也可用来代表逻辑的分类。这些真实物品都可以看作数学中用符号陈述的语句在现实世界中的直观对应物。由此可以体会到作为数学概念的 "集合" 及其人工符号 "{ }" 的抽象能力。

集合可用于表示人们感兴趣的一些事物（或称对象），即用一个集合作为某些东西的**模型** (model)。故我们也可直观地说，模型就是一个东西或一些东西的表示。在工程领域中做模型，就是为了研究和处理一个（一些）东西，而这个（这些）东西的处理可以由人直接进行，也可以通过计算机程序完成。但若希望用计算机处理一些事物，必须清晰地理解表示被处理的东西、需求和方法，设计算法和编写处理它们的计算机程序。这就是计算机程序应用的核心思想。

例 2.2 如下集合均可以视为一个名字叫张三的人的模型：

(1) { 张三，55 岁，1.8 米，60 公斤 }。

(2) { 张三，老，高，瘦 }。

(3) { 张三，教授，博士，博导，{ 李四，硕士 }，{ 王五，博士 }}。

集合可以用来清晰表示程序语法和语义的重要组成部分。

例 2.3 给定了一个名字为 S 的程序，可以发现一些与它有关的集合，例如：

- S 中所有变量构成的集合。如果程序 S 中的程序变量就是 $x_1, \cdots, x_k$，可以用集合的形式记为，例如 $X = \{x_1, x_2, \cdots, x_k\}$。

- S 中变量的所有可能取值构成一个集合，记为 V，表示 X 中变量只能以 V 的元素为值。

- S 的一个**状态** (state) σ 就是以 S 中的所有变量与这些变量的取值的二元组的集合

$$\sigma = \{(x_1, v_1), (x_2, v_2), \cdots, (x_k, v_k)\}$$

其中 $x_1, x_2, \cdots, x_k$ 为 S 的变量，而 $v_1, \cdots, v_k$ 是 V 中的元素。表示一个状态的集合 σ 说明，在这个状态中，变量 $x_1, \cdots, x_k$ 的值分别为 $v_1, \cdots, v_k$，或者说变量 $x_1, \cdots, x_k$ 在**内存**对应地址存储的值分别为 $v_1, \cdots, v_k$。不难看出，状态是程序运行中程序变量与其对应的内存内容的关系的抽象。

- S 的所有可能的状态组成的集合，记为 Σ。

- S 的一次**执行** (execution) 可定义为一个状态对 (σ, σ')，表示从（初始）状态 σ 开始运行，到（终止）状态 σ' 结束。

- 程序 S 的语义 $[\![S]\!]$ 可定义为由 S 所有的执行构成的集合

$$[\![S]\!] = \{(\sigma, \sigma') \mid \sigma, \sigma' \in \Sigma \text{ 且 } S \text{ 以 } \sigma \text{ 为初始状态执行结束时的状态是 } \sigma'\}$$

我们还没有给出"从一个初始状态执行到另一状态"的正式数学定义，因此也还没办法严格确认或证明。相关定义将在第 8 章给出。

习题 2.1　请选取任意一段具体程序，参照例 2.3 定义出该程序的语义。

例 2.4　机器学习中的训练数据集一般是以向量作为元素的集合。譬如，表示一个西瓜优劣的训练数据集可以由西瓜的形状好坏、敲击的声音、瓜蒂的样子等特征参数来表示。

$$
\begin{aligned}
WaterMelon \quad = \quad & \{(nice, crispy, pretty, good), (nice, very\ crispy, soso, good), \\
& (soso, very\ crispy, soso, soso), (not\ nice, crispy, bad, bad), \cdots\}
\end{aligned}
$$

这些向量的前三个元素分别表示西瓜的特征，最后一个元素是表示其优劣的综合评价。

应该指出，无论一个模型如何精细，它通常也不是被其表示的那个东西（或说那个事物或对象）本身，而只是该事物或对象的一个**抽象** (abstraction)①，是表述者或模型构建者 (modeller) 对事物的一些感兴趣的方面的集成，或是对所关注事物的研究和理解，抑或是对要解决的问题的主要特征和属性的描述。在这种意义下，一个事物或一类事物的模型也是一个集合，其中每个模型都是相关事物的一个抽象，也就是这些事物的**概念定义**。简单地说，一个集合就是一类事物的模型、一类事物的抽象、或一个概念的定义的数学表示。可见，集合这个最基本的数学概念是一种强有力的思维和抽象工具。构建模型（建模）并针对模型进行分析和研究，是任何科学研究活动及日常生产生活管理中应用最频繁也是最重要的一种思维方法和问题求解技术。

上述简单朴素的例子和讨论也说明，为了研究一个或一类事物（或对象）②，人们往往需要建立多个模型，而且需要研究和分析不同模型之间的差异与联系，这就是"模型思维"的重要思想，也称为"多模型思维"。集合论、数理逻辑以及在此基础上建立的数学是模型思维的理论基础，对它们的深入理解，将有助于在模型思维的学习与实践时据此进行严谨的思维训练。本书后续章节还会经常讨论建模的问题与方法。

在本章的讨论中，我们做如下的约定：

- A、B、C 等英文大写字母和带角标的英文大写字母表示任意的集合；

- $a \in A$（或 $a \notin A$）表示 a 是（或不是）A 中的元素；

- $\overset{\text{def}}{=}$ 表示"定义为"；

---

① 中文"抽象"可作形容词、动词或行为名词解释。此处用作名词，即一个事物的模型，指该事物的一个抽象表示。而英文中"abstraction"本身是可数名词，等同于"model"。

② 注意，"集合"是把一类事物定义成一个整体，所以一个事物和一类事物只是抽象层次上的区别。

- ⇒ 表示 "如果 · · · ,则 · · · ";

- ⇔ 表示 "当且仅当"。

需要特别说明的是,上述符号只是用来替代相应的自然语言的符号,并非后面讲到的形式逻辑语言中的符号,请读者留意并与形式逻辑中的连接词符号等进行区分。

集合有两种常用的表示方法:

- **内涵表示法**:通过集合元素满足的性质予以定义,一般形式为 $\{a \mid P(a)\}$,表示所有满足性质或谓词 P 的 a 组成的集合。譬如,$\{n \mid n \in \mathbb{Z}$ 并且 $n \bmod 2 = 0\}$ 是偶数集合。

- **外延表示法**:通过列举集合中所有元素的方式定义,譬如 $\{2, 4, 5, 6\}$ 表示 4 个整数 $2, 4, 5, 6$ 组成的集合。集合 A 的一般外延表示形式为 $\{a_1, \cdots, a_n\}$,表示由元素 $a_1, \cdots, a_n$ 组成的集合,其中 n 是某个自然数,集合表示中列出了(也必须列出)其包含的所有 n 个元素。

数学中经常用集合表示数学对象,尤其是各种数。常用的数集合的符号表示包括:

- 自然数集合:$\mathbb{N} = \{n \mid n$ 是自然数$\}$,也可以表示为 $\mathbb{N} = \{0, 1, 2, \cdots\}$;

- 整数集合:$\mathbb{Z} = \{z \mid z$ 是整数 $\}$,也可以表示为 $\mathbb{Z} = \{\cdots, -2, -1, 0, 1, 2, \cdots\}$;

- 正整数集合:$\mathbb{Z}^+ = \{z \mid z$ 是正整数 $\}$,也可以表示为 $\mathbb{Z}^+ = \{1, 2, 3, \cdots\}$;

- 有理数集合:$\mathbb{Q} = \{q \mid q$ 是有理数 $\}$,我们知道 $\mathbb{Q} = \{s/t \mid s, t \in \mathbb{Z}, t \neq 0\}$;

- 实数集合:$\mathbb{R} = \{r \mid r$ 是实数$\}$。

我们也用 $\mathbb{Q}^+$ 和 $\mathbb{R}^+$ 分别表示正有理数集合和正实数集合。

设 A 为集合,如果 A 是有穷集合,用 $|A|$ 表示 A 中元素的个数;如果 A 是无穷集合,我们定义 $|A|$ 为无穷大,并用 ∞ 表示。

从集合与概念的关系上讲,集合的内涵表示对应于**概念的内涵**,而集合的外延表示则对应于**概念的外延**,也就是符合有关概念定义的所有实例。这里用了不少文字来讨论看似很简单集合的内涵和外延表示,目的在于说明集合是**概念**这一思维要素的数学表示。

一个元素 e 组成的集合表示为 $\{e\}$,没有元素的集合称为**空集** (empty set),记为 $\varnothing$ 或 $\{\}$。

例 2.5 下面是一些集合内涵表示的例子:

(1) $\{n \mid n \in \mathbb{N}, n < 100$ 且 n 是质数$\}$。

(2) $\{n \mid n \in \mathbb{N}, n = 0$ 或 $n = 1$ 或 $n = 2\}$。

(3) $\{n \mid n \in \mathbb{Z}, n = 0$ 且 $n = 1\}$,这个集合等于空集,我们用符号 $\varnothing$ 表述空集。

注意，确定一个内涵表示的集合是否是空集不是简单的问题，而一般的判定性问题通常表示为判定一个内涵表示的集合是否是空集。

几点说明：

(1) 集合的外延描述中列出的元素不应出现重复项，而这些元素出现的次序并不重要，所以，$\{1,3,2\}$ 和 $\{3,1,2\}$ 表示同一个集合。

(2) 集合的内涵表示是由有关集合元素的特性断言予以定义，断言也称为谓词。从这种意义上说，集合、性质和谓词（或断言）相互对应。集合和谓词对应，定义了一类具有"共同性质"的对象。集合、性质和谓词的统一性将在第 2.4 节中进一步讨论。

(3) 集合可根据需要任意定义，完全可以是人造的或毫无意义的，其中元素不一定有实际意义上的相关性，譬如：集合 $\{1,3,$ 诗, 张三, $\alpha\}$。

2.1.2　子集

我们首先定义两个集合相等的关系：

定义 2.2 (集合相等)　对任意给定的两个集合 A 和 B，如果对任意的 $a,(a \in A) \Leftrightarrow (a \in B)$，则 A 与 B **相等**，记为 $A = B$。

因此，两个集合相等当且仅当它们的元素相同。根据定义可以证明集合相等关系的**自反性** (reflexivity)，即 $A = A$；**对称性** (symmetry)，即 $(A = B) \Leftrightarrow (B = A)$，即对任意的 a，$a \in A \Leftrightarrow a \in B$ 当且仅当 $a \in B \Leftrightarrow a \in A$；还有**传递性** (transitivity)，如果 $A = B$ 且 $B = C$ 则 $A = C$，即对任意的 a，如果 $a \in A \Leftrightarrow a \in B$ 且 $a \in B \Leftrightarrow a \in C$，那么 $a \in A \Leftrightarrow a \in C$。因此，集合相等关系 "=" 是一个**等价关系** (equivalent relation)。后面将给出等价关系的严格定义。

这里出现 $\mathcal{P} \Leftrightarrow \mathcal{Q}$ 的写法，其中的 $\mathcal{P}$ 和 $\mathcal{Q}$ 是两个断言表达式。我们用这种写法作为 "$\mathcal{P}$ 成立当且仅当 $\mathcal{Q}$ 成立" 的简记形式。此外，下面还将使用 $\mathcal{P} \Rightarrow \mathcal{Q}$ 的简记形式，表示 "如果 $\mathcal{P}$ 成立那么 $\mathcal{Q}$ 也一定成立"。引入这种写法是为了简化叙述。

集合之间的一种重要关系是 "子集关系"，其定义如下：

定义 2.3 (子集)　任意给定两个集合 A 和 B，如果 A 的元素都是 B 的元素，即对任意的 a，$a \in A \Rightarrow a \in B$，就称 A 是 B 的**子集** (subset)，记为 $A \subseteq B$。此时也称 B 为 A 的**超集** (superset)，记为 $B \supseteq A$。

如果 A 是 B 的子集但 A 和 B 不相等，则称 A 是 B 的**真子集** (proper subset)，记为 $A \subset B$，此时也称 B 为 A 的**真超集** (proper superset)，记为 $B \supset A$。

根据上面的定义，集合 A 不是集合 B 的子集，当且仅当存在元素 $a \in A$ 使得 $a \in B$ 不成立（即 $a \notin B$ 成立），这种情况也记为 $A \nsubseteq B$。

集合子集的例子很多。譬如，男人组成的集合和女人组成的集合都是所有人组成的集合的子集；自然数集合是整数集合的子集；正的偶数集合和正的奇数集合都是自然数集合的子集，而且都是真子集；偶数集合和奇数集合都是整数集合的子集。这些子集关系可用数学语言表述如下：

- 设 P 为所有人组成的集合、M 为所有的男人组成的集合、W 为所有的女人组成的集合，那么就有 $M \subseteq P$ 和 $W \subseteq P$。实际上也有 $M \subset P$ 和 $W \subset P$。

- 设 $\mathbb{Z}$ 为整数的集合、$\mathbb{N}$ 为自然数的集合、$\mathbb{E}$ 为偶数的集合、$\mathbb{O}$ 为奇数的集合，则 $\mathbb{N} \subseteq \mathbb{Z}$，$\mathbb{E} \subseteq \mathbb{N}$，$\mathbb{O} \subseteq \mathbb{N}$，而且 $\mathbb{N} \subset \mathbb{Z}$，$\mathbb{E} \subset \mathbb{N}$，$\mathbb{O} \subset \mathbb{N}$。还有 $\mathbb{E} \subset \mathbb{Z}$ 以及 $\mathbb{O} \subset \mathbb{Z}$。

  直观上也可以看到 $\subseteq$ 和 $\subset$ 的传递性。例如 $\mathbb{E} \subset \mathbb{N}$，$\mathbb{O} \subset \mathbb{N}$ 和 $\mathbb{N} \subset \mathbb{Z}$ 就有 $\mathbb{E} \subset \mathbb{Z}$ 和 $\mathbb{O} \subset \mathbb{Z}$。

集合间的子集关系是对各种事物、数据、信息等进行分类和精确化的重要概念，这个关系有以下定理所刻画的良好性质：

定理 2.1 (子集关系的性质) 对任意的集合 A、B 和 C，有如下性质。

(1) **自反性** (reflexivity)：$A \subseteq A$。

(2) **传递性** (transitivity)：如果 $A \subseteq B$ 且 $B \subseteq C$，则 $A \subseteq C$。

(3) **反对称性** (anti-symmetry)：如果 $A \subseteq B$ 且 $B \subseteq A$，则 $A = B$。

(4) **最小元** (minimal element)：$\varnothing \subseteq A$。

一个概念可以通过概念外延中实体的基本特性定义。但是，要获得对这个概念更深刻的理解，并能合理正确地使用，还需要研究、发现和证明这个概念的更深刻的性质。这些性质一般以**命题** (proposition) 的形式表示，并要求给予严格的证明。经过证明的命题就成为**定理** (theorem)，而给出这些命题的证明过程，也是对概念及其性质的思考和理解的过程，因为证明的每一步都可能涉及被证明命题的各方面特征。例如，上面定理 2.1 中的性质 (2) 可以证明如下：

证明: (定理 2.1.(2)) 根据子集的定义（定义 2.3），$A \subseteq B$ 且 $B \subseteq C$ 当且仅当对任意的元素 $a \in A \Rightarrow a \in B$ 且 $a \in B \Rightarrow a \in C$，所以 $A \subseteq C$。 $\square$

关于这个证明，有一个情况需要说明：在只有概念定义（这里是"子集"的概念）的情况下，需要证明有关此概念的某些基本论断或基本性质时，我们就只能直接从定义出发。

上面定理中的每一条都很容易理解，也很容易证明。严谨地写出简单命题的证明是学习的起点，也是加强数学思维及其方法训练最有效的方法。这些对后面顺利且有效地学习形式逻辑的相关内容都非常重要。为向读者展示更多细节，这里给出定理 2.1 中的性质 (3) 和 (4) 的证明。

证明: (定理 2.1.(3)) 根据子集的定义，对任意的 a，因为 $A \subseteq B$，所以有 $a \in A \Rightarrow a \in B$；由于 $B \subseteq A$，所以 $a \in B \Rightarrow a \in A$。因此，对任意 a，$a \in A$ 当且仅当 $a \in B$，所以 $B = A$。 $\square$

证明: (定理 2.1.(4)) 根据子集的定义，需要证明的论断是"对任意的 a，如果 $a \in \varnothing$，则 $a \in A$"。因为 $\varnothing$ 没有元素，论断"$a \in \varnothing$"为假，所以复合论断"如果 $a \in \varnothing$，则 $a \in A$"为真。 $\square$

说明　在上面的证明中，我们用到了"仅在子命题 P 为真而且子命题 Q 为假的情况下复合命题 $P \Rightarrow Q$ 才为假"，这是"传统逻辑"的一条基本推理规则。在本书后面章节里还会一直使用这条逻辑规则。在社会生活和生产活动中也经常使用这一逻辑规则，但有时也违背这条逻辑规则。譬如，在讨论一个儿童犯了某种严重错误时，有些人主张因为年纪小应该以教育为主而非处罚为主，以利于孩子的成长。但也经常会有人反对，而反对的理由通常可能是诸如"如果这样的错误不严惩，所有的孩子都这样还了得？"之类的话。后面这句话就没有遵循上述逻辑原则，因为"所有（或很多）的孩子都这样"并不是事实（或说不成立）。

　　但是也应该指出，抛开日常生产生活的经验层次，从逻辑学层面来看，也并非所有逻辑都采用这条传统逻辑规则。譬如，**直觉主义逻辑** (intuitionistic logic) 就不接受它。在关于形式命题演算的第 4.2.1 节还将进一步讨论这个问题。

　　定理 2.1 有关集合之间"子集"关系 $\subseteq$ 的性质 (1)~(3)：自反性、传递性和反对称性，说明了这个关系是一个**偏序** (partial order) 关系。集合①中元素之间的偏序关系，对于处理这个集合中的元素，譬如比较、检索、分类等都非常重要。本章第 2.6 节将严格定义和讨论偏序关系。

　　下面是几个非常简单的命题，可以帮助读者学习和理解数学语言的使用。

- 对任意的 a，$a \notin \varnothing$。

- 对任意的 b，$b \in \{a\} \Leftrightarrow (b = a)$。

- 对任意的 a，$a \in \{a_1, \cdots, a_n\} \Leftrightarrow (a = a_1)$ 或者$\cdots$ 或者$(a = a_n)$。

- 对任意的 a，$a \in \{e \mid P(e)\} \Leftrightarrow a$ 具有性质 P，或说谓词 $P(a)$ 成立。

罗素悖论　康德的集合定义是关于集合的朴素而直观的说法，而不是一个严格定义。所以，在这个定义基础上建立起来的集合论被称为**朴素集合论** (naive set theory)。朴素集合论存在固有缺陷，例如，这里并不排斥"由所有集合构成的集合"这一概念，进而也允许定义如下的集合：

$$A = \{a \mid a \notin a\}$$

可是，如果将 A 看作集合，就会有$A \in A$ 当且仅当 $A \notin A$，这就是著名的**罗素悖论** (Russell's Paradox)。英国哲学家、数学家和逻辑学家罗素 (Bertrand Arthur William Russell，1872~1970) 发现这个悖论后不得其解，就写信告诉德国哲学家、数学家和逻辑学家弗雷格 (Friedrich Ludwig Gottlob Frege，1848~1925)。弗雷格弗是一阶逻辑的创始人，他收到罗素关于上述悖论的信时，正是他那本关于集合基础理论的著作完稿付印的时候。他立刻发现，自己忙了很久得出的一系列结果都被这条悖论搅乱了。为此，他只能在自己著作的末尾写道："一个科学家能碰到的最倒霉的事情，莫过于在他的工作即将完成时，却发现所做工作的基础崩溃了。"

---

① 所有的集合并不构成一个集合，否则就会出现罗素悖论（见正文中的介绍）。所以严格地讲，子集关系不能说是一个集合中的元素之间的关系。

罗素悖论动摇了数学的基础，导致了所谓的第三次数学危机，但这次危机也推动了数理逻辑的发展。为解决这一危机，人们建立起**公理集合论** (axiomatic set theory)，主要提出了两个公理系统：1903 年由策梅罗 (Ernst Zermelo，1871~1953) 提出，后经弗兰克尔 (Abraham Fraenkel，1891~1965) 改进而成的 ZF 公理系统（也称 ZFC 公理系统）；以及 1925 年由冯·诺伊曼 (John von Neumann，1903~1957) 在其博士论文中建立的 NBG 公理系统[①]。公理集合论是数理逻辑的重要分支。我们知道冯·诺伊曼还提出了冯氏计算机体系架构，他被称为计算机之父（图灵被称为计算机科学之父），冯·诺伊曼也是著名的物理学家和 20 世纪最重要的数学家之一。

2.1.3 集合代数

本节讨论集合的重要操作和它们的重要性质。为了表述的系统性、严谨性以及对代数概念的理解，这里将采用代数的方法，为此定义**集合代数** (set algebra) 的概念，并研究集合代数的性质。

2.1.3.1 泛代数

在学习集合代数前，首先需要了解简单代数（或代数结构）的概念。

定义 2.4 (简单代数) 一个简单代数 (simple algebra) 或简单代数结构 $\mathcal{G} = (A, op_1, \cdots, op_n)$ 由一个集合 A，称为**载子集** (carrier set)，和载子集上的一组**操作**，$op_1, \cdots, op_m$ 构成。操作可以是零元的（表示常量），也可以是一元、二元、三元等。这里要求每一个操作对 A 是**封闭的** (closed)，即如果 $op \in \{op_1, \cdots, op_n\}$ 是一个 n 元操作，则对 A 中任何元素 $a_1, \cdots, a_n$，运算结果 $op(a_1, \cdots, a_n) \in A$ 或者无定义。

所谓零元、一元、二元等是指操作对象的个数，例如，自然数上的加 "+" 运算是二元操作，Java/C 程序语言中的自增 "++" 应看作是一元操作。在代数中操作也常被称为**运算**。

载子集也称为**类** (sort)，类的概念与计算机科学中**类型** (type) 的概念相近。不难想到，自然数集 $\mathbb{N}$ 与其元素自然数 0，以及自然数上的加运算 "+" 构成了一个自然数代数 $\mathcal{N} = (\mathbb{N}, 0, +)$。整数集 $\mathbb{Z}$ 与整数 0，以及整数上的加 "+" 和减 "−" 运算构成一个整数代数 $\mathcal{Z} = (\mathbb{Z}, 0, +, -)$。有理数集 $\mathbb{Q}$ 与有理数中的 0 和 1，以及有理数上的加 "+"、减 "−"、乘 "×" 和除 "÷" 运算构成一个有理数代数 $\mathcal{Q} = (\mathbb{Q}, 0, 1, +, -, \times, \div)$。可以证明，计算机程序设计语言中的各种**数据类型** (data type) 或**数据结构** (data structure)，以及可应用于该数据类型（结构）上的特定操作（如顺序表的排序与链表排序就有所不同），都可以看作代数结构。在上述这几个例子里的常量 0 和 1 都是 0 元运算，它们没有运算对象；"+""−""×" 和 "÷" 都是二元运算。

可以将简单代数定义中的一个载子集（类）拓展为多个，同时也可将操作类型做相应拓展。这样就把简单代数的概念推广到了**泛代数** (universal algebra) $\mathcal{G} = (A_1, \cdots, A_m, op_1, \cdots, op_n)$，也叫**多类代数** (many-sorted algebra)，简称为**代数结构** (algebraic structure) 或

---

① 该系统首先由冯·诺伊曼提出，后在 1937 年由保罗·博内斯 (Paul Isaac Bernays, 1888~1977) 修改，并在 1940 年由哥德尔 (Kurt Gödel, 1906~1978) 进一步简化，因此被称为 NBG 公理集合论 (Neumann-Bernays-Gödel Set Theory) 或 NBG 公理系统。

代数 (algebra)。举例说，这里的一个操作 op_i 可以是作用在 $A_1, \cdots, A_3$ 上，而得到的值是 A_4 中的元素。

例 2.6   设 *Char* 是所有英文字母的集合，*CharString* 是英文字母表上的有穷长的字符串（简称 "串"）集合，还有自然数集 $\mathbb{N}$。我们可以定义如下的代数结构

$$CString = (CharString, Char, \mathbb{N}, \epsilon, \ell, \mathsf{append}, \mathsf{con}, \mathsf{head}, \mathsf{tail})$$

其中

- ϵ 表示空串，空串是不包含任何字符的串，也就是长度等于 0 的串。

- ℓ 是作用在 *CharString* 上的操作，用于计算串的长度，$\ell(s)$ 即 s 的长度，得到的值属于 $\mathbb{N}$。

- append 将 *Char* 中一个元素（一个字符）a 添加在一个串 s 前端，运算的结果是一个串（属于 *CharString*）。$\mathsf{append}(a, s)$ 通常也简记为 as。

- con 操作得到两个串的拼接串，$\mathsf{con}(s_1, s_2)$ 得到的串中前面一段字符是 s_1，紧接其后的字符段正好是 s_2，$\mathsf{con}(s_1, s_2)$ 也简记为 $s_1 s_2$。

- head 操作作用于 *CharString* 中的串 s，当 s 不空时 $\mathsf{head}(s)$ 是 s 的首字符，但 $\mathsf{head}(\epsilon)$ 无定义。

- tail 操作作用在 *CharString* 中的串 s 上，当 s 不空时 $\mathsf{tail}(s)$ 是 s 去掉首字符后剩余的串，而 $\mathsf{tail}(\epsilon)$ 无定义。

代数结构的性质是指其元素和操作满足的等式关系，或称**方程**。因此，代数方法主要指**等式推理** (equational reasoning) 或方程求解。下面是一些代数性质的例子。

例 2.7   考虑上面整数代数 $\mathcal{Z}$，其中的加法和减法满足如下的代数性质

- **加法的零元素**：对任意 $n \in \mathbb{Z}$，$(0 + n) = n$。

- **加法的交换律**：对任意 $n, m \in \mathbb{Z}$，$(n + m) = (m + n)$。

- **结合律**：对任意 $k, m, n \in \mathbb{Z}$，有

$$(k + (m + n)) = ((k + m) + n), \qquad (k + (m - n)) = ((k + m) - n)$$

值得注意的是，减法操作不满足交换律，即 $m - n = n - m$ 一般不成立。

例 2.8   给例 2.7 的代数 $\mathcal{Z}$ 中增加整数的乘法操作 "$\times$"，得到扩充的代数 $\mathcal{Z}^\times = (\mathbb{Z}, 0, 1, +, -, \times)$。这个代数中的操作有如下等式性质，对任意的 $k, m, n \in \mathbb{Z}$，有

- **乘法的单位元**：$(1 \times k) = k$。

- **乘法的交换律**：$(k \times m) = (m \times k)$。

- **乘法的结合律**：$(k \times (m \times n)) = ((k \times m) \times n)$。

- **乘法对加法的分配律**：$(k \times (m + n)) = ((k \times m) + (k \times n))$。

- **乘法对减法的分配律**：$(k \times (m - n)) = ((k \times m) - (k \times n))$。

例 2.9 从有理数代数 $Q = (\mathbb{Q}, 0, 1, +, -, \times, \div)$ 中去掉 0 元素以及操作 $+$、$-$ 和 $\div$，得到另一个代数 $Q_1 = (\mathbb{Q}^+, 1, \times)$。这个代数的操作有如下等式性质：

- **单位元**：对任意的 $q \in \mathbb{Q}^+$，$(1 \times q) = q$。

- **结合律**：对任意的 $q_1, q_2, q_3 \in \mathbb{Q}^+$，$(q_1 \times (q_2 \times q_3)) = ((q_1 \times q_2) \times q_3)$。

- **逆元**：对任意的 $q \in \mathbb{Q}^+$，存在元素 q' 使得 $(q \times q') = (q' \times q) = 1$。

可以证明，不仅是对 Q_1，对任一集合，如果其中存在一个单位元素和一个"乘法"操作满足上述三条等式性质，那么对该集合里任意的 q，满足第三条等式的 q' 唯一。所以常将这个唯一的 q' 称为 q 的**逆元** (inverse)，记为 q^{-1}。一般而言，在数学上，如果一个代数 $\mathcal{G} = (A, 1, \times)$ 中的单位元运算（常量）1 和二元运算 $\times$ 满足本例中的三条性质，这个代数就称为一个**群** (group)。我们还可以进一步定义群上的"除法"操作：$q \div q_1 \overset{\text{def}}{=} q \times q_1^{-1}$，所以"除法"是"乘法"的逆运算。应该特别说明的是，这里的 A、"单位元 1"、"乘法 $\times$" 和"除法 $\div$"都是方便记忆的"抽象概念"和"抽象符号"，而有理数和实数中的相应元素和运算是相关概念和符号的具体化、实例化。类似群这种可通过一组等式公理定义的代数结构称为**抽象代数** (abstract algebra)。

上面几个例子也说明，通过在一个已有代数的载子集中添加一些常量元素，并且/或者增加一些操作，可以得到一个**扩展的代数** (extended algebra)。相应地，也可以减少载子集中一些元素、在一个已有代数中减少一些常量元素和/或运算，得到原代数的一个**子代数** (sub-algebra)。代数结构的构造或定义方法在程序语言设计和程序设计中都是非常重要的方法。例如，C 语言的基础数据类型中不包括 String，若希望为 C 语言加入该类型，便可基于字符数组扩展其操作（如连接、求长度等）来构造。再如，若想在面向对象程序中设计一个类，就需要设计类的属性并定义作用于类属性上的操作来完成。

例 2.10 继续考虑例 2.6 定义的字母串代数

$$CString = (CharString, Char, \mathbb{N}, \epsilon, \ell, \text{append}, \text{con}, \text{head}, \text{tail})$$

用 $\langle a_1, \cdots, a_k \rangle$ 表示长度为 k，其中的字母顺序地为 $a_1, \cdots, a_k$ 的字母串，这里的 $a_1, \cdots, a_k \in Char$。不难验证，代数 $CString$ 满足如下的等式方程：

- ϵ 是空串，不含任何元素。

- ℓ 的递归定义：$\ell(\epsilon) = 0$，$\ell(\text{append}(a, s)) = 1 + \ell(s)$，$\ell(\text{con}(s, s')) = \ell(s) + \ell(s')$。

- append 的递归定义：$\text{append}(a, \epsilon) = \langle a \rangle$，$\text{append}(a, \langle a_1, \cdots, a_k \rangle) = \langle a, a_1, \cdots, a_k \rangle$。

- con 的递归定义：$\text{con}(\epsilon, s) = \text{con}(s, \epsilon) = s$，$\text{con}(\text{append}(a, s'), s) = \text{append}(a, \text{con}(s', s))$。

- **tail 和 head 的递归定义**：tail(append(a, s)) = s，head(append(a, s)) = a。

请注意，这些等式以递归函数的形式完全地定义了各个操作，它们同时也对应着程序的算法和程序的实现。复杂的算法和程序可以通过这些操作的组合构成，譬如排序算法和检索算法。此外，通过对字母串长度的**数学归纳法** (mathematical induction) 可以证明，任何有穷长的字母串都可从空串 ϵ 开始，通过有限步应用 append 操作构造出来。采用类似的方法还可以定义出**栈、数组、队列**等数据结构。

需要指出的是，这里有关代数的定义是朴素和非形式的，甚至不够数学化。虽然比较直观，但是很烦琐，不够清晰严谨。在本章后面我们会给出严格数学化的讨论**抽象代数** (abstract algebra)，本书第 7 章将讨论**带等词的逻辑系统** (logic system with equality)，其中会给出等词的公理和两个**公理化代数系统** (axiomatic algebraic systems) 的例子，**公理化群论** (axiomatic group theory) 和**公理化布尔代数** (axiomatic Boolean Algebra)。在第 8 章中也会讨论**抽象数据类型** (abstract data type, ADT) 的公理化定义。

2.1.3.2   集合代数

一个集合的元素也可以是集合。如果一个集合的元素都是集合，这个集合就是集合的集合，譬如 $\{\varnothing\}$、$\{\varnothing, \{a\}, \{1\}, \{5\}\}$。特别地，对于任意的集合 A，以 A 的所有子集作为元素构成的集合称为 A 的**幂集** (power set)，用 $\mathbb{P}(A)$ 表示（也常用 2^A 表示），即

$$\mathbb{P}(A) \stackrel{\text{def}}{=} \{B \mid B \subseteq A\}$$

很显然，对任何集合 A 都有 $\varnothing \in \mathbb{P}(A)$ 和 $A \in \mathbb{P}(A)$。

例 2.11

(1) $\mathbb{P}(\varnothing) = \{\varnothing\}$，$\mathbb{P}(\{a\}) = \{\varnothing, \{a\}\}$。

(2) $\mathbb{P}(\{a, b, c\}) = \{\varnothing, \{a\}, \{b\}, \{c\}, \{a, b\}, \{a, c\}, \{b, c\}, \{a, b, c\}\}$。

一般情况，如果以一个集合 U 为基础（基底），可构造由它的若干子集组成的集合 A，该集合之集合 A 的每个元素都由 U 中的若干元素构成。因此，集合 A 可以看作 U 的上一层抽象或构造。同样，在 A 的基础上还可构造更上一层的集合之集合，从而形成一种**层次结构** (layered structure)。计算机系统和软件系统通常都具有这样的层次结构，称为**分层架构** (hierarchical architecture)。

定义 2.5 (集合代数)   给定集合 U，关于 U 的子集的代数定义为 $\mathcal{G}_U = (\mathbb{P}(U), \cup, \cap, -, ^-)$，其中，$\cup$、$\cap$、$-$ 和 $^-$ 为 $\mathbb{P}(U)$ 上的操作。令 $A, B \in \mathbb{P}(U)$ 是 U 的任意子集，这些操作的定义如下：

- 集合的**并** (union)：$A \cup B \stackrel{\text{def}}{=} \{a \mid a \in A \text{ 或者 } a \in B\}$；

- 集合的**交** (intersection)：$A \cap B \stackrel{\text{def}}{=} \{a \mid a \in A \text{ 并且 } a \in B\}$；

- 集合的**差** (difference) $A - B \stackrel{\text{def}}{=} \{a \mid a \in A \text{ 并且 } a \notin B\}$；

- 集合的**补** (complement) $\overline{A} = \{a \mid a \in U \text{ 并且 } a \notin A\}$。

应该注意，上面定义的集合代数 $\mathcal{G}_U$ 都是在一个**泛集** (universal set) 或称**全集** U 的基础上定义的。这样做的目的一方面是为了避免罗素悖论，另一方面也是为了表明任何一个集合代数都是建立在一个预先设定的论域上，或者说是建立在一个知识领域上。在不引起混淆的情况下，下面的讨论中经常会略去具体泛集的定义和说明。

要说明上面定义 $\mathcal{G}_U$ 是一个代数，首先要确定它满足代数的定义中的条件，也就是要证明集合的并、交、差和补操作对载子集 $\mathbb{P}(U)$ 是封闭的。这一点显而易见，无须赘述。

集合的文氏图示法　现在介绍集合操作的一种图示法，称为**文氏图** (Venn diagram)[①]。文氏图表示法中有一个假设的论域，也就是前面说的集合代数中的全集 U，用一个矩形（的内部区域）表示。讨论中关注的集合都是 U 的子集，用圆或椭圆（的内部区域）表示，画在论域 U 内部。

两个集合的并用两个圆或椭圆占据的区域之和表示，如图 2.1（a），得到的集合是两个集合中所有元素的并集，且原先两个集合中的公共元素与其他元素一样，在得到的集合中只出现一次。类似地，两个集合的交用两个圆或椭圆的相交部分表示，如图 2.1（b），该部分包含且仅包含这两个集合的公共元素，也就是它们的交集的元素。两个圆或椭圆不相交（相离或相切，相切在文氏图中没有特殊意义，因为这里用图形的内部区域表示集合）说明这两个集合无公共元素。集合 A 和集合 B 的差如图 2.1（c）所示，得到的集合包含所有在 A 区域中但不在 B 区域中的元素，也就是从 A 包含的区域中除去 A 与 B 相交的那个部分。补操作 "‾" 的文氏图由图 2.2（a）表示。不难看出补操作是差操作的特殊情况 $\overline{A} = U - A$。

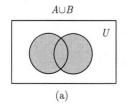
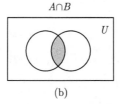
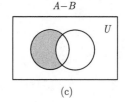

图 2.1　集合基本操作

根据文氏图的约定，很容易画出如图 2.2（b）所示的集合的一个二元操作，称为**对称差** (symmetric difference)，用 "$\oplus$" 表示。它的数学定义如下：

- 集合 A 和 B 的对称差集 是那些在且仅在 A 或 B 两个集合之一中出现的元素构造的集合，其定义是 $A \oplus B \stackrel{\text{def}}{=} \{a \mid a \in A \text{ 且 } a \notin B, \text{ 或 } a \in B \text{ 且 } a \notin A\}$。

不难证明，集合的对称差操作可以由集合的并、交和差操作定义：$A \oplus B = (A \cup B) - (A \cap B)$。

---

① 此图示法由英国数学家 John Venn(1834~1923) 在 1881 年提出，其他译法有 "韦恩图""维恩图""温氏图" 等。另一种著名的集合图示法是莱昂哈德·欧拉 (Leonhard Euler，1707~1783) 提出的欧拉图 (Euler Graph)。

　　与其他图示法一样，文氏图直观地显示了集合操作的封闭性和集合代数的一些重要性质，但不能准确表示一个集合中到底有哪些元素。因此，图示法不适于构造和研究在集合基础上定义的更深刻的数学结构。上面的讨论一方面想说明数学和形式化表示的重要性，展示直观的理解与数学及形式化之间的关系；另一方面，也是为了帮助读者理解从直观到数学和形式化的抽象过程。图示法可能帮助读者入门，并能提供一些直观理解。譬如从文氏图容易看出，下面所讨论的关于集合代数的一些基本性质都是成立的。

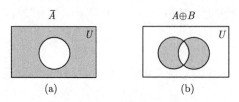

图 2.2　　集合的补和对称差

集合代数的基本性质　　集合代数中的各种操作是处理集合（也就是模型）的重要手段，而集合代数的基本性质是集合应用的基础，也是建立更复杂的数学模型或系统的基础。

定理 2.2 集合代数的基本性质　设 $\mathcal{G}_U = (\mathbb{P}(U), \cup, \cap, -)$ 是集合 U 的所有子集构成的集合上代数。$\mathcal{G}_U$ 满足如下等式规则（或性质），其中 A、B 和 C 为 $\mathbb{P}(U)$ 中的任意集合：

(1) 并和交的**交换律** (commutativity)：$(A \cup B) = (B \cup A)$，$(A \cap B) = (B \cap A)$。

(2) 并和交的**结合律** (associativity)：$(A \cup (B \cup C)) = ((A \cup B) \cup C)$，$(A \cap (B \cap C)) = ((A \cap B) \cap C)$。

(3) 并、交和差的**分配律** (distributivity)：

　　① 并对交的分配律：$(A \cup (B \cap C)) = ((A \cup B) \cap (A \cup C))$

　　② 交对并的分配律：$(A \cap (B \cup C)) = ((A \cap B) \cup (A \cap C))$

　　③ 交对差的分配律：$(A \cap (B - C)) = ((A \cap B) - (A \cap C))$

　　④ 差对并的左分配律：$((A \cup B) - C) = ((A - C) \cup (B - C))$

　　⑤ 差对交的左分配律：$((A \cap B) - C)) = ((A - C) \cap (B - C))$

(4) **零元素** (zero element)：$\varnothing$ 是零元素，即有 $\varnothing \cup A = A$，$\varnothing \cap A = \varnothing$，$A - A = \varnothing$

(5) **单位元** (unit)：U 为单位元，即有 $U \cup A = U$，$U \cap A = A$

(6) 并$\cup$ 和交$\cap$ 的**幂等律** (idempotency)：$A \cup A = A$，$A \cap A = A$

　　利用文氏图，很容易看到上面定理中的各个等式都成立。譬如，交操作 $\cap$ 的结合律的等式两边都是图 2.3 中的黑色区域，而并操作 $\cup$ 的结合律的等式两边都是指图 2.3 中 A、B 和 C 三块区域拼叠而成的区域（所有重叠区域只计一次）。

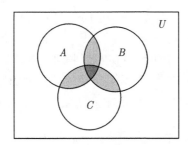

图 2.3 集合操作的性质

要证明上述定理中的等式，一般方法是根据操作的定义，证明对任何元素 a，a 是等式左边集合中元素当且仅当 a 是等式右边集合的元素。为了演示如何使用数学语言（此处需使用集合论的语言）进行推理，帮助读者学习和练习，我们选择几个等式给出示范性的证明。

证明：考虑任意的 $a \in U$，

- **交的交换律**：根据交 $\cap$ 的定义，$a \in (A \cap B)$ 当且仅当 $a \in A$ 而且 $a \in B$。而 $a \in A$ 和 $a \in B$ 当且仅当 $a \in (B \cap A)$，所以 $(A \cap B) = (B \cap A)$。所以交的交换律成立。

- **并对交的分配律**：首先证明"如果 $a \in (A \cup (B \cap C))$，则 $a \in ((A \cup B) \cap (A \cup C))$"：根据并 $\cup$ 的定义，$a \in (A \cup (B \cap C))$ 则 $a \in A$ 或者 $a \in (B \cap C)$。如果 $a \in A$，则根据并 $\cup$ 的定义有 $a \in (A \cup B)$ 且 $a \in (A \cup C)$，再由交 $\cap$ 的定义得到 $a \in ((A \cup B) \cap (A \cup C))$。如果 $a \in (B \cap C)$，则根据交 $\cap$ 的定义有 $a \in B$ 且 $a \in C$；根据并 $\cup$ 的定义有 $a \in (A \cup B)$ 且 $a \in (A \cup C)$。所以，再由交 $\cap$ 的定义得到 $a \in ((A \cup B) \cap (A \cup C))$。

  再证明"如果 $a \in ((A \cup B) \cap (A \cup C))$ 则 $a \in (A \cup (B \cap C))$"：如果 $a \in ((A \cup B) \cap (A \cup C))$，根据交 $\cap$ 的定义，$a \in (A \cup B)$ 而且 $a \in (A \cup C)$。有如下两种情况，一是如果 $a \in A$，则有 $a \in (A \cup (B \cap C))$；否则 $a \notin A$，则 $a \in B$ 且 $a \in C$，因此有 $a \in (B \cap C)$，所以有 $a \in (A \cup (B \cap C))$。

- **交对差的分配律**：根据差和交的定义，$a \in (A \cap (B - C))$ 当且仅当 "$a \in A$" 且 "$a \in B$ 和 $a \notin C$" 同时成立，当且仅当 "$a \in A$ 且 $a \in B$" 且 "$a \notin A$ 或 $a \notin C$"，当且仅当 "$a \in A$ 和 $a \in B$ 和 $a \notin (A \cap C)$" 同时成立，当且仅当 "$a \in (A \cap B)$ 且 $a \notin (A \cap C)$"，当且仅当 "$a \in ((A \cap B) - (A \cap C))$"。所以，交对差的分配律成立。

- **差对并的左分配律**：根据差和并的定义，$a \in ((A \cup B) - C)$ 当且仅当 "$a \in A$ 或 $a \in B$" 且 "$a \notin C$" 同时成立，当且仅当 "$a \in A$ 且 $a \notin C$" 或 "且 $a \notin C$"，当且仅当 $a \in ((A - C) \cup (B - C))$。所以，差对并的左分配律成立。

通过同样的方法可以证明差对交的左分配律。　　　　　　　　　　　　□

因为并和交操作都满足交换律，利用定理中交对并的右分配律就能直接证明交对并的左分配律；利用定理中并对交的右分配律就能直接证明并对交的左分配律。这些情况说明，对于交和并操作，不需要区分左右分配律。

上述的示范性证明是用数学语言进行的, 即是用人工符号和自然语言相结合, 根据定义进行推理证明。首先, 推理依然根据定义进行; 另一方面, 证明的表达不是完全形式化, 或说不是完全符号化。因此, 这种证明仍然有似是而非的文字游戏的感觉。尤其是命题 "$a \in A$" 且 "$a \in B$ 和 $a \notin C$" 同时成立, 当且仅当 "$a \in A$ 且 $a \in B$" 且 "$a \notin A$ 或 $a \notin C$"。

我们可以用形式命题逻辑将以上的数学命题重新写出如下:

- 用 P 表示命题 $a \in A$, Q 表示命题 $a \in B$, R 表示命题 $a \notin C$;

- 用 $\neg$ 表示逻辑否定, 譬如 $a \notin A$ 就表示为 $\neg P$; 用 $\wedge$ 表示逻辑合取, 如 $P \wedge Q$ 表示 "P 且 Q"; 用 $\vee$ 表示逻辑析取, 如 "$a \notin A$ 或 $a \notin C$" 表示为 $\neg P \vee R$。

这样, "$a \in A$" 且 "$a \in B$ 和 $a \notin C$" 就表示为 $(P \wedge Q \wedge R)$, 而 "$a \in A$ 且 $a \in B$" 且 "$a \notin A$ 或 $a \notin C$" 就表示为 $(P \wedge Q) \wedge (\neg P \vee R)$。现在, 即便不考虑 P、Q 和 R 内容 (集合, 元素和集合的关系等), 我们也不难判定 $(P \wedge Q \wedge R)$ 成立当且仅当 $(P \wedge Q) \wedge (\neg P \vee R)$ 成立。如果仍然不清楚, 我们可以机械地给 P、Q 和 R 赋任何可能的 "真" 或 "假" (共 8 种不同的赋值), 可以看到公式 $(P \wedge Q \wedge R)$ 和公式 $(P \wedge Q) \wedge (\neg P \vee R)$ 的值都相等。

注意, 我们特意把 $a \notin C$ 表示为一个简单命题 R。而不是将 $a \in C$ 表示为一个简单命题 R, 再把 $a \notin C$ 表示为一个否定命题 $\neg R$。两种表示的结果是一样的, 但后一种的细化使得解答我们的问题复杂化了, 而且没有获益。我们的讨论是为了说明数学表示 "$a \in A$" 是集合的具体概念的一步抽象, 但是数学推理证明依然没有达到完全符号的抽象程度, 还不够机械化, 不能直接由计算机算法处理。数学推理可以而且有时也必须进一步通过数理逻辑进一步抽象。

定理 2.3 集合代数的性质   设 $\mathcal{G}_U = (\mathbb{P}(U), \cup, \cap, -, {}^-)$ 是一个集合代数, 则对 $\mathbb{P}(U)$ 中任意的集合 A 和 B, $\mathcal{G}_U$ 满足如下等式规则 (或性质):

(1) U 和 $\varnothing$ 的对偶性: $\overline{\varnothing} = U$, $\overline{U} = \varnothing$。

(2) 补运算对合律: $\overline{\overline{A}} = A$。

(3) 对称差: $A \oplus B = (A \cup B) - (A \cap B)$。

(4) **De Morgan 律**: $\overline{A \cap B} = \overline{A} \cup \overline{B}$, $\overline{A \cup B} = \overline{A} \cap \overline{B}$。

在第 2.4 节的讨论和下一章关于命题逻辑的讨论中将会看到, 集合代数的并、交、补操作和命题逻辑中的连接词析取 $\vee$、合取 $\wedge$ 和非 $\neg$ 有同样的性质。而且空集 $\varnothing$ 与矛盾 (恒假命题) 命题对应, 全集 U 与恒真命题对应。命题逻辑中析取、合取和非也分别称为逻辑与、逻辑或以及否定。

由补运算的幂等律和 De Morgan 律, 我们很容易得出并和交操作的**对偶性** (duality)。

推论 2.1 $\cap$ 和 $\cup$ 的对偶性   设 $\mathcal{G}_U = (\mathbb{P}(U), \cup, \cap, -, {}^-)$ 是一个集合代数, A 和 B 是 $\mathbb{P}(U)$ 中的元素, 则 $(A \cap B) = \overline{\overline{A} \cup \overline{B}}$, $(A \cup B) = \overline{\overline{A} \cap \overline{B}}$。

这种对偶性说明集合代数可以用二元并和一元补两个运算完全定义，其他运算可以用这两个运算定义。对称地，集合代数也可以用二元交和一元补两个运算完全定义。数学结构中的对偶性带来"买一送一"的效益，有关 ∩ 和 ∪ 代数性质总是成对出现，我们只需要研究证明一个就可以毫不费力地得到与之对偶的另一个。

说明 数学家常考虑在定义一个代数时使用最少的运算，这样做的优点是在研究代数的性质时只需研究少数运算的性质，就能自然地得到其他可定义运算的性质。譬如，交和差的性质和证明可以由并和补的性质经过机械的语法转换得到。另一方面，引进一些定义的运算可能给应用带来一些方便，不需要所有计算都从原始运算开始。这也是重要的数学方法，自然成为计算机科学，尤其是程序语言和程序设计中重要的思想和方法。这一思想在后续章节将反复出现。

如果 $A \cap B = \varnothing$，则称 A 和 B **不相交**。显然，$A \cap \overline{A} = \varnothing$。集合的操作、子集关系和不相交关系有密切相关，有如下定理为证。

定理 2.4 对任意的集合 A 和 B：

(1) $(A - B) = (A \cap \overline{B})$。

(2) $A \subseteq A \cup B$，$A \cap B \subseteq A$。

(3) $A \subseteq B \Leftrightarrow A \cup B = B$，$A \subseteq B \Leftrightarrow A \cap B = A$。

(4) $(A - B) \subseteq A$，$(A - B) \cap B = \varnothing$，$((A - B) \cup B) = (A \cup B)$。

(5) $(A \cap B = \varnothing) \Leftrightarrow ((A - B) = A)$。

(6) $(B = \overline{A}) \Leftrightarrow ((A \cup B = U)$ 且 $(A \cap B = \varnothing))$。

从上述定理中的 (1) 和 (2) 很容易证明如下推论：

推论 2.2 **吸收律** (absorption law) $(A \cup (A \cap B)) = A$ 而且 $(A \cap (A \cup B)) = A$。

进一步地，我们有如下的重要定理。

定理 2.5 设 $\mathcal{G}_U = (\mathbb{P}(U), \cup, \cap, -, ^-)$ 是一个集合代数，A 和 B 是 $\mathbb{P}(U)$ 中任意集合，那么：

(1) 相对于子集关系，$\varnothing$ 和 U 分别是 $\mathbb{P}(U)$ 中的最小和最大元素。也就是说，对任意的 $A \subseteq U$，都有 $\varnothing \subseteq A$，$A \subseteq U$。

(2) $A \cup B$ 为 A 和 B 的最小上界，也称**上确界** (supremum)。即有 $A \subseteq (A \cup B)$ 且 $B \subseteq (A \cup B)$，而且对 $\mathbb{P}(U)$ 中的任意集合 C，如果 $A \subseteq C$ 且 $B \subseteq C$，则必有 $(A \cup B) \subseteq C$。

(3) $A \cap B$ 为 A 和 B 的最大下界，也称**下确界** (infimum)。即有 $(A \cap B) \subseteq A$ 且 $(A \cap B) \subseteq B$，而且对 $\mathbb{P}(U)$ 中的任意集合 C，如果 $C \subseteq A$ 且 $C \subseteq B$，则必有 $C \subseteq (A \cap B)$。

对任意 $\mathcal{F} \subseteq \mathbb{P}(U)$，其广义并和广义交定义如下：

$$\bigcup \mathcal{F} = \{a \mid a \in U \text{ 且存在} A \in \mathcal{F},\quad a \in A\}$$
$$\bigcap \mathcal{F} = \{a \mid a \in U \text{ 且对所有的} A \in \mathcal{F},\quad a \in A\}$$

易见，$\mathcal{F}$ 的广义并是 $\mathcal{F}$ 中所有元素的并集，这些元素本身是集合；$\mathcal{F}$ 的广义交是 $\mathcal{F}$ 中所有元素的交集，即这些元素集合的所有公共元素。显然，这样的并集和交集都是 U 的子集。

显然有 $\bigcup \varnothing = \varnothing$，但是 $\bigcap \varnothing$ 如何定义呢？如果将 "对所有的 $A \in \mathcal{F}, a \in A$" 理解为 "对任意的 A，如果 $A \in \mathcal{F}$，则 $a \in A$"，当 $\mathcal{F} = \varnothing$ 时，条件语句 "如果 $A \in \mathcal{F}$" 为假，因此 "如果 $A \in \mathcal{F}$，则 $a \in A$" 为真，这样 $\bigcap \varnothing = U$。按照这个定义会得到悖论：$U = \bigcap \varnothing \subseteq \bigcup \varnothing = \varnothing$。因此我们定义 $\bigcap \varnothing = \varnothing$。值得指出，在不少的教科书和文献中规定 $\bigcap \varnothing$ 无定义。

如果 $\mathcal{F}$ 是可数的或者有穷的集合，譬如 $\mathcal{F} = \{A_1, A_2, \cdots, \}$ 或 $\mathcal{F} = \{A_1, A_2, \cdots, A_n\}$，广义交 $\bigcup \mathcal{F}$ 和广义并 $\bigcap \mathcal{F}$ 将分别采用 $\bigcup_{i=1}^{\infty} A_i$ 和 $\bigcap_{i=1}^{\infty} A_i$ 或者 $\bigcup_{i=1}^{n} A_i$ 和 $\bigcap_{i=1}^{n} A_i$ 的写法表示。

在第 2.7 节中可以看到，定理 2.5 中 (2) 和 (3) 对广义交和并也成立，也就是说，$\bigcup \mathcal{F}$ 是 $\mathcal{F}$ 中集合的上确界，$\bigcap \mathcal{F}$ 是 $\mathcal{F}$ 中集合的下确界。这说明代数 $\mathcal{G}_U$ 中去掉差运算得到的代数 $\mathcal{L}_U = (\mathbb{P}(U), \cup, \cap)$ 在子集关系 $\subseteq$ 下具有一种称为**完全格**的完美结构。本章 2.7 节将会介绍格的概念和性质，包括完全格。

可以注意到，$\varnothing \neq \{\varnothing\}$，特别是 $\bigcup\{\varnothing\} = \varnothing = \bigcap\{\varnothing\}$。一般情况是 $a \neq \{a\}$，因此也有 $1 \neq \{1\} \neq \{\{1\}\} \neq \cdots \neq \{\cdots\{1\}\cdots\}$（最后一式中有 n 对花括号）。

2.1.3.3　集合代数的主要证明方法

在第 2.1.3.1 小节中关于代数结构的部分，曾经提到研究代数的基本方法是等式（和不等式）推理。具体到集合代数，主要就是证明通过集合运算构造出来的集合表达式之间的相等（=）和包含（$\subseteq$ 和 $\subset$）关系。下面列举在这里经常使用的主要证明方法：

(1) 根据集合包含关系的定义，要证明 $A_1 \subseteq A_2$ 或者 $A_1 \subset A_2$，证明如果一个元素属于 A_1 则它就属于 A_2。如果要证明 $A_1 \subset A_2$，则还需证明存在集合 A_2 的元素不属于集合 A_1。

(2) 根据集合相等的定义，要证明 $A_1 = A_2$，可以直接证明任意的 $a \in A_1$ 当且仅当 $a \in A_2$；也可以分别证明 $A_1 \subseteq A_2$ 而且 $A_2 \subseteq A_1$。在定理 2.2 的部分证明中使用了后一方法。

(3) 根据已经证明的相等关系或包含关系，以及传递性和相等替换证明。

文氏图可以用来提供构造证明的直观思路。

例 2.12　证明 $(A \cap B) = (A - (A - B))$。
证明：

(1)	$A - (A - B)$	$=$	$(A - (A \cap \overline{B}))$	定理 2.4 (1)
(2)		$=$	$A \cap \overline{A \cap \overline{B}}$	定理 2.4 (1)
(3)		$=$	$A \cap (\overline{A} \cup \overline{\overline{B}})$	De Morgan 律
(4)		$=$	$A \cap (\overline{A} \cup B)$	补的幂等律
(5)		$=$	$(A \cap \overline{A}) \cup (A \cap B)$	交对并的分配律
(6)		$=$	$\varnothing \cup (A \cap B)$	$A \cap \overline{A} = \varnothing$
(7)		$=$	$A \cap B$	$\varnothing$ 是零元素

$\square$

为了显示数学证明的严谨性和一致性，这个证明中没有略去通常一些人们公认为显然的推理步骤。然而，数学书籍里的证明中常常省略一些简单明显的步骤，譬如 $\overline{\overline{A}} = A$ 和 $A \cap \overline{A} = \varnothing$。在上述证明中，可以考虑省略 (3) 和 (6) 两步。

说明 在这一节里我们给出了一些定理及其证明，有些定理从直觉上看似乎简单好懂，属于数学家在证明时经常说 "很显然 (obviously)" 的那种结论。然而，这些显然的定理的证明可能并不显然，有时反而非常烦琐，甚至是涉及基础逻辑的选择。譬如，对任意集合 A，都有 $\varnothing \subseteq A$ 成立。也有些定理在直观上不好理解，但其数学证明却并不复杂。譬如 De Morgan 律对有些人（尤其是集合论的初学者）不很直观，但其数学证明并不难给出，也不难理解。还有，直觉因人而异。譬如，加法的交换律对成年人很直观。但是有人发现，小学生算 $10 + 1$ 从 10 加 1 马上得到 11，而算 $1 + 10$ 就要从 1 开始再数 10 个，可能还要掰手指头。

所以，直觉上理解和从逻辑上证明与理解，并不是一回事。直觉也未必都对。但是直觉往往可以帮助复杂的逻辑证明和理解，逻辑证明也会改进直觉，二者并不互相排斥。我们对事物的认识也不能停留在直觉上，没有逻辑的分析和证明，直觉认识常常是肤浅的，有可能是知其然而不知其所以然，甚至是不可靠的或者错误的。应该理解逻辑证明，甚至在逻辑上 "知道" 了还不够，还需要能 "感觉到" 和 "体会到"。这又是从逻辑抽象升华到直觉。基于逻辑抽象升华的直觉（形象思维）是创造发明的灵感之源，而逻辑分析和证明以及实验是证明灵感猜想的手段。

因此，学习数学和逻辑绝不应该是死记硬背和生搬硬套定义、公式和定理，而应该是通过练习逻辑证明，经过分析、体会、理解和内化，然后能用自然语言讲解你的体会和理解。这也正如物理学家费曼的著名说法："如果你不能用简单的语言给一个外行解释一个东西，你就是没有真正理解这个东西"。数学家研究数学，只有最后写出的证明是逻辑的，思考的过程其实是直觉的，常常需要依靠各种形象化的事例作为辅助。

习题 2.2 设 $\mathcal{G}_U = (\mathbb{P}(U), \cup, \cap, -, ^-)$ 是一个集合代数，请

(1) 分别用数学语言和文氏图证明定理 2.1。

(2) 分别用数学语言和文氏图证明定理 2.2 中并和交的结合律。

(3) 写出差对并的右分配律和差对交的右分配律，用文氏图证明它们不成立，同时给出反例。

(4) 分别用数学语言和文氏图证明定理 2.2 中差对并的左分配律。

(5) 写出差对交的右分配律，并用文氏图证明它不成立，同时给出反例。

(6) 分别用数学语言和文氏图证明定理 2.4 中等式 (2) 和 (3)。

(7) 证明定理 2.5。

(8) 对 $\mathbb{P}(U)$ 的任意子集 $\mathcal{F}$，证明 $\bigcup \mathcal{F}$ 是 $\mathcal{F}$ 中集合的上确界，$\bigcap \mathcal{F}$ 是 $\mathcal{F}$ 中集合的下确界。

(9) 在集合代数中用交和补运算定义并和差运算，用并运算和补运算定义交和差运算，并用文氏图说明定义的正确性。

习题 2.3 设 A、B 和 C 为集合，证明

(1) $(A \cup B) \subseteq (A \cup B \cup C)$

(2) $(A \cap B \cap C) \subseteq (A \cap B)$

(3) $((A - B) - C) \subseteq (A - C)$

(4) $(A - C) \cap (C - B) = \varnothing$

习题 2.4 设 A 为一个非空集合，定义 $A^* \overset{\text{def}}{=} \{(a_1, \cdots, a_n) \mid n \in \mathbb{N}, a_1, \cdots, a_n \in A\}$ 为 A 中有穷的有序**元组**的集合。元组有序意指 $(a_1, \cdots, a_m) = (b_1, \cdots, b_n)$ 当且仅当 $m = n$ 而且对 $i = 1, \cdots, n$ 都有 $a_i = b_i$。元组的集合表示法如下。

- 空元组 $(\ )$ 是长度为 0 的元组，不含任何元素，用空集合 $\varnothing$ 表示，记为 $\overline{(\ )} \overset{\text{def}}{=} \varnothing$。

- 任意一个长度为 1 的元组 (a_1)，用 $\{a_1\}$ 表示，记为 $\overline{(a_1)} \overset{\text{def}}{=} \{a_1\}$。

- 任意一个长度为 2 的元组 (a_1, a_2)，用 $\{\{a_1\}, \{a_1, a_2\}\}$ 表示，记为 $\overline{(a_1, a_2)} \overset{\text{def}}{=} \{\{a_1\}, \{a_1, a_2\}\}$。

- 当 $n > 2$ 时，对任意一个长度为 n 的元组 $(a_1, \cdots, a_n)$，定义其集合表示

$$\overline{(a_1, \cdots, a_n)} \overset{\text{def}}{=} \overline{((a_1, \cdots, a_{n-1}), a_n)}$$

其中的 $\overline{(a_1, \cdots, a_{n-1})}$ 是 $(a_1, \cdots, a_{n-1})$ 的集合表示。

(1) 证明集合 $\overline{(a_1, \cdots, a_m)}$ 与集合 $\overline{(b_1, \cdots, b_n)}$ 相等当且仅当 $m = n$ 而且对任意的 $i = 1, \cdots, n$ 都有 $a_i = b_i$，也就是说，在此表示法中，每个元组有唯一的集合表示。

(2) 用自己熟悉的程序语言写一个程序，输入一个元组，输出其基于上述表示法的集合表示。

元素串的特征是其中的元素有序。还请特别注意，与集合不同，在一个元组里，同一个元素可能多次出现。这个习题也说明集合是最基本的概念，元素组可以认为是特殊的集合的简记方式。

2.2 关系和关系代数

从上一节的讨论中我们应该领悟到，集合可用于表示概念，作为概念的模型。集合中的元素就是符合这个概念的所有实例对象，也就是这个概念的外延。然而，集合中的元素是独立的、相互无关。形象点讲，一个集合就像一堆散落的沙子，没有任何结构，任意搅乱沙子（改变集合中元素的位置）也不会改变沙盘/堆（集合）的本质。

正如一堆沙子没有结构，不能直接用于构建有价值的器物，对集合中的元素也不能做什么有意义的操作和处理，因此，没有结构的集合不能作为有意义的复杂应用问题的有用模型。一个系统的结构对其功能和行为有着决定性的意义，一堆相互独立且相互毫无关系的对象的聚集，不可能形成有价值的系统，不会有复杂的功能和行为，也不能针对它设计有意义的算法。在生活和工作中，"一盘散沙"经常用来比喻没有很好组织的一群人或一个团队，这样的团队不可能在行为和工作上很好协同，也不可能完成好的工作并产生好的社会效果。

在这一节我们要讨论**集合上的关系** (relation on sets)，构建有结构的集合，或者说在**集合基础上构建结构** (build structures based on sets)。也就是说，要研究集合元素之间的联系。根据亚里士多德的四因说，任何物都是 "**形**" 和 "**质**" 的统一，两者分别称为物的形式因和质料因，还有动力因和目的因。前两因是动力因去实现目的因的保障，因此，一个物的形和质是该物作为存在的最本质因素。物的质可视为集合中的元素，而形则确定了这些元素之间的关系，从而定义了物的结构，因此物可以表示为一个有结构的集合。譬如，桌子有不同的结构，即不同的形，如圆形、方形、三角形等。制作桌子可以采用不同的材料，即不同的质，如木材、金属、塑料、石头等。一般而言，尤其是在系统科学和工程中，物的 "形" 往往比构成这个物的 "质" 对物的存在更加重要。如果没有桌子的形，任何材料都与桌子没什么关系，而即使是画在纸上的一个桌子的形（的模型）也能表示出它的目的因，也会指导动力因的实现。

四因说是亚里士多德的**形而上学**[①] 的核心，系统论的创始人贝塔朗菲 (Ludwig von Bertalanffy，1901~1972) 把亚里士多德看成是系统思想的始祖，他指出："亚里士多德的论点 '整体大于它的各个部分的总和' 是基本的系统问题的一种表述，至今仍然正确。" 其实，这种系统思想是贯穿亚里士多德自然哲学的一条红线，特别是其 "四因说" 的真正灵魂。这里主要想指出集合与关系对系统思维的重要性，尤其是计算机专业的人士更应该学习和实践这一思维。

2.2.1 笛卡儿积

设 A 和 B 为两个集合，对任意的 $a \in A$ 和 $b \in B$，可以构造出它们的**有序对**，记为 (a, b)，常简称为**序对**或**对**。这里说 (a, b) 有序，就意味着对任何 $a, c \in A$ 和 $b, d \in B$，两个有序对 $(a, b) = (c, d)$ 当且仅当 $a = c$ 且 $b = d$。

[①] 亚里士多德死后 200 多年，安德罗尼柯把他专讲事物本质、灵魂、意志和自由等的研究经验以外对象的著作编辑成册，取名 "Metaphysics"，该书排在研究事物具体形态变化的《物理学》(physica) 一书之后，中译名为《物理学之后诸卷》。该书名的直接汉译可以是 "元自然科学" 或 "元科学"，意指科学之上的科学。"形而上学" 的翻译是日本明治时期哲学家井上哲次郎根据《易经·系辞》中 "形而上者谓之道，形而下者谓之器" 一语给出，被晚清学者严复带回中国。

定义 2.6 (笛卡儿积)　设 A 和 B 为两个集合，A 和 B 的**笛卡儿积** (Cartesian product) 用 $A \times B$ 表示，定义如下

$$A \times B \stackrel{\text{def}}{=} \{(a,b) \mid a \in A \text{ 且 } b \in B\}$$

其中的 (a,b) 就是上面定义的有序对。

也就是说，$A \times B$ 就是由 A 和 B 中的元素组成所有的有序对 (a,b) 组成的集合，其中每个对的第一个元素 a 是 A 的元素，第二个元素 b 是 B 的元素。$A \times B$ 也称为 A 和 B 的**直积** (direct product)。注意，一般而言直积不具有可交换性，$A \times B$ 通常不等于 $B \times A$。

例 2.13　假设有集合 $A = \{a,b,c\}$ 和集合 $B = \{1,2,3\}$，显然

- $A \times B = \{(a,1),(a,2),(a,3),(b,1),(b,2),(b,3),(c,1),(c,2),(c,3)\}$

- $B \times A = \{(1,a),(2,a),(3,a),(1,b),(2,b),(3,b),(1,c),(2,c),(3,c)\}$

例 2.14　设 $S = \{张三, 李四, 王五\}$ 是三个学生的集合，集合 $M = \{及格, 良, 优\}$ 表示成绩的集合，S 和 M 的直积就表示了三个学生的所有可能的成绩情况。

$$S \times M \ = \ \{(张三,及格),(张三,良),(张三,优),(李四,及格),(李四,良),(李四,优),$$
$$(王五,及格),(王五,良),(王五,优)\}$$

很显然，对一门课程，每个学生只能取得一个具体成绩。譬如某门课程的成绩是

$$G = \{(张三,及格),(李四,优),(王五,良)\}$$

这是 $S \times M$ 的一个子集。

例 2.14 也展示了如何用集合的笛卡儿积及其子集作为应用领域的建模工具，计算机专业的读者应该很容易想到这个例子与学校学生**数据库** (database) 的联系。这里还要再次强调多模型思维，针对特定应用领域的一个概念或问题可以建立多种不同的模型。譬如，在考虑学生成绩的概念时，上述三个学生可以取得的所有可能成绩也可以表示为下面的集合：

$C \ = \ \{\{(张三,及格),(李四,及格),(王五,及格)\}, \{(张三,及格),(李四,及格),(王五,良)\},$
$\{(张三,及格),(李四,及格),(王五,优)\}, \{(张三,及格),(李四,良),(王五,及格)\},$
$\{(张三,及格),(李四,良),(王五,良)\}, \{(张三,及格),(李四,良),(王五,优)\},$
$\{(张三,及格),(李四,优),(王五,及格)\}, \{(张三,及格),(李四,优),(王五,良)\},$
$\{(张三,及格),(李四,优),(王五,优)\}, \{(张三,良),(李四,及格),(王五,及格)\},$
$\{(张三,良),(李四,及格),(王五,良)\}, \{(张三,良),(李四,及格),(王五,优)\},$
$\{(张三,良),(李四,良),(王五,及格)\}, \{(张三,良),(李四,良),(王五,良)\},$
$\{(张三,良),(李四,良),(王五,优)\}, \{(张三,良),(李四,优),(王五,及格)\},$
$\{(张三,良),(李四,优),(王五,良)\}, \{(张三,良),(李四,优),(王五,优)\},$

$\{(张三, 优), (李四, 及格), (王五, 及格)\}, \{(张三, 优), (李四, 及格), (王五, 良)\},$
$\{(张三, 优), (李四, 及格), (王五, 优)\}, \{(张三, 优), (李四, 良), (王五, 及格)\},$
$\{(张三, 优), (李四, 良), (王五, 良)\}, \{(张三, 优), (李四, 良), (王五, 优)\},$
$\{(张三, 优), (李四, 优), (王五, 及格)\}, \{(张三, 优), (李四, 优), (王五, 良)\},$
$\{(张三, 优), (李四, 优), (王五, 优)\}\}$

在这种模型下，一门课程的可能成绩对应集合的一个元素，也表示每个学生取得一个成绩。譬如 $G = \{(张三, 及格), (李四, 优), (王五, 良)\}$ 是 C 的一个元素，表示了某门课程的成绩。

在各种数的集合上定义的笛卡儿积可以表示一些常用的集合。譬如，笛卡儿平面坐标系中的一个点可以对应到实数集 $\mathbb{R}$ 的笛卡儿积 $\mathbb{R} \times \mathbb{R}$ 的一个元素 (x, y)，$\mathbb{R} \times \mathbb{R}$ 的元素也称为**二维向量** (two-dimension vector)。再如 $\mathbb{Z} \times \mathbb{Z}$ 的元素对应于平面上的整数格点。

现在定义一般 n 个集合的笛卡儿积和长度为 n 的**有序元组** (tuple) 如下:

定义 2.7 (一般的笛卡儿积) 对于任意的集合 A，自然数 n 和 n 个集合 $A_1, \cdots, A_n$，

(1) 当 $n = 0$ 时，定义 A 的零次幂 $A^0 \stackrel{\text{def}}{=} \{(\ )\}$，其中 $(\ )$ 为 0-**元组** (0-tuple)，也称为空元组。

(2) 当 $n = 1$ 时，定义 A 的 1 次幂 $A^1 \stackrel{\text{def}}{=} \{(a) \mid a \in A\}$，其中 (a) 为一个 1-**元组** (1-tuple)。

(3) 当 $n = 2$ 时，A_1 和 A_2 的笛卡儿积已由定义 2.6 给出；A 的 2 次幂定义为 $A^2 \stackrel{\text{def}}{=} A \times A$。

(4) 对于 $n > 2$ 的一般情况，定义 $A_1, A_2, \cdots, A_n$ 的笛卡儿积 $A_1 \times A_2 \times \cdots \times A_n \stackrel{\text{def}}{=} ((A_1 \times \cdots \times A_{n-1}) \times A_n)$。同时，我们递归定义长度为 n 的元组 $(a_1, a_2, \cdots, a_n) \stackrel{\text{def}}{=} ((a_1, \cdots, a_{n-1}), a_n)$，称为 n-**元组** (n-tuple)。与此类似，A 的 n 次幂定义为 $A^n \stackrel{\text{def}}{=} A^{n-1} \times A$。

根据定义，笛卡儿积有如下的性质:

定理 2.6 对任意的集合 A、A_1、A_2 和 A_3

(1) **零元素**: $\varnothing \times A = A \times \varnothing = \varnothing$。

(2) **结合律**: $(A_1 \times (A_2 \times A_3)) = ((A_1 \times A_2) \times A_3)$。

为书写方便（也由于笛卡儿积的结合性），特做如下约定:

(1) n 个集合 $A_1, \cdots, A_n$ 的笛卡儿积也可以用 $\Pi_{i=1}^{n} A_i$ 或 $\Pi(A_1, \cdots, A_n)$ 表示。

(2) $((A_1 \times \cdots \times A_{n-1}) \times A_n)$, $(A_1 \times (A_2 \times \cdots \times A_{n-1} \times A_n))$ 和 $(A_1 \times A_2 \times \cdots \times A_{n-1} \times A_n)$ 相同。

(3) $((a_1, \cdots, a_{n-1}), a_n)$, $(a_1, (a_2, \cdots, a_{n-1}, a_n))$ 和 $(a_1, a_2, \cdots, a_{n-1}, a_n)$ 相同。

(4) 在上下文明确不会造成混淆时，不区分 A 和 A^1，不区分 A 中的元素 a 和 A^1 中的元组 (a)，这样，定义 2.7 中第 (4) 条的递归可以从 $n = 2$ 开始。但请注意，$\varnothing^0 \neq \varnothing$。

(5) 约定 $A^0 \times B = B \times A^0$，以及 $((\,),a) = (a) = (a,(\,))$。如此定义 2.7 中第 (4) 条的递归可以从 $n = 1$ 开始。这样，定义 2.7 就可以简化为两条：

  ① $\Pi(\,) = \{(\,)\}$，其中 $\Pi(\,)$ 表示零个集合的笛卡儿积。

  ② $\Pi(A_1,\cdots,A_n) = \Pi(A_1,\cdots,A_{n-1}) \times A_n$。

这里采用序列记法 $(A_1,\cdots,A_n)$ 而不用集合符号，是因为笛卡儿积与集合的顺序有关，而且其中可以出现相等的集合。

请注意，例 2.10 和习题 2.4 类似，但是串和元组的概念和意义有区别，前者是作为对象处理操作，也用来表示语言，如形式语言和自动机理论中的各种形式语言；后者用于定义集合上的关系。所以，我们用圆括弧，即 $(\cdots)$，表示元组，而用尖括弧，即 $\langle\cdots\rangle$，表示元素串。

2.2.2   关系

多模型思想有两个最重要的方面，一个是多视角模型的思想，即常常需要从多个不同的方面（视角）出发去为同一个事物建模；另一个是多层模型的思想。本节要讨论的关系的概念主要与二者都有关。一方面，一个概念（整体概念）可以有多个视角（部分概念），分别用集合 $A_1,\cdots,A_n$，每一个部分概念都有其外延。这样，整体概念的一个实体对象 a 就由部分概念的实体对象 $(a_1,\cdots,a_n)$ 构成。另一方面，如果说一组集合 $A_1,\cdots,A_n$ 是 n 个概念，或说是它们定义的对象的模型，这些集合中对象之间的关系则可以视为是在 $A_1,\cdots,A_n$ 层的模型之上的另一层模型。我们先给出一般**关系** (relation) 的定义。

定义 2.8 (关系) n 个集合 $A_1,\cdots,A_n$ 上的一个 **n-元关系** (n-ary relation) R 是笛卡儿积 $A_1 \times \cdots \times A_n$ 的一个子集，即 $R \subseteq A_1 \times \cdots \times A_n$ 是一个 n 元关系，称 R 的**类型** (type) 是 $A_1 \times \cdots \times A_n$，记为 $R: A_1 \times \cdots \times A_n$。

如果 $(a_1,\cdots,a_n) \in R$，则称 $(a_1,\cdots,a_n)$ 有关系 R 或 $R(a_1,\cdots,a_n)$ **成立** (holds)，或者 $(a_1,\cdots,a_n)$ **满足** 关系 R。

特别是当 $n = 2$ 时，类型为 $A \times B$ 的关系称为**二元关系** (binary relation)。

定义 2.9 (与二元关系有关的概念)   设 $R: A \times B$ 为一个二元关系，则：

- A 称为 R 的**前域** (pre-domain)；定义 A 的子集 $\mathrm{dom}(R) \stackrel{\mathrm{def}}{=} \{a \mid$ 存在 $b \in B$ 使得 $(a,b) \in R\}$ 并称 $\mathrm{dom}(R)$ 为 R 的**定义域** (domain) 或者**域**。

- 对称的，B 称为 R 的**后域** (post-domain)；定义 B 的子集 $\mathrm{ran}(R) \stackrel{\mathrm{def}}{=} \{b \mid$ 存在 $a \in A$ 使得 $(a,b) \in R\}$ 并称其为 R 的**值域** (range)。

- 类型为 $B \times A$ 的关系 $R^{-1} \stackrel{\mathrm{def}}{=} \{(b,a) \mid (a,b) \in R\}$ 称为 R 的**逆关系** (converse)。

- 对于任意的 $a \in A$，集合 $R(a) \overset{\text{def}}{=} \{b \mid b \in B \text{ 且 } (a,b) \in R\}$ 称为 a 在关系 R 下的（在 B 中的）**像** (image)。

- 对任意的 $b \in B$，b 在 R^{-1} 下的像 $R^{-1}(b)$ 称为 b 在 R 下的**原像**。

- 特别的，对任意集合 A，关系 $Id_A = \{(a,a) \mid a \in A\}$ 为 A 上的**恒等关系** (identity relation)，通常将 $Id_A(a,b)$ 记为 $a =_A b$，在不会引起混淆时直接写 $a = b$。在不引起混淆的情况下，一个集合 A 上的恒等关系也记为 Id。

$R(a_1, a_2)$ 成立有时也记为 $a_1 R a_2$。注意，一个元素在关系 R 下的像和原像都可能包含多个元素。

二元关系 $R : A \times B$ 是一种知识或信息关联机制，使我们可以从 A 中的知识或信息得到关于 B 中的知识或信息。二元关系在一般关系中的地位特别重要，多于两个集合的笛卡儿积 $A_1 \times \cdots \times A_n$ 都可以定义为 $A_1 \times \cdots \times A_{n-1}$ 和 A_n 的二元笛卡儿积 $(A_1 \times \cdots \times A_{n-1}) \times A_n$ 或 $A_1 \times (A_2 \times \cdots \times A_n)$。这也说明，任何 2-元以上的关系都可按照二元关系处理。如果要研究它们的基本性质，只需要研究二元关系的性质就足够了。

2.2.2.1 子关系

下面我们定义关系之间的包含和相等的概念。

定义 2.10 (子关系、关系相等) 设 $R_1 : A_1 \times A_2$ 和 $R_2 : B_1 \times B_2$ 为两个关系，

(1) 如果 R_1 和 R_2 的类型相同，也就是说 $A_1 \times A_2 = B_1 \times B_2$，而且作为集合有 $R_1 \subseteq R_2$，则称 R_1 是 R_2 的**子关系** (sub-relation)，也记为 $R_1 \subseteq R_2$；R_2 是 R_1 的**扩充关系** (extended relation)。

(2) 如果 R_1 和 R_2 的类型相同，也就是说 $A_1 \times A_2 = B_1 \times B_2$，而且 R_1 和 R_2 作为集合相等，则称 R_1 和 R_2 **相等** (equal)，也记为 $R_1 = R_2$。

对任意的自然数 n，n 元关系都可以有类似的定义。需要说明的是，在判断两个关系的包含或相等时，需要首先确认它们的类型相同，而后再检查它们作为集合是否包含或相等。确认类型相同在数学理论中非常重要，在程序设计语言和软件设计理论中应用时也是最关键的。然而，在其他应用中建立模型时，不同类型之间的关系可以更灵活地处理。为此，我们有如下的讨论。

- 设 A 为集合，A 上的一个二元关系 R 就是 A^2 的一个子集，即一个类型为 A^2 的关系。一般情况是，A 上的一个 n 元关系 R 是一个类型为 A^n 的关系。

- 在一些特定的应用领域里建模时，关系 $R_1 : A_1 \times A_2$ 常常可以用另一个关系 $R_2 : (A_1 \cup A_2)^2$ 替代，其中作为集合 $R_2 = R_1$，只是它们的类型不同。譬如，$A_1 = \{0, 2, 4\}$，$A_2 = \{1, 3, 5\}$，$R_1 = \{(0,1), (0,3)\}$，$R_2 = \{(0,1), (0,3)\}$，但二者类型不同。

  注意，R_1 和 R_2 的类型不同，这里有 $(A_1 \times A_2) \subset (A_1 \cup A_2)^2$。但是，作为 $(A_1 \cup A_2)^2$ 的子集，R_1 和 R_2 相等。所以，$R_1 : A_1 \times A_2$ 和 $R_2 : (A_1 \cup A_2)^2$ 是两个不同的关系，

但或许都可以看作同一个问题的正确模型（显然，它们是否都正确与具体问题和需求有关）。

例 2.15 考虑例 2.14 中的集合 S、M 和 G，学生的成绩 G 是 S 中的学生和 M 中的分数之间的一个关系 $G: S \times M$。设 $A \stackrel{\text{def}}{=} S \cup M$，将 G 视为 A 上的二元关系同样也可表示学生的成绩，虽然可能不是一个很明智的设计选择。

例 2.16 考虑自然数、整数和有理数的集合 $\mathbb{N}$、$\mathbb{Z}$ 和 $\mathbb{Q}$，已知 $\mathbb{N}$ 是 $\mathbb{Z}$ 的子集，$\mathbb{Z}$ 是 $\mathbb{Q}$ 的子集。

(1) 定义整数集合上的"小于等于"关系 $\leqslant_{\mathbb{Z}}: \mathbb{Z} \times \mathbb{Z}$ 为 $\leqslant_{\mathbb{Z}} \stackrel{\text{def}}{=} \{(z_1, z_2) \mid z_2 - z_1 \in \mathbb{N}\}$，即 $z_1 \leqslant_{\mathbb{Z}} z_2$ 当且仅当 $z_2 - z_1$ 是自然数。

注意，这里的减法运算 "$-$" 是整数算术中的减法。另外，我们明确了关系 $\leqslant_{\mathbb{Z}}$ 的类型是 $\mathbb{Z} \times \mathbb{Z}$，在其定义中就不必再声明其中的二元组 (z_1, z_2) 中的元素 z_1 和 z_2 是 $\mathbb{Z}$ 的元素。在后面的讨论中，我们也将遵循这样关于关系的类型和关系中的有序元组的元素的约定。

(2) 我们知道每个有理数 r 都等于一个分子和分母没有不同于 1 的公因子的分数 p/q。所以，我们可以给出有理数集合 $\mathbb{Q}$ 的一个与传统分数表示不同的表示方式，将每个有理数表示为整数集合 $\mathbb{Z}$ 上的一个 2 元关系

$$\mathbb{Q} = \{(p, q) \mid p \in \mathbb{Z}, q \in \mathbb{N}, q \neq 0, p \text{ 和 } q \text{ 没有不同于 1的公因数}\}$$

注意，任何正整数 z 都可以作为有理数而表示为 $(z, 1)$。我们可以定义这样表示的有理数集合 $\mathbb{Q}$ 上 "小于等于" 关系 $\leqslant_{\mathbb{Q}}: \mathbb{Q} \times \mathbb{Q}$ 为

$$\leqslant_{\mathbb{Q}} \stackrel{\text{def}}{=} \{((p_1, q_1), (p_2, q_2)) \mid 0 \leqslant_{\mathbb{Z}} (p_1 q_2 - p_2 q_1)\}$$

注意，这里 $p_1 q_2 - p_2 q_1$ 是按照整数算术中的乘法和减法定义的。不难证明，对任何两个整数 $z_1, z_2 \in \mathbb{Z}$，$(z_1, 1) \leqslant_{\mathbb{Q}} (z_2, 1)$ 当且仅当 $z_1 \leqslant_{\mathbb{Z}} z_2$。

上面定义的 "整数集合上的小于等于关系" $\leqslant_{\mathbb{Z}}$ 和 "有理数集合上的小于等于关系" $\leqslant_{\mathbb{Q}}$ 也就是数学中自然数和有理数的小于等于关系。在不发生混淆时，我们可以省略这两个关系的角标，将它们简记为 $\leqslant$。一个有趣的问题是如何定义自然数上的小于等于关系，留给读者思考。

2.2.2.2 系统工程的层次化建模

这里重述一下有关分层建模的思想。因为一个概念定义了一类对象，一个集合是一类对象的模型或者是一个概念的数学表示。一个关系是在一些集合基础上定义的集合，是这些基础集合的上层关系，关系中的数组作为抽象的对象，一些关系可以看为抽象的集合，又可以定义这些关系集合上的更高一层关系。譬如，考虑例 2.14 中的学生 S 和分数 M。如果我们有几个班的学生 $S_1, \cdots, S_k$，就会有各个班相应的成绩关系 $G_1, \cdots, G_k$。如果需要

比较各班的成绩，譬如平均成绩，就需要建立不同班的成绩之间关系，这是更高一层的关系。反过来，复杂的概念也总是通过一些底层的概念定义的，这种定义实质上就是建立底层概念之间的关系。如前所述，关系也是集合，这种在集合上建立关系，再把关系抽象成集合，再建立更上层关系，这样螺旋式的盘旋而上就是一般的抽象过程。这些讨论也说明了关系的类型的重要性，但是，在纯数学研究中，关系的类型往往没有明确而严格的定义。

在系统工程中，一种非常有效的多模型思维方法称为**分层建模** (hierarchical modeling)：高一层的模型要么是低一层模型的抽象，要么是关于下层模型表示的对象的使用、控制和协调。在构建和处理高层模型时，一般不必关心下一层模型之下的更多细节。简单地讲，最底层的系统模型是一些集合，而集合中的元素就不再细分；而上面每一层的每个系统模型可以是一个集合，且这种高层集合正是下一层的某些系统模型的关系。因此集合与关系定义了层次的**集合之集合** (set of sets) 用于系统工程中**系统之系统** (SoS) 的建模。

分层是计算机科学与技术中最重要的建模思想，所有复杂的计算和信息技术系统、软件系统和程序语言的实现都采用某种分层架构。高级编程语言也具有明显的分层结构，从变量、表达式到语句，再到各种控制结构、函数抽象和数据抽象等。程序语言的发展也可以看作是一种分层组织，从基于机器指令的机器语言、汇编语言再到高级程序语言，甚至需求建模语言。各种分层的组织和系统架构可以用分层的集合之间的关系建模，分层的架构模型是一种重要的建模思想，上一层的关系定义管理下一层的关系。通用的计算机系统有硬件资源层、操作系统层、程序指令集层、应用程序设计层等；计算机网络有一个典型层次体系架构。现代的**物联网** (internet of things, IoT)、**信息物理系统** (CPS)、云计算和边缘计算系统等都是典型的系统之系统，其体系架构都是建立在分层建模思想基础上的。

计算机科学的第一位博士、英国计算机科学家大卫·惠勒 (David J. Wheeler, 1927~2004) 有一句名言，"计算机科学中的任何问题都可以通过引入另一个间接层而得到解决"。此话的英文原文是 "All problems in computer science can be solved by another layer of indirection"。加州大学伯克利分校电子工程与计算机科学教授 Edward Ashford Lee 的著作《柏拉图和技术呆子：人与技术的创造性伙伴关系》(Plato and the Nerd: The Creative Partnership of Humans and Technology) 中的一个主题就是分层。希望读者有理解、体会并在工程技术实践中领悟这种层次结构的思维方式，厘清系统中各层集合中的元素和各层集合的上层关系对设计实现高质量的系统至关重要。

2.2.3 等价关系和划分

在引进集合的数学概念时，我们说集合定义了事物或对象的分类,在严格的意义上是对给定领域中的事物或对象做分类。被关注领域中的所有对象构成了假定的领域全集 U，而观察者或研究者关注的集合就是该全集的子集。现在我们要给出**分类** (classification) 的严格数学定义。而分类也就是从一个大集合里分检出一类或多类具有某些特性的元素，构成一个或多个子集。分类是重要的认知和思维活动，也是科学和工程的重要手段，数学和计算思维的重要部分。如果我们把关系作为对象进行分类，就可能得到一些满足不同重要性质的关系，得到一些有用的和好用的关系。首先提出下面的非常直观的定义：

定义 2.11 (集合的划分) 给定集合 A，A 的幂集 $\mathbb{P}(A)$ 的一个子集 $\mathcal{G}$ 称为 A 的一个

划分 (partition)，如果 (1) $\bigcup \mathcal{G} = A$，而且 (2) 对任何 $A_1, A_2 \in \mathcal{G}$，或者 $A_1 = A_2$ 或者 $A_1 \cap A_2 = \varnothing$。

上面定义里的 A_1 和 A_2 都是 $\mathcal{G}$ 的元素，也就是 A 的子集。条件 (1) 说 $\mathcal{G}$ 里的 A 的子集包含了 A 的所有元素，条件 (2) 说 $\mathcal{G}$ 中任意的两个不同元素（A 的两个子集）互不相交。这些正符合我们对划分的直观认识：划分把一个集合分为一些子集，一方面要求原集合的每个元素 "一个也不少" 地被划进某个子集，另一方面要求每个元素只出现在一个子集里。

现在我们定义集合上的几个特殊的关系类，特别是定义等价关系：

定义 2.12 (等价关系)　设 R 为 A 上的二元关系，即 $R : A^2$，那么称

(1) R 是**自反的** (reflexive)，如果对任意 $a \in A$ 都有 $R(a,a)$ 成立。

(2) R 是**对称的** (symmetric)，如果对任意 $a,b \in A$ 有 $R(a,b)$ 成立当且仅当 $R(b,a)$ 成立。

(3) R 是**传递的** (transitive)，如果对任意 $a,b,c \in A$，若 $R(a,b)$ 且 $R(b,c)$ 成立，那么 $R(a,c)$ 也一定成立。

(4) R 称为**等价关系** (equivalent relation)，如果它是自反的、对称的和传递的。A 中的两个元素 a 和 b 称为是（根据等价关系）R **等价**的，当且仅当 $R(a,b)$ 成立。

如果关系 R 是自反的，也称 R 为自反关系，对其余概念也有类似说法。上述四个概念（四种关系类别）的定义很好地体现了概念的层次性，等价关系是基于自反、对称和传递关系之上定义的概念。软件工程中面向对象和面向服务的结构也充分体现这种层次性。检验一个关系是否为等价关系的程序可以通过调用检验是否为自反、对称和传递关系的三个子程序来完成工作。

不难验证，任何集合 A 上的恒等关系 Id_A 都是等价关系，而等价关系可以看作是恒等关系的抽象与扩展。许多集合的元素之间有很多有意义的等价关系。虽然等价的元素不一定相等，但它们有某些共同性质，相对这些共同性质，相互等价的元素可以不予以区分。例如，

(1) 所有人组成的集合 P 上可以定义 "性别相同" 关系，记为 H。两个人 a 和 b 有关系 H 当且仅当 a 和 b 的性别相同。不难验证 H 是一个等价关系，而且它将人的集合划分为男人和女人两个不相交的子集合 M 和 W。

(2) 我们在男人集合 M 上定义一个关系 H，两个男人 a 和 b 有关系 H 当且仅当 a 和 b 或者都未婚或者都已婚；类似地，定义女人集合 W 上的关系 G，两个女人 a 和 b 有关系 G 当且仅当 a 和 b 或者都未婚或者都已婚。不难验证 H 和 G 分别为男人集合上和女人集合上的等价关系，并且分别将男人集合划分为互不相交的未婚男人和已婚男人集合，将女人集合划分互不相交的未婚女人和已婚女人集合。

(3) 通过上面定义的三个等价关系，我们就得到由所有人组成的集合 P 划分而成的四个不相交的子集，未婚男人集合 P_1，已婚男人 P_2，未婚女人 P_3 和已婚女人 P_4。很容

易定义 P 上一个关系 K,两个人 a 和 b 有关系 K 当且仅当 a 和 b 同时属于上述四个子集中的一个。不难证明,K 也是一个等价关系。

请注意,上面讨论是数学抽象,对社会情况做了极度简化,一些细节未便继续深究。由这些例子(及其他无穷多的类似例子)可以看出,等价关系直接对应于集合的**分类** (classification),这样就引出等价类的概念以及有关等价关系的核心定理。

定义 2.13 (等价类) 设 R 为集合 A 上的等价关系,a 为 A 中的一个元素,A 中所有与 a 等价的元素构成的集合 $\underline{a} \stackrel{\text{def}}{=} \{b \mid b \in A, R(a,b)\}$ 称为 a 的**等价类** (equivalent class)。

有关集合上的等价关系,有下面的重要定理:

定理 2.7 (等价关系定理) 设 R 为集合 A 上的等价关系,$a, b \in A$,则

(1) $\underline{a} = \underline{b}$ 或者 $\underline{a} \cap \underline{b} = \varnothing$。

(2) $A = \cup\{\underline{a} \mid a \in A\}$

证明: 我们分别给出 (1) 和 (2) 的证明如下。

(1) 设 $a, b \in A$,如果 $\underline{a} \cap \underline{b} \neq \varnothing$,则存在 $c \in \underline{a} \cap \underline{b}$,即有 $c \in \underline{a}$ 和 $c \in \underline{b}$。根据等价类的定义,$R(a,c)$ 和 $R(c,b)$ 成立。根据 R 的对称性和传递性 $R(a,b)$ 和 $R(b,a)$ 都成立。再取任意的 $d \in \underline{b}$,有 $R(b,d)$。前面已知 $R(a,b)$,由传递性得 $R(a,d)$ 成立,所以 $d \in \underline{a}$。同理可证对任意的 $e \in \underline{a}$ 一定有 $e \in \underline{b}$。这样就证明了 $\underline{a} = \underline{b}$。

如果 $\underline{a} \neq \underline{b}$,往证 $\underline{a} \cap \underline{b} = \varnothing$。采用反证法,假设 $\underline{a} \cap \underline{b} \neq \varnothing$,则根据上面的证明可知 $\underline{a} = \underline{b}$,矛盾。因此 $\underline{a} \cap \underline{b} = \varnothing$。

(2) 首先,对任意的 $a \in A$,等价类 $\underline{a}$ 一定是 A 的子集,即 $\underline{a} \subseteq A$。因此有 $\cup\{\underline{a} \mid a \in A\} \subseteq A$。而对任意的 $a \in A$,由于等价关系 R 是自反的,即 $R(a,a)$ 成立。所以 $a \in \underline{a}$,从而 $a \in \cup\{\underline{a} \mid a \in A\}$。因此,$A \subseteq \cup\{\underline{a} \mid a \in A\}$。这样就证明了 $A = \cup\{\underline{a} \mid a \in A\}$。 □

这个定理说明,任意集合 A 上的任何一个等价关系定义 A 的一个划分。下面的定理说明,一个集合的任何一个划分都定义了一个等价关系。

定理 2.8 (等价关系逆定理) 设 A 为集合,$\mathcal{G} \subseteq \mathbb{P}(A)$ 为 A 的一个划分。现定义 A 上的关系 R:对任意的 $a, b \in A$,$R(a,b)$ 当且仅当存在 $B \in \mathcal{G}$ 使得 $a, b \in B$,则 R 是 A 上的一个等价关系。

此定理的证明留作习题。

定义 2.13 里的 a 称为相应等价类的**代表元** (representative)。代表元通常不唯一,同属一个等价类的任何元素都可以作为该等价类的代表元。很明显,任意等价类均非空,因为它至少包含其代表元。在计算机科学和一些算法里,常需要确定两个元素属于同一等价类。如果集合很大,分类很多,确定同属一个等价类就是代价很高的操作。代表元技术可能帮助解决这个问题。

习题 2.5 请举出一个日常生活中的等价关系的例子和一个数学中的等价关系的例子,并较为严格地说明前者为什么是等价关系,并严格证明后者确实是等价关系。

习题 2.6 定义整数集合 $\mathbb{Z}$ 上的关系 $Mod3 : \mathbb{Z}^2$ 使得对任意的 $m, n \in \mathbb{Z}$, $Mod3(m, n)$ 当且仅当 $m \mod 3 = n \mod 3$。这里的 $m \mod 3$ 表示 m 除以 3 的余数(运算 mod 也称为**取模** (modulo),这里定义的关系称为**模等价**)。请证明 $Mod3$ 是一个等价关系。并给出 $Mod3$ 对于集合 $\{2, -3, -8, 4, 7, -19, 8, 25, 4, 13\}$ 划分出的等价类(显然,$Mod3$ 限制在这个子集上也是一个等价关系)。

2.2.4 关系代数

因为关系也是集合,直观地想象,对关系使用集合代数的操作并($\cup$)、交($\cap$)和差($-$),得到的也都是一些关系。为了避免罗素悖论,我们依然假设一个全集 U,定义和讨论 U 的子集之间的二元关系(在 2.2.2 节有关关系的讨论中已经说明,多元关系都可以用二元关系定义)的运算。为此,我们定义 $\mathcal{R}(U) \stackrel{\text{def}}{=} \{R \mid$ 存在 $A, B \in \mathbb{P}(U)$ 使得 $R : A \times B\}$ 为所有 U 的子集之间的二元关系构成的集合。如果不计关系的类型,$\mathcal{R}(U) = \mathbb{P}(U^2)$。但是,考虑关系的类型却不能如此定义。

关系代数 (relation algebra) $\mathcal{G}_U \stackrel{\text{def}}{=} (\mathcal{R}(U), \cup, \cap, -, ;)$ 定义如下:对任意 $A_1, B_1, A_2, B_2 \in \mathbb{P}(U)$ 和关系 $R_1 : A_1 \times B_1$ 和 $R_2 : A_2 \times B_2$,如下的代数规则成立。

- $R_1 \cup R_2 : (A_1 \cup A_2) \times (B_1 \cup B_2)$, $R_1 \cup R_2 \stackrel{\text{def}}{=} \{(a, b) \mid (a, b) \in R_1$ 或 $(a, b) \in R_2\}$。

- $R_1 \cap R_2 : (A_1 \cup A_2) \times (B_1 \cup B_2)$, $R_1 \cap R_2 \stackrel{\text{def}}{=} \{(a, b) \mid (a, b) \in R_1$ 且 $(a, b) \in R_2\}$。

- $R_1 - R_2 : (A_1 \cup A_2) \times (B_1 \cup B_2)$, $R_1 - R_2 \stackrel{\text{def}}{=} \{(a, b) \mid (a, b) \in R_1$ 且 $(a, b) \notin R_2\}$。

- $R_1 ; R_2 : (A_1 \times B_2)$, $R_1 ; R_2 \stackrel{\text{def}}{=} \{(a, b) \mid$ 存在 $c \in B_1 \cap A_2, (a, c) \in R_1$ 且 $(c, b) \in R_2\}$。

请读者特别注意上面定义中被操作的关系的类型和操作结果的类型之间的关系。我们在这里采用的处理方法是保证各种操作在所有的关系上都有定义,并以此来保证关系代数定义的合理性。在其他一些类似的教科书中,有些并不强调关系的类型以及代数结构的概念,所以就直接定义关系的并、交和差的操作,而且限制到只在类型相同的关系上定义。我们也注意到,给定任意一个集合 A,$\mathcal{R}_A \stackrel{\text{def}}{=} (\mathbb{P}(A^2), \cup, \cap, -, ;)$ 也构成一个代数,其中运算 $\cup, \cap, -, ;$ 和前面的关系代数中相应的运算定义相同,但这是个集合代数。

定理 2.2 中关于集合代数上的并($\cup$)、交($\cap$)和差($-$)运算的所有代数性质在关系代数中依然成立。这里自然不必赘述。

上面定义的 $R_1 ; R_2$ 称为**关系的复合** (relation composition),在其他教科书中常记为 $R_1 \circ R_2$,有时甚至简记为 $R_1 R_2$,而且直接假设 R_2 前域和 R_1 的后域相同,即假设 $B_1 = A_2$。我们在这里用 ";" 表示关系的复合,是借用了程序语言中语句的顺序复合的记法。这两者确实有联系。建立 a 和 b 之间的关系 $R_1 ; R_2$ 时,先建立 a 和某个 c 的关系 R_1,进而建立 c 和 b 的关系 R_2。这样定义与关系数据库中根据关系查询和检索的顺序也是一致的。

关于关系代数 $\mathcal{G}_U$ 和 $\mathcal{R}_A$ 中的复合运算,有如下的代数性质成立。

- 复合操作的结合律：$R_1; (R_2; R_3) = (R_1; R_2); R_3$

- 操作对并的分配律：

  - $((R_1 \cup R_2); R_3) = (R_1; R_3) \cup (R_2; R_3)$
  - $R_1; (R_2 \cup R_3) = (R_1; R_2) \cup (R_1; R_3)$

- 操作对交的分配律：

  - $((R_1 \cap R_2); R_3) = (R_1; R_3) \cap (R_2; R_3)$
  - $R_1; (R_2 \cap R_3) = (R_1; R_2) \cap (R_1; R_3)$

- 操作对差的分配律：

  - $((R_1 - R_2); R_3) = (R_1; R_3) - (R_2; R_3)$
  - $R_1; (R_2 - R_3) = (R_1; R_2) - (R_1; R_3)$

定义 2.14 (关系的幂) 对集合 A 上一个二元关系 R，关系 R 的幂可以归纳地定义如下：$R^0 \stackrel{\text{def}}{=} Id_A$（即 A 上的恒等关系）；$R^1 \stackrel{\text{def}}{=} R$；当 $n > 1$ 时，$R^n \stackrel{\text{def}}{=} R^{n-1}; R$。

例 2.17 现在考虑两个关系复合的例子。

(1) 设 F 为人的集合 P 上的"父子关系"，$F(a, b)$ 成立表示 a 是 b 的父亲。那么 $(F; F)$ 就是"祖孙"关系，即 $(F; F)(a, b)$ 成立表示 a 是 b 的祖父。此外，F 与其逆关系 F^{-1} 的复合 $F; F^{-1} = \{(a, a) \mid a \text{ 是一名父亲}\}$。注意 $F; F^{-1} \neq Id_P = \{(a, a) \mid a \in P\}$。

(2) 设 $\mathbb{N}$ 为自然数集合，$\leqslant$ 为 $\mathbb{N}$ 上的"小于等于"关系，$\geqslant$ 为 $\leqslant$ 的逆关系，即"大于等于关系"。则 $(\leqslant; \leqslant) = \leqslant$，$(\leqslant; \geqslant) = Id_\mathbb{N}$。这里 $Id_\mathbb{N}$ 是 $\mathbb{N}$ 上的相等关系。

对于一般情况，我们有如下的定理。

定理 2.9 设 R 为 A 上的二元关系，则

(1) R 是自反的当且仅当 $Id_A \subseteq R$。

(2) R 是对称的当且仅当 $R = R^{-1}$。

(3) R 是传递的当且仅当 $R; R \subseteq R$。

习题 2.7 请证明上面的定理。

定义 2.15 (传递闭包) 设 R 为 A 上的一个二元关系，称 A 上的二元关系 R^* 是 R 的**传递闭包** (transitive closure)，如果它是包含 R 的最小的传递关系，即 R^* 满足下面三个条件：

(1) $R \subseteq R^*$；

(2) R^* 是传递的；

(3) 如果 R' 是满足上述 (1) 和 (2) 的关系，则 $R^* \subseteq R'$。

上述条件 (3) 称为**闭包的最小性**。

定理 2.10　设 R 为 A 上的二元关系，则 $R^* = \bigcup\limits_{n=1}^{\infty} R^n$。这里 R^n 是前面定义的 R 的 n 次幂。

证明: 不难证明这个定理如下。

(1) 因为 $R = R^1$，所以 $R \subseteq \bigcup\limits_{n=1}^{\infty} R^n$。

(2) 如果 $(a,b),(b,c) \in \bigcup\limits_{n=1}^{\infty} R^n$，存在 R^i 和 R^j 使得 $(a,b) \in R^i$ 且 $(b,c) \in R^j$，其中 $i,j \geqslant 1$。根据 R^i 和 R^j 的定义，存在 $a_1,\cdots,a_{i-1}$ 使得 $R(a,a_1),\cdots,R(a_{i-1},b)$，而且存在 $b_1,\cdots,b_{j-1}$ 使得 $R(b,b_1),\cdots,R(b_{j-1},c)$。因此 $(\bigcup\limits_{n=1}^{i+j} R)(a,c)$。所以 $\bigcup\limits_{n=1}^{\infty} R^n$ 是传递的。

(3) 由于 R^* 是包含 R 的最小的传递关系，所以 $R^* \subseteq \bigcup\limits_{n=1}^{\infty} R^n$。

(4) 如果 $(a,b) \in \bigcup\limits_{n=1}^{\infty} R^n$，则存在 R^k 使得 $R^k(a,b)$。因此可知存在一系列元素 $a_1,\cdots,a_{k-1}$ 使得 $R(a,a_1),\cdots,R(a_{k-1},b)$。因为 $R \subseteq R^*$，所以 $R^*(a,a_1),\cdots,R^*(a_{k-1},b)$。由于 R^* 是传递的，所以 $R^*(a,b)$。因此，$\bigcup\limits_{n=1}^{\infty} R^n \subseteq R^*$。

由 (3) 和 (4) 可得 $R^* = \bigcup\limits_{n=1}^{\infty} R^n$。　　　　□

不难看出，我们可以仿照定义传递闭包的方式，定义 A 上任意二元关系 R 的**自反闭包**、**对称闭包**和**等价闭包**。实际上，我们可以定义**关系的闭包**的一般性概念：

定义 2.16 (关系的闭包)　设 R 为 A 上的二元关系，p 是一个有关二元关系的性质，R 的满足性质 p 的闭包，简称 R 的 p-**闭包** (p-closure)，记为 R^p，是 A 上的满足如下三个条件的关系：

(1) $R \subseteq R^p$；

(2) R^p 具有性质 p；

(3) 如果 R' 是满足上述 (1) 和 (2) 的关系，则 $R^p \subseteq R'$。

习题 2.8 设 R 为 A 上的二元关系，用 r 和 s 表示关系的自反性和对称性，请证明：

(1) R 的自反闭包 $R^r = Id_A \cup R$。

(2) R 的对称闭包 $R^s = R \cup R^{-1}$。

(3) R 的自反对称闭包 $(R^r)^s = (R^s)^r = Id_A \cup R \cup R^{-1}$，记为 R^{rs}。

(4) R 的自反传递闭包 $(R^r)^* = (R^*)^r = Id_A \cup R^*$，记为 R^{r*}。

(5) R 的对称传递闭包 $(R^s)^* = (R^*)^s = (R \cup R^{-1})^* = R^* \cup (R^{-1})^*$，记为 R^{s*}。

(6) R 的等价传递闭包 $R^\approx = (R^{s*})^r = Id_A \cup R^{s*}$。

习题 2.9 设 R 为 A 上的二元关系：

(1) 设 p 是一个任意的有关二元关系的性质，证明 R 的 p-闭包 R^p 存在。

(2) 如果 A 是非空有穷的，且其元素个数为 n，证明 R 的传递闭包 $R^* = R \cup \cdots \cup R^n$。

2.2.5 关系的图示

画出关系 $R : A \times B$ 的图示可以帮助我们理解关系的一些情况，如图 2.4。图中的集合分别用椭圆表示，其元素标注在相应椭圆的内部。对 $a \in A$ 和 $b \in B$，$(a, b) \in R$ 用一个从 a 到 b 的箭头表示。图 2.4 表示了 A 与 B 之间的一些关系，其中有些情况值得注意：

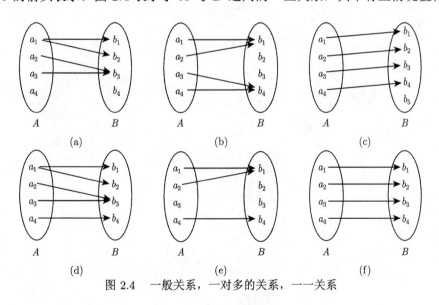

图 2.4 一般关系，一对多的关系，一一关系

- 可能存在 A 中的一个元素与 B 中多个元素有关系的情况，这就是**一对多** (one to many) 的关系，图 2.4 (a) 和 (d) 中出现了这种情况。

- 可能出现 A 中的多个元素与 B 中某一个元素有关系的情况，这就是**多对一** (many to one) 的关系，譬如图 2.4 (a)、(b)、(d) 和 (e) 中都出现了这种情况。

- 如果对于 A 中的每个元素，B 中最多有一个元素与之有关系 R，这样的关系称为**一对一** (one to one) 的关系，如图 2.4 (b)、(c) 、(e) 和 (f)。

- 如果对 A 中每个元素，B 有且仅有一个元素与之有关系，而且对 B 中每个元素，A 也有且仅有一个元素与之有关系，这样的关系称为**双射** (bijection)，如图 2.4 (f)。

　　图示有助于我们理解关系的前域和后域，以及元素的像和原像的关系。值得指出，图示通常只用于表示有穷的而且比较小的关系，或用于在研究和分析中表示整个关系中的部分情况。

　　如果 A 和 B 是同一个集合，那么 $R : A^2$ 就是 A 上的二元关系，有时简称为 A 上的关系，对应于（A 上的）一个**有向图** (directed graph)。用图论的术语，A 的元素称为图的**顶点**，R 中元素 (a, b) 称为图的**边**。在离散数学的分支图论中，图的图示通常省略代表集合的椭圆。譬如，图 2.5 是 Jacob L. Moreno 在 1953 年提出的社会图，其中两个顶点之间的双向边，如图中的 MK 和 LN，表示关系对 (MK, LN) 和 (LN, MK) 都成立。这种图称为无向图，一条无向边表示两条有向边。因此，无向图表示的关系总是对称的。

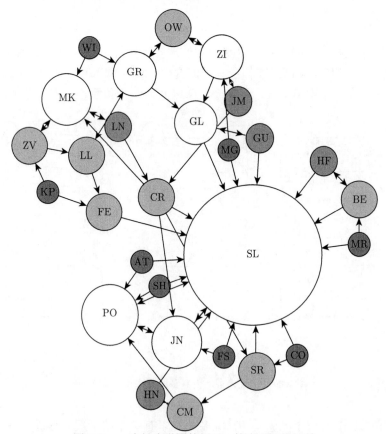

图 2.5　一个社会学图的例子，摘自 Wiki 百科

在离散数学和算法设计与分析领域，一类特别的图称为**树** (tree)。计算机科学中关于图和树的算法很多也非常重要。另外，在系统建模中经常需要以一个集合 A 的元素为顶点，以另一集合 L 的元素作为边的标签。这样的图对应于一个关系 $R : A \times L \times A$，这是一种**带标签的有向图** (labeled graph)，L 是图中的边所附的标签集合。人们也常用带标签的无向图。总之，离散数学和数据结构的课中图和树都是重要的内容，有意识地理解图和树是两类特殊的关系，树又是特殊一类图，对深刻掌握图和树这两种结构有帮助。图论是离散数学的重要内容，主要研究具有各种性质的以及其基础上的重要算法，用于表示各种应用领域的计算问题。然而，各种图的定义以及性质的证明都是建立在集合以及关系基础上。

计算机科学中的**自动机** (automaton) 可以表示为一种带标签的有向图。例如，图 2.6 是一个简单自动机的图示。一个自动机可以用一个五元组 $\mathcal{M} = (\Phi, \Sigma, \delta, \varphi_0, \varphi_f)$ 定义，其中

- Φ 是一个状态集合，其中的元素称为**状态** (state)；

- $\varphi_0 \in \Phi$，称为**初始状态** (initial state)；

- $\varphi_f \in \Phi$，称为**终止状态** (final state)，也称为**接受状态** (accepting state)；

- Σ 是一个集合，称为**字母表** (alphabet)；

- δ 是一个类型为 $\Phi \times \Sigma \times \Phi$ 的三元关系。称为**状态迁移关系** (state transition relation)。

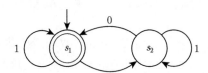

图 2.6　一个简单自动机的图示：其中 $\Phi = \{s_1, s_2\}$ 称为自动机的状态集合，状态用圆表示。初始状态用指向它的没有原点的箭头表示，图中为 s_1。终止状态用双线圆表示，在本例中也是 s_1。有向边用自动机的字母表中的标签标记，这里的字母表是 $\Sigma = \{0, 1\}$，有向边表示**状态迁移关系** (state transition relation)，这里是 $\delta = \{(s_1, 1, s_1), (s_1, 0, s_2), (s_2, 1, s_2), (s_2, 0, s_1)\}$，其中的三元组 $(s_1, 0, s_2)$ 表示在状态 s_1 接受字符 0 时迁移至 s_2，用标有 0 的从 s_1 指向 s_2 的边 $s_1 \overset{0}{\longmapsto} s_2$ 表示。本自动机接受所有包含偶数个 0 的有穷 0/1 串，这个串集合就是本自动机接受或定义的语言 L

一般要求自动机的字母表为有穷集合，而且自动机的状态集合 Φ 也有穷，所以称为**有穷状态自动机** (finite state automaton)。关于自动机的迁移关系，对任意的 $\varphi, \varphi' \in \Phi$ 和 $a \in \Sigma$，我们用 $\varphi \overset{a}{\longmapsto} \varphi'$ 表示关系 $\delta(\varphi, a, \varphi')$ 成立。字母表 Σ 上的一个字符串 $a_1 \cdots a_k$ 被自动机 $\mathcal{M}$ 接受，当且仅当存在从初始状态到终止状态的状态迁移序列 $\varphi_0 \overset{a_1}{\longmapsto} \varphi_1, \varphi_1 \overset{a_2}{\longmapsto} \varphi_2, \cdots,$ $\varphi_{k-1} \overset{a_k}{\longmapsto} \varphi_k = \varphi_f$。所有可以被 $\mathcal{M}$ 接受的字符串的集合 $\mathcal{L}_{\mathcal{M}} = \{w \mid w$ 是可被 $\mathcal{M}$ 接受的字符串$\}$ 称为 $\mathcal{M}$ 定义的**语言** (language)，$\mathcal{L}_{\mathcal{M}}$ 中的字符串称为可被 $\mathcal{M}$ 接受的**字** (word)。自动机理论是程序语言理论的核心基础，自动机也称为**状态迁移系统** (state transition system) 或**状态机** (state machine)，这是一种最基础的计算模型。每个图灵机的基本部分就是一个自动机。所以，自动机是计算理论的基础，也是算法设计及分析的核心基础。状态迁移系统也可以作为计算机程序或算法的**控制流** (control flow) 和**数据流** (data flow) 的模型，这两种模型分别称为**控制流图**和**数据流图**。

2.3　函　　数

一类特殊的关系称为**函数** (function)，定义如下。

定义 2.17 (函数)　一个关系 $R : A \times B$ 称为**函数**，如果对 A 中任意一个元素 a，B 中最多只有一个元素 b 使得 $R(a, b)$ 成立，也就是说，$|R(a)| \leqslant 1$ 对所有的 $a \in A$ 成立。

进一步，设 $R : A \times B$ 是一个函数，则有如下定义：

(1) 如果存在 $a_0 \in A$ 使得在 B 中无元素与之对应，即 $|R(a_0)| = 0$，则称函数 R 为**偏函数** (partial function)，而且称 R 对元素 a_0 **无定义** (undefined)。如果对任意的 $a \in A$ 都有 $|R(a)| = 0$，即 $\mathsf{dom}(R) = \varnothing$，这个空关系 R 称为**空函数** (empty function)。

(2) 如果任意的 $a \in A$ 在 B 中都有像与之对应，即总有 $|R(a)| = 1$，则称 R 为**全函数** (total function)。全函数也称为**映射** (mapping)。

可见，函数是受限的关系，其前域中的每个元素至多有一个像。对于这种情况，通常都将函数 $R(a) = \{b\}$ 简记为 $R(a) = b$。此外，在讨论函数时，人们通常用术语**定义域**和**值域**，而不用 "前域" 和 "后域"。本书中也将统一采用这一对术语。

一般地，对任意的自然数 $n > 0$，我们可以定义一个 n-元函数为类型是 $R : A_1 \times \cdots \times A_n \times B$ 的关系，使得对 $A_1 \times \cdots \times A_n$ 中每一个元素 $(a_1, \cdots, a_n)$，在 B 中最多有一个元素 b 使 $R(a_1, \cdots, a_n, b)$ 成立。注意，一元函数是一个二元关系，一般的 n-元函数是 $n+1$-元关系。

我们用 $A \mapsto B$ 表示所有从 A 到 B 的全函数构成的集合[1]，称为一个**全函数类型**；$f : A \mapsto B$ 表示 $f \in A \mapsto B$，称函数 f 的类型为 $A \mapsto B$。我们用 $A \rightarrowtail B$ 表示 A 到 B 的所有函数的集合，包括偏函数和全函数，称为一个**函数类型** (function type)；用 $f : A \rightarrowtail B$ 表示 $f \in A \rightarrowtail B$，称函数 f 的类型为 $A \rightarrowtail B$。

对一般的 n-元函数，我们用 $f : A_1 \times \cdots \times A_n \mapsto B$ 表示 f 是类型为 $A_1 \times \cdots \times A_n \mapsto B$ 的全函数（同理，$f : A_1 \times \cdots \times A_n \rightarrowtail B$ 表示 f 为一个 n-元函数）。

对每个集合 A，存在一个特殊的全函数 $f_0 : A \mapsto A$，其定义是 $f_0 \stackrel{\mathsf{def}}{=} \{(a, a) \mid a \in A\}$，也就是说，对每个 $a \in A$ 都有 $f_0(a) = a$。显然这个函数对应于集合 A 上的恒等关系 Id_A，我们称其为 A 上的恒等函数，也记为 1_A。

不难看出，如果一个关系是一对一的，则它一定是函数（不一定是全函数），也称为一对一函数；一对一的全函数也称为**单射** (injection)。如果一个关系是双射，则它一定是函数，也称为**双射函数** (bijection)（一定是全函数）。如果一个函数 $f : A \rightarrowtail B$ 使得 $\mathsf{ran}(f) = B$，则称函数 f 是**映上的** (onto) 或 **满射** (surjection)。显然，1_A 是一对一的，也是映上的（满的），而且是双射。

定理 2.11　**(单射和双射函数的逆函数)** 设 $f : A \rightarrowtail B$ 为函数，

(1) 如果 f 是满射，则存在 f 的**左逆函数** (left inverse function) $f' : B \rightarrowtail A$ 使得 $f' ; f = 1_B$。

---

① 其他文献和书籍中通常用 $A \rightarrow B$ 表示从集合 A 到集合 B 的全函数函数，本书用 $A \mapsto B$ 是为了与后面章节中的逻辑蕴涵符号 $\rightarrow$ 区别。

(2) 如果 f 是全的单射函数，则存在 f 的**右逆函数** (right inverse function) $f' : B \rightarrowtail A$ 使得 $f; f' = 1_A$。

(3) 如果 f 是双射，则存在唯一的 f 的一个**逆函数** (inverse function) $f^{-1} : B \rightarrowtail A$ 使得 $f^{-1}; f = 1_B$ 且 $f; f^{-1} = 1_A$，而且，f^{-1} 也是全函数。

(4) 如果 $f : A \rightarrowtail B$ 和 $g : B \rightarrowtail C$ 都是双射，那么 $(f; g) : A \rightarrowtail C$ 也是双射。

证明： 我们分别给出前三个断言的证明如下：

(1) 设 $f : A \rightarrowtail B$ 是满射，不难证明如下定义的 $\approx$ 是 A 上的一个等价关系。

$$\approx \stackrel{\text{def}}{=} \{(a_1, a_2) \mid a_1, a_2 \in A, f(a_1) = f(a_2) \text{ 或 } a_1 = a_2 \text{ 且 } f(a_1) \text{ 无定义}\}$$

因为 f 是满射，对任意的 $b \in B$，令 $\approx_b \stackrel{\text{def}}{=} \{a \mid a \in A \text{ 且 } f(a) = b\}$，则 $\{\approx_b \mid b \in B\}$ 是 A 的一个等价类划分。进一步定义 $A_{\approx} \stackrel{\text{def}}{=} \{b_o \mid b \in B, b_o \text{ 为 } \approx_b \text{ 的代表元}\}$。定义函数 $f' : B \rightarrowtail A$ 使得对任意的 $b \in B$ 有 $f'(b) = b_o$，则对任意的 $b \in B$，有 $(f'; f)(b) = f(f'(b)) = f(b_o) = b = 1_B(b)$。显然，因为 $\approx_b$ 可以取不同的代表元，这样的左逆函数不一定唯一。

(2) 设 f 是单射，定义 $f' : B \rightarrowtail A$ 如下：

$$f'(b) \stackrel{\text{def}}{=} \begin{cases} a, & \text{如果 } f(a) = b \\ \text{无定义}, & \text{否则} \end{cases}$$

这样，对任意的 $a \in A$，就有 $(f; f')(a) = f'(f(a)) = a = 1_A(a)$。这样的右逆函数一般是偏函数，而且一定唯一。

(3) 根据上面两条证明，可以直接得出，如果 f 是双射，则存在唯一的 f 的逆函数 $f^{-1} : B \rightarrowtail A$ 使得 $f^{-1}; f = 1_B$ 且 $f; f^{-1} = 1_A$，而且 f^{-1} 是全函数。 $\square$

函数的限制与扩展　对于函数 $f : A \rightarrowtail B$，设 $A_1 \subseteq A$。将 f 的定义域"限制"到子集 A_1，就得到了 f 在 A_1 上的**限制函数** (restriction) $f|_{A_1} : A_1 \rightarrowtail B$，其定义是对任意的 $a \in A_1$，$f|_{A_1}(a) = f(a)$。特别的，如果偏函数 $f : A \rightarrowtail B$ 不是空函数，其定义域 $\text{dom}(f) \neq \varnothing$，则 $f|_{\text{dom}(f)}$ 是全函数。

在数学上处理偏函数比较烦琐。一种有效的处理方法是引入一个特殊符号 $\bot$ 表示无定义，假设 $\bot \notin B$，我们就可以把任一偏函数 $f : A \rightarrowtail B$ 扩展为全函数 $f^{\bot} : A \mapsto B^{\bot}$。这里的 $B^{\bot} \stackrel{\text{def}}{=} B \cup \{\bot\}$，而 $f^{\bot}$ 定义如下：

$$f^{\bot}(a) \stackrel{\text{def}}{=} \begin{cases} b, & f(a) \text{ 有定义且 } f(a) = b \\ \bot, & f(a) \text{ 在 } B \text{ 中无定义} \end{cases}$$

另外，对于包含了无定义元的集合 $A^{\bot}$ 上的函数 $f : A^{\bot} \mapsto A^{\bot}$，如果 $f(\bot) = \bot$，则 f 称为是 **严格的** (strict)。

习题 2.10　给出定理 2.11（4）的证明。

习题 2.11　对一个代数

$$\mathcal{G} = (A_1, \cdots, A_n, op_1 : A_{11} \times \cdots \times A_{1n_1} \mapsto A_{n_1+1}, \cdots, op_k : A_{k1} \times \cdots \times A_{1n_k} \mapsto A_{n_k+1})$$

其中，$(A_1, \cdots, A_n, op_1 : A_{11} \times \cdots \times A_{1n_1} \mapsto A_{n_1+1}, \cdots, op_k : A_{k1} \times \cdots \times A_{1n_k} \mapsto A_{n_k+1})$ 称为代数 $\mathcal{G}$ 的**签名** (signature)。这里要求对 $i = 1, \cdots k$, $j = 1, \cdots max\{n_1, \cdots, n_k\}$, 有 $A_{ij}, B_i \in \{A_1, \cdots, A_n\}$。其中, $max\{n_1, \cdots, n_k\}$ 表示 $\{n_1, \cdots, n_k\}$ 中最大的元素。再设代数

$$\mathcal{G}' = (A_1', \cdots, A_n', op_1' : A_{11}' \times \cdots \times A_{1n_1}' \mapsto A_{n_1+1}', \cdots, op_k' : A_{k1}' \times \cdots \times A_{kn_k}' \mapsto A_{n_k+1}')$$

定义

(1) 如果一组满射 $f_i : A_i \mapsto A_i'$, $i = 1, \cdots, n$ **保持操作**，即对任意的 $j = 1, \cdots, k$ 有

$$f_{n_i+1}(op_i(a_{i1}, \cdots, a_{in_i})) = op_i'(f_{i1}(a_{i1}), \cdots, f_{in_i}(a_{in_1}))$$

则称这组满射为**同态映射** (homomorphic mapping)，其中 $f_{ij} : A_{ij} \mapsto A_{ij}'$ 且 $f_{n_i+1} : A_{n_i+1} \mapsto A_{n_i+1}'$ 都是 $\{f_i : A_i \mapsto A_i' \mid i = 1, \cdots n\}$ 中相应的满射。如果存在代数 $\mathcal{G}$ 到代数 $\mathcal{G}'$ 的同态映射，则称 $\mathcal{G}$ 与 $\mathcal{G}'$ **同态** (homomorphic)。

(2) 如果同态映射 $f_i : A_i \mapsto A_i'$, $i = 1, \cdots, n$ 都是双射，则称这组满射为同构映射。如果存在代数 $\mathcal{G}$ 到代数 $\mathcal{G}'$ 的同构映射，则称 $\mathcal{G}$ 与 $\mathcal{G}'$ **同构** (isomorphic)。

请完成如下练习：

(1) 证明如果存在代数 $\mathcal{G}$ 到代数 $\mathcal{G}'$ 的同构映射，则在代数 $\mathcal{G}'$ 到代数 $\mathcal{G}$ 的同构映射。

(2) 证明代数之间的同态关系有自反性和传递性；并说明是否有对称性。

(3) 证明代数之间的同构关系是等价关系。

(4) 给出代数同态和同构的例子。

2.4　集合、关系、函数和谓词的联系与统一

我们再次强调集合与关系的统一，以及这一统一性在科学与工程建模中的重要意义。一个关系也是一个集合，是通过"底层"（独立）的集合定义的集合，即底层集合的笛卡儿积的一个子集合。这清楚地表明了集合的一种层次结构。同样，把一些独立关系作为集合，再构造其之间的一个关系（也是一个集合），又是更高一层的结构。如此下去，可以构建更高更宽的结构，即关系之关系，集合之集合。这种层次结构是工程系统体系架构的重要特征，如复杂的信息工程系统。目前，大部分的 IT 系统都是系统之系统。

2.4.1 关系和函数的统一

在讨论集合代数和关系代数时，我们都假定了一个全集（泛集）U，而集合代数的运算定义在 U 的子集之间。这样，U 的任一子集 A 对应于一个二值函数 $\pi_A : U \mapsto \{0,1\}$。

$$\pi_A(a) \stackrel{\text{def}}{=} \begin{cases} 1, & \text{如果 } a \in A \\ 0, & \text{如果 } a \notin A \end{cases}$$

我们称 π_A 为集合 A 的**特征函数** (characteristic function)，并经常省略 π_A 的角标，将其简记为 π。对于一般情况，给定任何一个 n 元关系 $R : A_1 \times \cdots \times A_n$，对每个 $i = 1, \cdots, n$，A_i 都是 U 的一个子集，可以定义 R 的特征函数 $\pi_R : U^n \mapsto \{0,1\}$ 如下：

$$\pi_R(a_1, \cdots, a_n) \stackrel{\text{def}}{=} \begin{cases} 1, & \text{如果 } (a_1, \cdots, a_n) \in R \\ 0, & \text{如果 } (a_1, \cdots, a_n) \notin R \end{cases}$$

集合 $\mathbb{B} \stackrel{\text{def}}{=} \{0,1\}$ 通常称为**布尔集** (Boolean set)，其中元素称为**布尔值** (Boolean value)。并且，一般 0 用来表示真值**假** (false)，1 用来表示真值**真** (true)。

我们知道，关系是在一些集合基础上构造的集合，函数是一类特殊的关系。现在通过关系的特征函数，关系也可由函数定义。因此，关系和函数是统一的。特征函数经常在设计一些关系的判定算法及其计算机程序的实现时用到。

2.4.2 集合、关系、函数、谓词和布尔代数的统一

为了进一步阐释关系与逻辑中的谓词之间的联系，我们定义集合 $\mathbb{T} = \{f\!f, tt\}$，称为**真值集** (truth value set)，其中的元素 $f\!f$ 表示真值**假**，tt 用来表示真值**真**。一个**谓词** (predicate) 是一个类型为 $P : A \mapsto \mathbb{T}$ 的函数。

首先，一个集合 A 上的 0-**元关系** (0-ary relation) R 是 A 的零次幂 A^0 的一个子集。由于 $A^0 = \{(\,)\}$，所以 A 上的 0-元关系只有 $\{\}$ 和 $\{(\,)\}$ 两个，没有什么物理意义。

集合 A 上的一个 1 元关系 R 是 A^1 的一个子集，按前面对笛卡儿积定义的约定，我们对 A^1 和 A 不做区分。因此，A 上的一个 1 元关系 R 就是 A 的一个子集。这样，R 也就对应关于 A 中元素的一个一元谓词 $P_A : A \mapsto \mathbb{T}$ 使得对任意的 $a \in A$，$a \in R$ 当且仅当 $R(a)$ 成立，当且仅当 $P_A(a) = tt$（意指 $P_A(a)$ 为真）。如果 $R(a)$ 不成立，则 $P_A(a) = f\!f$，即 $P_A(a)$ 为假。因此，A 上一个一元关系也就是 A 的元素的一个**性质** (property)。

一般情况下，一个 n 元关系 $R : A_1 \times \cdots \times A_n$ 是 $A_1 \times \cdots \times A_n$ 的一个子集。因此，R 对应一个 n 元谓词 $P_A : A_1 \times \cdots \times A_n \mapsto \mathbb{T}$ 使得对任意的 $a_1 \in A_1, \cdots, a_n \in A_n$，$P_A(a_1, \cdots, a_n) = tt$ 当且仅当关系 $R(a_1, \cdots, a_n)$ 成立，即 $(a_1, \cdots, a_n) \in R$。这里有两个特殊的关系：

- $A_1 \times \cdots \times A_n$ 的空子集 R 称为**空关系** (empty relation)。与空关系对应的谓词是恒假谓词 false，即对任意的 $a_1 \in A_1, \cdots, a_n \in A_n$，有 $\mathsf{false}(a_1, \cdots, a_n) = f\!f$。请注意空关系和零元关系的区别，任意给定的 n 个集合的笛卡儿积都有一个 n 元的空关系。

- n 元关系 $R = A_1 \times \cdots \times A_n$ 称为 $A_1 \times \cdots \times A_n$ 上的**全关系** (whole relation)。与全关系对应的谓词是恒真谓词 true，即对任意的 $a_1 \in A_1, \cdots, a_n \in A_n$，有 $\text{true}(a_1, \cdots, a_n) = tt$。

特征函数、布尔值、真值和谓词的关系，有助于我们理解将在后面章节讨论的形式逻辑的解释（或说语义或模型）。读者应该记得，定理 2.3 讨论过集合代数和关系代数中并 $\cup$、交 $\cap$ 和补 $^-$ 运算的性质，以及它们和命题逻辑中的连接词 "或" $\vee$、"且" $\wedge$ 以及 "否定" $\neg$ 对应，满足相同的**代数定律**。进一步抽象，我们可以定义**布尔代数** (Boolean Algebra)。

定义 2.18 (布尔代数)   设 $\mathbb{B} \stackrel{\text{def}}{=} \{0,1\}$，**布尔代数**定义为 $Bool = (\mathbb{B}, \wedge, \vee, \neg)$，其中

- $\wedge : \mathbb{B}^2 \mapsto \mathbb{B}$，$0 \wedge 0 = 0$，$0 \wedge 1 = 1 \wedge 0 = 0$，$1 \wedge 1 = 1$；

- $\vee : \mathbb{B}^2 \mapsto \mathbb{B}$，$0 \vee 0 = 0, 0 \vee 1 = 1 \vee 0 = 1$，$1 \vee 1 = 1$；

- $\neg : \mathbb{B} \mapsto \mathbb{B}$，$\neg 0 = 1$，$\neg 1 = 0$。

上述 $\wedge$ 和 $\vee$ 的定义比较烦琐，可以总结如下：$a \wedge b = 1$ 当且仅当 a 和 b 都为 1；$a \vee b = 0$ 当且仅当 a 和 b 都为 0。关于布尔代数，这里只提供了一套简单定义，重点在于指出知识的相关性和延伸性，我们并不准备就此展开进一步讨论，有不少专门书籍可以参考。

通过布尔值 0 和真值 ff 以及布尔值 1 和真值 tt 的对应关系，很容易定义与布尔代数对应（即与布尔代数同构）的真值代数。两个代数除了集合元素的符号不同外，结构和运算都一一对应，布尔运算和命题逻辑的连接词满足同样的代数定律。数学的说法是布尔代数和真值代数**同构** (isomorphic)。因此，在很多情况下我们对二者不加区分，将 $\mathbb{T}$ 也叫布尔集。关于 $\mathbb{T}$ 与 $\mathbb{B}$ 的关系，在例 2.22 中有进一步揭示。例 2.23 将进一步比较集合之间的运算与谓词命题之间的连接词操作，以及集合之间包含关系与谓词命题之间的蕴涵关系。

习题 2.12   证明集合代数 $\mathcal{G}_U = (\mathbb{P}(U), \cup, \cap, ^-)$ 与布尔代数 $(\mathbb{B}, \wedge, \vee, \neg)$ 同态。

2.5   数学归纳法

数学归纳法 (mathematical induction) 是一种重要的数学证明方法，在证明有关自然数的性质时，人们经常使用这种方法。给定了一个关于自然数集 $\mathbb{N}$ 的性质 P，采用数学归纳法证明对每个 $n \in \mathbb{N}$ 性质 $P(n)$ 都成立的一般证明过程如下：

(1) **归纳基础**：证明 $P(0)$ 成立；

(2) **归纳步骤**：证明对任意的 $n > 0$，如果 $P(n-1)$ 成立则 $P(n)$ 成立。

在归纳步骤中对 "$P(n-1)$ 成立" 的假设称为**归纳假设**。换一个方式，归纳步骤也可以等价地改为：对任意的 $n \geqslant 0$（也就是说，$n \in \mathbb{N}$），假设 $P(n)$ 成立，证明 $P(n+1)$ 成立。

使用数学归纳法完成的证明（在数学上）是有效的，其**有效性** (validity) 可以通过自然数的构造法判定。我们知道，所有自然数的集合可以通过如下的规则构造。

(1) 构造起始：0 是自然数；

(2) 递归构造规则：如果 n 是（已经构造的）自然数，则 $n+1$ 也是自然数；

(3) 封闭规则：任何自然数能而且只能基于 (1) 并有限次地使用 (2) 构造出来。

例 2.18 证明对任意的自然数 n，$0+1+\cdots+n=\dfrac{n(n+1)}{2}$。

使用数学归纳法的证明如下：

(1) **归纳基础**：当 $n=0$，我们有 $0=\dfrac{0(0+1)}{2}$。

(2) **归纳步骤**：设 $0+1+\cdots+n=\dfrac{n(n+1)}{2}$，证明 $0+1+\cdots+n+(n+1)=\dfrac{(n+1)(n+2)}{2}$
如下：

$$
\begin{aligned}
\text{(i)}\quad 0+1+\cdots+n &= \frac{n(n+1)}{2}\\
\text{(ii)}\quad 0+1+\cdots+n+(n+1) &= \frac{n(n+1)}{2}+(n+1)\\
\text{(iii)}\quad &= \frac{n(n+1)}{2}+\frac{2(n+1)}{2}\\
\text{(iv)}\quad &= \frac{n(n+1)+2(n+1)}{2}\\
\text{(v)}\quad &= \frac{(n+1)(n+2)}{2}
\end{aligned}
$$

数学归纳法有几种变形。一个变形是当证明一个 "$P(n)$ 对所有大于等于某给定 n_0 的自然数（譬如 2021）成立"，此时归纳基础改为证明 $P(n_0)$ 成立。另一变形的数学归纳证明过程为

(1) **归纳基础**：证明 $P(0)$ 成立；

(2) **归纳步骤**：假设 P 对任意小于 n 的自然数 k 都成立，证明 $P(n)$ 成立。

虽然数学归纳法是通过自然数的命题定义的，但是很多数学的证明问题可以通过自然数编码转换为数学归纳法进行证明。本书后面章节中将经常看到这样的证明。

2.6 集合上的序关系

集合上一类特殊二元关系称为**序** (order)，它们在数学和各类工程技术领域有广泛应用，在计算机科学领域有大量不同层次的应用。作为最简单和最常见的情况，比较大小、性能好坏、效率高低、信息量大小等都是某种序关系的应用。有些计算机专业领域只应用了序理论的简单思想。但也有些计算机专业领域用到有关**序结构** (ordered structures) 的深刻知识，譬如程序设计语言的**语义域理论** (semantic domain theory)，简称**域论** (domain theory)。20 世纪 70 年代以来有关完全偏序集 (CPO) 的研究发展，使我们对有序集有了更深刻的认识。本节主要介绍与数理逻辑和**程序语义**理论紧密相关的各种序集，尤其是偏序集，偏序集上的函数以及序同构。

2.6.1   偏序集

一种基本的序关系称为**偏序** (partial order)，偏序是对一类对象进行比较、安排次序、整理、布置等现实操作在数学上的泛化，也就是抽象化。有了这种抽象，才能更有效地研发与序有关的整理和安排技术，以及相关的自动化的计算机算法。计算机相关专业的读者熟知的这方面算法包括遍历、查询、分类、检索等，以及在有序载子集上的代数结构的方程求解等。本小节主要讨论偏序关系，在数学上重要的其他序关系可以按类似的思想方法去学习、研究和使用。

定义 2.19 (偏序和偏序集)   设 A 是一个集合，A 上一个二元关系 $R : A^2$ 称为一个**前序** (pre-order) 或称**准序** (quasi-order)，如果对任意 $a, b, c \in A$，R 满足如下的两个条件：

PO1: 传递性 (transitivity)：如果 $a \, R \, b$ 且 $b \, R \, c$，则 $a \, R \, c$；

PO2: 反对称性 (anti-symmetry)：如果 $a \, R \, b$ 且 $b \, R \, a$，则 $a = b$。

如果除上面两条之外 R 还满足对任意的 $a \in A$，

PO3: 自反性 (reflexivity)：$a \, R \, a$，

则 R 称为一个**偏序**，而 (A, R) 称为一个**偏序集** (partial ordered set)。

检查一个关系是否为偏序，就需要验证上面定义中的三条性质。最容易想到的偏序集是我们熟知的各种数集合，如自然数集 $\mathbb{N}$、整数集 $\mathbb{Z}$、有理数集 $\mathbb{Q}$ 和实数集 $\mathbb{R}$ 及其上的 "小于等于" 关系 $\leqslant$。在任意集合 A 上的偏序也常用 $\leqslant_A$ 表示，在不引起混淆时直接用 $\leqslant$ 表示。

很显然，自然数上的 "小于" 关系 $<$ 不是偏序，因为它不满足自反性。如果把偏序关系条件中的自反性改为**反自反性** (anti-reflexive)，即对任意 $a \in A$ 都有 $(a, a) \notin R$，则 $R : A^2$ 称为 A 的一个**严格偏序** (strict partial order)。显然，自然数上的 "小于" 关系 $<$ 就是一个严格偏序。另一方面，如果 $R : A^2$ 是一个严格偏序，那么 $R \cup Id_A$ 就是一个偏序。

偏序集中的两个元素之间可能可以比较，也可能不可比较，但全序集的情况则不同。全序集和全序的定义如下：

定义 2.20 (全序集)   设 $(A, \leqslant)$ 是一个偏序集，对任意的 $a, b \in A$，如果 $a \leqslant b$ 或者 $b \leqslant a$，则说 a 和 b **可比较**。如果偏序集 $(A, \leqslant)$ 中任意两个元素都可比较，则 $\leqslant$ 就是 A 上的一个**全序** (total order) 或称**线序** (linear order)，而 $(A, \leqslant)$ 称为一个**全序集**或线序集，或称为**链** (chain)。

我们熟知的各种数的小于等于和大于等于关系都是全序，字母表中字母之间的序，以及英文单词的字典序也是全序，但一个幂集中的集合之间的子集（及超集）关系不是全序。

例 2.19   这里给出几个偏序集的例子：

(1) 二十六个英文字母及其排列顺序 $(\{a, \cdots, z\}, \leqslant)$ 构成一个偏序集，其中的序是 $a \leqslant b$，$b \leqslant c$ 等。基于这个偏序集，可以定义英文单词的集合 $W \stackrel{\text{def}}{=} \{w \mid w$ 是英文字母组成的

单词} 的一个偏序，也就是在英文字典中单词的排序关系，称为**字典序** (dictionary order)。例 2.20 中定义了一般的字典序。

(2) 对集合 $\mathbb{T} \stackrel{\text{def}}{=} \{ff, tt\}$，定义关系 $\leqslant \stackrel{\text{def}}{=} \{(ff, ff), (ff, tt), (tt, tt)\}$，即对 $\mathbb{T}$ 中任意的真值 x 和 y，$x \leqslant y$ 当且仅当 $y = tt$ 或 $x = ff$。则 $(\mathbb{T}, \leqslant)$ 是一个偏序集，称为**真值偏序集** (truth value partial ordered set)，简称**真值集**。

(3) 设 U 为一个集合，$(\mathbb{P}(U), \subseteq)$ 是一个偏序集，其中 $\mathbb{P}(U)$ 是 U 的幂集，$\subseteq$ 是子集关系。集合 $\{x, y, z\}$ 的幂集偏序集的图示如图 2.7，其中箭头表示被包含关系。这种图称为 Hasse 图。

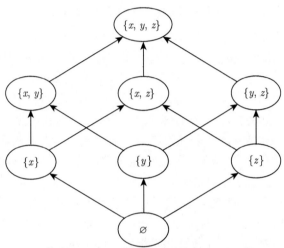

图 2.7　$\{x, y, z\}$ 的幂集偏序集的 Hasse 图

例 2.20　A 是一个非空的有穷集合，且 $(A, \leqslant)$ 是一个偏序集。定义 $A^* \stackrel{\text{def}}{=} \{\langle a_1, \cdots, a_n \rangle \mid n \in \mathbb{N}, a_1, \cdots, a_n \in A\}$ 为 A 的所有有穷元素串（或称序列）的集合（参考习题 2.4）。进一步定义 A^* 上的二元关系 $\leqslant$ 如下，对任何 $t_1, t_2 \in A^*$：

(1) 如果 $t_1 = \langle \rangle$ 为空串，对任意 t_2 都有 $t_1 \leqslant t_2$。

(2) 如果串 t 至少有一个元素，将其第一个元素记为 head(t)，将 t 去掉 head(t) 后剩下的子串记为 tail(t)。当 t_1 和 t_2 都至少有一个元素时，定义 $t_1 \leqslant t_2$ 当且仅当或者 head(t_1) $\leqslant$ head(t_2) 在 $(A, \leqslant)$ 中成立，或者 head(t_1) 与 head(t_2) 相等且 tail(t_1) $\leqslant$ tail(t_2)。

定义在偏序集 $(A^*, \leqslant)$ 上的这个序 $\leqslant$ 称为**字典序** (dictionary order)。

对于串 t，head(t) 称为其头元素，tail(t) 称为其尾部。例 2.10 介绍了字符串上的操作 head(t)、tail(t) 及其他操作和相关性质。这里注意到，上面定义中比较 tail(t_1) 和 tail(t_2) 时所用的序，也就是正在定义的字典序。这个定义是一个**递归定义** (recursive definition)。所谓递归定义，就是在一个概念（运算、操作等）的定义中使用了被定义的概念（运算、操作等）。在做这种定义时，有可能出现无限递归的循环定义，使这个定义失去意义。但是不难看出，上面定义并没有循环定义的问题，因为其中递归定义只出现在一种情况：把 $t_1 \leqslant t_2$ 的判定问题归结到 $\text{tail}(t_1) \leqslant \text{tail}(t_2)$ 判定问题，而后一判断中的两个串分别比前一判断中的两个串少一个元素。这样递归下去，或者到某一步根据头元素的比较得到了结果，或者比较中某一个串先变成了空串，从而根据 (1) 完成比较；或者是要求比较元素时两个串都已为空，也能得到结果。

习题 2.13　证明**例 2.20** 中的字典序确实是一个偏序。

例 2.21　设 X 为某程序设计语言（譬如 C 语言）的所有**程序变量** (program variable) 的集合，其中变量用 x、y、z 等表示。设集合 V 为程序变量的取值空间。变量集 X 的一个**状态** (state) 定义为一个函数 $\sigma : X \mapsto V$，我们将 $\sigma(x)$ 称为变量 x 在状态 σ 下的值。X 的所有状态的集合是 $\Sigma \overset{\text{def}}{=} \{\sigma \mid \sigma : X \mapsto V\}$。设 e 是一个满足程序语言语法的表达式，e 在一个状态 σ 下的**求值** (evaluation) $e[\sigma(x_1)/x_1, \cdots, \sigma(x_k)/x_k]$，就是将 e 中出现的变量 $x_1, \cdots, x_k$ 分别用这些变量在 σ 下的值替代后得到的那个（不包含变量的）表达式的值。譬如，如果有 $\sigma(x) = 2$ 和 $\sigma(y) = 10$，则 $((x+y)/x) + 1$ 在 σ 下的值就是 $((2+10)/2) + 1 = 7$。

应该注意到，如果在状态 σ 下 x 的值为 0，那么上面表达式就会变成 $((0+10)/0) + 1$，其值无定义。为处理这类情况，在研究程序语言的语义时，人们通常采用前面介绍过的方法，引入一个无定义符号 $\perp$ 把偏函数扩展为全函数。也就是把变量的取值空间 V 扩展为 $V^{\perp} \overset{\text{def}}{=} V \cup \{\perp\}$，将状态空间 Σ 也扩展为 $\Sigma^{\perp} \overset{\text{def}}{=} \Sigma \cup \{\perp\}$。这里符号 $\perp$ 被复用了，也用于表示出现了 $\perp(x) = \perp$ 的任何状态。我们在包括了无定义扩充的集合 $V^{\perp}$ 上定义序 $\leqslant$，使得对任意的 $u, v \in V^{\perp}$，$u \leqslant v$ 当且仅当 $u = v$ 或 $u = \perp$。则 $(V^{\perp}, \leqslant)$ 显然是一个偏序集，在指称语义理论的研究中 $(V^{\perp}, \leqslant)$ 被称为**平坦域** (flat domain)。图 2.8 是平坦域的图示。

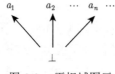

图 2.8　平坦域图示

2.6.2　从已知的偏序集构造偏序集

上面已经看到从给定的偏序构造偏序的例子。一般情况，从已知的偏序集出发，很容易构造出新的偏序集。

定理 2.12 (偏序集的子集)　如果 $(A, \leqslant)$ 是一个偏序集，$B \subseteq A$，则 $(B, \leqslant |_B)$ 也是一个偏序集。我们常常将限制后的关系 $\leqslant |_B$ 也简记为 $\leqslant$。

定理 2.13 (偏序集的逆，对偶关系)　如果 $(A, \leqslant)$ 是一个偏序集，则 $(A, \geqslant)$ 也是一个偏序集，其中 $\geqslant$ 是 $\leqslant$ 的逆关系。

要证明定理 2.13，只需要检验 $\geqslant$ 满足偏序定义的 (PO1)、(PO2) 和 (PO3) 三个条件。这一定理的意义在于数学中偏序集 $(A, \leqslant)$ 和 $(A, \geqslant)$ 成对出现，有关相关偏序集的性质的定理也会成对出现，譬如下界和上界、最小元和最大元等。利用对偶原则，只需要陈述和研究其中一个，另一个就能自然得到，即得到所谓"买一送一"的效益。

根据上面定理立刻就得到，数的集合 $\mathbb{N}$、$\mathbb{Z}$、$\mathbb{Q}$ 和 $\mathbb{R}$ 上的"大于等于"关系 ($\geqslant$) 也是偏序关系，幂集 $\mathbb{P}(U)$ 中集合之间的"超集" $\supseteq$ 关系也是偏序关系，如此等等。

虽然大家都熟知并认可数字集合上的"小于等于"关系有自反性、反对称性和传递性，但这些关系在数学中是如何定义并不被普遍知晓。不知其数学定义，则无法严格证明其为偏序。我们给出自然数集合 $\mathbb{N}$ 上的"小于等于"关系 $\leqslant$ 递归定义如下：

(1) 对任意的 $n \in \mathbb{N}$，$n \leqslant n$ 且 $n \leqslant n+1$；

(2) 对任意的 $n_1, n_2, n_3 \in N$，如果 $n_1 \leqslant n_2$ 且 $n_2 \leqslant n_3$，则 $n_1 \leqslant n_3$；

(3) 对任意的 $n_1, n_2 \in \mathbb{N}$，如果 $n_1 \leqslant n_2$ 且 $n_2 \leqslant n_1$，则 $n_1 = n_2$。

用归纳法不难证明，上面定义的 $\leqslant$ 是个偏序。关于整数集合 $\mathbb{Z}$、有理数集合 $\mathbb{Q}$ 和实数集 $\mathbb{R}$ 上"小于等于"的严格定义，在例 2.16 中曾给出一种定义，其他的定义方法留给读者自己查学。

还有很多的方法可以用于从已知的偏序集构造新的偏序集，而从已有的结构构造新结构，是算法设计分析、计算系统工程及软件工程的核心思想之一。

定理 2.14 (偏序集的运算) 如果 $(A, \leqslant_1)$ 和 $(B, \leqslant_2)$ 是偏序集，则

(1) 如果 $A \cap B = \varnothing$，那么 $(A \cup B, \leqslant_1 \cup \leqslant_2)$ 也是偏序集，其中 $a \ (\leqslant_1 \cup \leqslant_2) \ b$ 当且仅当或者 $a, b \in A$ 且 $a \leqslant_1 b$，或者 $a, b \in B$ 且 $a \leqslant_2 b$。直观上看，$\leqslant_1 \cup \leqslant_2$ 就是"将 B 的元素和 A 的元素并排放在一起"，因为两个集合不相交，它们的元素各用各的序。

(2) 如果 $A \cap B = \varnothing$，那么 $(A \cup B, \leqslant_1 \uplus \leqslant_2)$ 也是偏序集，这个偏序集记为 $A \uplus B$，其中 $a \ (\leqslant_1 \uplus \leqslant_2) \ b$ 当且仅当

   ① 如果 $a, b \in A$，$a \leqslant_1 b$；

   ② 如果 $a, b \in B$，$a \leqslant_2 b$；否则

   ③ $a \in A$ 且 $b \in B$

   直观上 $\leqslant_1 \uplus \leqslant_2$ 就是"认为 B 的元素比 A 的元素大"。

(3) $(A \times B, \leqslant)$ 也是一个偏序集，其中 $\leqslant$ 定义为 $(a_1, b_1) \leqslant (a_2, b_2)$，如果 $a_1 \leqslant_1 a_2$ 且 $b_1 \leqslant_2 b_2$。

(4) $(A \times B, \leqslant_c)$ 也是一个偏序集，其中 $\leqslant_c$ 定义为 $(a_1, b_1) \leqslant_c (a_2, b_2)$，如果 $a_1 \leqslant_1 a_2$ 且 $a_1 \neq a_2$ 或者 $a_1 = a_2$ 且 $b_1 \leqslant_2 b_2$。

习题 2.14 证明定理 2.14。

定义 2.21 (笛卡儿积上的偏序) 通过数学归纳法可定义，如果对 $i = 1, \cdots, n$，$(A_i, \leqslant_i)$ 都是偏序集，则 $(A_1 \times \cdots \times A_n, \leqslant)$ 也是偏序集，其中 $\leqslant$ 定义如下：

(1) 当 $n = 2$ 时，$\leqslant$ 的定义如定理 2.14 (4)；

(2) 对于 $n > 2$，定义 $(a_1, \cdots, a_n) \leqslant (a_1', \cdots, a_n')$，如果 $a_1 \leqslant_1 a_1'$ 且 $a_1 \neq a_1'$ 或 $a_1 = a_1'$ 且 $(a_2, \cdots, a_n) \leqslant (a_2', \cdots, a_n')$。

这样定义的笛卡儿积上的偏序关系是例 2.20 中的字典序的推广。

2.6.3　偏序集间的函数

有了偏序集的概念，我们很自然地想到应该讨论偏序集之间的函数，特别是类似整数集和实数集上的单调函数那样的能够保持偏序结构的函数。

定义 2.22 (偏序集间的函数)　设 $(A, \leqslant_1)$ 和 $(B, \leqslant_2)$ 为偏序集，$f : A \mapsto B$ 为函数，

(1) f 称为一个**单调函数** (monotone function) 或**保序函数** (order-preserving function)，如果 $a_1 \leqslant_1 a_2$ 蕴涵 $f(a_1) \leqslant_2 f(a_2)$。

(2) f 称为一个**嵌序函数** (order-embedding function)，如果 $a_1 \leqslant_1 a_2$ 当且仅当 $f(a_1) \leqslant_2 f(a_2)$。

(3) f 称为一个**序同构** (order-isomorphism)，如果 f 是映上的嵌序函数（或者说是满射的嵌序函数）。

不难证明，嵌序函数一定是单射，所以序同构一定是双射。如果 $(A, \leqslant_1)$ 和 $(B, \leqslant_2)$ 之间存在序同构，就说它们是**序同构的** (order-isomorphic)，记为 $(A, \leqslant_1) \cong (B, \leqslant_2)$。序同构是偏序集之间的一个等价关系，序同构的偏序集在序结构和有关序的代数性质和操作方面实质上是不可区分的。在讨论偏序集之间的函数时，如果不发生混淆，我们将省略偏序关系的表示。

例 2.22　考虑例 2.19 中真值偏序集 $(\mathbb{T}, \leqslant)$ 和**布尔偏序集** (Boolean partial ordered set) $(\mathbb{B}, \leqslant_{\text{bool}})$，其中 $\leqslant_{\text{bool}}) = \{(0,0), (0,1), (1,1)\}$。显然，$m : (\mathbb{T}, \leqslant) \mapsto (\mathbb{B}, \leqslant_{\text{bool}})$：$m(\mathit{ff}) = 0$ 且 $m(\mathit{tt}) = 1$ 是一个序同构映射。由于真值偏序集和布尔偏序集的序同构关系（其实布尔代数和真值代数也是同构的），真值偏序集也称为布尔偏序集。

例 2.23　前面讲过，集合 U 上元素的一个性质对应 U 的一个子集合，现在更严格地表述这个对应关系。首先，$(\mathbb{P}(U), \subseteq)$ 是偏序集。令 $\mathcal{P}(U) \stackrel{\text{def}}{=} \{p \mid p \text{ 是 } U \text{ 上的谓词}\}$ 及序关系 $\Rightarrow$ 使 $p \Rightarrow q$ 当且仅当 $\{a \mid a \in U, p(a) = \mathit{tt}\} \subseteq \{a \mid a \in U, q(a) = \mathit{tt}\}$，也就是说，性质 p 不比性质 q 更弱，因此，满足 p 的元素一定满足 q。

定义一个映射 $f : \mathcal{P}(U) \mapsto \mathbb{P}(U)$，$f(p) \stackrel{\text{def}}{=} \{a \mid a \in U, p(a) = \mathit{tt}\}$。不难证明，$f$ 是一个序同构。特殊情况是当 U 只有一个元素时，$\mathcal{P}(U)$ 和布尔偏序集（例 2.19 (2)）是序同构的。

函数的逐点排序　设 $(A, \leqslant)$ 为一个偏序集，A 为一个一般集合。我们可以将 A 的偏序关系**逐点**提升为从 A 到 A 的函数之间的偏序关系。为此，我们定义偏序集 $(A \mapsto A, \sqsubseteq)$ 使得对任意的 $f, g : A \mapsto A$ 都有 $f \sqsubseteq g$ 当且仅当对任意 $x \in A$ 序关系 $f(x) \leqslant g(x)$ 都成立。

如果 $(A, \leqslant)$ 是布尔偏序集 $(\mathbb{T}, \leqslant)$，则 $U \mapsto \mathbb{T}$ 的**逐点序** (pointwise order) $\sqsubseteq$ 就是谓词之间的**蕴涵关系** (implication)。因为，对于任意的 $p, q : U \mapsto \mathbb{T}$，$p \sqsubseteq q$ 当且仅当对任意的 $e \in U$，$p(e) \leqslant q(e)$，即如果 $p(e)$ 为真，则 $q(e)$ 为真。

如果 A 和 B 都是偏序集，定义 $\langle A \mapsto B \rangle \stackrel{\text{def}}{=} \{f \mid f : A \mapsto B \text{ 为单调映射}\}$，将 $A \mapsto B$ 上的逐点序 $\sqsubseteq$ 限制在子集 $\langle A \mapsto B \rangle$ 上，构成一个偏序集 $(\langle A \mapsto B \rangle, \sqsubseteq)$。我们就可以证明 $\langle A \mapsto \langle B \mapsto C \rangle \rangle \cong \langle A \times B \mapsto C \rangle$，即 $\langle A \mapsto \langle B \mapsto C \rangle \rangle$ 和 $\langle A \times B \mapsto C \rangle$ 序同构，这是著名的**柯里定理** (Curry Theory)。主要证明思路是将 $\langle A \mapsto \langle B \mapsto C \rangle \rangle$ 中的任一函数 f 都转化为 $\langle A \times B \mapsto C \rangle$ 中的一个函数 h，使得 $(f(a))(b) = h(a, b)$。反之，将 $\langle A \times B \mapsto C \rangle$ 中任一函数 h 转化为 $\langle A \mapsto \langle B \mapsto C \rangle \rangle$ 中的一个函数 f，使得 $h(a, b) = (f(a))(b)$。而且，这两个转换映射都是一对一的且是保序的。人们通常将由 $\langle A \times B \mapsto C \rangle$ 中的函数 h 转换得到的 $\langle A \mapsto \langle B \mapsto C \rangle \rangle$ 中的函数称为其**柯里函数** (Curry function)，记为 $\mathrm{curry}(h) = f$。因此，$\mathrm{curry} : \langle A \times B \mapsto C \rangle \mapsto \langle A \mapsto \langle B \mapsto C \rangle \rangle$ 是一个序同构映射。柯里定理不是本书中主要讨论的内容，但是它在计算机程序语言的形式语义理论中，尤其是**类型论** (type theory)、**函数程序语言** (functional programming language) 和**函数程序设计** (functional programming) 理论中，是非常重要的。

习题 2.15　证明单调函数、嵌序函数以及序同构的如下重要性质。

(1) 任何嵌序函数一定是单调的，而且是单射。

(2) 若 $f_1 : A_1 \mapsto A_2$ 和 $f_2 : A_2 \mapsto A_3$ 都是单调函数，则其复合 $(f_1; f_2) : A_1 \mapsto A_3$ 也是单调函数。

(3) 单调函数 $f : A \mapsto B$ 是一个序同构，当且仅当存在一个单调逆函数 $g : B \mapsto A$，也就是说，存在函数 $g : B \mapsto A$，使得 $f : g = Id_A$ 且 $g : f = Id_B$。进一步说，满足这样条件的函数 $g : B \mapsto A$ 是唯一且单调的。

2.7　格、完全格和完全偏序集

偏序是对比较和排序的抽象和推广，也是对"大小"关系的推广。而集合上不同性质的序关系也表示集合的不同结构，对这些结构及其操作的研究在各种科学和工程领域都有重要意义，本节研究与计算机科学极为相关一种称为格 (lattice) 的有序集上的代数结构，以及一类称为完全偏序集 (complete partial ordered set，CPO) 及其之间的函数的性质，尤其是递归函数的不动点 (fixed-point)。

2.7.1　偏序集的特殊子集和元素

与数集上的大小关系类似，在偏序的基础上，自然地出现了"最大/最小"的推广，继而引出了偏序集中的最大元 (greatest element/largest element/top) 和最小元 (least element/smallest element/bottom)，以及**界限** (bound) 等抽象概念。

定义 2.23 (上集)　设 $(A, \leqslant)$ 为一个偏序集，定义：

(1) 对任意的 $a \in A$，集合 $a{\uparrow} \stackrel{\text{def}}{=} \{b \mid b \in A, a \leqslant b\}$ 称为 a 的**上界集** (upper bound set)，$a{\uparrow}$ 中的元素称为 a 的**上界** (upper bound)。

(2) 设 $B \subseteq A$，对任意的 $a, b \in A$，如果 $b \in B$ 且 $b \leqslant a$，都有 $a \in B$，那么 B 就称为 A 的一个**上集** (up-set)。

　　直观看，$a{\uparrow}$ 是所有不比 a 小的元素构成的集合；A 的上集是 A 中 "最大" 的一批元素的集合。不难证明，对任何 $a \in A$，$a{\uparrow}$ 总是一个上集。偏序集 A 的任何上集 B 对 A 的序 $\leqslant$ 的逆关系是 $\geqslant$ 闭合的或称**封闭的** (closed)。也就是说，如果 $B \subseteq A$ 是 A 的上集，$a \in A$，$b \in B$ 且 $a \geqslant b$，则一定有 $a \in B$。

　　设 $\mathcal{U}(A)$ 为 A 的所有上集构成的集合，则 $\mathcal{U}(A)$ 和其中子集的包含关系 $\subseteq$ 构成一个偏序集 $(\mathcal{U}(A), \subseteq)$。通过简单计算可以证明，如果 $\mathcal{Q} \subset \mathcal{U}(A)$，那么 $\bigcup \mathcal{Q}$ 和 $\bigcap \mathcal{Q}$ 都是 A 的上集，它们都属于 $\mathcal{U}(A)$。图 2.9 显示一个偏序集 A 及其 $\mathcal{U}(A)$。不难证明，如果 A 和 B 是两个不相交的偏序集，则 $\mathcal{U}(A \cup B) \cong \mathcal{U}(A) \cup \mathcal{U}(B)$。

　　对称地，我们可以定义偏序集 A 的**下集** (down-set)。特别是 A 中元素 a 的**下界集** (lower bound set) $a{\downarrow} \stackrel{\text{def}}{=} \{b \mid b \leqslant a\}$ 是 A 的下集。$a{\downarrow}$ 中的元素称为 a 的**下界** (lower bound)。用 $\mathcal{O}(A)$ 表示 A 的所有下集的集合，可以证明 $(\mathcal{O}(A), \subseteq)$ 也是一个偏序集。

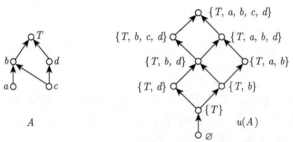

图 2.9　一个偏序集 A 和它的上集 $\mathcal{U}(A)$

定理 2.15　设 $(A, \leqslant)$ 为偏序集，对任意的 $a, b \in A$，如下三个性质等价：

(1) $a \leqslant b$；

(2) $a{\downarrow} \subseteq b{\downarrow}$；

(3) 对任意的 $B \in \mathcal{O}(A)$，如果 $b \in B$ 则 $a \in B$。

　　这些似乎很简单的性质表明 A 上的偏序关系 $\leqslant$ 是由 A 中的下集决定的。值得指出的是，上述定理中 (1) 和 (2) 等价性的对偶是 $a \leqslant b$ 当且仅当 $a{\uparrow} \supseteq b{\uparrow}$，这样的反向包含意味着讨论和使用下集和 $\downarrow$ 往往更为方便。另一方面，讨论单调函数时使用上集可能更方便。

　　考虑偏序集 A 的子集，下面定义的集合是一个下集，而且是包含 B 的最小下集：

$$B{\downarrow} \stackrel{\text{def}}{=} \{c \mid \text{存在 } b \in B \text{ 使得 } c \leqslant b\}$$

不难验证，$B{\downarrow} = \cup\{b{\downarrow} \mid b \in B\} = \cap\{C \mid C \in \mathcal{O}(A), B \subseteq C\}$。因此，$B{\downarrow}$ 是包含 B 的最小下集。显然，$\{a\}{\downarrow} = a{\downarrow}$。而且 $\downarrow$ 是类型为 $\mathbb{P}(A) \mapsto \mathbb{P}(A)$ 的全函数，值域 $\mathrm{ran}(\downarrow) = \mathcal{O}(A)$。对偶的，对偏序集 A 及其子集 B，包含 B 的最小上集是 $B{\uparrow} \stackrel{\text{def}}{=} \{c \mid$ 存在 $b \in B$ 使得 $b \leqslant c\}$。

偏序集中的极大元、极小元往往有重要作用。设 A 为偏序集，B 为 A 的子集。B 中的元素 a 称为 B 的一个**极大元** (maximal element)，如果不存在 $b \in B$ 使得 $a < b$。换言之，a 是 B 的一个极大元，如果对任意的 $b \in B$，$a \leqslant b$ 蕴涵 $a = b$。注意，B 的极大元不一定唯一，我们用 $\max(B)$ 表示 B 的所有极大元素构成的集合。

例 2.24 考虑两个关于极大元的例子：

(1) 设 $\mathbb{B}^\omega$ 为有穷（包括空）和无穷的二进制数串，定义 $\mathbb{B}^\omega$ 上的二元关系 $\leqslant$ 使得 $s_1 \leqslant s_2$ 当且仅当 s_1 是 s_2 的一个**前缀** (prefix)，即存在二进制串 t 使得 $s_2 = s_1 t$，这里的 $s_1 t$ 表示两个串的连接。则 $(\mathbb{B}^\omega, \leqslant)$ 是一个偏序集，而所有的无穷串都是 $\mathbb{B}^\omega$ 的极大元。

(2) 对于集合 A 和 B，考虑函数集合 $A \rightarrowtail B$（包括偏函数和全函数），定义其上的关系 $\leqslant$ 使 $f \leqslant g$ 当且仅当 f 的域是 g 的域的子集，即 $\mathrm{dom}(f) \subseteq \mathrm{dom}(g)$。则 $(A \rightarrowtail B, \leqslant)$ 是一个偏序集，而且每个全函数是一个极大元，即 $\max(A \rightarrowtail B) = \{f \mid f : A \rightarrowtail B$ 是全函数$\}$。

对一个偏序集合 A，当 $|\max(A)| = 1$ 时 A 的极大元唯一，称为 A 的**最大元** (greatest element) 或**顶元** (top)，记为 $\top_A$。一般情况下，一个偏序集的一个子集可能有很多极大元，也可能没有极大元。例如，自然数集 $\mathbb{N}$ 的子集 A 如果有极大元，则 A 一定是有穷的非空集合。设 $A \stackrel{\text{def}}{=} \mathbb{P}(\mathbb{N}) - \mathbb{N}$，即从 $\mathbb{N}$ 的幂集中减去 $\mathbb{N}$，则 A 没有极大元，但是对任意的 $n \in \mathbb{N}$，$\mathbb{N} - \{n\}$ 都是 A 中的极大元。

通过对偶性原理，我们可以定义偏序集 A 的子集 B 的**极小元** (minimal)，$\min(B)$ 和**最小元** (smallest element) 或**底元** (bottom)，记为 $\bot_B$。全序集 $(A, \leqslant)$ 称为**良序集** (well-ordered set)，如果其任意子集都有最小元，即对任意 $B \subseteq A$，存在 $m \in B$ 使得对任意 $b \in B$ 都有 $m \leqslant b$。不难证明定理 2.14 对良序也成立；同样可以证明，良序集的笛卡儿积的字典序亦是良序。自然数集 $\mathbb{N}$ 是良序集，而整数集 $\mathbb{Z}$、有理数集 $\mathbb{Q}$ 和实数集 $\mathbb{R}$ 都不是良序集。

按照例 2.21 中的方法，我们把任意一个无序集合 A **提升** (lift) 为一个平坦域 $A_\bot$，其中的 $\bot$ 为 $A_\bot$ 的底元。一般而言，任意集合 A 和 A 上的相等关系 "$=$" 一起也构成一个偏序集 $(A, =)$，这种偏序集称为**反链** (antichain)。另一方面，我们可以把任意的偏序集 $(A, \leqslant)$ 提升为一个底元的偏序集 $(A_\bot, \leqslant_\bot)$，为此只需令 $A_\bot \stackrel{\text{def}}{=} A \cup \{\bot\}$，并将关系 $\leqslant$ 扩展为 $a \leqslant_\bot b$ 当且仅当 $a = \bot$ 或 $a \leqslant b$ 在 $(A, \leqslant)$ 中成立。这里假设 $\bot$ 不是 A 的元素。

2.7.2 格和完全格

考虑集合 A 的幂集 $\mathbb{P}(A)$ 在集合包含关系下构成的偏序集，对任意的 $A_1, A_2 \in \mathbb{P}(A)$，$A_1 \cup A_2$ 是同时包含 A_1 和 A_2 的最小集合，即 $A_1{\uparrow} \cap A_2{\uparrow} = (A_1 \cup A_2){\uparrow}$，也是相对于偏序关系 $\subseteq$ 同时大于 A_1 和 A_2 的最小元。对偶的，$A_1 \cap A_2$ 是同时被 A_1 和 A_2 包含的最大元，$A_1{\downarrow} \cup A_2{\downarrow} = (A_1 \cap A_2){\downarrow}$。然而，对任意非空偏序集 A，大于（或小于）其中任意两个元素的最小（或最大）元素未必存在。譬如，集合 $A = \{a, b\}$ 在恒等关系 $=$ 下构成的偏序集，

如图 2.10 (a) 所示，其中并不存在同时大于或小于 a 和 b 的元素，即有 $a{\uparrow}\cap b{\uparrow}=\varnothing$。再则，对于一个偏序集中的两个元素，可能存在多个元素同时大于（或小于）它们的元素，但其中不存在最大的（或最小的）。例如 $A=\{a,b,c,d\}$，偏序 $\leqslant=\{(a,c),(a,d),(b,c),(b,d)\}$（图 2.10 (b)），有 $a{\uparrow}\cap b{\uparrow}=\{c,d\}$。

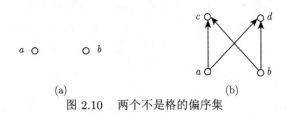

(a)   (b)

图 2.10　两个不是格的偏序集

如果对于某个偏序集，对其中任意的两个元素，都存在同时大于它们的最小元和同时小于它们的最大元，这种偏序集就称为格。

定义 2.24 (格)　设 L 是非空偏序集，如果对任意 $a,b\in L$ 都存在 L 中两个元素，分别记为 $a\vee b$ 和 $a\wedge b$，使得 $a{\uparrow}\cap b{\uparrow}=(a\vee b){\uparrow}$ 和 $a{\downarrow}\cup b{\downarrow}=(a\wedge b){\downarrow}$，则 L 称为**格** (lattice)，称 $a\vee b$ 为 a 和 b 的并或**上确界** (supremum)，$a\wedge b$ 为 a 和 b 的交或**下确界** (infimum)。

显然，在格 L 中，$a\vee b$ 是 a 和 b 最小上界，$a\wedge b$ 是 a 和 b 最大下界。如果 L 是格，则 $\vee:L\times L\mapsto L$ 和 $\wedge:L\times L\mapsto L$ 可以看作 L 上的二元运算。因此，$(L,\vee,\wedge)$ 构成一个代数。不难证明如下定理，通常称为**连接引理** (connecting lemma)。

定理 2.16　**(连接引理)** 设 $(L,\vee,\wedge)$ 为一个格，则 $a\wedge b=a\Leftrightarrow a\leqslant b\Leftrightarrow a\vee b=b$。

格有下面的基本代数性质：

定理 2.17　设 $(L,\vee,\wedge)$ 为格，则

(L1) **结合律** (associativity)：$(a\vee b)\vee c=a\vee(b\vee c)$。

(L2) **交换律** (commutativity)：$a\vee b=b\vee a$。

(L3) **幂等律** (idempotency)：$a\vee a=a$。

(L4) **吸收律** (absorption)：$a\vee(a\wedge b)=a$。

注意到 $\vee$ 和 $\wedge$ 对偶性，将定理 2.17 中的 $\vee$ 和 $\wedge$ 对换，就能得到另外四条对偶的性质。重复使用这些代数定律，我们可以定义 $a_1\vee\cdots\vee a_n$ 和 $a_1\wedge\cdots\wedge a_n$。因此，一个格 L 的任意非空有穷子集 $A=\{a_1,\cdots a_n\}$ 都有上确界 $a_1\vee\cdots\vee a_n$ 和下确界 $a_1\wedge\cdots\wedge a_n$，分别记为 $\bigvee A$ 和 $\bigwedge A$，也经常记为 $\inf A$ 和 $\sup A$。进一步，我们可以证明格中的两个运算的单调性。

定理 2.18　$(L,\vee,\wedge)$ 为格，如果 $a\leqslant b$ 且 $c\leqslant d$，则 $a\vee c\leqslant b\vee d$ 且 $a\wedge c\leqslant b\wedge d$。

习题 2.16　证明定理 2.17 和定理 2.18。

习题 2.17 (格的实例)　证明下面定义的几个偏序集是格：

(1) 设 $(L_1, \leqslant_1)$ 和 $(L_2, \leqslant_2)$ 是两个格，定义偏序集 $(L_1 \times L_2, \leqslant)$，其中 $(a_1, b_1) \leqslant (a_2, b_2)$ 当且仅当 $a_1 \leqslant_1 a_2$ 且 $b_1 \leqslant_2 b_2$。定义 $(a_1, b_1) \vee (a_2, b_2) \stackrel{\text{def}}{=} (a_1 \vee a_2, b_1 \vee b_2)$ 和 $(a_1, b_1) \wedge (a_2, b_2) \stackrel{\text{def}}{=} (a_1 \wedge a_2, b_1 \wedge b_2)$。则 $(L_1 \times L_2, \vee, \wedge)$ 也是一个格。

(2) 设 U 为集合，则幂集 $\mathbb{P}(U)$ 在集合包含关系 $\subseteq$ 下成为一个格。其 $\vee$ 和 $\wedge$ 运算分别为集合并 $\cup$ 和集合交 $\cap$。

(3) 集合 U 的幂集 $\mathbb{P}(U)$ 的任何对有穷个集合的并和交运算封闭的非空子集 L，在集合包含关系 $\subseteq$ 下也构成一个格，其中对 L 的任意元素 A_1 和 A_2，$A_1 \vee A_2 \stackrel{\text{def}}{=} A_1 \cup A_2$，$A_1 \wedge A_2 \stackrel{\text{def}}{=} A_1 \cap A_2$。

根据集合代数性质的定理 2.2，除定理 2.17 中提到的性质外，集合交和并还满足分配律：

$$A_1 \cap (A_2 \cup A_3) = (A_1 \cap A_2) \cup (A_1 \cap A_3) \qquad A_1 \cup (A_2 \cap A_3) = (A_1 \cup A_2) \cap (A_1 \cup A_3)$$

一个显然的问题是，是否所有的格中的并 $\vee$ 和交 $\wedge$ 都有分配律：

$$a \wedge (b \vee c) = (a \wedge b) \vee (a \wedge c) \qquad a \vee (b \wedge c) = (a \vee b) \wedge (a \vee c)$$

这个问题不是很容易回答。其实，在人们研究**格论** (lattice theory) 的前一百多年期间，一直认为分配律是已经证明的。然而后来人们发现了不满足分配律的格。图 2.11 是两个没有分配律的格。满足分配律的格称为**分配格** (distributive lattice)。

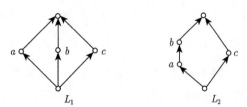

图 2.11 两个非分配律的格的例子

布尔代数 我们再次考虑幂集构成的格 $(\mathbb{P}(U), \vee, \wedge)$，它除了是分配格，还有最大元 U 和最小元 $\varnothing$。而且有一个一元运算 $\bar{\ }$，即集合的补运算，使得 $A \vee \bar{A} = U$ 而且 $A \wedge \bar{A} = \varnothing$。一般情况下，在一个格中未必存在这样的一元运算。

定义 2.25 (抽象的布尔代数) 设 L 为一个格，如果 L 有顶元 $\top$、底元 $\bot$ 以及一元运算 $\bar{\ }$，使得 $a \vee \bar{a} = \top$ 而且 $a \wedge \bar{a} = \bot$，则 L 称为一个**布尔代数** (Boolean Algebra)。

在下一章将要讨论的命题逻辑中的命题也构成一个布尔代数。

我们已经看到，一个格的任何非空有穷子集都有最小上界和最大下界，现在定义偏序集的一般子集的上界和下界，以及最小上界和最大下界。

定义 2.26 (下界和上界) 设 A 为偏序集，$B \subseteq A$，我们定义

$$B^{\geqslant} \stackrel{\text{def}}{=} \{a \mid a \in A, \text{对任意 } b \in B \text{ 有 } b \leqslant a\} \text{ 以及 } B^{\leqslant} \stackrel{\text{def}}{=} \{a \mid a \in A, \text{对任意 } b \in B \text{ 有 } a \leqslant b\}$$

$B^{\geqslant}$ 和 $B^{\leqslant}$ 分别称为 B 的**上界** (upper bound) 和**下界** (lower bound)。

请注意上界和下界分别与上集和下集的区别。首先，根据上集和下集的定义，对一个偏序集 A，空集 $\varnothing$ 是 A 的上集和下集。但 A 的空子集的上界和下界都等于 A，即 $\varnothing^{\geqslant} = \varnothing^{\leqslant} = A$。不难证明上界和下界与上集和下集有如下关系：

$$B^{\geqslant} \stackrel{\text{def}}{=} \bigcap \{a{\uparrow} \mid a \in B\} \quad \text{和} \quad B^{\leqslant} \stackrel{\text{def}}{=} \bigcap \{a{\downarrow} \mid a \in B\}$$

特别是如果 $a, b \in B$，$\{a,b\}^{\geqslant} = a{\uparrow} \cap b{\uparrow}$，$\{a,b\}^{\leqslant} = a{\downarrow} \cap b{\downarrow}$。

一般情况下，一个格 L 仅要求对任意一对元素 a 和 b，$\{a,b\}^{\leqslant}$ 有最大元且 $\{a,b\}^{\geqslant}$ 有最小元，即下确界和上确界。现在我们把上确界和下确界的概念推广到偏序集的任意子集。

定义 2.27 (最小上界和最大下界)　设 A 为偏序集，B 为 A 的任意子集。

(1) 如果存在元素 $\alpha \in A$ 满足如下两个条件：

(sup1) 对任意的 $b \in B$ 都有 $b \leqslant \alpha$，即 α 是 B 的上界，或说 $\alpha \in B^{\geqslant}$；

(sup2) 对任意 $u \in B^{\geqslant}$ 都有 $\alpha \leqslant u$，即 α 是 B 的最小上界。

则称子集 B 有**最小上界** (least upper bound) 或**上确界** (supremum)，而且 α 就是 B 的**最小上界**（或**上确界**）。当这样的 α 存在时，我们将 α 记为 $\bigvee_A B$，在不会引起混淆时简记为 $\bigvee B$。α 也常被记为 $\sup_A B$ 或简记为 $\sup B$。

(2) 如果存在元素 $\beta \in A$ 满足如下两个条件：

(inf1) 对任意的 $b \in B$ 都有 $\beta \leqslant b$，即 β 是 B 的下界，或说 $\beta \in B^{\leqslant}$；

(inf2) 对任意 $v \in B^{\leqslant}$ 都有 $v \leqslant \beta$，即 β 是 B 的最大下界。

则称子集 B 有**最大下界** (greatest lower bound) 或**下确界** (infimum)，并称 β 为 B 的**最大下界**或（**下确界**）。当这样的 β 存在时，我们将 β 记为 $\bigwedge_A B$，在不会引起混淆时简记为 $\bigwedge B$。β 也常被记为 $\inf_A B$，或简记为 $\inf B$。

前面提到，对偏序集 A 的空子集，总有 $\varnothing^{\geqslant} = \varnothing^{\leqslant} = A$，所以 $\sup \varnothing$ 存在当且仅当 A 的底元存在，记其为 $\bot$，即 $\sup \varnothing = \bot$。对偶的，$\inf \varnothing$ 存在当且仅当 A 的顶元存在，记其为 $\top$，即 $\inf \varnothing = \top$。对应的，如 A 有顶元 $\top$ 则 $\sup A = \top$；对偶的，如果 A 有底元 $\bot$ 则 $\inf A = \bot$。

现在定义完全格的概念。

定义 2.28 (完全格)　设 A 为一个偏序集，如果 A 的任意子集 B 都有上确界 $\bigvee B$ 和下确界 $\bigwedge B$，则 A 称为一个**完全格** (complete lattice) 或**完备格**。

请注意，上述定义要求 A 的空子集有上下确界。而且，从这个定义马上可以得出一个结论：所有的有穷格都是完全格。

定理 2.19 (完全格的等价定义)　设 A 为非空偏序集，则

(1) 假设对 A 的任意非空子集 B 都有下确界 $\bigwedge B$ 存在，则对 A 的任意一个有上界的子集 B，上确界 $\bigvee B$ 存在，而且 $\bigvee B = \bigwedge B^{\geqslant}$。

(2) 下面三个断言等价:

① A 是一个完全格。

② 对 A 的任意子集 B, $\bigwedge B$ 存在。

③ A 有顶元 $\top$, 而且对 A 的任意非空子集 B, $\bigwedge B$ 存在。

证明: 分别给出定理的 (1) 和 (2) 的证明:

(1) 设 $B \subseteq A$, 因为 B 有上界, 所以 $B^{\geqslant} \neq \varnothing$。根据假设, $\beta \stackrel{\text{def}}{=} \bigwedge B^{\geqslant}$ 存在, 这意味着 $\beta = \bigvee B$。

(2) 显然 ① 蕴涵 ② 而且 ② 蕴涵 ③, 而 (1) 得出了 ③ 蕴涵 ①。

$\square$

很多由集合组成的集合在包含关系下构成完全格。首先, 设 $\mathbb{L}$ 为集合 U 的一些子集构成的集合, 即 $\mathbb{L} \subseteq \mathbb{P}(U)$。如果 $\mathbb{L}$ 任意的子集 $\mathbb{A}$ 的并 $\bigcup \mathbb{A}$ 和交 $\bigcap \mathbb{A}$ 仍然属于 $\mathbb{L}$, 则 $\mathbb{L}$ 为完全格。特别的, $\mathbb{P}(U)$ 及其对偶, 任意偏序集 A 的上集集合 $\mathcal{U}(A)$ 和下集集合 $\mathcal{O}(A)$ 都是完全格。

设 A 为偏序集, 如果对 A 中任意无穷序列 $a_1 \leqslant \cdots \leqslant a_n \leqslant \cdots$, 都存在 $k \in \mathbb{N}$ 使得 $a_k = a_{k+1} = \cdots$, 则称 A 满足**非降链条件** (ascending chain condition, ACC)。显然, 平坦域都满足 ACC。自然数集合 $\mathbb{N}$ 及 "大于等于关系" 构成的偏序集 $(\mathbb{N}, \geqslant)$ (即 $(\mathbb{N}, \leqslant)$ 的对偶偏序集) 满足 ACC, 因为 $\mathbb{N}$ 有最小元 0, $\mathbb{N}$ 中的任何 "递减" 链 $n_1 \geqslant n_2 \cdots \geqslant$ 不可能无限严格递减, 最长 $n_1 + 1$ 个元素后就保持不变了。类似地, 自然数集 $\mathbb{N}$ 的所有有穷子集构成的集合 $\mathbb{P}_{\text{fin}}(\mathbb{N})$ 和超集关系 $\supseteq$ 也满足 ACC, 因为 $\mathbb{P}_{\text{fin}}(\mathbb{N})$ 有最小元 $\varnothing$, $\mathbb{P}_{\text{fin}}(\mathbb{N})$ 任何的 "递减" 链 $A_1 \supseteq A_2 \supseteq \cdots$ 不可能无限严格递减下去。

2.7.3 保持上下确界的函数

本小节讨论偏序集之间的单调函数与上确界和下确界的关系。首先, 偏序集或格之间的单调函数不一定保持上确界或下确界。例如, 设 A 是偏序集 $\mathbb{N} \uplus B$, 其中 $\mathbb{N}$ 是自然数集和常规的小于等于 $\leqslant$ 构成的偏序集, $B \stackrel{\text{def}}{=} (\{a, b\}, \leqslant_B)$ 且 $\leqslant_B \stackrel{\text{def}}{=} \{(a, a), (b, b), (a, b)\}$。显然有 $\bigvee_A \mathbb{N} = a$。设函数 $f: A \mapsto A$ 使得对所有的 $n \in \mathbb{N}$, $f(n) = n$ 且 $f(a) = f(b) = b$。不难验证

$$f(\bigvee_A \mathbb{N}) = f(a) = b > a = \bigvee_A \mathbb{N} = \bigvee_A f(\mathbb{N})$$

这个函数单调, 但不能保持上下确界。

然而, 如果从一个格到另一个格的函数保持上确界 (或者下确界), 那么该函数一定是单调的。对此可以有如下的说明。设 L 和 L_1 为两个格, $f: L \mapsto L_1$ 为函数并对任意 $a, b \in L$ 有 $f(a \vee b) = f(a) \vee f(b)$, 假设 $a \leqslant b$, 就有

$$
\begin{aligned}
a \leqslant b \;&\Rightarrow a \vee b = b && \text{根据连接引理} \\
&\Rightarrow f(a) \vee f(b) = f(a \vee b) = f(b) && \text{根据 } f \text{ 保持上界的假设} \\
&\Rightarrow f(a) \leqslant f(b) && \text{根据连接引理}
\end{aligned}
$$

据此进一步可知，设 L 和 L_1 为完全格。如果对 L 的任意非空子集 A，函数 $f : L \mapsto L_1$ 满足 $f(\bigvee_L A) = \bigvee_{L_1} f(A)$，则 f 就是单调的。证明这一点只需要检查，对任意两个可比较的 u 和 v，假设 $u \leqslant v$，就有 $(f(u \vee v) = f(v) = f(u) \vee f(v)) \Rightarrow (f(u) \leqslant f(v))$（根据连接引理）。

虽然不是所有单调函数都保持上确界和下确界，但还是有下面的定理。

定理 2.20   设 $f : A_1 \mapsto A_2$ 是偏序集 A_1 到偏序集 A_2 的单调函数，A 是 A_1 的任意子集。如果 $\bigvee_{A_1} A$、$\bigvee_{A_2} f(A)$、$\bigwedge_{A_1} A$ 和 $\bigwedge_{A_2} f(A)$ 都存在，则有

$$f(\bigvee_{A_1} A) \geqslant_{A_2} \bigvee_{A_2} f(A) \quad 且 \quad f(\bigwedge_{A_1} A) \leqslant_{A_2} \bigwedge_{A_2} f(A)$$

现在给出两个概念的严格定义：$f : A_1 \mapsto A_2$ 是偏序集 A_1 到偏序集 A_2 的单调函数。如果对 A_1 的任意子集 A，当 $\bigvee_{A_1} A$ 存在时就有 $f(\bigvee_{A_1} A) = \bigvee_{A_2} f(A)$，则称 f **保持存在的上确界** (preserves existing sups)。**保持存在的下确界** (preserves existing infs) 可根据对偶规则定义。

不难想到，序同构还会有更好的性质。设 $f : A_1 \mapsto A_2$ 是偏序集 A_1 到偏序集 A_2 的序同构，则 f 保持所有存在的上确界和下确界。而且，如果序同构 f 的定义域 A_1 是（完全）格，则其值域 $f(A_1)$ 也是（完全）格。进一步说，如果 A_1 和 A_2 都有顶元和底元，那么序同构 $f : A_1 \mapsto A_2$ 也保持顶元和底元，即有 $f(\top_{A_1}) = \top_{A_2}$，$f(\bot_{A_1}) = \bot_{A_2}$。

2.7.4   塔斯基不动点理论

不动点问题源于方程 $x = f(x)$ 的解的存在性和求解问题。请注意这里的 x 出现在方程两边，这种方程具有递归性质。很多计算模型具有偏序性质，特别是程序语言的语义模型和软件的行为模型，而这些模型往往涉及递归结构。因此，不动点的研究在计算机科学中，尤其是作为递归程序的模型，有普遍的重要性。我们将简单介绍偏序集上的递归方程的不动点的存在性以及不动点的计算过程，本节介绍**克纳斯特–塔斯基不动点定理**，证明完全格上的单调函数都有最小不动点和最大不动点。首先介绍不动点和最小不动点的标准定义。

定义 2.29 (不动点和最小不动点)   设 A 为偏序集，$f : A \mapsto A$ 为 A 到自身的函数。如果 $a \in A$ 是方程 $x = f(x)$ 的一个解，则称 a 为函数 f 的一个**不动点** (fixed-point)。如果 $f(a) \leqslant a$，则称 a 为函数 f 的一个**预不动点** (prefixed-point)。我们用 fix f 表示 f 的所有不动点的集合，用 pre f 表示 f 的所有预不动点的集合。如果 fix f 中有最小元，我们记其为 μf，称之为 f 的**最小不动点** (least fixed-point)。

下面定理是对最小不动点的特征的一个很好刻画：

定理 2.21 (偏序集合单调函数的最小不动点)   设 A 为偏序集，$f : A \mapsto A$ 为 A 到自身的单调函数。如果 f 有一个最小的预不动点 $\mu^* f$，则 f 的最小不动点 μf 存在而且满足 $f(x) \leqslant x \Rightarrow \mu f \leqslant x$。而且有 $\mu f = \mu^* f$。

证明：如果我们能证明当 $\mu^* f$ 存在时有 $\mu^* f \in \text{fix } f$，则因为 $\text{fix } f \subseteq \text{pre } f$，就会有 $\mu f = \mu^* f$。因为 $\mu^* f \in \text{pre } f$，根据预不动点的定义，$f(\mu^* f) \leqslant \mu^* f$。因为 f 的单调性，$f(f(\mu^* f)) \leqslant$

$f(\mu^*f)$。因此 $f(\mu^*f) \in \mathsf{pre}\, f$。由于 μ^*f 是最小的预不动点，$\mu^*f \leqslant f(\mu^*f)$。因此 $f(\mu^*f) = \mu^*f$，所以 $\mu^*f \in \mathsf{fix}\, f$，也就是说 μ^*f 是一个不动点，而且最小。 $\qquad\square$

推论 2.3 (Tarski 不动点定理) 设 L 为完全格。如果 $f : L \mapsto L$ 为 L 到自身的单调函数，f 的最小不动点 μf 存在而且

$$\mu f = \bigwedge\{x \mid x \in L, f(x) \leqslant x\}$$

对偶的，f 的**最大不动点** (greatest fixed-point) νf 存在而且

$$\nu f = \bigvee\{x \mid x \in L, f(x) \geqslant x\}$$

证明：由 L 是完全格知 μ^*f 存在，而且 $\mu^*f = \wedge\, \mathsf{pre}\, f$。根据定理 2.21，本推论成立。

$\qquad\square$

2.7.5 完全偏序集及不动点理论

Tarski 定理在数学上非常简单而且精致，然而，一个具体应用领域的模型，尤其是计算模型和程序的语义模型，通常并不构成一个完全格。在计算模型中，顶元一般代表程序或系统不可能实现的要求。另一方面，虽然 Tarski 定理说明了完全格上的单调函数的不动点存在性以及特征刻画，但没有给出计算不动点的算法。这一小节介绍**完全偏序集的不动点定理** (Fixed-Point Theorem for CPO)[①]，证明任何完全偏序集上的任何单调函数都有一个最小不动点，而且如果这个函数是一个**连续函数** (continuous function)，则有一个简单的算法性的构造证明。

考虑一个有底元 $\perp$ 的偏序集 A 以及 A 到 A 自身的单调函数 $f : A \mapsto A$，我们希望通过求得递增序列 $\perp, f(\perp), f(f(\perp)), \cdots$ 的"极限"，自然地构造出 f 的不动点。更严谨地说，我们递归地定义 $x_0 \stackrel{\text{def}}{=} \perp$ 以及当 $n > 0$ 时 $x_{n+1} \stackrel{\text{def}}{=} f(x_n)$，就能得到一个链：

$$x_0 \leqslant x_1 \leqslant x_2 \leqslant \cdots x_n \leqslant x_{n+1} \leqslant \cdots \tag{2.1}$$

假设如下两个条件成立：

(1) 上确界 $\alpha \stackrel{\text{def}}{=} \bigvee\{x_n \mid n = 0, 1, 2, \cdots\}$ 存在；

(2) 对任意的链 C，$f(\bigvee C) = \bigvee f(C)$，其中 $f(C) \stackrel{\text{def}}{=} \{f(c) \mid c \in C\}$。

我们就可以做如下计算

$$
\begin{aligned}
f(\alpha) &= \vee_{n \geqslant 0} f(x_n) && \text{根据条件 (b) 即 } C = \{x_n \mid n \geqslant 0\} \\
&= \vee_{n \geqslant 0} x_{n+1} && \text{根据 } x_{n+1} \text{ 的定义} \\
&= \vee_{n \geqslant 0} x_n && \text{因为 } x_0 = \perp \\
&= \alpha && \text{根据 } \alpha \text{ 的定义}
\end{aligned}
\tag{2.2}
$$

---

① 一般人认为完全偏序的不动点定理是域论的创始人达纳·斯科特 (Dana Scott，1932～) 提出的，然而更确切地说应该是大卫·帕克 (David Park，1935～1990) 提出，帕克生前是英国华威大学计算机科学系教授，本书作者刘志明曾于 1988～1994 年在华威大学读书和工作。

这就说明，满足假设 (1) 和 (2) 的偏序集和函数一定有不动点。请注意，这里对函数 f 的假设比单调更强，而对偏序集 A 的假设则比完全格弱。

下面我们将定义完全偏序集，并讨论完全偏序集上函数的不动点的存在性和计算算法。为此，我们希望构造所有的链都有上确界的偏序集。因为空链的上确界为 $\bot$，所以这样的偏序集也会有底元 $\bot$。在给出有关定义之前，我们还要引进一个概念。

设 B 为偏序集 A 的子集，如果 B 中任何一对元素 $a, b \in B$ 在 B 中都有上界，则 B 称为是 A 的**有向子集** (directed subset)。根据数学归纳法，我们立刻可以得出 B 是有向的，当且仅当 B 的任何非空有限子集 C 的上界 $c \in C\uparrow$ 存在。完全偏序集的定义如下：

定义 2.30 (完全偏序集-CPO)　如果偏序集 C 满足下面两个条件，则 C 称为一个**完全偏序集** (complete partial ordered set, CPO)：

(1) C 有底元 $\bot$；

(2) 对 C 的任何有向子集 B，$\bigvee B$ 存在。

为了清晰表示 B 有向，我们将把 $\bigvee B$ 记为 $\bigsqcup B$。

例 2.25　很容易验证下面几个与 CPO 有关的结论：

(1) 任何完全格都是 CPO。

(2) 对任何集合 U，设 $C \subseteq \mathbb{P}(U)$，如果 C 满足

　　① $U \in C$；

　　② 对任意子集 $A \subseteq C$ 都有 $\bigcap A \in C$，即 C 对其任意子集的并是**封闭的** (closed)。

则 C 在集合的包含关系下构成一个完全格，因此是一个 CPO，而且

$$\bigwedge A = \bigcap A \qquad \bigvee A = \bigcap \{B \mid B \in \mathbb{C} \text{ 并且 } \bigcap A \subseteq B\}$$

满足上述条件的 C 称为一个**封闭的系统** (closed system)。

CPO 上的连续函数　现在我们要在 CPO 上建立满足本小节前面讨论中给出的构造链 (2.1) 的条件 (1) 和 (2)，并给出计算过程 (2.2)。前面曾经提到，偏序是比较和排序的抽象和推广，尤其是如自然数、整数和实数集合等数集合上的大小关系的推广。在此基础上引出偏序集，并进一步得到上下界、最小元、最大元和单调函数等，这些是我们在数学分析中学习的相关概念和数学对象的推广。不难想到，一个完全偏序集合的有向子集 D 的上确界 $\bigvee D$ 可以理解为类似数学分析中**极限** (limit) 的概念，保持极限的函数也就是数学分析中**连续函数** (continuous function) 的推广，而通过连续函数构造出的方程的不动点的存在性和求解方法都会有完美的结论。下面将严格地表述这些概念，以便读者系统地学习和研究。

定义 2.31 (连续函数)　设 $f : C_1 \mapsto C_2$ 是从 CPO C_1 到 CPO C_2 的函数，如果 f 保持有向集的上确界，即对任意有向子集 $D \subseteq C_1$ 都有 $\bigsqcup f(D) = f(\bigsqcup D)$，则称 f 为连续函数。

例 2.26 不难证明下面的函数是连续函数。

(1) 常量函数：设 C 为 CPO，对 $c \in C$，$K_c : C \to C$ 使得任意的 $a \in C$，$K_c(a) = c$。

(2) 恒等函数：设 C 为 CPO，$K_c : C \to C$ 使得任意的 $c \in C$，$Id(c) = c$。

(3) 投影函数：对 $i = 1, \cdots, n$，设 C_i 为 CPO，$\pi_i : D_1 \times \cdots \times D_n \to D_i$，使得对任意的 $(d_1, \cdots, d_n) \in D_1 \times \cdots \times D_n$，$\pi_i(d_1, \cdots, d_n) = d_i$。

在这里需要注意几个基本事实：

① 如果 D 是偏序集 A 的有向子集，$f : A \mapsto B$ 是从 A 到偏序集 B 的单调函数，那么 $f(D)$ 一定是 B 的有向子集，而且有 $\bigsqcup f(D) \leqslant f(\bigsqcup D)$（见定理 2.20）。

② 如果 $a \leqslant b$，那么 $\{a, b\}$ 就是有向的。因此，如果 f 是连续的，就一定有 $f(a) \leqslant \bigsqcup\{f(a), f(b)\} = f(\bigsqcup\{a, b\}) = f(b)$。所以，连续函数一定是单调的。

③ 如果 $f : A \mapsto B$ 是从偏序集 A 到偏序集 B 的单调函数且 A 满足 ACC，则 f 是连续函数。

但是，并非所有的单调函数都连续。例如，设 $f : \mathbb{P}(\mathbb{N}) \mapsto \mathbb{P}(\mathbb{N})$，对任意的 $A \in \mathbb{P}(\mathbb{N})$。如果 A 为有穷集合则令 $f(A) \stackrel{\text{def}}{=} \varnothing$；否则令 $f(A) \stackrel{\text{def}}{=} \mathbb{N}$。不难验证，$f$ 保持由 $\mathbb{N}$ 所有的有穷子集构成的集合 $\mathbb{P}_{\text{fin}}(\mathbb{N})$ 的上确界，但它显然不连续。

在 CPO 以及 CPO 之间的连续函数的概念基础上，我们已经建立了本小节开始部分中提出的构造链 (2.1) 的条件 (1) 和 (2)，以及不动点的计算过程 (2.2)。

定理 2.22 (CPO 上连续函数的不动点) 设 C 为一个 CPO，$f : C \mapsto C$ 为连续函数，定义

$$\alpha \stackrel{\text{def}}{=} \bigsqcup_{n \geqslant 0} f^n(\bot)$$

则 f 的极小不动点 μf 存在并且 $\mu f = \alpha$。

这些有关不动点的基本知识是学习计算模型、程序语言的语义理论、软件建模语言设计和语义等，以及有关计算机系统和软件的正确性理论的基础。我们将在本书第 8 章介绍。

习题 2.18 给定两个 CPO C_1 和 C_2，证明通过如下方式构造得到的都是 CPO：

(1) 定义 $(C_1 \cup C_2)_\bot \stackrel{\text{def}}{=} ((C_1 \cup C_2) - \{\bot_{C_1}, \bot_{C_2}\}) \cup \{\bot\}$，相应的偏序关系是

$$\leqslant \stackrel{\text{def}}{=} \leqslant_{C_1} \cup \leqslant_{C_2} \cup \{(\bot, a) \mid a \in ((C_1 \cup C_2) - \{\bot_{C_1}, \bot_{C_2}\})\}$$

也就是说，C_1 和 C_2 中非底元之间的序分别继承 C_1 和 C_2 的偏序，而以新的底元 $\bot$ 替代 C_1 和 C_2 的底元作为新的统一底元。这样的序和 $(C_1 \cup C_2)_\bot$ 构成一个 CPO。这里假定新底元 $\bot$ 不属于 C_1 也不属于 C_2。

(2) 在笛卡儿积 $C_1 \times C_2$ 上定义偏序：$(a_1, b_1) \leqslant (a_2, b_2)$ 当且仅当 $a_1 \leqslant_{C_1} a_2$ 且 $b_1 \leqslant_{C_2} b_2$，这样构造出的偏序集是一个 CPO。

(3) 一个通常的集合可以通过加一个底元扩展为一个 CPO：例 2.21 的一般情况，设 A 为一个集合且 $\perp \notin A$，令 $A_\perp \overset{\text{def}}{=} A \cup \{\perp\}$ 并定义关系 $\leqslant$：$A_\perp \times A_\perp$ 使得对任意的 $a, b \in A_\perp$，$a \leqslant b$ 当且仅当 $a = \perp$ 或 $a = b$。证明：$(A_\perp, \leqslant)$ 是一个 CPO。这个关系称为**平坦序** (flat order)，$(A_\perp, \leqslant)$ 称为**平坦域** (flat domain) 或**离散域** (discrete domain)。

(4) 设 $f : A_1 \times \cdots \times A_n \mapsto A$ 为一个函数，将其扩充为 $f_\perp : A_{1_\perp} \times \cdots \times A_{n_\perp} \mapsto A_\perp$ 使得

$$f_\perp(a_1, \cdots, a_n) \overset{\text{def}}{=} \begin{cases} f(a_1, \cdots, a_n), & \text{如果 } a_i \in A_i, i = 1, \cdots, n \\ \perp, & \text{否则} \end{cases}$$

证明 $f_\perp$ 是连续的。连续函数 $f_\perp$ 称为 f 最小扩充。

习题 2.19   本习题说明了连续函数的重要性。请证明：

(1) 用 $(C_1 \to_c C_2)$ 表示 CPO C_1 到 CPO C_2 的所有连续函数的集合，定义函数间的点点序 $f_1 \leqslant f_2$ 当且仅当对任意 $a \in C_1$ 都有 $f_1(a) \leqslant_{C_2} f_2(a)$。则 $((C_1 \to_c C_2), \leqslant)$ 是一个 CPO。

(2) 若 CPO 之间一个连续函数 $f : C_1 \to_c C_2$ 使得 $f(\perp) = \perp$ 则称 f 是**严格的** (restricted)。令 $(C_1 \to_\perp C_2) \subseteq C_1 \to_c C_2$，则 $((C_1 \to_\perp C_2), \leqslant)$ 是 CPO。

习题 2.20   下面习题定义几个重要的连续**算子** (operator)：

(1) **复合算子** (composition operator)：对任意的 $f : C_1 \to_c C_2$ 及 $f : C_2 \to_c C_3$，定义

$$\circ(f, g)(d) \overset{\text{def}}{=} g(f(d))$$

请证明 $\circ$ 是如下类型的连续函数：

$$\circ : (C_1 \to_c C_2) \times (C_2 \to_c C_3) \to_c (C_1 \to_c C_3)$$

$$\circ : (C_1 \to_\perp C_2) \times (C_2 \to_\perp C_3) \to_c (C_1 \to_\perp C_3) \qquad \square$$

(2) **柯里算子** (Curry operator)：设 C_1、C_2 和 C_2 为 CPO，对任意的 $f : C_1 \times C_2 \to_c C_3$、$c_1 \in C_1$ 和 $c_2 \in C_2$，定义

$$curry(f)(c_1)(c_2) \overset{\text{def}}{=} f(c_1, c_2)$$

$curry$ 是有如下类型的连续函数：

$$curry : (C_1 \times C_2 \to_c C_3) \to_c (C_1 \to_c (C_2 \to_c C_3))$$

可以定义**柯里算子的逆算子** (uncurry)，对任意的连续函数 $f : C_1 \to_c (C_2 \to_c C_3)$、$c_1 \in C_1$ 和 $c_2 \in C_2$，定义

$$uncurry(f)(c_1, c_2) \stackrel{\text{def}}{=} f(c_1)(c_2)$$

证明 $uncurry$ 是有如下类型的连续函数：

$$uncurry : (C_1 \to_c (C_2 \to_c C_3)) \to_c (C_1 \times C_2 \to_c C_3)$$

进一步证明：$(curry \circ uncurry) = Id$ 且 $(uncurry \circ curry) = Id$。

(3) **条件算子** (conditional operator)：设对任意的 $B : C \to_c \mathbb{T}_\perp$, $f_1, f_2 : C \to_c D$ 及 $c \in C$，定义

$$cond(B, f_1, f_2)(c) \stackrel{\text{def}}{=} \begin{cases} f_1(c), & \text{if } B(c) = tt \\ f_2(c), & \text{if } B(c) = f\!f \\ \perp, & \text{if } B(c) = \perp \end{cases}$$

$cond$ 是有如下类型的连续函数：

$$cond : (C \to_c \mathbb{T}_\perp) \times (C \to_c D)^2 \to_c (C \to_c D)$$
$$cond : (C \to_\perp \mathbb{T}_\perp) \times (C \to_\perp D)^2 \to_c (C \to_\perp D)$$

2.8 集合的基数

我们曾经简单定义了集合元素的个数，更严格的概念是集合的**基数** (cardinarity)。这里不准备深入研讨基数理论，而主要讨论集合基数大小的比较，以及可数集的概念和一些基本性质。

有穷集合的大小的概念很好定义，也很好理解，就是集合中元素的个数。所以，有穷集合的大小可以用自然数表示，很好比较。然而，对无穷集合的大小的定义和比较却曾经是世界性难题，而且与之相关的**连续统假设** (Continuum Hypothesis) 至今还没有得到完全证明。我们首先把一个集合 A 的大小称为 A 的**基数** (cardinarity)，记为 $|A|$。这当然不是一个定义，除了有穷集合外我们也无法根据这个说法给出一个集合的基数。我们先定义集合的基数之间的大小关系。

定义 2.32 (集合的大小) 设 A_1 和 A_2 为集合，如果存在从 A_1 到 A_2 一个单射 $f : A_1 \mapsto A_2$，则称 A_1 的基数小于等于 A_2 的基数，记为 $|A_1| \leqslant |A_2|$。如果 A_1 和 A_2 之间存在双射，则称 A_1 和 A_2 的基数相等，记为 $|A_1| = |A_2|$；否则 A_1 和 A_2 的基数不等，$|A_1| \neq |A_2|$。如果 $|A_1| \leqslant |A_2|$ 但是 $|A_1| \neq |A_2|$，就说 A_1 的基数小于 A_2 的基数，记为 $|A_1| < |A_2|$。

我们定义 $|\varnothing| = 0$，对任意的自然数 $n > 0$，对于包含 n 个元素的集合 A，定义 $|A| = n = |\{1, \cdots, n\}|$。为了比较无穷集合的基数，我们首先定义可数集。直观上，集合 A 是**可数的** (countable) 或**可枚举**，如果 A 的元素可以一一列举出来。

- 如果 A 有 n 个元素，其枚举是一个有穷序列 $a_1, a_2, \cdots, a_n$;

- 如果 A 有无穷多个元素，其枚举是一个无穷序列 $a_1, a_2, \cdots, a_n, \cdots$；

而且 A 的每个元素都出现在相应的枚举序列里。

定义 2.33 (可枚举集)   集合 A **可枚举** (enumerable)，如果 A 是空集，或者 A 是有穷的，或者 A 的基数和自然数集合 $\mathbb{N}$ 的基数相等，即 $|A| = |\mathbb{N}|$。$\mathbb{N}$ 的基数记为 ω。

定理 2.23 (可枚举集)   一个集合 A 是可枚举的，当且仅当 A 是空集，或者存在从自然数集合 $\mathbb{N}$ 的一个子集 B 到 A 的双射 $f : B \mapsto A$。

为证明这个命题，先考虑 A 是非空且有穷的。设 A 有 $n > 0$ 个元素，则用外延表示形式写为 $M = \{m_1, \cdots, m_n\}$。显然可以定义双射 $O_M : \{1, \cdots, n\} \mapsto M$ 使得 $O_M(i) = m_i$，$i = 1, \cdots, n$。为证明当 A 为无穷集合的情况，我们先证明如下引理。

引理 2.1   如果 $M \subseteq \mathbb{N}$ 是自然数集合的一个无穷子集，则存在从 $\mathbb{N}$ 到 M 的双射。

证明: 由于 $\mathbb{N}$ 是良序集，对任意的 $n \in \mathbb{N}$，定义 M 中第 n 个元素如下:

(1) 当 $n = 0$ 时，M 的第 0 个元素为 M 的最小元素，记为 m_0，并且定义 $M_1 = M - \{m_0\}$；

(2) 如果 $n > 0$，$M_n = M_{n-1} - \{m_{n-1}\}$，$m_n$ 为 M 的第 n 个元素且为 M_n 的最小元素，则 M 的第 $n + 1$ 元素是 $M_{n+1} = M_n - \{m_n\}$ 的最小元素。

对 M 中任意元素 e，定义两个集合 $[e]_< \overset{\text{def}}{=} \{m \mid m \in M, m < e\}$ 和 $[e]_\geqslant \overset{\text{def}}{=} \{m \mid m \in M, m \geqslant e\}$。则 $[e]_<$ 是有穷集，而且 e 是 $[e]_\geqslant$ 的最小元素。设 $[e]_<$ 的元素个数为 n，那么 $[e]_\geqslant = M_{n+1}$，也就是说，$e \in M$ 为其第 $n + 1$ 个元素 m_{n+1}。所以 $\{m_0, m_1, \cdots\} = M$。

定义函数 $\text{ord} : \mathbb{N} \mapsto M$ 使得对任意的 $n \in \mathbb{N}$, $\text{ord}(n) = m_n$。不难证明 ord 是双射。□

回到定理 2.23 的证明，只需证明 A 是无穷集的情况。设 A 为无穷的可枚举集，根据定义 2.33，存在从 $\mathbb{N}$ 到 A 的双射。反之，如果 A 为无穷集合而且有无穷集 $B \subseteq \mathbb{N}$ 和从 B 到 A 的双射 $f : B \mapsto A$，那么 $(\text{ord}; f) : \mathbb{N} \mapsto A$ 也是双射，因此 A 是可枚举集。   □

定理 2.23 的两个简单推论: A 为可枚举集当且仅当 A 为空集或者存在从 A 到 $\mathbb{N}$ 的单射; A 为可枚举集当且仅当 A 为空集或者存在从 $\mathbb{N}$ 到 A 的满射。

定义 2.34 (集合的枚举)   设 A 为一个可枚举集，

(1) 如果 A 是有穷集，A 有 $n > 0$ 个元素，且 $f : \{1, \cdots, n\} \mapsto A$ 是一个双射，则 $f(1), f(2), \cdots, f(n)$ 称为 A 的一个**枚举** (enumeration) 或排列。特别是当 $A = \{1, \cdots, n\}$ 时 $f(1), f(2), \cdots, f(n)$ 是 $A = \{1, \cdots, n\}$ 一个排列（或称枚举）。

(2) 如果 A 是无穷集，$f : \mathbb{N} \mapsto A$ 是一个双射，则 $f(1), f(2), \cdots$ 称为 A 的一个枚举。当 $A = \mathbb{N}$ 时 $f(1), f(2), \cdots$ 称为自然数的一个**枚举**或自然数集 $\mathbb{N}$ 的一个枚举。

定理 2.24 (可枚举集上的集合操作)   如果 A 和 B 都是可枚举集合，则 A 的任何一个子集是可枚举的，$A \cap B$、$A \cup B$、$A - B$ 和 $A \times B$ 也都是可枚举的。

使用数学归纳法从这个定理可直接得到：对任意 $n \in \mathbb{N}$，如果 $A_1, \cdots, A_n$ 都可枚举，则 $A_1 \cap \cdots \cap A_n$，$A_1 \cup \cdots \cup A_n$ 和 $A_1 \times \cdots \times A_n$ 可枚举。作为特殊情况，对任意 $n \in \mathbb{N}$，A^n 可枚举。

定理 2.25 (可枚举个有限集的并) 可枚举个有穷集合 $A_1, \cdots, A_n, \cdots$ 的并集 $\bigcup_{i=1}^{\infty} A_i$ 是可枚举集；可枚举个有穷集合 $A_1, \cdots, A_n, \cdots$ 的笛卡儿积 $\Pi_{i=1}^{\infty} A_i$ 是可枚举集。

证明：我们只给出定理第一个结论的证明如下。不失一般性，设 $A_1, \cdots, A_n, \cdots$ 是不相交的非空有穷集合，而且对 $i \in \mathbb{N}$，$|A_i| = n_i$，$A_i = \{a_{i1}, \cdots, a_{in_i}\}$。定义 $f(a_{ij}) = \sum_1^{i-1} n_i + j$，这里 $\sum_{i=1}^{k} m_i$ 表示 $m_1, \cdots, m_k$ 的和，而且 $\sum_{i=1}^{0} m_i = 0$。不难证明 f 是从 $\bigcup_{i=1}^{\infty} A_i$ 到 $\mathbb{N}$ 的双射。 □

习题 2.21 请给出定理 2.25 的第二部分的证明。

定理 2.25 第一部分的一般形式是：可枚举个可枚举集的并是可枚举集。相信读者不难找到这个一般性定理的证明资料。

并非所有无穷集合都可枚举，对此我们有如下关于基数的定理。

定理 2.26 (幂集的基数) 设 A 为一个集合，则 $|A| < |\mathbb{P}(A)|$。

证明：因为 $\mathbb{P}(\varnothing) = \{\varnothing\}$，$|\varnothing| < |\mathbb{P}(\varnothing)|$。如果 A 不是空集，定义映射 $m : A \mapsto \mathbb{P}(A)$ 使得对任意的 $a \in A$，$m(a) = \{a\}$。m 显然是单射，所以 $|A| \leqslant |\mathbb{P}(A)|$。

我们要证明当 A 非空时也有 $|A| \neq |\mathbb{P}(A)|$。使用反证法（也叫归谬法），假设 $|A| = |\mathbb{P}(A)|$，一定有双射 $f : A \mapsto \mathbb{P}(A)$。现定义集合 $A_1 \stackrel{\text{def}}{=} \{b \mid b \in A, b \notin f(b)\}$。由于 $A_1 \in \mathbb{P}(A)$ 且 f 是双射，一定有元素 $c \in A$ 使 $f(c) = A_1$。现在问 c 是否为 A_1 的元素？根据 A_1 的定义，一定有 $c \notin f(c) = A_1$。但是，同样根据 A_1 的定义，如果 $c \notin f(c)$ 就应该有 $c \in A_1$，这就出现了矛盾，因此双射 $f : A \mapsto \mathbb{P}(A)$ 不可能存在。这说明，$|A| \neq |\mathbb{P}(A)|$ 不可能成立。 □

反证法是一个常用的推理论证方法，下面我们再给出一个例子。

例 2.27 设 $\{a, b, c\}^*$ 为由字母 a、b 和 c 组成的有穷长字母串的集合，记为 A。令 $\mathcal{F}$ 为 A 上所有函数的集合。那么，虽然 A 是可枚举的，但 $\mathcal{F}$ 却不可枚举。

设 $a_0, a_1, \cdots$ 为 A 的一个枚举。我们用反证法证明 $\mathcal{F}$ 不可枚举。假设 $\mathcal{F}$ 可枚举，则存在双射 $m : \mathbb{N} \mapsto \mathcal{F}$，这样就有 $m(i) : A \mapsto A$（这是由函数组成的集合）。我们用 f_i 表示 $m(i)$（$i = 0, 1, \cdots$），再假设 $f_i(a_j) = a_{ij}$，这些 a_{ij} 都是 A 的元素。现在构造如下的矩阵：

$$
\begin{array}{ccccc}
 & a_0 & a_1 & a_2 & \cdots \\
f_0 & a_{00} & a_{01} & a_{02} & \cdots \\
f_1 & a_{10} & a_{11} & a_{12} & \cdots \\
f_2 & a_{20} & a_{21} & a_{22} & \cdots \\
\vdots & \vdots & \vdots & \vdots & \cdots
\end{array}
$$

现在定义一个函数 $f : A \mapsto A$，其定义为 $f(a_i) \overset{\text{def}}{=} a_{ii}a$，也就是说，$f(a_i) = f_i(a_i)a$。很容易看到，这个 f 并不在 $\mathcal{F}$ 的枚举 $f_0, \cdots, f_i, \cdots$ 中，因为对任意的 $i \in \mathbb{N}$，$f(a_i) = a_{ii}a$ 而 $f_i(a_i) = a_{ii}$。这个矛盾说明 $\mathcal{F}$ 不可枚举。这样通过构造函数 f 的证明方法称为**对角线证明法**。

习题 2.22　证明关于集合基数的如下命题：

(1) 整数集合 $\mathbb{Z}$ 和有理数集合 $\mathbb{Q}$ 都是可枚举集合。

(2) 使用对角线证明法证明对自然数集合 $\mathbb{N}$，$|\mathbb{N}| < |\mathbb{P}(\mathbb{N})|$。

(3) 实数集合 $\mathbb{R}$ 不是可枚举集合。

(4) 设 $(0, 1)$ 表示 0 和 1 之间开区间内的实数集合，即大于 0 和小于 1 的实数集合。证明实数集合 $\mathbb{R}$ 和 $(0, 1)$ 一样大，即 $|\mathbb{R}| = |(0, 1)|$。

(5) 对实数集合 $\mathbb{R}$ 有 $|\mathbb{R}| = |\mathbb{P}(\mathbb{N})|$。

为了知识的相对完整性，本章最后这一节给出了集合基数的定义。如前所述，有穷集合的基数定义为集合中元素的个数，所以，所有可能的集合基数包括 $0, 1, 2, \cdots$。进而，对一个基数为 n 的有穷集合 A，$|\mathbb{P}(A)| = 2^{|A|} = 2^n$。这也是人们为什么常用 2^A 表示集合 A 的幂集的原因。最小的无穷基数是自然数集合的基数，也就是可枚举集合的基数 ω，然后依次是自然数的幂集 $\mathbb{P}(\mathbb{N})$，以及 $\mathbb{P}(\mathbb{P}(\mathbb{N}))$、$\mathbb{P}(\mathbb{P}(\mathbb{P}(\mathbb{N})))$ 等。这些集合的基数分别为 2^ω、2^{2^ω}、$2^{2^{2^\omega}}$ 等。**连续统假设** (Continuum Hypothesis) 说在自然数集合的基数和实数集合的基数之间不存在其他的基数，即在 ω 和 2^ω 之间不存在其他基数。这个假设至今还没有得到证明也未得到反证。目前最好的结果是哥德尔在 1940 年证明的 "在自然数幂集的基数和实数集合的基数之间的基数的存在性在标准集合论中是不可证明" 以及 1963 年保罗·寇恩 (Paul Joseph Cohen, 1934~2007) 证明的 "这样的基数的不存在性是不可证明的"。这里标准集合论是指 ZF 公理集合论，这证明连续统假设是与 ZF 公理集合论不矛盾的（协调的），但也是相互独立的。因此，连续统假设在标准集合论中是不可证的。当然，本章最后这一节的主要论题是可枚举集合的概念和性质，以及对角线证明法，这些在本书后续章节的讨论中会用到。

第 3 章 朴素命题逻辑

第 2 章介绍了与数理逻辑有关的数学基础知识，重要的数学和逻辑思维方法，以及通过演绎的方式处理数学对象的技术，还讨论了利用**人工符号**在进行抽象的重要性、数学归纳法、多模型和分层建模的思维方法等。这些都将在后续的章节里反复实践。从本章开始，我们将正式进入有关数理逻辑的基础知识、思维方法和实践应用的系统学习。

3.1 引 言

第 1 章讨论了逻辑的重要性、基本哲学思想和基本定义。逻辑是**推理**和**辩论**的艺术和科学，研究如何从关于事实和知识的已有命题或断言出发，得出具有普遍意义的而且可靠的**结论**，包括

- 什么是命题或断言，如何表示它们；

- 如何定义、构造、表示和检查推理或辩论的过程是否**有效**或**正确**；

- 如何定义和建立逻辑系统，研究其表达能力，确认其推理的可靠性和完全性。

一个逻辑系统主要包括三个组成部分：一个用于表达（逻辑）断言的语言，一套用于做推理和证明的推理规则，还有一套有关断言的语义定义，称为断言或者逻辑系统的解释。逻辑的解释定义断言的意义，也就是说，给这个逻辑系统的语言表达的断言赋以**真假值**。解释也是研究和证明逻辑的可靠性和完全性的基础。很明显，我们希望一个逻辑能证明的断言在语义上都是真的，而且语义为真的断言都能在本逻辑系统中证明。前者就是逻辑的可靠性（或有效性），后者是逻辑的证明能力的充分性，或完全性。因此，如第 1 章中所言，逻辑是语言、证明和解释的三位一体，这三者的一种有机结合就构成了一个逻辑系统，并决定了相应的逻辑语言的语用潜能。

朴素逻辑，或称为**非形式化逻辑**，使用自然语言（如汉语或英语）或者数学语言（可以简单地理解为结合了一些数学符号的自然语言）来定义和表述断言与证明。这类逻辑中的断言与证明的语法没有与语义彻底分离，所以可能出现歧义性，难以用于研究上面所说的那些有关逻辑系统的重要性质和问题，更不可能借助计算机来支持证明的检查和构造。**形式逻辑**、**符号逻辑**或**数理逻辑**则彻底分离了语言的语法和语义、推理的形式和内容。通过完全符号化和规则化的语法，严格定义**命题/断言**的形式；通过公理和/或推理规则定义逻辑的**推理形式**；通过**语义函数/解释**给合法命题形式赋予在具体论域中具有真假值的命题或断言，也将推理形式解释到具体论域中的证明过程。在这些设施的基础上就能研究逻辑推理的可靠性和完全性。对推理形式的研究属于逻辑**证明论**的范畴，而对解释的研究则形成了逻辑的**模型论**。

本章将学习和研究朴素的命题逻辑，讨论断言和连接词，剖析断言的结构；定义断言形式以及真值函数和真值表。然后讨论断言形式的逻辑等价关系，以及断言形式的等价替换和等价变换；逻辑蕴涵关系，以及相关的断言形式变换。最后定义命题推理形式及其可靠性的概念。这一章的非形式讨论将有利于读者对逻辑概念的初步理解，认识符号化的意义，尤其是理解断言变量的意义，学习和锻炼将应用领域中的断言陈述和定理证明严格表示为形式逻辑的命题公式和形式证明，领悟和培养抽象思维能力和建模能力。这些都是极其有意义的。

3.2   断言和连接词

在有关朴素逻辑的讨论中，我们特意使用**断言** (statement/assertion) 的术语，而不用**命题** (proposition) 的说法，以显示讨论的非形式性质。同样，我们将使用**推理形式** (reasoning/argument form)，而不用更形式化的术语**证明** (proof)。

在使用自然语言进行推理或辩论时，推理者首先要陈述一些断言，声明这些断言或者为**真** (true) 或者为**假** (false)，或说断言**成立**或**不成立**。在一个推理或辩论中，总会有一个断言是推理者或辩论者希望证明为真或为假的。这一断言及其真假通常代表了辩论者的个人观点。然而，自然语言中有些断言很难确定为绝对是真或绝对是假。譬如：

> 刘备跑得快。

但辩论过程总要求判断断言的真假，二者必取其一。这里我们考虑的是一种**二值逻辑** (two-valued logic)。这种逻辑断言的第一个基本特征就是有真/假值，简称为**真值** (truth value)。

简单断言   在具体的辩论中需要考虑的断言可能很复杂，也可能很简单，而且复杂的断言通常是由一些简单断言组合而成。一个**简单断言**就是由一个主语和一个谓语构成的简单句子，譬如：

(1) <u>刘备</u> 跑得快。

(2) <u>孔子</u> 是汉人。

(3) <u>拿破仑</u> 死了。

(4) <u>所有非方形的球</u> 是圆的。

上面用下划线标出的部分是断言的主语。我们将用大些英文字母 P、Q、R 等及其带下标的形式表示断言，包括简单断言，并明确规定一个简单断言的真值或者为真，或者为假。

复合断言   复杂的断言通常是**复合断言** (compound assertion/compound statement)，它们由一些简单断言通过**连接词** (connective) 组合而成。譬如：

孔子的眼睛 <u>不是</u> 黑色。

孔子是汉人 <u>并且</u> 孔子的眼睛是黑色。

一个球是圆的 <u>或者</u> 是方的。

一个球 <u>如果</u> 不是圆的，<u>则</u> 它是方的。

一个整数是偶数 <u>当且仅当</u> 它是 2 的倍数。

可以看到，在上面的例子中标有下划线的词都很特殊，它们把一个（第一个例子）或两个简单断言"连接"起来，构成了一个复杂的（复合）断言。

在自然语言中常见很多不同形式的句子都表示同一断言的情况。譬如对上面第一个例子，不同的说法可以是"孔子的眼睛是黑色是不成立（不对）的"或者"孔子的眼睛是黑色之反面是对的"等。而"一个球要么是圆的要么是方的"和"一个球不是圆的就是方的"，都与上面第三个断言同义。这些说明，允许用自然语言的任意形式陈述断言，可能给推理、理解和检查带来极大困难。因此，在讨论命题逻辑时，我们规定只使用五个连接词："非""并且""或者""如果则 · · ·""当且仅当"。用逻辑的术语，它们分别称为"**否定 (negation)**""**合取 (conjunction)**""**析取 (disjunction)**""**蕴涵 (implication)**"和"**双向蕴涵 (two-direction implication)**"，并符号化地表示为 ¬、∧、∨、→ 和 ↔。这些连接词可以用于连接任何断言，包括任意复杂的复合断言。因此，从简单断言出发，经过反复使用这五个连接词，就可以表达任意复杂的断言。这样，我们就得到断言的如下的符号化表示。

表 3.1　命题逻辑的连接词

非形式化	形式化
<u>不是</u> P	$(\neg P)$
P <u>并且</u> Q	$(P \wedge Q)$
P <u>或者</u> Q	$(P \vee Q)$
<u>如果</u> P <u>则</u> Q，P <u>蕴涵</u> Q	$(P \rightarrow Q)$
P <u>当且仅当</u> Q	$(P \leftrightarrow Q)$

这样规定，自然就产生了一个问题：这五个连接词是否具有充分的表达能力，能否表述所有可能的复合断言。在自然语言中很难明确回答这个问题，本章后面将通过简单的符号化和数学手段给出这个问题的完美解答。这一点也展示了数学语言特有的强大功能和魅力。

表 3.1 中每一行的右栏是连接词的符号表示，而左栏说明相应的意思或**语义 (semantics)**。可以看到，复合断言的真假值完全由该断言中的子断言 P 和 Q 的意思决定。这也意味着，任意复杂的断言的意思完全由其表达中出现的简单断言决定。后面将看到这种符号化在分析确定复杂断言的真假值中的作用。此外，表中右栏的断言表达式中括弧的使用和自然语言句子中标点符号的作用类似，它们可以看作逻辑语言中的**标点符号 (punctuation)**，最外层的括弧表示这个复合断言是一个完整的断言。应该特别指出，在一个应用领

域中，如何仅仅用这五个连接词表示在语义上所需的复合断言，是逻辑应用和建立逻辑模型的基础训练内容。

例 3.1   现在看两个（自然语言）断言的符号化表示，作为学习的开始：

(1) 第二次世界大战结束了 (P) 而且 世界又恢复了和平 (Q)。可以表示为 $(P \wedge Q)$；这个复合断言为真当且仅当 P 和 Q 都为真。

(2) 如果 天气变冷 (P_1) 则 会下雨 (P_2) 或者 下雪 (P_3)。可以表示为 $(P_1 \rightarrow (P_2 \vee P_3))$；该复合断言为真当且仅当或者 P_1 为假（天气没变冷），或者 P_2 和 P_3(下雨和下雪)之中有一个为真。

通过上述讨论和例子，我们可以看到断言的另外三个特征：

- 一个简单断言就是包含一个主语和一个谓语的单句。

- 一个复合断言是由简单断言通过使用连接词构造而成的复合语句。

- 一个复合断言的真假值完全由其中简单断言的真假值和连接词的语义决定。

习题 3.1   请判断下面哪些句子是断言。

(1) 现在正在下雨。

(2) 北京是中国的首都。

(3) "$1 + 2 = 3$"。

(4) 谁在那里？

(5) 去把房间打扫了。

(6) 素数仅有有穷多个。

(7) 任何一个大于 2 的整数可以写成两个素数的和。

(8) 电梯在哪里？

(9) 请去找一下张三。

(10) 咖啡比茶好喝。

习题 3.2   将下面的复合断言翻译成符号化的公式（无关断言是否成立）

(1) 如果市场需求量不变而价钱提高，则成交量就会减少。

(2) 如果没有图灵发明图灵机模型，就没有冯·诺依曼的计算机体系架构，也就没有现代计算机。

(3) 如果 x 是有理数，y 是整数，则 z 不是实数。

(4) 犯人或者已经逃到国外，或者被某人窝藏。

(5) 犯人或者已经逃到国外，或者被某人窝藏，不然他已经被公安机关擒获。

(6) 如果犯人没有逃到国外，他一定是被某人窝藏。

(7) 两个整数的和为偶数当且仅当它们同为偶数或者同为奇数。

(8) 两个整数的和为奇数当且仅当它们之中一个为偶数另一个为奇数。

(9) 假设 x 是有理数，如果 y 是整数，则 z 不是实数。

上面哪些断言相互等价或说有同样的意义，也即同时成立或不成立？哪些断言的形式相同？

习题 3.3 同或和异或的关系。

(1) 我们在前面用 $P \vee Q$ 表示的 "或" 称为**同或** (inclusive or)，也就是说："P 成立，或者 Q 成立，或者二者都成立"。如何使用具有同或语义的 $\vee$ 并配合 $\neg$ 和 $\wedge$ 表示**异或** (exclusive or)："P 成立，或 Q 成立，但二者并不都成立"？

(2) 如果用 $P \vee Q$ 表示异或 "P 成立，或 Q 成立，但二者不都成立"，如何用它和 $\neg$ 及 $\wedge$ 表示同或："P 成立，或 Q 成立，或者二者都成立"？

3.3 连接词的真值函数和真值表

为了系统化地讨论和研究如何确定或计算（复合）断言的真假值，确定不同形式的复合断言是否有相同的语义（即是在语义上等价的），以及断言推理的有效性等问题，我们将采用类似代数中处理表达式的做法，定义一种断言表达式或断言公式，称为**断言形式**。这里还需要引进**断言变量** (statement variable) 的概念。与代数表达式中的变量类似，断言表达式中的断言变量可以用任何具体的断言替换，例如具体的 P、Q 或 "这个桌子是方的" 等，就像代数表达式 $x + y + 1$ 中的变量 x 和 y 可以分别替换为如 10 和 15 等常数一样。

在计算复合断言的真假值时，其中的子断言或者为真，或者为假。回忆上一章中定义的**真值集** $\mathbb{T} \stackrel{\text{def}}{=} \{ff, tt\}$，其中 ff 表示**假**，tt 表示**真**，**断言变量**就是取值空间为 $\mathbb{T}$ 的变量。下面用英文小写字母 p, q, r 等及其带下标的形式表示断言变量。这样，每个连接词符号 $\neg$、$\wedge$、$\vee$、$\rightarrow$ 和 $\leftrightarrow$ 的语义就应该定义为 $\mathbb{T}$ 上的函数，称为**真值函数** (truth function)。为了强调语法和语义的区别，我们将采用与第 1.4.2 节定义计算机程序语言的语义的做法，用 $[\![\cdot]\!]$ 表示连接词符号 $\cdot$ 的语义。

否定连接词 否定一个断言意味着认为该断言是假。断言 P 的否定记为 $(\neg P)$。$(\neg P)$ 为真当且仅当 P 为假，$(\neg P)$ 为假当且仅当 P 为真。这一事实与 P 具体是什么断言无关。因此，否定连接词应该定义为 $\mathbb{T}$ 上的一个一元真值函数 $[\![\neg]\!] : \mathbb{T} \mapsto \mathbb{T}$，对一个断言变量应用连接词 $\neg$ 的断言表达式写成 $(\neg p)$ 的形式，其语义定义为

$$[\![(\neg p)]\!] \stackrel{\text{def}}{=} \begin{cases} tt, & \text{如果 } p = ff \\ ff, & \text{如果 } p = tt \end{cases}$$

所以，$[\![(\neg p)]\!] = tt \Leftrightarrow p = ff$。表 3.2 以**真值表** (truth table) 的方式给出了 $(\neg p)$ 的语义定义。

表 3.2　¬ 的真值表

p	$(\neg p)$
tt	ff
ff	tt

合取连接词 合取以两个断言为连接对象，要求这两个断言同时为真。因此，合取定义为一个二元真值函数 $[\![\wedge]\!] : \mathbb{T} \times \mathbb{T} \mapsto \mathbb{T}$，其断言表达式形式为 $(p \wedge q)$，其语义是 $[\![(p \wedge q)]\!] \stackrel{\text{def}}{=} tt \Leftrightarrow p = tt$ 并且 $q = tt$，也就是说，只有 p 和 q 都取值 tt 时 $[\![(p \wedge q)]\!]$ 的值为 tt，其他（3 种）情况下 $[\![(p \wedge q)]\!]$ 的值为 ff。合取 $[\![(p \wedge q)]\!]$ 的真值表如表 3.3。

析取连接词 析取同样以两个断言作为连接对象，但只要求其中至少有一个为真。析取定义为另一个二元真值函数 $[\![\vee]\!] : \mathbb{T} \times \mathbb{T} \mapsto \mathbb{T}$，其函数表达式形式为 $(p \vee q)$，其语义是 $[\![(p \vee q)]\!] \stackrel{\text{def}}{=} ff \Leftrightarrow p = ff$ 并且 $q = ff$，也就是说，只有 p 和 q 都取值 ff 时 $[\![(p \vee q)]\!]$ 的值才为 ff，其他（3 种）情况下 $[\![(p \vee q)]\!]$ 的值都为 tt。析取 $[\![(p \vee q)]\!]$ 的真值表定义如表 3.4。

当两个被操作的变量 p 和 q 都为真时，它们的析取结果也定义为真。前面说过，这样定义称为**同或** (inclusive or)，经典逻辑通常都采用这种定义。但也有些逻辑，譬如所谓的**直觉主义逻辑** (intuitionistic logic) 采用了另一种定义，称为**异或** (exclusive or)，请参考习题 3.3。

表 3.3　∧ 的真值表

p	q	$(p \wedge q)$
tt	tt	tt
tt	ff	ff
ff	tt	ff
ff	ff	ff

表 3.4　∨ 的真值表

p	q	$(p \vee q)$
tt	tt	tt
tt	ff	tt
ff	tt	tt
ff	ff	ff

蕴涵连接词 蕴涵也连接两个断言，其意图是描述二者之间的联系：当前者真时后者也真。蕴涵也定义为一个二元真值函数 $[\![\rightarrow]\!] : \mathbb{T} \times \mathbb{T} \mapsto \mathbb{T}$，其函数表达式形式为 $(p \rightarrow q)$，其语义是 $[\![(p \rightarrow q)]\!] \stackrel{\text{def}}{=} ff \Leftrightarrow p = tt$ 并且 $q = ff$，即只有 p 为 tt 和 q 取值 ff 时 $[\![(p \rightarrow q)]\!]$

的值为 ff，其他（3 种）情况下 $[\![(p \rightarrow q)]\!]$ 的值都是 tt。蕴涵 $(p \rightarrow q)$ 的真值表定义如表 3.5。

这里要请读者特别注意，完全可能用形式逻辑表述出现实生活中没意义的断言，譬如：

> 如果鸡有四条腿，则地球是鸡蛋。

由于这里的前提为假，按蕴涵的语义，整个复合断言为真。但现实中人们都会认为这个断言毫无意义。由于形式和内容分离的原因，形式化逻辑的语法和语义不能排除这种无意义断言，只能在逻辑的实际使用中避免之。形式逻辑主要用在数学、计算机科学和其他自然科学与工程中，在这些领域里需要用逻辑严谨地表述模型的性质，并从已知性质出发，经过推理和验证得到新的性质，从而获得对模型表示的对象更多的理解和认知。譬如，在数学中，人们可能表述和证明如下断言：

> 如果自然数 n 大于自然数 m，则 n 和 m 的最大公因数也是 $n-m$ 和 m 的最大公因数。

在直觉主义逻辑中，蕴涵的语义定义和经典数理逻辑不同，当前提 $p = ff$ 且 $q = tt$ 时将 $(p \rightarrow q)$ 定义为 ff。这样的蕴涵可以在经典逻辑中定义为 $((p \rightarrow q) \wedge (p \vee \neg q))$。这个情况说明，一方面，不同的逻辑有可能对思维的规律和规则做出不同的考虑和总结；另一方面，符号逻辑的使用者必须熟知如何正确地表达实际工作中需要的断言。

双向蕴涵连接词 最后，双向蕴涵也是二元真值函数，类型为 $[\![\leftrightarrow]\!] : \mathbb{T} \times \mathbb{T} \mapsto \mathbb{T}$，其函数表达式的形式为 $(p \leftrightarrow q)$。这种表达式的语义是 $[\![(p \leftrightarrow q)]\!] \overset{\text{def}}{=} tt \Leftrightarrow p = q$，也就是说，$(p \rightarrow q)$ 的值为真当且仅当 p 和 q 同时为真或同时为假。$p \leftrightarrow q$ 的真值表定义如表 3.6。

表 3.5	$\rightarrow$ 的真值表	
p	q	$(p \rightarrow q)$
tt	tt	tt
tt	ff	ff
ff	tt	tt
ff	ff	tt

表 3.6	$\leftrightarrow$ 的真值表	
p	q	$(p \leftrightarrow q)$
tt	tt	tt
tt	ff	ff
ff	tt	ff
ff	ff	tt

3.4 断言形式

为了建立一套规则系统地计算各种命题的真值，主要是复合命题的真值，我们要定义**断言表达式**。为了强调形式逻辑中的种种**形式** (form)，我们引入断言形式的概念。

定义 3.1 (断言形式) 一个**断言形式** (statement form) 是一个表达式，构造这种表达式的基础元素是断言变量和连接词，构造中有穷次地使用并且仅使用了如下两条规则：

(ST1) 任意一个断言变量是一个断言形式。

(ST2) 如果 $\mathcal{P}$ 和 $\mathcal{Q}$ 是断言形式，则如下构造的表达式也是断言形式

$$(\neg \mathcal{P}), \ (\mathcal{P} \wedge \mathcal{Q}), \ (\mathcal{P} \vee \mathcal{Q}), \ (\mathcal{P} \rightarrow \mathcal{Q}), \ (\mathcal{P} \leftrightarrow \mathcal{Q})$$

满足上述两条构造规则的表达式称为**合式断言形式** (well-formed statement form)，也就是 "合乎形式要求的断言形式"。请注意，断言形式的定义是语法定义，通过结构归纳的方式定义。应再次重申：注意符号化语法中使用括弧的规则，括号的作用等同自然语言中的标点符号，必须正确使用以避免歧义。根据这个语法定义，不难设计出一个算法，自动检验一个断言形式是否为**合式的**。下面将用 $\mathcal{P}$、$\mathcal{Q}$、$\mathcal{R}$ 等及其带下标的符号表示断言形式。

例 3.2　根据断言形式的语法规则，可以给出如下的判断：

(1) $((p \wedge q) \to (\neg q \vee r)))$ 不是合式的断言形式，原因在于 $\neg q$ 应该放在括弧中，写成 $(\neg q)$。

(2) $(p \wedge q \vee r) \vee (p \wedge r \to q)$ 不是合式的断言形式。我们可以看到 $(p \wedge q \vee r)$ 的歧义性，不能确定它是 $((p \wedge q) \vee r))$ 还是 $(p \wedge (q \vee r))$；也无法确定 $(p \wedge r \to q)$ 是要表示 $((p \wedge r) \to q)$ 还 $(p \wedge (r \to q))$。后面会看到，这两对合式断言形式分别定义了不同的真值函数。

3.4.1　断言形式的真值函数和真值表

将断言形式 $\mathcal{P}$ 中断言变量 p 的所有出现都统一替换为某个具体断言，称为对 $\mathcal{P}$ 中变量 p 做一个**实例化** (instantiation)。把 $\mathcal{P}$ 中所有的（一定是有穷个）断言变量都实例化，就得到了断言形式 $\mathcal{P}$ 的一个实例断言或断言**实例** (instance)。显然，这样得到的实例断言的真假值，完全由替换 $\mathcal{P}$ 中断言变量的那些具体断言的真假值决定。

例 3.3　考虑习题 3.2 中的复合断言 "犯人或者已经逃到国外，或者被某人窝藏，不然他已经被公安机关擒获"。我们用 P 表示 "犯人已经逃到国外"，Q 表示 "犯人被某人窝藏"，R 表示 "已经被公安机关擒获"，则该复合命题可表示为：$((\neg(P \vee Q)) \to R)$。这个复合命题是断言形式 $((\neg(p \vee q)) \to r)$ 的实例，对此断言形式中的命题变元 p、q 和 r 做了实例化。

使用断言变量，可以避免去直接讨论通过具体实例化得到的具体断言实例，而是把断言变量当作类型为 $\mathbb{T}$ 的变量，统一讨论如何对断言形式 $\mathcal{P}$ 中的断言变量做各种实例化，得到的各种实例断言的真值。为了这样做，下面首先定义两个重要概念：断言形式中**断言变量的赋值**以及断言形式的**真值函数** (truth function of statement form)。

断言形式的真值函数　对于 $n > 0$，断言变量 $\{p_1, \cdots, p_n\}$ 的一个**赋值** (assignment) 是一个函数 $\sigma : \{p_1, \cdots, p_n\} \mapsto \mathbb{T}$。下面用 $\sigma(p_i) \in \mathbb{T}$ 表示 σ 下变量 p_i 的值，$i = 1, \cdots, n$。显然，如果 σ 是变量集 $\{p_1, \cdots, p_n\}$ 的赋值，它在此集合的任意非空子集上的限制函数就是该子集的一个赋值。

设 $\mathcal{P}$ 为一个断言形式，$\mathcal{P}$ 中的断言变量为 $\{p_1, \cdots, p_n\}$ 的一个子集，$\mathcal{P}$ 的意义就是一个 n 元真值函数 $[\![\mathcal{P}]\!] : \mathbb{T}^n \mapsto \mathbb{T}$，通过对 $\mathcal{P}$ 中出现的连接词符号的个数 k 归纳定义如下：

(1) 如果 $\mathcal{P}$ 是一个断言变量，不失一般设 $\mathcal{P}$ 是 p_1，对 $\{p_1, \cdots, p_n\}$ 的任意赋值 $(\sigma(p_1), \cdots, \sigma(p_n)) \in \mathbb{T}^n$，总有 $[\![\mathcal{P}]\!](\sigma(p_1), \cdots, \sigma(p_n)) = \sigma(p_1)$，即为 p_1 的赋值。

(2) 假设 $\mathcal{P}_1$ 和 $\mathcal{P}_2$ 为断言形式, 其中断言变量都包含在 $\{p_1, \cdots, p_n\}$ 中, 而且两者的真值函数 $[\![\mathcal{P}_1]\!] : \mathbb{T}^n \mapsto \mathbb{T}$ 和 $[\![\mathcal{P}_2]\!] : \mathbb{T}^n \mapsto \mathbb{T}$ 已经定义, 且 $\mathcal{P}$ 为下面五种断言形式之一:

$$(\neg \mathcal{P}_1), \quad (\mathcal{P}_1 \wedge \mathcal{P}_2), \quad (\mathcal{P}_1 \vee \mathcal{P}_2), \quad (\mathcal{P}_1 \to \mathcal{P}_2), \quad (\mathcal{P}_1 \leftrightarrow \mathcal{P}_2) \tag{3.1}$$

$\mathcal{P}$ 的真值函数分别定义如下:

(1) $\mathcal{P}$ 为 $(\neg \mathcal{P}_1)$: 根据 $\neg$ 的语义, 对 $\{p_1, \cdots, p_n\}$ 的任意赋值 $(\sigma(p_1), \cdots, \sigma(p_n)) \in \mathbb{T}^n$,

$$
\begin{aligned}
[\![\mathcal{P}]\!](\sigma(p_1), \cdots, \sigma(p_n)) &\overset{\text{def}}{=} [\![\neg]\!]([\![\mathcal{P}_1]\!](\sigma(p_1), \cdots, \sigma(p_n))\\
&= \begin{cases} tt, & \text{如果 } [\![\mathcal{P}_1]\!](\sigma(p_1), \cdots, \sigma(p_n)) = ff \\ ff, & \text{如果 } [\![\mathcal{P}_1]\!](\sigma(p_1), \cdots, \sigma(p_n)) = tt \end{cases}
\end{aligned}
$$

(2) $\mathcal{P}$ 为 $(\mathcal{P}_1 \wedge \mathcal{P}_2)$: 根据 $\wedge$ 的语义, 对 $\{p_1, \cdots, p_n\}$ 的任意赋值 $(\sigma(p_1), \cdots, \sigma(p_n)) \in \mathbb{T}^n$,

$$
\begin{aligned}
[\![\mathcal{P}]\!](\sigma(p_1), \cdots, \sigma(p_n)) &\overset{\text{def}}{=} [\![\mathcal{P}_1]\!](\sigma(p_1), \cdots, \sigma(p_n))[\![\wedge]\!][\![\mathcal{P}_2]\!](\sigma(p_1), \cdots, \sigma(p_n))\\
&= \begin{cases} tt, & \text{如果 } [\![\mathcal{P}_1]\!](\sigma(p_1), \cdots, \sigma(p_n)) = tt \\ & \text{而且 } [\![\mathcal{P}_2]\!](\sigma(p_1), \cdots, \sigma(p_n)) = tt \\ ff, & \text{否则} \end{cases}
\end{aligned}
$$

(3) $\mathcal{P}$ 为 $(\mathcal{P}_1 \vee \mathcal{P}_2)$: 根据 $\vee$ 的语义, 对 $\{p_1, \cdots, p_n\}$ 的任意赋值 $(\sigma(p_1), \cdots, \sigma(p_n)) \in \mathbb{T}^n$,

$$
\begin{aligned}
[\![\mathcal{P}]\!](\sigma(p_1), \cdots, \sigma(p_n)) &\overset{\text{def}}{=} [\![\mathcal{P}_1]\!](\sigma(p_1), \cdots, \sigma(p_n))[\![\vee]\!][\![\mathcal{P}_2]\!](\sigma(p_1), \cdots, \sigma(p_n))\\
&= \begin{cases} ff, & \text{如果 } [\![\mathcal{P}_1]\!](\sigma(p_1), \cdots, \sigma(p_n)) = ff \\ & \text{而且 } [\![\mathcal{P}_2]\!](\sigma(p_1), \cdots, \sigma(p_n)) = ff \\ tt, & \text{否则} \end{cases}
\end{aligned}
$$

(4) $\mathcal{P}$ 为 $(\mathcal{P}_1 \to \mathcal{P}_2)$: 根据 $\to$ 的语义, 对 $\{p_1, \cdots, p_n\}$ 的任意赋值 $(\sigma(p_1), \cdots, \sigma(p_n)) \in \mathbb{T}^n$,

$$
\begin{aligned}
[\![\mathcal{P}]\!](\sigma(p_1), \cdots, \sigma(p_n)) &\overset{\text{def}}{=} [\![\mathcal{P}_1]\!](\sigma(p_1), \cdots, \sigma(p_n))[\![\to]\!][\![\mathcal{P}_2]\!](\sigma(p_1), \cdots, \sigma(p_n))\\
&= \begin{cases} ff, & \text{如果 } [\![\mathcal{P}_1]\!](\sigma(p_1), \cdots, \sigma(p_n)) = tt \\ & \text{而且 } [\![\mathcal{P}_2]\!](\sigma(p_1), \cdots, \sigma(p_n)) = ff \\ tt, & \text{否则} \end{cases}
\end{aligned}
$$

(5) $\mathcal{P}$ 为 $(\mathcal{P}_1 \leftrightarrow \mathcal{P}_2)$: 根据 $\leftrightarrow$ 的语义, 对 $\{p_1, \cdots, p_n\}$ 的任意赋值 $(\sigma(p_1), \cdots, \sigma(p_n)) \in \mathbb{T}^n$,

$$
\begin{aligned}
[\![\mathcal{P}]\!](\sigma(p_1), \cdots, \sigma(p_n)) &\overset{\text{def}}{=} [\![\mathcal{P}_1]\!](\sigma(p_1), \cdots, \sigma(p_n))[\![\leftrightarrow]\!][\![\mathcal{P}_2]\!](\sigma(p_1), \cdots, \sigma(p_n))\\
&= \begin{cases} tt, & \text{如果 } [\![\mathcal{P}_1]\!](\sigma(p_1), \cdots, \sigma(p_n)) = \\ & \quad\quad [\![\mathcal{P}_2]\!](\sigma(p_1), \cdots, \sigma(p_n)) \\ ff, & \text{否则} \end{cases}
\end{aligned}
$$

我们也常简记 $[\![\mathcal{P}]\!](\sigma(p_1), \cdots, \sigma(p_n))$ 为 $[\![\mathcal{P}]\!](\sigma)$。

如果赋值 σ 使断言形式 $\mathcal{P}$ 的真值函数 $[\![\mathcal{P}]\!]$ 为真，即 $[\![\mathcal{P}]\!](\sigma(p_1), \cdots, \sigma(p_n)) = tt$，则称 σ **满足** (satisfy) $\mathcal{P}$，记为 $\sigma \models \mathcal{P}$。从上面定义可以看出，将断言形式 $\mathcal{P}$ 中的断言变量集的赋值扩展为其任意超集的赋值，$\mathcal{P}$ 的真值函数在扩展赋值下和在原赋值下的真值相同。因此，如果需要，我们可以把赋值任意扩展到由全体断言变量构成的集合上。因此，在不会引起混淆的情况下，我们将把 "$\mathcal{P}$ 中（所有断言）变量的赋值" 简单说成 "$\mathcal{P}$ 的赋值"，甚至简单地直接说 "赋值"。

上述递归定义（也叫归纳定义）断言形式的真值函数的过程，也给出了复合断言形式的一个计算（求值）过程。要计算 $\mathcal{P}$ 在其断言变量的一个赋值下的真值，只需从其中各个变量的值开始，自底向上逐步计算 $\mathcal{P}$ 的子断言形式的真值，最终就能得到 $\mathcal{P}$ 的值。这个过程完全是根据断言形式的语法结构规则给出的，显然可以通过计算机程序实现。

例 3.4   考虑断言形式 $(((\neg p) \vee q) \to (q \vee r))$。给定 $\{p, q, r\}$ 一个赋值，譬如 $\{p \mapsto tt, q \mapsto ff, r \mapsto ff\}$。$(((\neg p) \vee q) \to (q \vee r))$ 的计算过程以变量层为零层，含有一个连接词的 $(\neg p) = ff$ 和 $(q \vee r) = ff$ 为第一层，$((\neg p) \vee q) = ff$ 为第二层，最高一层是 $(((\neg p) \vee q) \to (q \vee r)) = tt$。

断言形式的真值表   显然，n 个断言变量 $\{p_1, \cdots, p_n\}$ 一共有 2^n 个不同的赋值。这样，一个包含 n 个断言变量的断言形式 $\mathcal{P}$ 的真值函数可以用一个表格来描述，这种表格称为 $\mathcal{P}$ 的**真值表** (truth table)。一般而言，$\mathcal{P}$ 的真值表具有如下的形式：

- 共有 $n+1$ 列，其中前 n 列分别对应 $\mathcal{P}$ 中各个断言变量，最后一列对应断言形式 $\mathcal{P}$。

- 共有 $2^n + 1$ 行，第一行为表头，该行中前 n 列分别标出相应的断言变量，最后一列标出断言形式 $\mathcal{P}$。其余各行分别为断言变量不同的赋值和相应的 $\mathcal{P}$ 的值。

表 3.7 和表 3.8 是两个断言形式的真值表例子。为了显示计算过程，并使真值表更可读，人们还经常增加一些列，显示 $\mathcal{P}$ 中一些重要子公式的真值。譬如表 3.7 中倒数第二列给出 $(\neg p)$ 的真值。表 3.8 说明在计算 $(p \to (q \vee r))$ 的真值函数时，需要先计算出 $(q \vee r)$ 的真值。

表 3.8   断言形式的真值表例子

p	q	r	$(q \vee r)$	$(p \to (q \vee r))$
ff	ff	ff	ff	tt
ff	ff	tt	tt	tt
ff	tt	ff	tt	tt
ff	tt	tt	tt	tt
tt	ff	ff	ff	ff
tt	ff	tt	tt	tt
tt	tt	ff	tt	tt
tt	tt	tt	tt	tt

表 3.7   断言形式的真值表例子

p	q	$(\neg p)$	$((\neg p) \vee q)$
tt	tt	ff	tt
tt	ff	ff	ff
ff	tt	tt	tt
ff	ff	tt	tt

习题 3.4   根据语法规则判定如下表达式中哪些是合式断言形式，哪些不是，为什么？

(1) $\neg q$

(2) $\neg p \wedge p$

(3) $(p \vee q \wedge r)$

(4) $\neg p \wedge (q \vee r)$

(5) $((\neg p) \vee q)$

(6) $((p \wedge q)((\neg(q \vee r))))$

习题 3.5 构造下面合式断言形式的真值表：

(1) $((\neg p) \wedge (\neg q))$

(2) $(\neg((p \rightarrow q) \rightarrow (\neg(q \rightarrow p))))$

(3) $(p \rightarrow (q \rightarrow r))$

(4) $((p \wedge q) \rightarrow r)$

(5) $((\neg(p \wedge q)) \leftrightarrow ((\neg p) \vee (\neg q)))$

(6) $((p \leftrightarrow (\neg q)) \vee q)$

(7) $((p \rightarrow q \rightarrow r) \rightarrow ((p \rightarrow q) \rightarrow (p \rightarrow r)))$

习题 3.6 构造习题 3.4 中合式断言形式的真值表，并试着去构造其中非合式断言形式的公式的真值表，讨论遇到的问题和合式断言形式语法规则的重要性。

3.4.2 断言形式的语法树

一般而言，断言形式 $\mathcal{P}$ 可以用如下定义的**语法树** (syntax tree) 表示：

(1) 如果 $\mathcal{P}$ 是一个断言变量，例如 p，则 $\mathcal{P}$ 的语法树就只有一个顶点 p（叶顶点）。

(2) 如果 $\mathcal{P}$ 是 $(\neg \mathcal{P}_1)$，而 $\mathcal{P}_1$ 的语法树是 $\mathcal{T}_{\mathcal{P}_1}$，则 $\mathcal{P}$ 的语法树 $\mathcal{T}_{\mathcal{P}}$ 包含 $\mathcal{T}_{\mathcal{P}_1}$ 的所有顶点和所有边（包含 $\mathcal{T}_{\mathcal{P}_1}$ 作为子树），再加一个标注为 $\neg$ 的顶点，加一条从标注着 $\neg$ 的新顶点到 $\mathcal{T}_{\mathcal{P}_1}$ 的根顶点的边。$\mathcal{T}_{\mathcal{P}}$ 语法树的根顶点就是这个标注着 $\neg$ 的新顶点。

(3) 如果 $\mathcal{P}$ 是 $(\mathcal{P}_1 \wedge \mathcal{P}_2)$，而 $\mathcal{P}_1$ 和 $\mathcal{P}_2$ 的语法树分别是 $\mathcal{T}_{\mathcal{P}_1}$ 和 $\mathcal{T}_{\mathcal{P}_2}$，则 $\mathcal{P}$ 的语法树 $\mathcal{T}_{\mathcal{P}}$ 包含了 $\mathcal{T}_{\mathcal{P}_1}$ 和 $\mathcal{T}_{\mathcal{P}_2}$ 的所有顶点和所有边，再加一个标注为 $\wedge$ 的新顶点和两条边，这两条边分别从新的标注 $\wedge$ 的顶点到 $\mathcal{T}_{\mathcal{P}_1}$ 和 $\mathcal{T}_{\mathcal{P}_2}$ 的根顶点。$\mathcal{T}_{\mathcal{P}}$ 的根顶点就是标注着 $\wedge$ 的新顶点。

(4) 如果 $\mathcal{P}$ 是 $(\mathcal{P}_1 \vee \mathcal{P}_2)$，而 $\mathcal{P}_1$ 和 $\mathcal{P}_2$ 的语法树分别为 $\mathcal{T}_{\mathcal{P}_1}$ 和 $\mathcal{T}_{\mathcal{P}_2}$，则 $\mathcal{P}$ 的语法树 $\mathcal{T}_{\mathcal{P}}$ 包含 $\mathcal{T}_{\mathcal{P}_1}$ 和 $\mathcal{T}_{\mathcal{P}_2}$ 的所有顶点和所有边，再加一个标注为 $\vee$ 的新顶点和两条边，这两条边分别从标注着 $\vee$ 的新顶点到 $\mathcal{T}_{\mathcal{P}_1}$ 和 $\mathcal{T}_{\mathcal{P}_2}$ 的根顶点。$\mathcal{T}_{\mathcal{P}}$ 的根顶点就是标注着 $\vee$ 新顶点。

(5) 当 $\mathcal{P}$ 是 $(\mathcal{P}_1 \to \mathcal{P}_2)$ 或 $(\mathcal{P}_1 \leftrightarrow \mathcal{P}_2)$ 时，语法树的定义类似。

例 3.5　例 3.4 中的断言形式 $(((\neg p) \vee q) \to (q \vee r))$ 的语法树如图 3.1。

　　不难看出，给定一个断言形式 $\mathcal{P}$ 的一个赋值，其语法树的叶子顶点标注的断言变量就给定了真值。然后，我们可以从叶子开始向上计算每个顶点（标注有连接词符号）的真值，而 $\mathcal{P}$ 在这个赋值下的真值就是其语法树的根顶点的值。

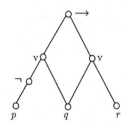

图 3.1　$(((\neg p) \vee q) \to (q \vee r))$ 的语法树

习题 3.7　利用第 2 章中集合和关系，给出一个断言形式 $\mathcal{P}$ 的语法树 $\mathcal{T}_\mathcal{P}$ 的递归定义。

习题 3.8　构造下面断言形式的语法树，并讨论它们的真值函数。

(1) $(((p \to q) \vee q) \leftrightarrow ((q \vee r) \vee q))$

(2) $((\neg((q \to p)) \vee (\neg p)) \wedge (p \vee r))$

(3) $(((\neg(p \vee q)) \to r) \to ((p \vee \neg q) \to r))$

习题 3.9　使用树作为数据结构，设计一个计算机算法来计算用语法树表示的断言形式的真值，用某种语言编出相应的程序。并以图 3.1 中的语法树作为计算实例。

习题 3.10　设计一个基于断言形式构造相应语法树的算法，并用某种语言编出相应的程序。

习题 3.11　讨论习题 3.4 中各个表达式有无语法树存在，语法树是否唯一。

3.5　重言式和矛盾式

　　断言形式中有两种极端情况：一种是其真值函数恒等于 tt，也就是说，相关断言变量的所有赋值都满足这个断言形式。这类断言形式也称恒真式、永真式或重言式；另一种情况就是恒真式的对偶，恒假式或矛盾式，这类断言形式的真值函数恒等 ff，任何赋值都不能满足它。其他断言形式的情况介于这两种极端情况之间。

定义 3.2 (可满足、重言式和矛盾式)　设 $\mathcal{P}$ 为断言形式

(1) 如果存在 $\mathcal{P}$ 的断言变量的一个赋值满足 $\mathcal{P}$，则称 $\mathcal{P}$ **可满足** (satisfiable)。严格地说，$\mathcal{P}$ 可满足当且仅当存在 $\mathcal{P}$ 的变量的赋值 σ 使得 $[\![\mathcal{P}]\!](\sigma) = tt$。

(2) 如果 $\mathcal{P}$ 的断言变量的所有赋值都满足 $\mathcal{P}$，则称 $\mathcal{P}$ 为**重言式** (tautology) 或**恒真式** (true)。严格地说，$\mathcal{P}$ 是重言式当且仅当对 $\mathcal{P}$ 的变量的任意赋值 σ 都有 $[\![\mathcal{P}]\!](\sigma) = tt$。

(3) 如果不存在 $\mathcal{P}$ 的断言变量的赋值满足 $\mathcal{P}$，则称 $\mathcal{P}$ 为**矛盾式** (contradiction) 或**恒假式** (false)。严格地说，$\mathcal{P}$ 是矛盾式当且仅当对于 $\mathcal{P}$ 的变量的任意赋值 σ 都有 $[\![\mathcal{P}]\!](\sigma) = ff$。

显然，$\mathcal{P}$ 为重言式当且仅当 $(\neg\mathcal{P})$ 是矛盾式。定义 3.2 中每一条的前半句是非形式的叙述性定义，后半句是用赋值函数和真值函数给出的严格数学定义。如果要设计一个判定算法，判定一个断言形式是否可满足、恒真式或者矛盾式，就需要用到这两个函数。

命题 3.1 (分离规则) 如果 $\mathcal{P}$ 和 $\mathcal{P} \to \mathcal{Q}$ 都是重言式，那么 $\mathcal{Q}$ 也是重言式。

这是命题逻辑中公认的推理规则，称为**分离规则** (Modus Ponens)，不难基于重言式的定义予以证明。

证明：用**反证法** (proof by contradiction) 证明。假设 $\mathcal{P}$ 和 $(\mathcal{P} \to \mathcal{Q})$ 是重言式，但是 $\mathcal{Q}$ 不是重言式。再设 $(\mathcal{P} \to \mathcal{Q})$ 中的断言变量为 $\{p_1, \cdots, p_n\}$。由于 $\mathcal{Q}$ 不是重言式，根据定义，存在上述变量的一个赋值 σ 使得 $[\![\mathcal{Q}]\!](\sigma) = ff$。

因为 $\mathcal{P}$ 和 $(\mathcal{P} \to \mathcal{Q})$ 都是重言式，所以 $[\![\mathcal{P}]\!](\sigma) = tt$ 而且

$$[\![(\mathcal{P} \to \mathcal{Q})]\!](\sigma) = tt \qquad (*)$$

但另一方面，根据真值函数 $[\![(\mathcal{P} \to \mathcal{Q})]\!]$ 的定义，由 $[\![\mathcal{P}]\!](\sigma) = tt$ 和 $[\![\mathcal{Q}]\!](\sigma) = ff$ 将得到

$$[\![(\mathcal{P} \to \mathcal{Q})]\!](\sigma) = ff \qquad (**)$$

显然 (*) 和 (**) 矛盾，所以命题成立。 □

连接词的优先级 到目前为止我们一直严格按照语法，对连接词的每个使用都加括弧表示运算顺序。实际上，我们也可以采用代数的做法，给连接词规定优先级，减少公式里的括弧，简化断言形式的表示。为此，我们规定连接词的优先级由高到低依次为 $\neg$、$\wedge$、$\vee$、$\to$、$\leftrightarrow$。

有了这样的规定后，我们可以采用如下的简化书写形式：

- $\neg p \to q$ 表示 $((\neg p) \to q)$。

- $p \wedge \neg q \to r$ 表示 $((p \wedge (\neg q)) \to r)$。

- $p \vee q \leftrightarrow q \wedge \neg r$ 表示 $((p \vee q) \leftrightarrow (q \wedge (\neg r)))$。

习题 3.12 判定下列哪些断言形式是重言式或矛盾式：

(1) $p \vee \neg p$

(2) $p \wedge \neg p$

(3) $p \to \neg\neg p$

(4) $(\neg p \to q) \to ((\neg p \to \neg q) \to p)$

习题 3.13　判断下列公式是重言式、矛盾式还是其他：

(1) $(p \vee q) \to (p \wedge q)$

(2) $(((p \to q) \vee q)) \leftrightarrow (((q \vee r) \vee q))$

(3) $(((\neg(q \to p)) \vee (\neg p)) \vee (p \vee r))$

(4) $(((\neg(p \vee q)) \to r) \to ((p \vee \neg q) \vee r))$

习题 3.14　判断公式 $((p \to q) \leftrightarrow ((p \vee q) \leftrightarrow p))$ 是否为永真式或永假式？为什么？

习题 3.15　n 个命题变元可写出多少个互不逻辑等价的断言形式？请证明或说明。

习题 3.16　判断：

(1) 断言形式 $(((\neg p) \to q) \vee (q \to p))$ 在多少个不同的赋值下为 tt？

(2) p 和 q 取什么值时，命题公式 $(((\neg p) \vee q) \vee ((\neg p) \to r))$ 的真值为 tt？

(3) 下列断言形式中哪些是重言式？请证明。

    (a) $(q \to (p \vee q))$

    (b) $(p \to (p \vee q))$

    (c) $((p \vee q) \to q)$

习题 3.17　设计一个计算机程序确定一个断言形式是否可满足、为重言式或矛盾式。这也证明了一个断言形式是否可满足、恒真式或矛盾式是**可判定的** (decidable)。

3.6　逻辑等价和逻辑蕴涵

　　研究断言形式的最终目的是为了更好地做逻辑推理，从已知的逻辑公式（表示已知事实或正确论断）得到相关的逻辑公式（应看作是已知事实的推论，也应该看作正确的论断）。做逻辑推理就像是在数学里做演算，需要使用正确的规则。本节研究有关规则和它们的性质。

3.6.1　逻辑等价

　　数学里有许多等式变换规则，使用它们可以将已有的数学公式变换为与之相等（等值）的数学公式。**相等** (equal) 是数学演算中最核心的概念，通常用相等符号 "=" 表示。在研究断言形式，讨论用逻辑公式表示的逻辑断言时，与数学公式之间 "相等" 关系对应的逻辑概念是断言形式之间的**逻辑等价**。两个断言形式逻辑等价的条件是它们定义的真值函数相等，即对断言变量的任何赋值，它们的真值都相等。通过逻辑运算符 $\leftrightarrow$ 和重言式的概念定义更加简洁严谨。与逻辑等价相关的另一种关系称为逻辑蕴涵，在这里一并定义：

定义 3.3 (逻辑蕴涵和逻辑等价) 设 $\mathcal{P}$ 和 $\mathcal{Q}$ 为断言形式

(1) 如果 $(\mathcal{P} \to \mathcal{Q})$ 为重言式，则称 $\mathcal{P}$ **逻辑蕴涵** (logically implies) $\mathcal{Q}$，也说 $\mathcal{Q}$ 是 $\mathcal{P}$ 的**逻辑蕴涵** (logical implication)。

(2) 如果 $(\mathcal{P} \leftrightarrow \mathcal{Q})$ 为重言式，则称 $\mathcal{P}$ 和 $\mathcal{Q}$ **逻辑等价** (logical equivalent)。

就像数学中的相等关系可以用小于等于关系定义，$a = b$ 当且仅当 $a \leqslant b$ 并且 $b \leqslant a$，逻辑等价也就是相互逻辑蕴涵。实际上，逻辑蕴涵也是逻辑公式之间一种非常重要的关系，它刻画了更一般的推理。利用逻辑等价关系做的推导是从已有逻辑公式推出与之在逻辑上等价的公式，而利用逻辑蕴涵则是由已有逻辑公式推出与之等价或者较弱的公式。可见，强弱关系是逻辑公式之间的一种重要关系，第 3.6.3 节将讨论这个问题，本节集中讨论逻辑等价。

首先，我们把逻辑等价严格定义为所有合式断言表达式的集合 $\mathcal{F}$ 上的一个关系

$$\cong \overset{\mathsf{def}}{=} \{(\mathcal{P}, \mathcal{Q}) \mid \mathcal{P}, \mathcal{Q} \in \mathcal{F} \text{ 而且 } \mathcal{P} \text{ 和 } \mathcal{Q} \text{ 逻辑等价}\}$$

在其他书籍文献里，也常常可以看到用 $\Leftrightarrow$ 表示逻辑等价关系，有的用 $=$ 或 $\equiv$ 表示。本书中采用符号 $\cong$，是为了与常用的恒等符号 $=$ 等相互区别，也与第 2 章自然语言讨论中表示"当且仅当"的缩写符号相区别。事实上，逻辑等价的意思也是一种"当且仅当"。

首先，很容易证明 $\cong$ 确实是合式断言表达式集合 $\mathcal{F}$ 上的一个等价关系。

命题 3.2 (逻辑等价关系) 设 $\mathcal{P}, \mathcal{Q}, \mathcal{R}$ 都是合式断言形式，则有

(1) $\mathcal{P} \cong \mathcal{P}$；

(2) 如果 $\mathcal{P} \cong \mathcal{Q}$ 那么 $\mathcal{Q} \cong \mathcal{P}$；

(3) 如果 $\mathcal{P} \cong \mathcal{Q}$ 且 $\mathcal{Q} \cong \mathcal{R}$，那么 $\mathcal{P} \cong \mathcal{R}$。

这个命题的证明留作个人练习。

由于逻辑等价是等价关系，集合 $\mathcal{F}$ 中的合式断言表达式被关系 $\cong$ 划分为一组等价类。进一步，命题 3.6 说明 $\cong$ 是代数 $(\mathcal{F}, \neg, \wedge, \vee, \to, \leftrightarrow)$ 上一个**同余关系** (congruent relation)，也就是说，这是该代数的所有操作都保持的等价关系。为方便起见，我们用 false 表示矛盾命题，即对任何赋值 σ，$[\![\mathsf{false}]\!](\sigma) = f\!f$；用 true 表示恒真命题，即对任何赋值 σ，$[\![\mathsf{true}]\!](\sigma) = t\!t$。

命题 3.3 (0 元和单位元) 重言式和矛盾式分别为 $\wedge$ 和 $\vee$ 的 0 元和单位元，即对任意的 $\mathcal{P}$，

$$\mathcal{P} \wedge \mathsf{true} \cong \mathcal{P} \qquad \mathcal{P} \wedge \mathsf{false} \cong \mathsf{false} \qquad \mathcal{P} \vee \mathsf{false} \cong \mathcal{P} \qquad \mathcal{P} \vee \mathsf{true} \cong \mathsf{true}$$

习题 3.18 请给出命题 3.2 的证明。

习题 3.19 设 P 表示"今天天气好"，Q 表示"我们去旅游"。试用最简单明了的汉语描述下面公式所表达的含义

$$((\neg P \vee Q) \to (P \vee \neg Q)) \vee \neg(\neg Q \to \neg P)$$

证明这个断言与 $(P \vee (\neg Q))$ 逻辑等价，并说明这个等价的意义。

习题 3.20　证明如下的逻辑蕴涵和逻辑等价关系：

(1) $p \wedge q$ 逻辑蕴涵 p。

(2) $\neg(p \wedge q)$ 逻辑等价于 $\neg p \vee \neg q$。

(3) $\neg(p \vee q)$ 逻辑等价于 $\neg p \wedge \neg q$。

3.6.2　等价替换

等价替换指把断言形式中的子公式用与之逻辑等价的公式替换。我们知道，对代数表达式中的子表达式做等式替换，得到的整体表达式与原表达式相等。那么，通过等价替换得到的断言形式与原断言形式有什么关系呢？本节讨论这个问题，还要研究具有普遍意义的通过结构化简处理复杂问题的抽象思维和手段。下面研究具有重要意义的语法替换问题。

设 $\mathcal{P}$ 和 $\mathcal{Q}$ 是两个断言形式，p 为断言变量，我们用 $\mathcal{P}[\mathcal{Q}/p]$ 表示把 $\mathcal{P}$ 中断言变量 p 的所有出现统一替换为 $\mathcal{Q}$ 得到的断言形式。注意，如果 p 并未在 $\mathcal{P}$ 中出现，这个替换没有作用，$\mathcal{P}[\mathcal{Q}/p]$ 得到的还是 $\mathcal{P}$。一般地，对 $n > 0$，$\mathcal{P}[\mathcal{P}_1/p_1, \cdots, \mathcal{P}_n/p_n]$，表示将 $\mathcal{P}$ 中断言变量 $p_1, \cdots, p_n$ 的所有出现同时分别替换为断言形式 $\mathcal{P}_1, \cdots, \mathcal{P}_n$ 得到的断言形式。严格说来，这里首先需要证明替换得到的还是合式断言形式，即如果 $\mathcal{P}$ 和 $\mathcal{P}_1, \cdots, \mathcal{P}_n$ 都是合式断言形式，则 $\mathcal{P}[\mathcal{P}_1/p_1, \cdots, \mathcal{P}_n/p_n]$ 也是合式断言形式。通过对 $\mathcal{P}$ 中连接词的个数做归纳，很容易证明这一结论。

例 3.6　用 $\mathcal{P} \equiv \mathcal{Q}$ 表示断言形式 $\mathcal{P}$ 和 $\mathcal{Q}$ 在语法形式上完全相同。下面是两个替换的情况

(1) $((p \wedge q) \to p)[((r \wedge s) \to t)/p] \equiv (((r \wedge s) \to t) \wedge q) \to ((r \wedge s) \to t)$

(2) $((p \wedge q) \to p)[((r \wedge s) \to t)/p, (p \to q)/q] \equiv (((r \wedge s) \to t) \wedge (p \to q)) \to ((r \wedge s) \to t))$

特别强调，计算 $\mathcal{P}[\mathcal{P}_1/p_1, \cdots, \mathcal{P}_n/p_n]$ 时对所有变量**同时替换**是非常关键的。如果按某种顺序分别地做一些变量的替换，得到的结果就可能不同。譬如，对例 3.6 (2)，如果先替换 q 之后再替换 p，得到的结果将与同时替换 p 和 q 的结果不同。

易见，通过对断言形式中断言变量的替换，通常会得到更复杂的断言形式。然而，在做这样的转换时，断言形式的一些性质却能保持。我们有下面的重要定理。

命题 3.4 (重言式替换定理)　设 $\mathcal{P}$ 和 $\mathcal{P}_1, \cdots, \mathcal{P}_n$ 为任意 $n+1$ 个断言形式，$p_1, \cdots, p_n$ 是任意的 n 个断言变量。如果 $\mathcal{P}$ 是重言式，则 $\mathcal{P}[\mathcal{P}_1/p_1, \cdots, \mathcal{P}_n/p_n]$ 也是重言式。

证明：用反证法，若 $\mathcal{P}[\mathcal{P}_1/p_1, \cdots, \mathcal{P}_n/p_n]$ 不是重言式，必定存在对其中断言变量的某个赋值使这个断言的值为假。设 σ 就是这样一个赋值，因此

$$[\![\mathcal{P}[\mathcal{P}_1/p_1, \cdots, \mathcal{P}_n/p_n]]\!](\sigma) = f\!f$$

显然 $[\![\mathcal{P}_1]\!](\sigma), \cdots, [\![\mathcal{P}_n]\!](\sigma) \in \mathbb{T}$，即 σ 也是 $\mathcal{P}_1, \cdots, \mathcal{P}_n$ 的赋值。现在定义 $\mathcal{P}[\mathcal{P}_1/p_1, \cdots, \mathcal{P}_n/p_n]$ 中断言变量的一个赋值 σ' 如下：对 $i = 1, \cdots, n$，统一地令 $\sigma'(p_i) = [\![\mathcal{P}_i]\!](\sigma)$，对

$\mathcal{P}[\mathcal{P}_1/p_1, \cdots, \mathcal{P}_n/p_n]$ 中的其他断言变量 p 令 $\sigma'(p) = \sigma(p)$。显然，σ' 也是 $\mathcal{P}$ 的赋值。对 $\mathcal{P}$ 中连接词的个数做归纳，可以证明

$$\llbracket \mathcal{P} \rrbracket (\sigma') = \llbracket \mathcal{P}[\mathcal{P}_1/p_1, \cdots, \mathcal{P}_n/p_n] \rrbracket (\sigma) = \mathit{ff}$$

这与 $\mathcal{P}$ 是重言式矛盾，所以 $\mathcal{P}[\mathcal{P}_1/p_1, \cdots, \mathcal{P}_n/p_n]$ 也是重言式。 □

重言式替换定理给出一个确定一个复杂的断言形式是重言式的一个简单的方法，下面的例子说明重言式替换定理的威力。

例 3.7 使用真值表很容易验证例 3.6 中 $((p \land q) \to p)$ 为重言式。下面是由它通过替换得到的两个断言形式，根据重言式替换定理，它们也都为重言式

(1) $((((r \land s) \to t) \land q) \to ((r \land s) \to t))$

(2) $((((r \land s) \to t) \land (p \to q)) \to ((r \land s) \to t))$

命题 3.5 (德·摩根定律 (De Morgan's Law)) 对任意的断言形式 $\mathcal{P}$ 和 $\mathcal{Q}$ 有

(1) $(\neg(\mathcal{P} \land \mathcal{Q}))$ 与 $((\neg\mathcal{P}) \lor (\neg\mathcal{Q}))$ 逻辑等价；

(2) $(\neg(\mathcal{P} \lor \mathcal{Q}))$ 与 $((\neg\mathcal{P}) \land (\neg\mathcal{Q}))$ 逻辑等价。

证明: 使用真值表很容易验证

(1) $((\neg(p \land q)) \leftrightarrow ((\neg p) \lor (\neg q)))$ 是重言式；

(2) $((\neg(p \lor q)) \leftrightarrow ((\neg p) \land (\neg q)))$ 是重言式。

根据重言式替换定理，我们就有

(3) $((\neg(\mathcal{P} \land \mathcal{Q})) \leftrightarrow ((\neg\mathcal{P}) \lor (\neg\mathcal{Q})))$ 是重言式；

(4) $((\neg(\mathcal{P} \lor \mathcal{Q})) \leftrightarrow ((\neg\mathcal{P}) \land (\neg\mathcal{Q})))$ 是重言式。

定理得证。 □

德·摩根定律刻画了合取与析取的对偶性。下面的命题充分显示出对偶性的"买一送一"性质。

命题 3.6 (断言形式的布尔代数性质) 对任意的断言形式 $\mathcal{P}$、$\mathcal{Q}$ 和 $\mathcal{R}$ 都有

- 交换律：$(\mathcal{P} \land \mathcal{Q})$ 和 $(\mathcal{Q} \land \mathcal{P})$ 逻辑等价，$(\mathcal{P} \lor \mathcal{Q})$ 和 $(\mathcal{Q} \lor \mathcal{P})$ 逻辑等价。

- 结合律：$((\mathcal{P} \land \mathcal{Q}) \land \mathcal{R})$ 和 $(\mathcal{P} \land (\mathcal{Q} \land \mathcal{R}))$ 逻辑等价，$((\mathcal{P} \lor \mathcal{Q}) \lor \mathcal{R})$ 和 $(\mathcal{P} \lor (\mathcal{Q} \lor \mathcal{R}))$ 逻辑等价。

- 分配律：$(\mathcal{P} \land (\mathcal{Q} \lor \mathcal{R}))$ 和 $((\mathcal{P} \land \mathcal{Q}) \lor (\mathcal{P} \land \mathcal{R}))$ 逻辑等价，$(\mathcal{P} \lor (\mathcal{Q} \land \mathcal{R}))$ 和 $((\mathcal{P} \lor \mathcal{Q}) \land (\mathcal{P} \lor \mathcal{R}))$ 逻辑等价。

上面逻辑等价关系都可以用重言式替换定理证明。譬如，通过构造真值表的方式可以证明 $((p \wedge (q \wedge r)) \leftrightarrow ((p \wedge q) \wedge r))$ 为重言式，根据重言式替换定理就能得到合取的结合律。由于结合律，我们可以将 $((\mathcal{P} \wedge \mathcal{Q}) \wedge \mathcal{R})$ 简写为 $(\mathcal{P} \wedge \mathcal{Q} \wedge \mathcal{R})$，将 $((\mathcal{P} \vee \mathcal{Q}) \vee \mathcal{R})$ 简写为 $(\mathcal{P} \vee \mathcal{Q} \vee \mathcal{R})$。

对非常复杂的复合断言，其真值表往往规模太大，直接通过真值表判定其性质常常不可行，需要寻找其他方法。重言式替换定理说明，复合断言的语义可以由简单的断言和连接词的语义确定。通过形式上的模式匹配，我们有可能通过简单断言的真假值建立复杂断言的真假值。下面定理说明了这种方法的可靠性。这里的等价替换对应于数学表达式的等值替换。

命题 3.7 (等价替换定理) 假设断言形式 $\mathcal{P}_1$ 中包含子断言形式 $\mathcal{P}$，将 $\mathcal{P}_1$ 中 $\mathcal{P}$ 的一个或多个出现用断言形式 $\mathcal{Q}$ 替换而得到 $\mathcal{Q}_1$。如果 $\mathcal{P}$ 和 $\mathcal{Q}$ 逻辑等价，则 $\mathcal{P}_1$ 和 $\mathcal{Q}_1$ 逻辑等价。

直观上看，对断言形式 $\mathcal{Q}_1$ 和 $\mathcal{P}_1$ 中的断言变量做任意赋值，然后计算真值的过程中，不同之处只是在 $\mathcal{P}_1$ 中一些原来为 $\mathcal{P}$ 的位置现在是 $\mathcal{Q}$。定理的条件说 $\mathcal{Q}$ 和 $\mathcal{P}$ 的真值相等，所以 $\mathcal{Q}_1$ 和 $\mathcal{P}_1$ 的真值也一定相等。由赋值的任意性可知 $\mathcal{Q}_1$ 和 $\mathcal{P}_1$ 逻辑等价。下面用数学归纳法给出一个严格证明，其中还要介绍后面经常使用的**结构归纳法** (structural induction)。

命题 3.7 的证明: 对 $\mathcal{P}_1$ 中连接词出现个数 k 做归纳:

(1) 归纳起始: 当 $k = 0$ 时，$\mathcal{P}_1$ 就是一个断言变量，假设为 p，因此 $\mathcal{P}$ 也就是 p，$\mathcal{Q}$ 也只能为 p。显然 $\mathcal{P}_1 \leftrightarrow \mathcal{Q}_1$，命题成立。

(2) 归纳假设: 假设命题对 $k : 0 \leqslant k < n$ 时成立，我们需要证明命题对 $k = n$ 时成立。

(3) 归纳证明: 当 $\mathcal{P}_1$ 中连接词出现次数为 $n > 0$ 时，$\mathcal{P}_1$ 有以下 5 种可能情况

$$(\neg \mathcal{P}_{11}), \quad (\mathcal{P}_{11} \wedge \mathcal{Q}_{11}), \quad (\mathcal{P}_{11} \vee \mathcal{Q}_{11}), \quad (\mathcal{P}_{11} \to \mathcal{Q}_{11}), \quad (\mathcal{P}_{11} \leftrightarrow \mathcal{Q}_{11})$$

其中，子断言形式 $\mathcal{P}_{11}$ 和 $\mathcal{Q}_{11}$ 中的连接词符号出现次数均少于 n。设 $\mathcal{P}_{12}$ 和 $\mathcal{Q}_{12}$ 分别为将 $\mathcal{P}_{11}$ 和 $\mathcal{Q}_{11}$ 中的 $\mathcal{P}$ 替换为 $\mathcal{Q}$ 得到的断言形式。可得 $\mathcal{Q}_1$ 也有相应的 5 种情况

$$(\neg \mathcal{P}_{12}), \quad (\mathcal{P}_{12} \wedge \mathcal{Q}_{12}), \quad (\mathcal{P}_{12} \vee \mathcal{Q}_{12}), \quad (\mathcal{P}_{12} \to \mathcal{Q}_{12}), \quad (\mathcal{P}_{12} \leftrightarrow \mathcal{Q}_{12})$$

根据归纳假设有 $\mathcal{P}_{12}$ 和 $\mathcal{P}_{11}$ 逻辑等价，$\mathcal{Q}_{12}$ 和 $\mathcal{Q}_{11}$ 逻辑等价。不难证明逻辑等价是同余关系 (见习题 3.21)，$\mathcal{P}_1$ 和 $\mathcal{Q}_1$ 在 5 种情况中的每一种情况下都逻辑等价。 □

上面的证明直接利用数学归纳法完成。实际上，对于通过有限次重复使用有穷条构造 (或语法) 规则，从可数多个 "原子" 结构 (或表达式) 构造出的复合结构 (或表达式)，我们可以采用传统的数学归纳法证明的一种变形来完成证明，这个形式的归纳法称为**结构归纳法** (structural induction)。用结构归纳法证明一个命题的过程一般为:

(1) 归纳起始: 证明命题对每一种原子结构成立;

(2) 归纳假设: 假设命题对结构 $\mathcal{P}$、$\mathcal{Q}$、$\mathcal{R}$ 等成立;

(3) 归纳证明：根据归纳假设证明命题对由 $\mathcal{P}$、$\mathcal{Q}$、$\mathcal{R}$ 等出发，通过使用一次构造规则而得到的新的结构 $\mathcal{P}_1$ 成立。

因此，上面命题 3.7 的数学归纳法证明可以改写为如下的结构归纳法证明。

命题 3.7 的结构归纳法证明 对 $\mathcal{P}_1$ 进行结构归纳

(1) 归纳起始：$\mathcal{P}_1$ 为断言变量时，假设为 p，则 $\mathcal{P}$ 只能为 p，$\mathcal{Q}$ 也只能为 p。$\mathcal{P}_1 \leftrightarrow \mathcal{Q}_1$ 显然成立，命题得证。

(2) 归纳假设：假设命题对断言形式 $\mathcal{P}_{11}$ 和 $\mathcal{Q}_{11}$ 成立，并设 $\mathcal{P}_{12}$ 和 $\mathcal{Q}_{12}$ 分别为将 $\mathcal{P}_{11}$ 和 $\mathcal{Q}_{11}$ 中的 $\mathcal{P}$ 替换为 $\mathcal{Q}$ 得到的断言形式，因此 $\mathcal{P}_{11}$ 和 $\mathcal{Q}_{11}$ 逻辑等价，$\mathcal{Q}_{12}$ 和 $\mathcal{Q}_{12}$ 逻辑等价。

(3) 归纳证明：证明命题对以下 $\mathcal{P}_1$ 的 5 种情况都成立

$$(\neg\mathcal{P}_{11}), \quad (\mathcal{P}_{11} \wedge \mathcal{Q}_{11}), \quad (\mathcal{P}_{11} \vee \mathcal{Q}_{11}), \quad (\mathcal{P}_{11} \to \mathcal{Q}_{11}), \quad (\mathcal{P}_{11} \leftrightarrow \mathcal{Q}_{11})$$

证明如前。 □

结构归纳法也是一种数学归纳法，被广泛用于证明归纳定义的结构的性质。这类结构在计算机科学和工程中非常普遍，如程序语言、数据类型、算法、程序和各种计算模型。

使用重言式替换定理 3.4，可以证明如下的逻辑等价关系。

命题 3.8 设 $\mathcal{P}$ 和 $\mathcal{Q}$ 为断言形式，则

(1) $\mathcal{P} \to \mathcal{Q}$ 和 $\neg\mathcal{P} \vee \mathcal{Q}$ 逻辑等价。

(2) $\mathcal{P} \leftrightarrow \mathcal{Q}$ 和 $(\mathcal{P} \to \mathcal{Q}) \wedge (\mathcal{Q} \to \mathcal{P})$ 逻辑等价，和 $(\neg\mathcal{P} \vee \mathcal{Q}) \wedge (\neg\mathcal{Q} \vee \mathcal{P})$ 逻辑等价。

(3) $\mathcal{P} \leftrightarrow \mathcal{Q}$ 和 $(\mathcal{P} \wedge \mathcal{Q}) \vee (\neg\mathcal{Q} \wedge \neg\mathcal{P})$ 逻辑等价。

(4) $\neg\neg\mathcal{P}$ 和 $\mathcal{P}$ 逻辑等价。

计算机科学中最重要的思维方法和计算机系统和软件工程的最重要设计原理就是模块化、基于构件（或称组件）以及基于服务组合和编排的分解组合的思想和原理。而逻辑等价关系的同余性（即保持连接词运算的性质）、重言式替换定理和等价替换定理，正是这些思想和原理的逻辑源头，是人类社会发展教给我们的解决复杂问题，支持**关注点分离** (separation of concerns) 和**分而治之** (divide and conquer) 的工程原理的理论基础，特别是对软件建模和设计中的**组合**与**分解**。在软件和计算机系统中，等价的程序模块、过程、构件、服务或子系统可以用于替换与其等价程序或子系统，这是逻辑等价替换的具体应用。

习题 3.21 设 $\mathcal{F}$ 是所有合式断言形式的集合。

(1) 证明命题 3.2：定义关系 $\cong \overset{\text{def}}{=} \{(\mathcal{P}, \mathcal{Q}) \mid \mathcal{P}, \mathcal{Q} \in \mathcal{F}$ 而且 $\mathcal{P}$ 和 $\mathcal{Q}$ 逻辑等价$\}$，证明 $\cong$ 是 $\mathcal{F}$ 上的等价关系。

(2) 证明 $\cong$ 是代数 $(\mathcal{F}, \neg, \wedge, \vee, \rightarrow, \leftrightarrow)$ 上的 **同余关系** (congruent relation)，也就是说，如果 $\mathcal{P} \cong \mathcal{Q}$ 且 $\mathcal{P}_1 \cong \mathcal{Q}_1$，则 $(\neg\mathcal{P}) \cong (\neg\mathcal{Q})$，$(\mathcal{P} \wedge \mathcal{Q}) \cong (\mathcal{P}_1 \wedge \mathcal{P}_2)$，$(\mathcal{P} \vee \mathcal{Q}) \cong (\mathcal{P}_1 \vee \mathcal{Q}_1)$，$(\mathcal{P} \rightarrow \mathcal{Q}) \cong (\mathcal{P}_1 \rightarrow \mathcal{Q}_1)$，$(\mathcal{P} \leftrightarrow \mathcal{Q}) \cong (\mathcal{P}_1 \leftrightarrow \mathcal{Q}_1)$。

(3) 定义关系 $\preceq \stackrel{\text{def}}{=} \{(\mathcal{P}, \mathcal{Q}) \mid \mathcal{P}, \mathcal{Q} \in \mathcal{F}$ 而且 $\mathcal{P}$ 逻辑蕴涵 $\mathcal{Q}\}$。如果将逻辑等价的断言形式视为相等，而且定义 false 和 true 分别代表所有的矛盾式和重言式。证明，$\preceq$ 是 $\mathcal{F}$ 上的偏序关系，而且 $\mathcal{F}$ 和运算 $\wedge$、$\vee$ 及 $\neg$ 构成了一个布尔代数。与例 2.23 比较。

习题 3.22　证明命题 3.6。

习题 3.23　不使用真值表证明

(1) $p \rightarrow (q \rightarrow p)$ 和 $\neg p \rightarrow (p \rightarrow \neg q)$ 逻辑等价；

(2) $((s \rightarrow p) \rightarrow (t \rightarrow p)) \rightarrow (p \rightarrow q)$ 逻辑蕴涵 $(r \rightarrow (\neg p \vee q))$。

习题 3.24　证明 $(\neg p \rightarrow q) \rightarrow (p \rightarrow \neg q)$ 不是重言式，并给出断言形式 $\mathcal{P}$ 和 $\mathcal{Q}$ 使得 $(\neg \mathcal{P} \rightarrow \mathcal{Q}) \rightarrow (\mathcal{P} \rightarrow \neg \mathcal{Q})$ 不是矛盾式。

习题 3.25　证明逻辑等价关系的如下代数性质：

(1) $(\mathcal{P} \rightarrow \mathcal{Q}) \cong (\neg \mathcal{P} \vee \mathcal{Q})$

(2) $(\neg \mathcal{P} \rightarrow \neg \mathcal{B}) \cong (\mathcal{Q} \rightarrow \mathcal{P})$

(3) $(\mathcal{P} \rightarrow (\mathcal{Q} \rightarrow \mathcal{R})) \cong ((\mathcal{P} \rightarrow \mathcal{Q}) \rightarrow (\mathcal{P} \rightarrow \mathcal{R}))$

(4) $((\mathcal{P} \rightarrow \mathcal{Q}) \vee (\mathcal{Q} \rightarrow \mathcal{R})) \cong (\mathcal{P} \rightarrow \mathcal{R})$

(5) $(\mathcal{P} \vee \mathcal{Q}) \cong \neg(\neg \mathcal{P} \vee \mathcal{Q})$

(6) $(\mathcal{P} \vee \mathcal{Q}) \cong \neg(\neg \mathcal{P} \vee \neg \mathcal{Q})$

习题 3.26　用等价替换定理 3.7 证明 $\neg(\neg p \vee q) \vee r$ 与 $(p \rightarrow q) \rightarrow r$ 逻辑等价。

习题 3.27　用等价替换定理 3.7 证明 $(\neg p \vee \neg q) \rightarrow (q \rightarrow r)$ 与下列断言形式都逻辑等价。

(1) $\neg(q \rightarrow p) \rightarrow (\neg q \vee r)$

(2) $\neg p \wedge q \rightarrow \neg(q \wedge \neg r)$

(3) $\neg(\neg q \vee r) \rightarrow (q \rightarrow p)$

(4) $q \rightarrow (p \vee r)$

3.6.3 逻辑蕴涵的性质

定义 3.3 定义了逻辑蕴涵和逻辑等价的概念。从前面有关命题等价替换的讨论中可以看到，逻辑等价在逻辑推理中有重要的意义。例如，对于一个重言式，将其中任何子公式替换为与之逻辑等价的公式，得到的公式仍然是重言式。对矛盾式亦然。这样，掌握一批公式之间的逻辑等价关系，可能给证明重言式的工作带来很大方便，可以比较容易地确定更多公式之间的逻辑等价关系。这些说明命题之间的逻辑关系值得进一步研究。

逻辑等价和逻辑蕴涵是命题之间最重要的两个关系，随之而来的问题就是，逻辑蕴涵关系也有一些有意义的性质吗？有什么重要用途？本节将深入考察这方面的情况。

在本节讨论中，我们也将逻辑蕴涵定义为合式断言形式的集合 $\mathcal{F}$ 上的一个关系：

$$\preceq \overset{\text{def}}{=} \{(\mathcal{P}, \mathcal{Q}) \mid \mathcal{P}, \mathcal{Q} \in \mathcal{F} \text{ 而且 } \mathcal{P} \text{ 逻辑蕴涵 } \mathcal{Q}\}$$

在其他书籍文献里，也常常可以见到人们用 $\Rightarrow$ 或其他符号表示这一关系。

断言形式之间的逻辑蕴涵关系也有非常清晰的实际背景，也是人们在现实世界的生活和工作中经常考虑的一类逻辑关系。例如，"张三是人" 是一个逻辑断言，"张三是学生" 也是一个逻辑断言。很明显，后面这个断言包含更多的意思，它也包含 "张三是人" 的意思，也就是说，断言 "张三是学生" 逻辑蕴涵了断言 "张三是人"。

参考习题 3.21 (3)，作为 $\mathcal{F}$ 上的关系，逻辑蕴涵是一个前序，我们将此陈述为一个命题：

命题 3.9 设 $\mathcal{P}, \mathcal{Q}, \mathcal{R}$ 是合式断言形式，则有

(1) $\mathcal{P} \preceq \mathcal{P}$；

(2) 如果 $\mathcal{P} \preceq \mathcal{Q}$ 且 $\mathcal{Q} \preceq \mathcal{R}$，那么 $\mathcal{P} \preceq \mathcal{R}$。

逻辑蕴涵不是合式断言形式集合上的偏序，是因为存在着很多（一组一组的）在语法形式上不同，但是却相互逻辑等价的断言形式。按照定义，逻辑等价相当于相互逻辑蕴涵，也就是说，$\mathcal{P} \cong \mathcal{Q}$ 当且仅当 $\mathcal{P} \preceq \mathcal{Q}$ 而且 $\mathcal{Q} \preceq \mathcal{P}$。显然：

推论 3.1 设 $\mathcal{P}, \mathcal{Q}, \mathcal{R}$ 是合式断言形式，如果 $\mathcal{P} \cong \mathcal{Q}$ 且 $\mathcal{Q} \preceq \mathcal{R}$，那么 $\mathcal{P} \preceq \mathcal{R}$。

如习题 3.21 (3)，在逻辑学中，人们常常把逻辑等价的断言视为（数学意义上的）"相等"，如果接受这样的看法，$\preceq$ 就可以看作是一个偏序关系。严格地讲，把 $\preceq$ 提升为逻辑等价类集合上关系后，它就变成一个偏序关系。也就是说：

推论 3.2 定义合式断言形式的集合上的逻辑等价类集合

$$\underline{\mathcal{F}} \overset{\text{def}}{=} \{\underline{\mathcal{P}} \mid \mathcal{P} \in \mathcal{F} \text{ 且 } \underline{\mathcal{P}} \text{ 是 } \mathcal{P} \text{ 基于 } \cong \text{ 的等价类}\}$$

则关系 $\underline{\preceq} \overset{\text{def}}{=} \{(\underline{\mathcal{P}}, \underline{\mathcal{Q}}) \mid \underline{\mathcal{P}}, \underline{\mathcal{Q}} \in \underline{\mathcal{F}} \text{ 且 } \mathcal{P} \preceq \mathcal{Q}\}$ 是一个偏序。

一个断言 P 逻辑蕴涵另一个断言 Q，也常被说成是 P 比 Q **更强** (stronger than)。在实际中，特别是计算机和数学等领域，人们经常需要考虑断言的强弱问题，需要加强或减弱某个断言。例如，当人们发现某个数学定理无法证明时，经常考虑 "加一个条件"，也就

是加强定理的前提条件，在新条件下重新考虑证明。编程时的一类重要工作是写逻辑条件，主要是作为条件语句或循环语句的条件。例如，测试中发现一个 while 循环不终止（陷入死循环），可能是其循环条件太弱，或缺少重要的部分，加强条件后问题就解决了。现在专门讨论这个问题。

在后面的讨论中，在不造成混淆的情况下，我们将简单认为逻辑等价的合式断言是相互相等的，并因此把 $\preceq$ 视为合式断言集合 $\mathcal{F}$ 上的偏序，也就是认为 $(\mathcal{F}, \preceq)$ 是一个偏序集，基于这个偏序来定义和比较断言的强弱。很明显：

推论 3.3 设 $\mathcal{P}$ 是任一合式断言形式，一定有 $\mathcal{P} \preceq \mathsf{true}$ 以及 $\mathsf{false} \preceq \mathcal{P}$。这里的 true 代表任何恒真的断言表达式，而 false 代表任何的矛盾式。

由此得到的推论就是：false 是最强的断言，而 true 是最弱的断言。

简单断言之间也可能有逻辑蕴涵关系，这种关系由具体断言的内涵（语义）确定，依赖具体的应用领域。下面考虑复合命题的逻辑蕴涵问题，也就是说，考虑连接词与逻辑蕴涵的关系。

逻辑蕴涵的最基本性质是它与合取和析取的关系：

命题 3.10 设 $\mathcal{P}, \mathcal{Q}$ 是合式断言形式，则有

(1) $\mathcal{P} \wedge \mathcal{Q} \preceq \mathcal{P}$；

(2) $\mathcal{P} \preceq \mathcal{P} \vee \mathcal{Q}$；

(3) $\mathcal{P} \wedge \neg \mathcal{P} \cong \mathsf{false}$，$\mathcal{P} \vee \neg \mathcal{P} \cong \mathsf{true}$。

由于 $\wedge$ 和 $\vee$ 的对称性，自然有 $\mathcal{P} \wedge \mathcal{Q} \preceq \mathcal{Q}$ 和 $\mathcal{Q} \preceq \mathcal{P} \vee \mathcal{Q}$。由传递性可得 $\mathcal{P} \wedge \mathcal{Q} \preceq \mathcal{P} \vee \mathcal{Q}$。

上述性质说明了加强或减弱断言的一些基本方法：加强断言的一种基本方法是增加条件，而减弱断言的一种基本方法是增加其他选项。前者是增加合取项，而后者是增加析取项。与之对应，也可以通过减少条件的方式减弱断言，或者通过减少选项的方式加强断言。

进一步说，逻辑蕴涵还有如下的基本性质：

命题 3.11 设 $\mathcal{P}, \mathcal{Q}, \mathcal{R}$ 是合式断言形式，而且 $\mathcal{P} \preceq \mathcal{Q}$，则有

(1) $\mathcal{P} \wedge \mathcal{R} \preceq \mathcal{Q} \wedge \mathcal{R}$；

(2) $\mathcal{P} \vee \mathcal{R} \preceq \mathcal{Q} \vee \mathcal{R}$；

(3) $\neg \mathcal{Q} \preceq \neg \mathcal{P}$。

有一个常见的逻辑错误与上面的性质 (3) 有关。举个例子，张三吃花生过敏，用逻辑来描述就是"张三吃花生"就有"张三过敏"，例如用逻辑式 $P \rightarrow Q$ 表示这种情况。经常有人由此推论说"张三不吃花生"就有"张三不过敏"。其实这是不对的，从逻辑上很容易看清楚。后一个论述用逻辑公式表述是 $\neg P \rightarrow \neg Q$，不难验证（例如用真值表），此公式并不是 $P \rightarrow Q$ 的逻辑蕴涵。根据性质 (3)，从 $P \rightarrow Q$ 能得到的是 $\neg Q \rightarrow \neg P$。也就是说，从"张三吃花生"就有"张三过敏"能得到的结论是"张三没过敏"说明"张三没吃花生"。这是逻辑上的逆反规则。

习题 3.28   请证明下面性质:

(1) 如果 $\mathcal{P} \vee \mathcal{Q} \preceq \mathcal{R}$,那么既不能得到 $\mathcal{P} \preceq \mathcal{R}$,也不能得到 $\mathcal{Q} \preceq \mathcal{R}$。

(2) 如果 $\mathcal{P} \preceq \mathcal{Q} \vee \mathcal{R}$,那么既不能得到 $\mathcal{P} \preceq \mathcal{Q}$,也不能得到 $\mathcal{P} \preceq \mathcal{R}$。

第 3.6.2 节最重要的结果是: 将已有公式中的子公式用与之逻辑等价的公式替换,得到的公式与原公式逻辑等价。这自然带来了一个问题:如果将已有公式中的子公式用其逻辑蕴涵的公式替换,得到的公式是否也被原公式逻辑蕴涵呢?不难得到这一问题的答案。根据定义 2.18,从命题 3.11 和命题 3.6 出发,不难证明下面的命题,见习题 3.21(3)。

命题 3.12 $((\mathcal{F}, \preceq), \neg, \wedge, \vee)$ 是一个 **抽象布尔代数** (abstract Boolean algebra),其中 true 是极大元, false 是极小元, $\mathcal{P} \vee \mathcal{Q}$ 是 $\mathcal{P}$ 和 $\mathcal{Q}$ 的上确界, $\mathcal{P} \wedge \mathcal{Q}$ 是 $\mathcal{P}$ 和 $\mathcal{Q}$ 的下确界。

同样, $(\mathcal{F}, \preceq)$ 的对偶序集合 $(\mathcal{F}, \succeq)$ 与操作 $\neg, \wedge$ 和 $\vee$ 一起也构成一个抽象布尔代数。在这里极小元是最弱的断言,也就是重言式;而极大元是最强的断言,也就是矛盾式。

这个命题和命题 3.11 已经从根本上回答了上面提出的关于蕴涵替换的问题,也就是说合取和析取运算都具有单调性,也就是说,其任一运算对象变强时整个公式也变强。但是另一方面,否定运算具有反单调性,运算对象变强时其否定变弱。

习题 3.29   请证明,蕴涵运算 $\mathcal{P} \to \mathcal{Q}$ 对第一个运算对象 $\mathcal{P}$ 具有反单调性,对第二个运算对象 $\mathcal{Q}$ 具有单调性。

根据命题 3.11 和上面习题,可以得到下面的一般替换定理:

命题 3.13 (逻辑蕴涵替换定理)   设 $\mathcal{P}$ 是一个合式断言形式,且其中不出现运算符 $\leftrightarrow$。存在对 $\mathcal{P}$ 的每个子公式的一套正负标记,使得 $\mathcal{P}$ 对其每个正的子公式具有替换的单调性,而对其每个负子公式具有替换的反单调性。

这个定理说明了如何从已有的具有逻辑蕴涵关系的命题公式构造新的具有逻辑蕴涵关系的公式,也说明了构造增强的或减弱的命题公式的一套基本方法。

上面定理中排除了连接符 $\leftrightarrow$,是因为作为 $\leftrightarrow$ 运算对象的公式无法确定单调/反单调性。这件事很容易理解。 $\mathcal{P} \leftrightarrow \mathcal{Q}$ 逻辑等价于 $(\mathcal{P} \to \mathcal{Q}) \wedge (\mathcal{Q} \to \mathcal{P})$,不难确认,在这个公式里 $\mathcal{P}$ 和 $\mathcal{Q}$ 都分别处于一个单调性的位置和一个反单调性的位置。如果给定的合式断言形式中出现了 $\leftrightarrow$,只需要将其展开,消除 $\leftrightarrow$ 后就可以处理增强或减弱的问题了。

例 3.8   看一个标记正负号的例子,基本方法是从外向里一层层地标记,负负得正。

$$(((\neg p) \vee q) \to (q \wedge r)) \qquad \text{根据} \to \text{的规则}$$
$$((((\neg p) \vee q)_{-} \to (q \wedge r)_{+}) \qquad \text{根据} \wedge \text{和} \vee \text{的规则}$$
$$((((\neg p)_{-} \vee q_{-})_{-} \to (q_{+} \wedge r_{+})_{+}) \qquad \text{根据} \neg \text{的规则}$$
$$((((\neg p_{+})_{-} \vee q_{-})_{-} \to (q_{+} \wedge r_{+})_{+})$$

这里用 $+/-$ 下标作为子公式的标记。为清晰明确,这里保留了所有的括号。

习题 3.30   请给下面断言形式里的子公式加上正负标记:

(1) $(((\neg p) \to (q \wedge \neg r)) \to (\neg (q \to r)))$

(2) $((\neg ((\neg p \to q) \wedge (\neg r))) \wedge (\neg (q \to r)))$

习题 3.31　请写出 5 个比习题 3.30 中断言形式 (1) 弱的不同断言形式，并说明它们为什么弱。

3.7　对偶式和断言范式

第 3.6.2 节的命题 3.8 说明连接词 $\to$ 和 $\leftrightarrow$ 的语义（真值函数）都可以通过连接词 $\neg$、$\wedge$ 和 $\vee$ 定义。因此，从表达能力看，用这五个连接词能构造出来的断言形式表达的逻辑关系，都可以只用三个连接词 $\neg$、$\wedge$ 和 $\vee$ 表达。本节考虑仅使用这三个连接词描述的断言形式，并研究它们的性质，尤其是对偶形式和范式，以及与之相关的逻辑等价性质。

3.7.1　对偶式

从合取和析取连接词以及否定连接词的真值表，我们已经体会到合取和析取连接词的对偶性。德·摩根定律进一步刻画了这两个连接词的对偶特征。在这一小节，我们将给出对偶式的定义，并进一步研究合取和析取连接词的逻辑性质和问题的对偶出现情况。

定义 3.4 (对偶式)　设 $\mathcal{P}$ 为断言形式，

(1) 如果 $\mathcal{P}$ 中连接词只有 $\neg$、$\wedge$ 或 $\vee$，则 $\mathcal{P}$ 称为一个**受限断言形式** (restricted statement form)。

(2) 如果 $\mathcal{P}$ 是一个受限断言形式，设 $\mathcal{P}^*$ 为将 $\mathcal{P}$ 中的合取连接词 $\wedge$ 与析取连接词 $\vee$ 对换，并且将 $\mathcal{P}$ 中的每个断言变量用其否定替换得到的断言形式，我们称 $\mathcal{P}^*$ 为 $\mathcal{P}$ 的**对偶式** (dual statement form)。

命题 3.14 (对偶定理)　$\mathcal{P}$ 和 $(\neg(\mathcal{P}^*))$ 逻辑等价。

证明：我们用结构归纳法证明如下。

(1) 归纳起始：如果 $\mathcal{P}$ 是断言变量 p，则 $\mathcal{P}^* \equiv (\neg p)$。由于 p 和 $(\neg(\neg p))$ 逻辑等价，命题成立。

(2) 归纳假设：假设 $\mathcal{R}$ 和 $(\neg(\mathcal{P}_1^*))$ 逻辑等价，$\mathcal{P}_1$ 和 $(\neg(\mathcal{P}_2^*))$ 逻辑等价。

(3) 归纳证明：现在需要证明

　　① $(\neg \mathcal{P}_1)$ 和 $(\neg(\neg(\mathcal{P}_1^*)))$ 逻辑等价；

　　② $(\mathcal{P}_1 \wedge \mathcal{P}_2)$ 和 $(\neg(\mathcal{P}_1 \wedge \mathcal{P}_2)^*)$ 逻辑等价；

　　③ $(\mathcal{P}_1 \vee \mathcal{P}_2)$ 和 $(\neg(\mathcal{P}_1 \vee \mathcal{P}_2)^*)$ 逻辑等价。

情况 ①: 根据归纳假设 $\mathcal{P}_1$ 和 $(\neg(\mathcal{P}_1^*))$ 逻辑等价, 这样, 根据等价替换定理立刻就能得到 $(\neg\mathcal{P}_1)$ 和 $(\neg(\neg(\mathcal{P}_1^*)))$ 逻辑等价。

情况 ②: 根据归纳假设, $\mathcal{P}_1$ 和 $(\neg(\mathcal{P}_1^*))$, $\mathcal{P}_2$ 和 $(\neg(\mathcal{P}_2^*))$ 逻辑等价。根据等价替换定理可得 $(\mathcal{P}_1 \wedge \mathcal{P}_2)$ 和 $((\neg(\mathcal{P}_1^*)) \wedge (\neg(\mathcal{P}_2^*)))$ 逻辑等价。再根据德·摩根定律, $((\neg(\mathcal{P}_1^*)) \wedge (\neg(\mathcal{P}_2^*)))$ 和 $(\neg(\mathcal{P}_1^* \vee \mathcal{P}_2^*))$ 逻辑等价。根据对偶式的定义 $(\mathcal{P}_1^* \vee \mathcal{P}_2^*) \leftrightarrow (\mathcal{P}_1 \wedge \mathcal{P}_2)^*$。根据逻辑等价的传递性, $(\mathcal{P}_1 \wedge \mathcal{P}_2)$ 和 $(\neg(\mathcal{P}_1 \wedge \mathcal{P}_2)^*)$ 逻辑等价。

情况 ③ 是 ② 的对偶, 所以 ③ 证明和 ② 的证明对称。 □

根据对偶定理, 我们立刻就能得到德·摩根定律在断言变量层次的推广形式。

推论 3.4 (推广的简化德·摩根定律) 设 $p_1, \cdots, p_n$ 为断言变量, 则

(1) $((\neg p_1) \vee (\neg p_2) \vee \cdots \vee (\neg p_n))$ 与 $(\neg(p_1 \wedge p_2 \wedge \cdots \wedge p_n))$ 逻辑等价。

(2) $((\neg p_1) \wedge (\neg p_2) \wedge \cdots \wedge (\neg p_n))$ 与 $(\neg(p_1 \vee p_2 \vee \cdots \vee p_n))$ 逻辑等价。

在数学中, 人们一般不十分认可使用了 "$\cdots$" 的表示方式, 我们因此引进如下数学中常用的而且实际上也紧凑的表示方式

$$① \quad (\bigvee_{n=1}^{n}(\neg p_i)) \quad \text{表示} \quad (\neg p_1 \vee \neg p_2 \vee \cdots \vee \neg p_n)$$

$$② \quad (\neg(\bigwedge_{n=1}^{n} p_i)) \quad \text{表示} \quad (\neg(p_1 \wedge p_2 \wedge \cdots \wedge p_n))$$

$$③ \quad (\bigwedge_{n=1}^{n}(\neg p_i)) \quad \text{表示} \quad (\neg p_1 \wedge \neg p_2 \wedge \cdots \wedge \neg p_n)$$

$$④ \quad (\neg(\bigvee_{n=1}^{n} p_i)) \quad \text{表示} \quad (\neg(p_1 \vee p_2 \vee \cdots \vee p_n))$$

因此, ① 和 ② 逻辑等价, ③ 和 ④ 逻辑等价。对一般情况, 我们有

$$(\bigwedge_{n=1}^{n} \mathcal{P}_i) \quad \text{表示} \quad (\mathcal{P}_1 \wedge \cdots \wedge \mathcal{P}_n)$$

$$(\bigvee_{n=1}^{n} \mathcal{P}_i) \quad \text{表示} \quad (\mathcal{P}_1 \vee \cdots \vee \mathcal{P}_n)$$

利用重言式替换定理, 就能从**推论 3.4** 得到一般形式的德·摩根定律。

推论 3.5 (德·摩根定律) 设 $p_1, \cdots, p_n$ 为断言变量, 则

(1) $(\bigvee_{n=1}^{n}(\neg\mathcal{P}_i))$ 与 $(\neg(\bigwedge_{n=1}^{n}\mathcal{P}_i))$ 逻辑等价。

(2) $(\bigwedge_{n=1}^{n}(\neg\mathcal{P}_i))$ 与 $(\neg(\bigvee_{n=1}^{n}\mathcal{P}_i))$ 逻辑等价。

3.7.2　断言形式的范式

我们已经在第 3.4.1 节证明，任何含有 n 个断言变量的断言形式 $\mathcal{P}$ 都定义了一个 n 元真值函数 $[\![\mathcal{P}]\!]: \mathbb{T}^n \mapsto \mathbb{T}$，并把这个真值函数作为 $\mathcal{P}$ 的语义。注意，一个 n 元真值函数可以扩展为任何多于 n 元的函数 $[\![\mathcal{P}]\!]: \mathbb{T}^m \mapsto \mathbb{T}$, $m \geqslant n$。现在我们要证明，任何真值函数都可用本章介绍的 5 个连接词运算表示。因为 $\to$ 和 $\leftrightarrow$ 可以由 $\neg$、$\wedge$ 和 $\vee$ 这三个连接词定义，这实际上说明，任何真值函数都可以表示为一个受限断言形式，即只用连接词 $\neg$、$\wedge$ 和 $\vee$ 表示。

命题 3.15 (受限断言形式的完全性)　任何一个真值函数都可以用一个受限断言形式定义。

证明:　设 $f(p_1, \cdots, p_n): \mathbb{T}^n \mapsto \mathbb{T}$ 是任意一个真值函数，其取值由 $(p_1, \cdots, p_n)$ 在 $\mathbb{T}^n$ 中的 2^n 组赋值确定。现在考虑这些赋值中使得 f 的值为 tt 的那些赋值构成的集合

$$T_f \stackrel{\text{def}}{=} \{(t_1, \cdots, t_n) \mid (t_1, \cdots, t_n) \in \mathbb{T}^n, f(t_1, \cdots, t_n) = tt\}$$

如果 T_f 是空集，则 f 是矛盾式，可以直接写成 $p \wedge \neg p$。如果 T_f 非空，对任何 $(t_1, \cdots, t_n) \in \mathbb{T}^n$，我们定义 $\mathcal{Q}_{t_1,\cdots,t_n} \stackrel{\text{def}}{=} \bigwedge_{i=1}^{n} \hat{p}_i$，如果 $t_i = tt$ 则 $\hat{p}_i \stackrel{\text{def}}{=} p$，否则 $\hat{p}_i \stackrel{\text{def}}{=} \neg p$ $(i = 1, \cdots, n)$。不难证明

$$f(p_1, \cdots, p_n) = \bigvee_{(t_1,\cdots,t_n) \in \mathbb{T}^n} \mathcal{Q}_{t_1,\cdots,t_n} \tag{3.2}$$

$\square$

参考上面证明中的构造方法，利用对偶思想，定义

$$F_f \stackrel{\text{def}}{=} \{(t_1, \cdots, t_n) \mid (t_1, \cdots, t_n) \in \mathbb{T}^n, f(t_1, \cdots, t_n) = ff\}$$

如果 T_f 是空集，则 f 是重言式，可以写成 $p \vee \neg p$。如果 T_f 非空，对任何 $(t_1, \cdots, t_n) \in \mathbb{T}^n$，定义 $\mathcal{R}_{t_1,\cdots,t_n} \stackrel{\text{def}}{=} \bigvee_{i=1}^{n} \check{p}_i$。其中，如果 $t_i = tt$ 则 $\check{p}_i \stackrel{\text{def}}{=} \neg p$，否则 $\check{p}_i \stackrel{\text{def}}{=} p$。则不难证明

$$f(p_1, \cdots, p_n) = \bigwedge_{(t_1,\cdots,t_n) \in \mathbb{F}^n} \mathcal{R}_{t_1,\cdots,t_n} \tag{3.3}$$

请注意，这两种公式中的 $\neg$ 只直接出现在命题变量前面，人们把这些 p_i 或 $\neg p_j$ 称为**文字** (literal)。断言形式 (3.2) 是一组合取式的析取，除了矛盾式，其他命题形式对应的这种析取式中的每个析取项都包含恰好 n 个文字。类似地，断言形式 (3.3) 是一组析取式的合取，除了重言式，其他命题形式对应的这种合取式中每个合取项都包含恰好 n 个文字。

推论 3.6 (断言形式的范式)　设 $\mathcal{P}$ 为任意的断言形式，则

析取范式 (disjunctive normal form): $\mathcal{P}$ 逻辑等价于一个如下形式的断言形式

$$\bigvee_i \bigwedge_j \tilde{p}_{ij} \tag{3.4}$$

其中 $\tilde{p}_{ij}$ 是文字，i 和 j 的取值范围由实际情况确定。

合取范式 (conjunctive normal form)：$\mathcal{P}$ 逻辑等价于一个如下形式的断言形式

$$\bigwedge_i \bigvee_j \tilde{p}_{ij} \tag{3.5}$$

其中 $\tilde{p}_{ij}$ 是文字，i 和 j 的取值范围由实际情况确定。

习题 3.32 证明推论 3.6。

推论 3.6 说明任何断言形式都有与之逻辑等价的析取范式和合取范式。实际上，我们总能通过一系列等价变换，把任何断言形式转化为一个范式。下面用例子说明转化的方法。

例 3.9 首先考虑把断言形式逐步转化为析取范式，看下面例子。

$$
\begin{aligned}
& ((p \vee q) \leftrightarrow (q \wedge \neg r)) & \\
\cong\ & ((p \vee q) \wedge (q \wedge \neg r)) \vee (\neg(p \vee q) \wedge \neg(q \wedge \neg r)) & \text{根据命题 3.8 转化 } \leftrightarrow \\
\cong\ & ((p \vee q) \wedge q \wedge \neg r) \vee (\neg(p \vee q) \wedge \neg(q \wedge \neg r)) & \wedge \text{ 的结合律} \\
\cong\ & ((p \vee q) \wedge q \wedge \neg r) \vee (\neg p \wedge \neg q \wedge (\neg q \vee r)) & \text{德·摩根定律} \\
\cong\ & (p \wedge q \wedge \neg r) \vee (q \wedge \neg r) \vee (\neg p \wedge \neg q) \vee (\neg p \wedge \neg q \wedge r) & \text{使用分配律得到析取范式}
\end{aligned}
$$

通过类似的方法可以得到合取范式

$$
\begin{aligned}
& ((p \vee q) \leftrightarrow (q \wedge (\neg r))) & \\
\cong\ & (\neg(p \vee q) \vee (q \wedge \neg r)) \wedge (\neg(q \wedge \neg r) \vee (p \vee q)) & \text{根据命题 3.8 转化 } \leftrightarrow \\
\cong\ & ((\neg p \wedge \neg q) \vee (q \wedge \neg r)) \wedge ((\neg q \vee r) \vee (p \vee q)) & \text{德·摩根定律} \\
\cong\ & ((\neg p \wedge \neg q) \vee q) \wedge (\neg p \wedge \neg q) \vee \neg r) \wedge (\neg q \vee r \vee p \vee q) & \text{分配律} \\
\cong\ & (\neg p \vee q) \wedge (\neg p \vee \neg r) \wedge (\neg q \vee \neg r) & \text{分配律得到合取范式}
\end{aligned}
$$

我们可以总结一下，把一个断言形式转化为一个范式的步骤如下：

(1) 使用等价替换消除连接词 $\rightarrow$ 和 $\leftrightarrow$。

(2) 使用德·摩根定律将否定连接词 $\neg$ 下移，直至所有 $\neg$ 位于断言变量前。

(3) 使用 $\wedge$ 和 $\vee$ 之间的分配率。

这样的转化步骤虽然不唯一，但还是相当机械的，不难想象可以通过计算机算法完成。合取（析取）范式不具有唯一性。例如 $p \wedge q$ 是一个范式，$q \wedge p$ 是与之逻辑等价的另一范式。实际上，这两个公式都既可以看作析取范式（它们只包含一个析取项），也可以看作合取范式（它们的两个合取项各包含一个析取项）。我们再看下面两个析取范式：

(1) $p \vee p \wedge q \cong p \cong p \vee p \wedge \neg q$

(2) $p \wedge q \wedge r \vee p \wedge \neg q \vee p \wedge q \wedge \neg r \cong p \wedge q \vee p \wedge \neg q \cong p \wedge q \vee p \wedge \neg q \vee r \wedge \neg r$

其中 (1) 给出了两个都等价于 p 的析取范式；(2) 左右两边都是逻辑等价于 $p \wedge q \vee p \wedge \neg q$ 的命题形式，左边等价的析取范式中两个包含 $p \wedge q$ 析取项分别增加了合取项 r 和 $\neg r$，右边的等价析取范式多了一个永假的析取项。

可见，一个断言（形式）可能转化为形式不同的析取（或合取）范式。另一方面，前面断言形式 (3.2) 和 (3.3) 的构造展示了一种构造方法，说明对包含 n 个断言变量的公式，如果它不是矛盾式，就可以构造出一类合取（或析取）范式，其中的合取项（析取项）均包含 n 个文字。对这种形式的范式，除了其中合取项或析取项的顺序可能不同外，其形式具有唯一性。还有一个问题值得提出：如例题 3.9 所示，转化为合取范式或析取范式，可能导致公式长度的爆炸性增长。

习题 3.33   给出断言形式 $(\neg(p \vee r) \leftrightarrow (\neg q \wedge (p \vee r) \to r))$ 的析取范式和合取范式

习题 3.34   给出下列断言形式的析取范式

(1) $(p \leftrightarrow q)$

(2) $(p \to (\neg q \vee r))$

(3) $(\neg q \vee (\neg q \leftrightarrow r))$

(4) $(((p \to q) \to r) \to s)$

习题 3.35   给出下列断言形式的合取范式

(1) $((\neg p \vee q) \to r)$

(2) $(p \leftrightarrow q)$

(3) $(p \wedge q \wedge r) \vee (((\neg p) \wedge \neg q) \wedge r)$

(4) $(((p \to q) \to r) \to s)$

(5) $(((p \to q) \to r) \to s)$

3.7.3   充分连接词集合

我们已经看到，连接词 $\to$ 和 $\leftrightarrow$ 可以由 $\neg$、$\wedge$ 和 $\vee$ 三个连接词定义。所以，从表达能力的角度看，连接词集合 $\{\neg, \wedge, \vee\}$ 已经是一个表达能力足够强的连接词集合，称为**充分连接词集** (adequate set of connectives)。一个自然的问题是，还有哪些连接词集合也是充分的。

定义 3.5 (充分连接词集)   一个连接词集合是**充分的**，当且仅当每一个真值函数都可以用这个连接词集合中的连接词构成的断言形式表示。

命题 3.16 (充分连接词集合) $\{\neg, \to\}$，$\{\neg, \vee\}$ 和 $\{\neg, \wedge\}$ 都是充分连接词集合。

证明： 我们已经知道 $\{\neg, \wedge, \vee\}$ 是充分的，现在只需证明这三个连接词都能够分别用本命题中提出几个集合中的连接词定义。

(1) 要证明 $\{\neg, \to\}$ 充分，只需证明 $\wedge$ 和 $\vee$ 可以用 $\neg$ 和 $\to$ 定义。根据德·摩根律 $\mathcal{P} \wedge \mathcal{Q}$ 与 $\neg(\neg\mathcal{P} \vee \neg\mathcal{Q})$ 逻辑等价。根据命题 3.8，后者和 $\neg(\mathcal{P} \to \neg\mathcal{Q})$ 逻辑等价，因此 $\wedge$ 可以由 $\{\neg, \to\}$ 定义。根据命题 3.8，$\mathcal{P} \vee \mathcal{Q}$ 和 $(\neg\mathcal{P} \to \mathcal{Q})$ 逻辑等价，因此 $\vee$ 可以 $\{\neg, \to\}$ 定义。

(2) 因为已经证明 $\{\neg, \to\}$ 的充分性，根据命题 3.8 知 $\mathcal{P} \to \mathcal{Q}$ 与 $\neg\mathcal{P} \vee \mathcal{Q}$ 逻辑等价。所以 $\{\neg, \vee\}$ 是充分的。

(3) 因为已知 $\{\neg, \vee\}$ 是充分的，而根据德·摩根定律，$(\mathcal{P} \vee \mathcal{Q})$ 与 $\neg(\neg\mathcal{P} \wedge \neg\mathcal{Q})$ 逻辑等价。因此 $\{\neg, \wedge\}$ 是充分的。 □

在有关 $\{\neg, \wedge\}$ 的充分性的证明中，我们也可以先利用命题 3.8 得到 $\mathcal{P} \to \mathcal{Q}$ 与 $\neg\mathcal{P} \vee \mathcal{Q}$ 逻辑等价，再使用德·摩根定律得 $\neg\mathcal{P} \vee \mathcal{Q}$ 与 $\neg(\mathcal{P} \wedge \neg\mathcal{Q})$。

习题 3.36 表 3.9 的两个真值表分别定义了连接词 $\oplus$ 和连接词 $\bullet$，请证明 $\{\oplus\}$ 和 $\{\bullet\}$ 都是充分的（只包含一个连接词的）连接词集合。

表 3.9 连接词 $\oplus$ 和 $\bullet$ 的真值表

p	q	$(p \oplus q)$	p	q	$(p \bullet q)$
tt	tt	$f\!f$	tt	tt	$f\!f$
tt	$f\!f$	$f\!f$	tt	$f\!f$	tt
$f\!f$	tt	$f\!f$	$f\!f$	tt	tt
$f\!f$	$f\!f$	tt	$f\!f$	$f\!f$	tt

习题 3.37 证明 $\{\to\}$ 和 $\{\leftrightarrow\}$ 都不是充分的。

3.7.4 子句形式

推论 3.6 说明任何一个断言形式都可以转化为与之逻辑等价的合取范式或者析取范式，现在讨论一个与合取范式相关的概念，称为**子句形式** (clause form)。实际上，子句形式就是合取范式的另一种表达形式，但它在计算机领域有一些很重要的应用。

定义 3.6 (子句形式) 一个**子句** (clause) 是一个文字（断言变量或断言变量的否定式）的集合，表示集合中所有文字的析取，一个子句的集合表示这些子句的合取。

很明显，一个子句的集合可以看作是合取范式的一种表示形式。因此有：

命题 3.17 (子句形式) 任何一个断言形式都可以表达为一个与之逻辑等价的子句的集合。

从一般的断言形式到子句形式的转化过程是显而易见了，无需赘述。

实际中人们也常用一集断言来描述事物的性质或出现的情况，例如说："今天是晴天而且没有大风""水库里的水温合适而且水比较干净"，最后的结论可能是"今天适合去水库游泳"。这里的每句话可能用一个逻辑公式表示，多句话是想表示这些逻辑公式都成立，也就是它们的合取。再如在数学中，建立一种数学系统（例如"群"）可能要给出多条公理，表示这种数学系统同时满足这些公理，可以用断言表示。很显然，这里断言或断言形式的集合相当于它们的合取。

用子句形式表达，一个断言或断言形式表示为子句的集合，多个断言或断言形式也表示为子句的集合。因此，采用子句形式，许多问题可以放到一起说。下一章将讨论相关问题。

3.8 推理及推理的有效性

我们严格定义断言，最重要的目的就是为研究推理和推理的有效性。前面说过，形式逻辑的目的之一是希望根据推理的形式而不是推理的内容来判定推理是否有效。考虑下面推理

$$\begin{aligned}&秦始皇是人\\ \therefore\ &秦始皇会死\quad(人都会死)\end{aligned} \tag{3.6}$$

其中括弧的 "人都会死" 是推理中缺省的一个前提。在非形式推理中，我们往往接受这样有共识的缺省前提，这样的推理是非形式的，其合理性依赖具体断言语句表述的意思及其真假值。如果把上面陈述中命题的具体表示和意思抽象掉，变成形式化的推理形式，得到的是

$$\begin{aligned}&\mathcal{P}\\ \therefore\ &\mathcal{Q}\end{aligned} \tag{3.7}$$

这两行 "推理" 显然没有一般的合理性。再看另一个推理的例子

$$\begin{aligned}&下雨了\\ &如果下雨了则地面是湿的\\ \therefore\ &地面是湿的\end{aligned} \tag{3.8}$$

我们同样将这一 "推理" 的具体内容抽象，可以得到如下的推理形式

$$\begin{aligned}&\mathcal{P}\\ &\mathcal{P}\to\mathcal{Q}\\ \therefore\ &\mathcal{Q}\end{aligned} \tag{3.9}$$

这一推理形式就有一般的合理性，与推理的内容和断言 $\mathcal{P}$ 和 $\mathcal{Q}$ 具体表示什么及其是真是假都无关，也没有歧义。如果将与抽象推理 (3.9) 中 $\mathcal{Q}$ 部分对应的推理 (3.8) 中的相应断言都改为 "地面是湿的" 或 "地面有水"，甚至 "地面是干的"，推理 (3.8) 依然是合理的。但如果只将推理 (3.8) 中的结论改为 "地面不平" 则是错误的，因为它与前面两条无关。

有缺省前提的推理不能形式化，因为其有效性依赖于对缺省前提的解释。根据亚里士多德的理论，缺省前提是推理有歧义的根源之一。我们给出推理形式及其有效性的定义。

定义 3.7 (推理形式和有效性)　推理形式和推理形式的有效性分别定义如下：

(1) **推理形式** (reasoning form) 是形式如下的断言形式序列：$\mathcal{P}_1,\cdots,\mathcal{P}_n;\therefore\mathcal{P}$。

(2) 如果存在对断言形式序列 $\mathcal{P}_1,\cdots,\mathcal{P}_n,\mathcal{P}$ 中出现的所有断言变量的赋值，使赋值后 $\mathcal{P}_1,\cdots,\mathcal{P}_n$ 的值都为 tt 而 $\mathcal{P}$ 的值为 ff，则推理形式 $\mathcal{P}_1,\cdots,\mathcal{P}_n;\therefore\mathcal{P}$ 是无效的，否则就是有效的。

一个推理形式是有效的，也称为是 **合理的**。推理形式的有效性由下面的命题完全刻画。

命题 3.18 一个推理形式 $\mathcal{P}_1, \cdots, \mathcal{P}_n; \therefore \mathcal{P}$ 是有效的当且仅当下面的断言形式是重言式

$$(\mathcal{P}_1 \wedge \cdots \wedge \mathcal{P}_n) \to \mathcal{P}$$

即 $(\mathcal{P}_1 \wedge \cdots \wedge \mathcal{P}_n)$ 逻辑蕴涵 $\mathcal{P}$。

此命题的证明由重言式和推理形式的有效性的定义直接得出。反过来讲，根据关于分离规则的命题 3.1，这个命题也可用来做推理有效性的直接定义。据此我们知道推理 (3.8) 是有效的，因为 $((P \wedge (P \to Q)) \to Q))$ 是重言式；而推理 (3.7) 不是有效的。

习题 3.38 对下面的每一个（非形式）推理，写出它的推理形式并确定其是否有效。

(1) 如果函数 f 是不连续的，则函数 g 是不可导的，函数 g 是可导的；因此，函数 f 是连续的。

(2) 如果张三安装了地暖，则或者是他卖了自己的车或者他从银行贷了款，张三没有从银行贷款；因此，张三或者没有卖自己的车或者他没有安装地暖。

(3) 如果 U 是 V 的子空间，则 U 是 V 的子集、U 中有零向量而且 U 是闭的，U 是 V 的子集并且如果 U 中有零向量；因此，如果 U 是闭的，则 U 是 V 的子空间。

习题 3.39 请证明，如果 $\mathcal{P}_1, \mathcal{P}_2, \cdots, \mathcal{P}_n; \therefore \mathcal{P}$ 是有效推理，则 $\mathcal{P}_1, \cdots, \mathcal{P}_{n-1}; \therefore (\mathcal{P}_n \to \mathcal{P})$ 也是有效推理。

习题 3.40 设计一个计算机程序确定一个推理形式是否有效。

第 4 章　形式化命题逻辑

通过第 3 章的学习，我们理解了如何使用断言变量和连词符号构造符号化的断言形式，特别是系统且严谨地定义断言形式的语义，研究断言形式的逻辑蕴涵和逻辑等价关系。特别重要的是，这样的符号化使我们能使用数学方法处理复杂断言形式之间的逻辑关系和语义性质，培养和训练个人构建抽象的能力。

本章将首先定义，在最普遍的意义下，什么是形式推理系统。这种系统刻画了从一般规律和/或事实推导出具体的规律和事实的过程，在传统逻辑学中属于**演绎推理** (deduction)。因此，在这里我们将要学习的是形式演绎推理。实际上，除了演绎推理，在逻辑学中还有**归纳推理** (induction) 和**溯因推理** (abduction) 等，但它们都超出了本书的讨论范围。

本章的核心内容是构建一个具体形式命题逻辑系统：通过一套严格的语法规则，把第 3 章中表示断言形式的语言形式化，将断言形式重新定义为命题公式，定义公理和推理规则，给出第 3 章最后的有效推理形式的形式化表示，称为证明或形式证明。我们将由此学习定义形式逻辑语言语法和建立公理/推理规则的一般方法，深入理解推理系统的构成及相关概念。这里要定义的形式推理系统称为**形式命题逻辑**或**命题演算**。使用术语 "演算" 是想强调这种形式证明的计算特征，即证明过程可以根据明确的规则逐步构造（通过 "机械地" 记口诀或查表），类似基于加法、乘法、除法等运算做算术，或数学中对数、最大公因数和最小公倍数等的演算，以及数学分析中的微积分等。这也是数学分析或微积分的英文为 Calculus 的缘由。

本章第三部分将系统学习如何定义形式语言的解释或形式语义，讨论形式语言的表达能力以及形式推理系统的推理能力或证明能力。在此基础上学习形式推理系统的有效性或称可靠性，以及形式系统的充分性[①]等重要概念。在这一部分，我们将特别关注如何建立起形式化推理系统和具体论域的联系，建立推理形式和推理内容的联系，理解一个形式化系统应该满足的条件，如何形式化地刻画逻辑恒真，以及对推理形式与其内容分而治之并统一使用的真谛。

通过对本章内容的学习，读者可以更深入地理解逻辑系统的语言、证明和解释三位一体的结构，更好地理解形式语言、推理系统与现实世界之间的联系，并能更扎实地体会和理解**模型思维**的思想，锻炼模型思维的能力。

本章将建立和讨论的是命题逻辑的一个希尔伯特公理系统，记为 L。我们将学习和研究 L 的形式语言、公理证明和推演，学习 L 语言的解释或称语义，还要讨论 L 的可靠性和充分性定理，后者也常被称为完全性。

---

① 很多教科书和文献中常称为完备性，后面我们会看到充分性和完备性之间有区别，也有联系。

4.1　形式逻辑系统

一个**形式逻辑系统** (formal logic system) 通常由如下的四个部分组成。

(1)　一个形式语言的语法定义，包括两个部分：

　　①　一个确定的**字母表** (alphabet)，定义形式语言中可以使用的基本符号；

　　②　一组**语法规则** (syntax rule)，规定如何用字母表中的符号构造出称为**合式公式** (well-formed formula) 的字符串，也称为符合本系统的语法规则的**语句** (sentence)。

(2)　一组**演绎规则** (deduction rule)，或称**推理规则** (inference rule)。使用这些规则，可以通过一个特定的合式公式序列 $\mathcal{P}_1, \cdots, \mathcal{P}_n$ **推演** (deduce) 出一个合式公式 $\mathcal{P}$，称为该公式序列的演绎**结论** (consequence)。演绎规则定义这个系统的**证明系统** (proof system)。

(3)　定义合式公式的**解释** (interpretation) 或称**模型** (model)，定义**恒真式** (tautology)、**矛盾式** (contradiction) 以及公式的**可满足性** (satisfiability) 等重要概念。

(4)　证明演绎系统的**有效性** (soundness)（也称**可靠性**）和**充分性** (adequacy) 或**完全性**。可靠性指在系统中能证明都是恒真式，而完全性则指凡恒真式都能在这里证明。

上述 (1) 和 (2) 定义一个形式推理系统，是相应逻辑的形式化。更具体地说讲，(1) 定义了这个系统的形式语言；(2) 建立了这个形式系统的推理（或证明）系统；而 (3) 和 (4) 是用数学方法建立该逻辑系统的**元理论** (meta-theory)。这样四个部分的统一构成了一个**数理逻辑** (mathematical logic) 系统的内涵。推理（或证明）系统中的规则中通常包括一些不需要前提的合式公式，或说是从 0 个合式公式推导出一个合式公式的规则，这种规则也称为**公理** (axiom)。如果形式推理系统里有公理，这个系统也称为**公理证明系统** (axiomatic proof system)。

　　形式逻辑系统也称为**形式推理系统** (formal deduction system)，或者**形式逻辑** (formal logic)[①]或**符号逻辑** (symbolic logic)，本书中常简称其为**形式系统** (formal system)。

　　采用第 2 章介绍的集合论语言，可以给形式系统一个一般的数学结构定义。

定义 4.1 (形式系统)　一个形式系统可以定义为由四个集合组成的结构

$$\mathcal{L} = \langle \Sigma, \text{WFF}, \mathit{Axiom}, \mathit{Rule} \rangle$$

其中

- Σ 是一个非空集合，称为形式系统 $\mathcal{L}$ 的字母表。

- WFF 是字母表 Σ 上有穷符号串（包括空串）集合 Σ^* 的子集，即 WFF $\subseteq \Sigma^*$，称为 $\mathcal{L}$ 的合式公式集合，WFF 的元素称为 $\mathcal{L}$ 的**合式公式**，简称 $\mathcal{L}$ 公式。

---

　①　这一概念与哲学和一般逻辑学中的形式逻辑概念有联系，但不完全相同。

- $Axiom \subseteq \mathrm{WFF}$，是 $\mathcal{L}$ 的**公理**集合，其元素称为 $\mathcal{L}$ 的公理。

- $Rule \subseteq \bigcup\limits_{n=2}^{\infty} \mathbb{P}(\mathrm{WFF}^n)$（$\mathrm{WFF}^n$ 是 WFF 的 n 次笛卡儿积）是 $\mathcal{L}$ 的演绎规则集合，$r \in Rule$
  形式为 $(\mathcal{P}_1, \cdots, \mathcal{P}_n, \mathcal{Q})$，称为 $\mathcal{L}$ 的演绎规则，读作 "$\mathcal{P}_1, \cdots, \mathcal{P}_n$ 推出 $\mathcal{Q}$"，常表示为：

$$\{\mathcal{P}_1, \cdots, \mathcal{P}_n\} \vdash_{\mathcal{L}} \mathcal{Q} \qquad \text{或者} \qquad \frac{\mathcal{P}_1, \cdots, \mathcal{P}_n}{\mathcal{Q}} \tag{r}$$

演绎规则也是一种**重写**规则，上面规则也可以读作 "用规则 r 由 $P_0, \cdots, P_n$ 重写出 Q"，简称 "由 $P_1, \cdots, P_n$ 重写出 Q"。r 是规则的标志或名字。

需要说明如下几点：

(1) 公理集合 WFF 和演绎规则集合 $Rule$ 都可以为空集。

(2) 字母表 Σ 和公式集合 WFF 是 $\mathcal{L}$ 的语言部分，由 Σ 和 WFF 定义的语言也称为 $\mathcal{L}$ 的语言，记为 $\langle \Sigma, \mathrm{WFF} \rangle$；公理集合 $Axiom$ 和演绎规则集合 $Rule$ 是 $\mathcal{L}$ 的推理部分。

(3) 当公理集合 $Axiom$ 和演绎规则集合 $Rule$ 都空时，$\mathcal{L}$ 就是一个**形式语言生成器** (formal language generator)。计算机专业背景的读者可能联想到程序语言的语法定义和语法检查。

(4) 一个公理 $\mathcal{P}$ 也可以写成演绎规则的形式 $\vdash_{\mathcal{L}} \mathcal{P}$（$\vdash_{\mathcal{L}}$ 前面的部分为空），因此公理集合和推理规则集合可以合并，统一为规则集合 $Rule \subseteq \bigcup\limits_{n=1}^{\infty} \mathbb{P}(\mathrm{WFF}^n)$。

　　学习数理逻辑时必须注意不同（层次）的语言的使用。形式系统 $\mathcal{L}$ 的语言 $\langle \Sigma, \mathrm{WFF} \rangle$ 称为 $\mathcal{L}$ 的**对象语言** (object language)。我们研究形式系统 $\mathcal{L}$ 及其语言 $\langle \Sigma, \mathrm{WFF} \rangle$ 使用的语言称为 $\mathcal{L}$ 的**元语言** (meta-language)。用元语言讨论时也会用到对象语言的符号和其他成分，但表达的意义不同。譬如，我们将在下一节讨论的命题逻辑系统 L 的字母表中有命题变元符号 $p_1, p_2, \cdots \in \Sigma$，它们在 L 的对象语言中只是作为符号实体，但在 L 的元语言中则用作符号实体的名字。因此，同一个符号在对象语言和元语言中表示的意义可能不同。有的书籍中采用不同的符号加以区分，本书中不区分，需要读者注意。一个对象语言的元语言中也可能用一些不属于对象语言的符号，譬如 $\mathcal{P}$、$\mathcal{Q}$、WFF、$Axiom$、$\subseteq$ 等，以及 "句子"（虽然不一定形式化），譬如 $Axiom \subseteq \mathrm{WFF}$。本书不准备深入讨论数理逻辑的语言问题，请读者在学习和使用中注意领会。在研究一个形式系统 $\mathcal{L}$ 的解释（语义）、模型、推理的有效性和完全性时，我们需要使用元语言。而这种研究，包括其方法和结构，构成了形式系统 $\mathcal{L}$ 的**元理论** (meta-theory)。

　　定义 4.1 太过松散，也过于一般，在构建具体形式系统时常增加其他限制条件，使其具有需要的性质，支持重要应用，可以进行有意义的研究，如使推理证明机械化等。一般的限制包括：

(1) Σ 是有穷的或可数的。这样 WFF 也是可数的（称为递归可枚举的），而且要求 WFF 有子集 *Atom*，其中元素为**原子公式** (atomic formula)，一般的（复合）公式都可以由有穷条语法规则生成。同样，*Axiom* 和 *Rule* 也将是有穷的或可数的。

(2) *Atom*、WFF、*Axiom* 和 *Rule* 的成员关系都可判定，这种集合称为 "是**递归的** (recursive)"。

本书中的形式系统都满足上述要求。

例 4.1　初等数论可以用形式系统 $\mathcal{L}_N = \langle \Sigma, \text{WFF}, Axiom, Rule \rangle$ 表示，其中

- $\Sigma = \{0, 0', 0'', \cdots, (,)\}$;

- $\text{WFF} = \{(n_1 = n_2) \mid n_1, n_2 \in \Sigma\}$;

- $Axiom = \{(0 = 0)\}$;

- $Rule = \{((n_1 = n_2), (n_1' = n_2')) \mid n_1, n_2 \in \Sigma\}$.

注意，字母表 Σ 可以如下地递归地定义：Σ 是满足下面条件的最小集合

(1) $0 \in \Sigma$;

(2) 如果 $n \in \Sigma$，则 $n' \in \Sigma'$。

对于 $n \in \Sigma$，n' 可以理解为 $n + 1$，称为 n 的**后继** (successor)。公理 $0 = 0$ 表示 "0 等于 0"，规则 $(n_1 = n_2) \underset{\mathcal{L}_N}{\big|} (n_1' = n_2')$ 表示如果自然数 n_1 和 n_2 相等，则它们的后继也相等。

4.2　形式命题逻辑系统 L

作为具体形式系统的实例，本节构造一个具体的形式化命题逻辑系统 L。我们首先定义形式推理系统 L 的语言的语法及其形式证明。

定义 4.2 (形式命题逻辑系统 L)　形式命题逻辑 L 的语言和证明系统定义如下：

- L 的形式语言包括

  (1) 一个可数无穷的字母表，包括符号：$\neg, \rightarrow, (,), p_1, p_2, \cdots$。"$\neg$" 和 "$\rightarrow$" 是**连接词符号**，作为命题公式中的运算符（或称操作符）；括号 "(" 和 ")" 类似算术表达式中表示运算优先级的括号，相当于自然语言的标点符号，也称为 L 的标点符号；$p_1, p_2, \cdots$ 是**命题变量** (proposition variable)。因此 L 的字母表为：

$$\Sigma = \{\neg, \rightarrow, (,), p_1, p_2, \cdots\}$$

  (2) L 的**合式公式** (well-formed formula)，简称 L **公式**，常简记为 WFF，是用字母表中的符号，通过如下规则构造出来的符号串：

① 一个命题变量是一个合式公式；

② 如果 $\mathcal{P}$ 和 $\mathcal{Q}$ 是合式公式，则 $(\neg\mathcal{P})$ 和 $(\mathcal{P}\to\mathcal{Q})$ 是合式公式；

③ 所有的合式公式都是通过有穷次使用上述两条规则构造生成。

L 的合式公式集 WFF 是字母表 Σ 上的有穷符号串集合 Σ^* 中满足条件 ① 和 ② 的最小子集，即满足条件 ① $p_1, p_2, \cdots \in$ WFF；② 如果 $\mathcal{P}, \mathcal{Q} \in$ WFF，则 $(\neg\mathcal{P}), (\mathcal{P}\to\mathcal{Q}) \in$ WFF 的最小集合。

• L 的演绎系统包括

(1) **公理模式** (axiom scheme) (L1)、(L2) 和 (L3)：

(L1) $(\mathcal{P}\to(\mathcal{Q}\to\mathcal{P}))$

(L2) $((\mathcal{P}\to(\mathcal{Q}\to\mathcal{R}))\to((\mathcal{P}\to\mathcal{Q})\to(\mathcal{P}\to\mathcal{R})))$

(L3) $(((\neg\mathcal{P})\to(\neg\mathcal{Q}))\to(\mathcal{Q}\to\mathcal{P}))$

(2) 推理规则 (MP)：$\mathcal{P}$ 和 $(\mathcal{P}\to\mathcal{Q})$ 可以**推出** $\mathcal{Q}$。

这里需要给出下面几点说明：

(1) 命题变量就是第 3 章中的断言变量，但只能用带角标的 p 表示。第 3 章使用的 p、q、r 等都不符合 L 的语法，不能在这个形式逻辑中使用。这说明一个形式系统的语法是严格符号化的，不允许丝毫随意。

(2) L 中只有两个连词符号 "$\neg$" 和 "$\to$"。由于第 3 章最后有关 $\{\neg, \to\}$ 的充分性的证明，这一选择仍然保证了 L 的表达能力。定义形式系统时，在保证表达能力的前提下使用尽量少的符号，主要是为了后面研究该形式系统时的简便性。

(3) 除字母表有不同外，L 公式都是断言形式，而且每个断言形式可以经过断言变量换名改写为 L 公式。因此，L 的语言可以表达第 3 章讨论的所有断言形式。

(4) (L1)、(L2) 和 (L3) 是公理模式，每个对应无穷多条具体公理（实例）。譬如，$(p_1 \to (p_2 \to p_1))$ 和 $((((\neg p_1)\to p_2)\to p_3)\to((((\neg p_3)\to p_4)\to(((\neg p_1)\to p_2)\to p_3)))$ 都是 (L1) 的实例。

在证明中使用公理模式是一种**模式匹配** (pattern match)，也就是说，使用公理的适当实例。上述公理的合理性在直观上并不显而易见，选择形式系统的公理，需要专业逻辑学家的智慧和能力[①]。当然，不难用真值表确认公理 (L1)~(L3) 都是永真的，与公理模式匹配的 wff 都是公理实例，根据命题 3.4（重言式替换定理），这些 wff 都是重言式。

(5) 推理规则 (MP) 对应于第 3.6.2 节的**分离规则** (Modus Ponens)。那里的命题 3.1 说明，如果 $\mathcal{P}$ 和 $(\mathcal{P}\to\mathcal{Q})$ 都是重言式，则 $\mathcal{Q}$ 也是重言式。我们在本章最后可以看到，公理的逻辑永真和 (MP) 的合理性保证了推理系统的逻辑有效性。

---

① 本书作者只是数理逻辑的使用者和教育工作者。

我们可以用中文描述 L 中三条公理模式的直观意思。不难看到，虽然经过仔细思考还能理解和相信它们的永真性，但这样的表述和分析确实过分复杂，而且缺乏系统性：

(1) 第一个公理模式：如果 $\mathcal{P}$，则有如果 $\mathcal{Q}$ 则 $\mathcal{P}$；

(2) 第二个公理模式：如果 $\mathcal{P}$ 则如果 $\mathcal{Q}$ 则 $\mathcal{R}$，则如果 $\mathcal{P}$ 则 $\mathcal{Q}$ 则如果 $\mathcal{P}$ 则 $\mathcal{R}$；

(3) 第三个公理模式：如果没有 $\mathcal{Q}$ 则没有 $\mathcal{P}$，则如果有 $\mathcal{P}$ 则有 $\mathcal{Q}$。

试想，如果这些公理中的 $\mathcal{P}$、$\mathcal{Q}$ 和 $\mathcal{R}$ 再由复杂的 wff 构成，没有符号化和数学手段就更不可能严格清晰地分析它们的真假，更不必说用计算机程序进行自动化分析了。严格地讲，每一个公理模式提供了一个合式公式集，即 WFF 的子集，其中每个 wff 都是一条具体公理：

- $L1 = \{(\mathcal{P} \to (\mathcal{Q} \to \mathcal{P})) \mid \mathcal{P}, \mathcal{Q} \in \text{WFF}\}$

- $L2 = \{((\mathcal{P} \to (\mathcal{Q} \to \mathcal{R})) \to ((\mathcal{P} \to \mathcal{Q}) \to (\mathcal{P} \to \mathcal{R}))) \mid \mathcal{P}, \mathcal{Q}, \mathcal{R} \in \text{WFF}\}$

- $L3 = \{(((\neg \mathcal{P}) \to (\neg \mathcal{Q})) \to (\mathcal{Q} \to \mathcal{P})) \mid \mathcal{P}, \mathcal{Q} \in \text{WFF}\}$

形式系统 L 的公理集 $Axiom = L1 \cup L2 \cup L3$。同样，推理规则模式定义了一个合式公式的三元组的集合

$$MP = \{(\mathcal{P}, (\mathcal{P} \to \mathcal{Q}), \mathcal{Q}), ((\mathcal{P} \to \mathcal{Q}), \mathcal{P}, \mathcal{Q}) \mid \mathcal{P}, \mathcal{Q} \in \text{WFF}\}$$

现在我们将第 3 章中的推理形式定义为形式证明，简称为证明。

定义 4.3 (证明 (proof))　设 $\mathcal{P}_1, \cdots, \mathcal{P}_n$ 是 L 的非空合式公式序列。如果对任意 i：$1 \leqslant i \leqslant n$，$\mathcal{P}_i$ 或是 L 公理的实例，或是从序列中前面两个公式 $\mathcal{P}_j$ 和 $\mathcal{P}_k$ 经过使用推理规则直接得到的结果，该序列就称为 L 中 $\mathcal{P}_n$ 的一个**证明**，而 $\mathcal{P}_n$ 称为 L 的一个**定理** (theorem)。

注意，如果使用规则 (MP) 从 $\mathcal{P}_j$ 和 $\mathcal{P}_k$ 推出了 $\mathcal{P}_i$，那么 $\mathcal{P}_j$ 和 $\mathcal{P}_k$ 中必有一个的形式是 $(\mathcal{Q} \to \mathcal{P}_i)$，另一个就是 $\mathcal{Q}$。根据定义不难看出，证明 $\mathcal{P}_1, \cdots, \mathcal{P}_n$ 的任何非空前缀 $\mathcal{P}_1, \cdots, \mathcal{P}_i$，其中 $0 < i \leqslant n$，也是 $\mathcal{P}_i$ 的一个证明。因此，证明 $\mathcal{P}_1, \cdots, \mathcal{P}_n$ 中的每个公式都是定理。作为特殊情况，每个公理实例本身就是一个长度为 1 的证明，所以公理实例都是定理。

例 4.2　检验如下的公式序列是一个证明

(1)　　$(p_1 \to (p_2 \to p_1))$

(2)　　$((p_1 \to (p_2 \to p_1)) \to ((p_1 \to p_2) \to (p_1 \to p_1)))$

(3)　　$((p_1 \to p_2) \to (p_1 \to p_1))$

不难检查，公式 (1) 是公理 (L1) 的实例，公式 (2) 是公理 (L2) 的实例，公式 (3) 由 (1) 和 (2) 通过应用 (MP) 而得到。注意，证明中使用的是公理模式的实例。为了清晰和便于理解，可以为证明中每一个（或其中一些）推理步骤标注依据。譬如，上面证明可以重新写成：

$$(1) \quad (p_1 \rightarrow (p_2 \rightarrow p_1)) \tag{公理模式 L1}$$

$$(2) \quad ((p_1 \rightarrow (p_2 \rightarrow p_1)) \rightarrow ((p_1 \rightarrow p_2) \rightarrow (p_1 \rightarrow p_1))) \tag{公理模式 L2}$$

$$(3) \quad ((p_1 \rightarrow p_2) \rightarrow (p_1 \rightarrow p_1)) \tag{1, 2, MP}$$

公式 (3) 标注中的 1 和 2 是前面公式的标号，MP 表示使用规则 (MP)。为简单起见（且不失清晰），下面的证明中将省去标注中 "公理模式" 的字样。

从上面例子可以看到，构造形式证明的基础是基于规则的**机械**的模式匹配，无需考虑公式的具体含义，证明过程中也不允许出现缺省的步骤或前提。因此，这种证明是无歧义的。但是，构造形式化的证明通常比构造非形式化的或数学的证明更困难，也缺乏直观和语义方面的支持。当然，给出一个非形式而可信的证明通常也很困难。譬如，除了使用真值表或真值函数计算外，以演绎推理的方式说明或证明 $((p_1 \rightarrow p_2) \rightarrow (p_1 \rightarrow p_1))$ 是恒真也很不容易。

另一方面，检验证明的正确性却非常容易，可以完全机械化。存在自动检查一个公式序列是否为证明的计算机算法，基于这种算法开发的软件称为**证明检查器** (proof checker)。将证明形式化，目的不是使人工证明变得更简单，首先是为了深入研究推理和证明的性质和规律，另一个目的就是希望把证明机械化。理论研究说明，证明的构造，也称为**定理证明** (theorem proving)，不能完全自动化。但另一方面，近年定理自动证明和人机交互式定理证明技术取得了长足进步，人们开发了很多自动的或人机交互的定理证明软件，称为**定理证明器**。

例 4.3　从语义角度看，对任意的合式公式 $\mathcal{P}$，$(\mathcal{P} \rightarrow \mathcal{P})$ 显然是一个定理模式。然而，其形式证明却并非一目了然。我们可以给出如下的证明。

$$(1) \quad ((\mathcal{P} \rightarrow ((\mathcal{P} \rightarrow \mathcal{P}) \rightarrow \mathcal{P})) \rightarrow ((\mathcal{P} \rightarrow (\mathcal{P} \rightarrow \mathcal{P})) \rightarrow (\mathcal{P} \rightarrow \mathcal{P}))) \tag{L2}$$

$$(2) \quad (\mathcal{P} \rightarrow ((\mathcal{P} \rightarrow \mathcal{P}) \rightarrow \mathcal{P})) \tag{L1}$$

$$(3) \quad ((\mathcal{P} \rightarrow (\mathcal{P} \rightarrow \mathcal{P})) \rightarrow (\mathcal{P} \rightarrow \mathcal{P})) \tag{1, 2, MP}$$

$$(4) \quad (\mathcal{P} \rightarrow (\mathcal{P} \rightarrow \mathcal{P})) \tag{L1}$$

$$(5) \quad (\mathcal{P} \rightarrow \mathcal{P}) \tag{3, 4, MP}$$

在本书的后续讨论中，如果不引起混淆，我们将用 "公理" 一词指称公理模式或者公理实例，用 "定理" 一词表示定理模式或者定理实例，如果必要则特别说明。

读者可能问，选择（或设计）公理和推理规则的标准是什么呢？简单讲是合理性，公理和推理规则都应该是 "成立的"。根据定义 3.2 和命题 3.4，我们可以用真值表和重言式替换定理来证明这种合理性，在这里就是应该证明：

(1) L 系统的公理都是重言式。

(2) 推理规则 (MP) 是合理的或说有效的，即如果 $\mathcal{P}$ 和 $\mathcal{P} \rightarrow \mathcal{P}$ 是重言式，则 $\mathcal{Q}$ 是重言式。

这种合理性是 L 有效性的保障，也称为公理和推理规则的有效性（参看第 4.4 节）。

习题 4.1　公式 $\mathcal{P}$ 的**生成序列** (generate sequence) 是一个有穷公式序列 $\mathcal{P}_1, \cdots, \mathcal{P}_n$，其中 $\mathcal{P} = \mathcal{P}_n$ 且对任意的 i，$1 \leqslant i \leqslant n$，下面的条件之一成立：

(1) $\mathcal{P}$ 是一个命题变元;

(2) 存在 $j < i$ 使得 $\mathcal{P}_i = (\neg \mathcal{P}_j)$;

(3) 存在 $j < i$ 和 $k < i$ 使得 $\mathcal{P}_i = (\mathcal{P}_j \to \mathcal{P}_k)$。

证明 $\mathcal{P}$ 是合式公式当且仅当 $\mathcal{P}$ 有一个生成序列。

习题 4.2 使用归纳法证明任何合式公式 $\mathcal{P}$ 必为下列三种形式之一: p_i, $(\neg Q)$ 和 $(Q \to \mathcal{R})$。其中 p_i($i = 1, 2, \cdots$)是命题变元,Q 和 $\mathcal{R}$ 都是合式公式。

习题 4.3 (WFF 的可判定性) 给出一个判定 L 字母表中的有穷字符串(也称为表达式,即集合 Σ^* 的元素)是否为合式公式(即是否是 WFF 的元素)的算法,并论证其正确性。

习题 4.4 对 L 公式 $\mathcal{P}$,按如下方法计数 $\mathcal{P}$ 中出现的括弧,确定括弧是否正确配对:从左至右扫描 $\mathcal{P}$,从 0 开始计数,每当遇到 "(" 时计数加 1,遇到 ")" 时减 1。例如,下面公式中括弧符号的下角标表示遇到它时的计数值:

$$(_1(_2\neg p_1 \to p_2)_1 \to (_2(_3(_4p_3 \to p_1)_3 \to (_4p_1 \to \neg p_5)_3)_2 \to p_4)_1)_0 \tag{4.1}$$

证明如果 $\mathcal{P}$ 为合式公式,则最终计数为 0,而且计数过程中不会出现负值。试问式 (4.1) 是否为合式公式?

习题 4.5 请给出如下合式公式在 L 中的证明:

(1) $((p_1 \to p_2) \to (((\neg p_1) \to (\neg p_2)) \to (p_2 \to p_1)))$;

(2) $((p_1 \to (p_1 \to p_2)) \to (p_1 \to p_2))$;

(3) $(p_1 \to (p_2 \to (p_1 \to p_2)))$。

在完成上述证明后,先不使用真值表,而是根据蕴涵的非形式语义解释为什么它们是成立的,然后再用真值表检验,证明这些合式公式都是重言式。

习题 4.6 设 $\mathcal{P}$ 是 L 公式,$p_{11}, \cdots, p_{1n}$ 是 $\mathcal{P}$ 中的命题变元,$\mathcal{P}_{11}, \cdots, \mathcal{P}_{1n}$ 为 L 公式。设 Q 为将 $\mathcal{P}$ 中的命题变元 $p_{11}, \cdots, p_{1n}$ 的所有出现统一地分别用 $\mathcal{P}_{11}, \cdots, \mathcal{P}_{1n}$ 替换而得到的合式公式。请证明:如果 $\mathcal{P}$ 是 L 的定理,则 Q 亦为 L 的定理。反过来,如果 Q 是 L 的定理,$\mathcal{P}$ 是 L 的定理吗?如果不一定,请举例说明。

习题 4.7 在系统 L 中是否存在不包含 "$\to$" 的定理?为什么?请证明。

习题 4.8 定义命题推理系统 $L' = \langle \Sigma_{L'}, WFF_{L'}, Axiom_{L'}, MP_{L'} \rangle$,其中

- 字母表 $\Sigma_{L'} = \{\neg, \vee, (,), p_1, p_2, \cdots, \}$;

- 合式公式集合 $WFF_{L'}$ 递归定义如下

  - 对 $i = 1, 2, \cdots$,$p_i \in WFF_{L'}$;

  - 如果 $\mathcal{P} \in WFF_{L'}$,则 $(\neg \mathcal{P}) \in WFF_{L'}$;

 – 如果 $\mathcal{P}, \mathcal{Q} \in \mathrm{WFF_{L'}}$，则 $(\mathcal{P} \vee \mathcal{Q}) \in \mathrm{WFF_{L'}}$；

 – 每个 $\mathcal{P} \in \mathrm{WFF_L}$ 可以通过有限次使用上述三条语法规则获得。

为了方便起见，对任意的 $\mathcal{P}, \mathcal{Q} \in \mathrm{WFF_{L'}}$，定义 $\mathcal{P} \to \mathcal{Q}$ 为 $((\neg \mathcal{P}) \vee \mathcal{Q})$ 以及 $(\mathcal{P} \wedge \mathcal{Q})$ 为 $(\neg(\neg \mathcal{P}) \vee (\neg \mathcal{Q}))$。

- 公理集合为 $Axiom = Ax_1 \cup Ax_2 \cup Ax_3$，其中，

  – $Ax_1 = \{((\mathcal{P} \vee \mathcal{P}) \to \mathcal{P}) \mid \mathcal{P} \in \mathrm{WFF_{L'}}\}$；

  – $Ax_2 = \{(\mathcal{P} \to (\mathcal{Q} \vee \mathcal{P})) \mid \mathcal{P}, \mathcal{Q} \in \mathrm{WFF_{L'}}\}$；

  – $Ax_3 = \{((\mathcal{P} \to \mathcal{Q}) \to ((\mathcal{R} \vee \mathcal{P}) \to (\mathcal{Q} \vee \mathcal{R}))) \mid \mathcal{P}, \mathcal{Q}, \mathcal{R} \in \mathrm{WFF_{L'}}\}$；

- 推理规则和 L 一样，是 $MP = \{(\mathcal{P}, (\mathcal{P} \to \mathcal{Q}), \mathcal{Q}), ((\mathcal{P} \to \mathcal{Q}), \mathcal{P}, \mathcal{Q}) \mid \mathcal{P}, \mathcal{Q} \in \mathrm{WFF_{L'}}\}$。

(1) 试问形式系统 L′ 中是否存在不包含 $\vee$ 的定理？为什么？

(2) 试问形式系统 L′ 中是否存在不包含 $\neg$ 的定理？为什么？

(3) 根据 $\to$ 和 $\vee$ 的相互定义关系，即 $(\mathcal{P} \to \mathcal{Q})$ 在 L′ 中定义为 $((\neg \mathcal{P}) \vee \mathcal{Q})$，而 $(\mathcal{P} \vee \mathcal{Q})$ 在 L 定义为 $((\neg \mathcal{P}) \to \mathcal{Q})$，证明对 L′ 和 L 的任意的 $\mathcal{P}$，$\mathcal{P}$ 是 L′ 的定理当且仅当 $\mathcal{P}$ 是 L 的定理。换言之，形式系统 L′ 和 L 等价。

4.3 L 中的演绎推理

上一节讨论的定理证明没有任何假设，直接从公理出发，称为**定理的公理证明** (axiomatic theorem proof)。可以想象，这种证明的头两个公式一定是公理。本节讨论演绎推理，一方面是因为直接做定理的公理证明常常比较困难；另一方面，在数学和其他科学工程领域经常需要做有假设的推理，也就是说，需要在一些假设的条件下推出新结论。本节将形式化地定义从已有假设出发，或从已证定理继续工作，证明新定理的推理过程，这就是在 L 中的演绎推理，简称推演。我们还将建立演绎推理和定理的公理证明之间的关系。这些研究将使我们可以利用演绎推理进行公理化的定理证明，并能给出反证法的形式逻辑刻画，这些都是构造定理证明的有效手段，能大大降低定理证明的难度。这些讨论本身也反映了推理证明的实质。

定义 4.4 (演绎推理)　设 Γ 为一个 L 公式集合，称合式公式序列 $\mathcal{P}_1, \cdots, \mathcal{P}_n$ 是 L 的一个基于 Γ 的（从 Γ 出发的）**演绎推理** (deduction)，如果对任意的 $i : 1 \leqslant i \leqslant n$：

(1) $\mathcal{P}_i$ 是 L 的公理，或者

(2) $\mathcal{P}_i \in \Gamma$，或者

(3) $\mathcal{P}_i$ 是通过对该合式公式序列中排在 $\mathcal{P}_i$ 前面的两个合式公式使用 (MP) 规则而得到。

如果合式公式序列 $\mathcal{P}_1, \cdots, \mathcal{P}_n$ 是基于 Γ 的一个演绎推理，则称 Γ 中的合式公式为这一演绎推理的**假设命题** (assumptions) 或**假设**，称 $\mathcal{P}_n$ **可从** Γ **推出** (deducible from Γ)，或者说 $\mathcal{P}_n$ 是 Γ 的（演绎）**结论** (consequence)，或称**推论**，记为 $\Gamma \vdash_{\mathrm{L}} \mathcal{P}_n$。在不引起混淆时也常简记为 $\Gamma \vdash \mathcal{P}_n$。

从上述定义中不难看到：

(1) Γ 为空集时的演绎推理就是证明。我们将 $\varnothing \vdash \mathcal{P}_n$ 简记为 $\vdash \mathcal{P}_n$。

(2) 如果 $\Gamma \vdash \mathcal{P}_n$，则对任何合式公式集合 Γ' 都有 $\Gamma \cup \Gamma' \vdash \mathcal{P}_n$，也就是说，增加假设条件（命题）能推出的结论只可能更多，不可能更少。

例 4.4　证明 $\{\mathcal{P}, (\mathcal{Q} \to (\mathcal{P} \to \mathcal{R}))\} \vdash_{\mathrm{L}} (\mathcal{Q} \to \mathcal{R})$。

我们可以构造出如下的演绎推理：

(1)	$(\mathcal{Q} \to (\mathcal{P} \to \mathcal{R}))$	(在 Γ)
(2)	$((\mathcal{Q} \to (\mathcal{P} \to \mathcal{R})) \to ((\mathcal{Q} \to \mathcal{P}) \to (\mathcal{Q} \to \mathcal{R})))$	(公理 L2)
(3)	$((\mathcal{Q} \to \mathcal{P}) \to (\mathcal{Q} \to \mathcal{R}))$	(1,2,MP)
(4)	$(\mathcal{P} \to (\mathcal{Q} \to \mathcal{P}))$	(公理 L1)
(5)	$\mathcal{P}$	(在 Γ)
(6)	$(\mathcal{Q} \to \mathcal{P})$	(4,5,MP)
(7)	$(\mathcal{Q} \to \mathcal{R})$	(3,6,MP)

一个定理的证明，一个合式公式集合的某个推论的演绎推理未必唯一。譬如，本例还有如下推理：

(1)	$(\mathcal{P} \to (\mathcal{Q} \to \mathcal{P}))$	(公理模式 L1)
(2)	$\mathcal{P}$	(在 Γ 中)
(3)	$(\mathcal{Q} \to \mathcal{P})$	(1,2 MP)
(4)	$((\mathcal{Q} \to (\mathcal{P} \to \mathcal{R})) \to ((\mathcal{Q} \to \mathcal{P}) \to (\mathcal{Q} \to \mathcal{R})))$	(公理模式 L2)
(5)	$(\mathcal{Q} \to (\mathcal{P} \to \mathcal{R}))$	(在 Γ 中)
(6)	$((\mathcal{Q} \to \mathcal{P}) \to (\mathcal{Q} \to \mathcal{R}))$	(4,5, MP)
(7)	$(\mathcal{Q} \to \mathcal{R})$	(4,6, MP)

4.3.1　演绎定理

下面命题是描述演绎推理和定理证明的关系的关键性定理，它说明演绎推理的假设条件可以移至推理的结论作为蕴涵的前件，原来的推理结论作为蕴涵的后件。反之亦然，也就是说，可以将推理结论中蕴涵式的蕴涵前件移至推理的假设条件命题集中。

命题 4.1 (演绎定理)　$\Gamma \cup \{\mathcal{P}\} \vdash \mathcal{Q}$ 当且仅当 $\Gamma \vdash (\mathcal{P} \to \mathcal{Q})$。

证明：首先证明如果 $\Gamma \cup \{\mathcal{P}\} \vdash \mathcal{Q}$，则 $\Gamma \vdash (\mathcal{P} \to \mathcal{Q})$。我们对得到 $\Gamma \cup \{\mathcal{P}\} \vdash \mathcal{Q}$ 的推理的公式序列的长度 n 做归纳。

- **归纳起始**：如果推理中公式序列只有一个合式公式，它一定是 $\mathcal{Q}$，需要证明如下三种情形

情形 1: $\mathcal{Q}$ 是 L 的公理; 或者

情形 2: $\mathcal{Q}$ 是 Γ 的成员; 或者

情形 3: $\mathcal{Q}$ 就是 $\mathcal{P}$。

- 证明**情形 1**

(1)	$\mathcal{Q}$	(L 公理)
(2)	$(\mathcal{Q} \to (\mathcal{P} \to \mathcal{Q}))$	(L2)
(3)	$(\mathcal{P} \to \mathcal{Q})$	(1,2, MP)

由于有了 $\vdash (\mathcal{P} \to \mathcal{Q})$, 自然就有 $\Gamma \vdash (\mathcal{P} \to \mathcal{Q})$。

- 证明**情形 2**

(1)	$\mathcal{Q}$	($\mathcal{Q} \in \Gamma$)
(2)	$(\mathcal{Q} \to (\mathcal{P} \to \mathcal{Q}))$	(L2)
(3)	$(\mathcal{P} \to \mathcal{Q})$	(1,2, MP)

同理也有 $\Gamma \vdash (\mathcal{P} \to \mathcal{Q})$。

- 证明**情形 3**（其中 $\mathcal{Q}$ 是 $\mathcal{P}$）例 4.3 给出了 $\vdash (\mathcal{P} \to \mathcal{P})$ 的演绎推理（定理证明）。

- **归纳假设**: 命题对证明序列包含 $n > 0$ 个或少于 n 个合式公式的情况都成立。

- **归纳证明**: 证明序列包含 $n+1$ 个合式公式时命题也成立。存在如下四种情况:

情形 1: $\mathcal{Q}$ 是公理, 证明如同归纳起始步骤的**情形 1**。

情形 2: $\mathcal{Q}$ 是 Γ 中的合式公式, 证明如同归纳起始步骤的**情形 2**。

情形 3: $\mathcal{Q}$ 是 $\mathcal{P}$, 证明如同归纳起始步骤的**情形 3**。

情形 4: $\mathcal{Q}$ 由序列前面的两个公式推导出来。

现在证明**情形 4** 时命题成立。首先假设已有 $\Gamma \cup \{\mathcal{P}\} \vdash \mathcal{R}$ 和 $\Gamma \cup \{\mathcal{P}\} \vdash (\mathcal{R} \to \mathcal{Q})$, 而且它们的演绎推理中合式公式个数都不超过 n。根据归纳假设有

$$\Gamma \vdash (\mathcal{P} \to \mathcal{R}) \quad \text{和} \quad \Gamma \vdash (\mathcal{P} \to (\mathcal{R} \to \mathcal{Q})) \tag{4.2}$$

现在需要证明

$$\Gamma \vdash (\mathcal{P} \to \mathcal{Q}) \tag{4.3}$$

扩展已有的归纳假设 (4.2) 的两个演绎推理, 就能得到:

(1)	$\cdots$	
	$\cdots$	
(k)	$(\mathcal{P} \to \mathcal{R})$	(由 Γ 推导出)
	$\cdots$	
(l)	$(\mathcal{P} \to (\mathcal{R} \to \mathcal{Q}))$	(由 Γ 推导出)
(l+1)	$((\mathcal{P} \to (\mathcal{R} \to \mathcal{Q})) \to ((\mathcal{P} \to \mathcal{R}) \to (\mathcal{P} \to \mathcal{Q})))$	(L2)
(l+2)	$((\mathcal{P} \to \mathcal{R}) \to (\mathcal{P} \to \mathcal{Q}))$	(l+1,l+2, MP)
(l+3)	$(\mathcal{P} \to \mathcal{Q})$	(k,l+2, MP)

这就是所要求的结论 (4.3) 的一个演绎推理。命题得证。

现在证明命题的另一个方向，即，如果 $\Gamma \vdash (\mathcal{P} \to \mathcal{Q})$，则 $\Gamma \cup \{\mathcal{P}\} \vdash \mathcal{Q}$。为得到所需的演绎推理，我们扩展 $\Gamma \vdash (\mathcal{P} \to \mathcal{Q})$ 的一个演绎推理，得到 $\Gamma \cup \{\mathcal{P}\} \vdash \mathcal{Q}$ 一个演绎推理如下

(1)	$\cdots$	
	$\cdots$	
(k)	$(\mathcal{P} \to \mathcal{Q})$	(由 Γ 推导出 $\mathcal{P} \to \mathcal{Q}$)
(k+1)	$\mathcal{P}$	($\Gamma \cup \{\mathcal{P}\}$ 的成员)
(k+2)	$\mathcal{Q}$	(k,k+1, MP)

其中从 (1) 到 (k) 步是 $\Gamma \vdash (\mathcal{P} \to \mathcal{Q})$ 的一个演绎推理。   □

演绎推理定理建立起假设推理和基于公理的证明的联系。直观上想，有了更多条件，通常会使推理和证明更轻松简单。在实际证明练习中，读者也将会体会到这一点。譬如，根据演绎推理定理，从例 4.4 可知如下公式模式都是定理模式，它们的实例都是定理：

$$(\mathcal{P} \to ((\mathcal{Q} \to (\mathcal{P} \to \mathcal{R})) \to (\mathcal{Q} \to \mathcal{R}))), \quad ((\mathcal{Q} \to (\mathcal{P} \to \mathcal{R})) \to (\mathcal{P} \to (\mathcal{Q} \to \mathcal{R})))$$

这两个定理模式都是通过对例 4.4 的结果两次应用演绎推理定理而得到，第一个定理模式是先对假设集合中的 $(\mathcal{Q} \to (\mathcal{P} \to \mathcal{R}))$ 用，然后对假设 $\mathcal{P}$ 使用演绎推理定理；第二个定理模式则是首先对假设 $\mathcal{P}$ 使用演绎推理定理，再对 $(\mathcal{Q} \to (\mathcal{P} \to \mathcal{R}))$ 使用。请读者想想如何直接从公理证明系统的三个公理模式得到上面定理模式的证明，这一工作的难度是相当大的。

在演绎推理定理的基础上，我们还能得到许多其他的证明和推理手段。下面的推论就是著名的**假言三段论** (hypothetical syllogism)，也常称为假设三段论。

推论 4.1 (假言三段论 (HS))   对任意的合式公式 $\mathcal{P}$、$\mathcal{Q}$ 和 $\mathcal{R}$，有

(1) $\{(\mathcal{P} \to \mathcal{Q}), (\mathcal{Q} \to \mathcal{R})\} \vdash (\mathcal{P} \to \mathcal{R})$

(2) $\vdash ((\mathcal{P} \to \mathcal{Q}) \to ((\mathcal{Q} \to \mathcal{R}) \to (\mathcal{P} \to \mathcal{R})))$

证明: 关于推论的命题 (1) $\{(\mathcal{P} \to \mathcal{Q}), (\mathcal{Q} \to \mathcal{R})\} \vdash (\mathcal{P} \to \mathcal{R})$，我们有如下推理：

(1)	$(\mathcal{P} \to \mathcal{Q})$	(前提命题)
(2)	$(\mathcal{Q} \to \mathcal{R})$	(假设命题)
(3)	$\mathcal{P}$	(假设命题)
(4)	$\mathcal{Q}$	(1, 3, MP)
(5)	$\mathcal{R}$	(2,4, MP)

由上述推理中 (1)、(2)、(3) 和 (5) 知 $\{(\mathcal{P} \to \mathcal{Q}), (\mathcal{Q} \to \mathcal{R}), \mathcal{P}\} \vdash \mathcal{R}$。根据演绎推理定理，$\{(\mathcal{P} \to \mathcal{Q}), (\mathcal{Q} \to \mathcal{R})\} \vdash (\mathcal{P} \to \mathcal{R})$。

推论的命题 (2) 可以从 (1) 出发两次使用演绎推理定理而得到。   □

写演绎推理时，人们常把 "⊢" 左边的公式集简单地写成公式的序列，常用 $\Gamma_1, \Gamma_2 \vdash \cdots$ 表示演绎证明的假设命题为 Γ_1 和 Γ_2 的并集，用 $\Gamma, \mathcal{P} \vdash \cdots$ 表示假设命题包含 Γ 中的所有合式公式和 $\mathcal{P}$。这样，演绎定理的结论就可以简写为 "$\Gamma, \mathcal{P} \vdash \mathcal{Q}$ 当且仅当 $\Gamma \vdash \mathcal{P} \to \mathcal{Q}$"。

例 4.5　作为例子，我们使用演绎推理定理和假设三段论证明：

(1) $\{\mathcal{P}, (\mathcal{P} \to \mathcal{Q})\} \vdash ((\mathcal{Q} \to \mathcal{R}) \to \mathcal{R})$

(2) $\{\mathcal{P}, (\mathcal{P} \to \mathcal{Q})\} \vdash ((\mathcal{P} \to \mathcal{R}) \to \mathcal{R})$

证明：对问题 (1)，将结论的蕴涵前件 $(\mathcal{Q} \to \mathcal{R})$ 移至推理的假设命题集，现在需要证明的是

$$\{\mathcal{P}, (\mathcal{P} \to \mathcal{Q}), (\mathcal{Q} \to \mathcal{R})\} \vdash \mathcal{R} \tag{4.4}$$

而根据假设三段论，我们有

$$\{(\mathcal{P} \to \mathcal{Q}), (\mathcal{Q} \to \mathcal{R})\} \vdash (\mathcal{P} \to \mathcal{R}) \tag{4.5}$$

根据演绎推理定理就能得到 (4.4)。再使用演绎推理定理将假设命题 $(\mathcal{Q} \to \mathcal{R})$ 移回结论，就证明了 (1)。对于 (2) 的证明与 (1) 类似。　　　□

假设三段论说明了蕴涵的传递性。演绎推理定理和假设三段论对构造形式证明很有帮助。综合使用公理证明、演绎推理和假设三段论，可以不断构造和积累证明的定理，这些定理可以作为证明的 "知识库"。重复使用已有定理，并重用证明和推理过程，有助于证明更多更复杂的定理。数学就是这样做的：从数学对象的定义（相当于形式系统的公理）出发证明一些基本定理，再基于已证定理证明更多更复杂的定理和推论。这一思想也是人工智能中知识推理的一个核心思想，也是计算机科学中定理证明器的重要工作方式和手段。程序设计的基本技术也是建立一些常用模块库，如子程序、函数、过程、模块、构建、服务等。设法确立这些模块的正确性，再用它们去构造更复杂的程序，而新程序的正确性分析和验证又可以建立在模块正确性的基础上。

4.3.2　关于否定命题的证明与推演

至此我们还没用过公理模式 (L3)，很显然，该公理应该用于证明涉及否定的定理。逻辑界、计算和算法复杂性领域的专家，大都认为人的大脑理解和处理否定的能力很弱，或者说，求解或证明涉及否定的问题或命题，复杂度通常都很高，这一点在下面定理证明中也有所体现。为方便起见，我们规定 ¬ 的优先级高于 →，这样 $((\neg p) \to (\neg q))$ 就可以简写成 $(\neg p \to \neg q)$。

命题 4.2 (关于否定的定理)　设 $\mathcal{P}$ 和 $\mathcal{Q}$ 为合式公式，有如下定理：

(1) $\vdash (\neg \mathcal{Q} \to (\mathcal{Q} \to \mathcal{P}))$

(2) $\vdash ((\neg \mathcal{P} \to \mathcal{P}) \to \mathcal{P})$

证明: 对否定定理 (1) 的证明如下:

(1)	$(\neg \mathcal{Q} \to (\neg \mathcal{P} \to \neg \mathcal{Q}))$	(公理 L1)
(2)	$((\neg \mathcal{P} \to \neg \mathcal{Q}) \to (\mathcal{Q} \to \mathcal{P}))$	(公理 L3)
(3)	$(\neg \mathcal{Q} \to (\mathcal{Q} \to \mathcal{P}))$	(1, 2, 假言三段论)

我们用演绎推理证明 (2),将结论中的蕴涵前件 $(\neg \mathcal{P} \to \mathcal{P})$ 移作假设后证明 $(\neg \mathcal{P} \to \mathcal{P}) \vdash \mathcal{P}$:

(1)	$(\neg \mathcal{P} \to \mathcal{P})$	(假设命题)
(2)	$(\neg \mathcal{P} \to ((\neg\neg(\neg \mathcal{P} \to \mathcal{P}) \to \neg \mathcal{P})))$	(公理 L1)
(3)	$(\neg\neg(\neg \mathcal{P} \to \mathcal{P}) \to \neg \mathcal{P}) \to (\mathcal{P} \to \neg(\neg \mathcal{P} \to \mathcal{P}))$	(公理 L3)
(4)	$(\neg \mathcal{P} \to (\mathcal{P} \to \neg(\neg \mathcal{P} \to \mathcal{P})))$	(2, 3, 假言三段论)
(5)	$(\neg \mathcal{P} \to (\mathcal{P} \to \neg(\neg \mathcal{P} \to \mathcal{P}))) \to$ $((\neg \mathcal{P} \to \mathcal{P}) \to (\neg \mathcal{P} \to \neg(\neg \mathcal{P} \to \mathcal{P})))$	(公理 L2)
(6)	$(\neg \mathcal{P} \to \mathcal{P}) \to (\neg \mathcal{P} \to \neg(\neg \mathcal{P} \to \mathcal{P}))$	(4, 5, MP)
(7)	$(\neg \mathcal{P} \to \neg(\neg \mathcal{P} \to \mathcal{P}))$	(1, 6, MP)
(8)	$(\neg \mathcal{P} \to \neg(\neg \mathcal{P} \to \mathcal{P})) \to ((\neg \mathcal{P} \to \mathcal{P}) \to \mathcal{P})$	(公理 L3)
(9)	$(\neg \mathcal{P} \to \mathcal{P}) \to \mathcal{P}$	(7, 8, MP)
(10)	$\mathcal{P}$	(1,9, MP)

□

　　根据否定和蕴涵的直观（非形式）语义,否定定理 (1) 说明从两个 "相互矛盾" 的前提可以推出任何结论,这就是 "矛盾" 的逻辑定义。而否定定理 (2) 说明,如果一个命题的否定蕴涵该命题本身,那么这个命题成立。当然,值得指出,这样通过直观语义来讨论推理,不能用于形式化证明,亦不能形成系统的证明方法。基于直观语义的推理不能作为构造严格证明的可靠基础。这里最重要的就是,形式化的公理模式和 MP 规则完全刻画了形式化的语义推理。通过本章后面将要提出和证明的 L 的有效性和充分性定理,这一论断会变得更清楚无疑。

　　如下 10 条规则使我们可以很方便地做复杂命题公式的演绎推理。

命题 4.3 (演绎推理与逻辑连接词)　对任意合式公式集合 Γ 和合式公式 $\mathcal{P}$、$\mathcal{Q}$、$\mathcal{R}$, 定义 $(\mathcal{P} \vee \mathcal{Q})$ 为 $(\neg \mathcal{P} \to \mathcal{Q})$, $(\mathcal{P} \wedge \mathcal{Q})$ 为 $\neg(\neg \mathcal{P} \vee \neg \mathcal{Q})$, $(\mathcal{P} \leftrightarrow \mathcal{Q})$ 为 $\neg((\mathcal{P} \to \mathcal{Q}) \to \neg((\mathcal{Q} \to \mathcal{P})))$, 我们有:

(1) **包含规则**: $\Gamma \cup \{\mathcal{P}\} \vdash \mathcal{P}$。

(2) $\neg$ **消去**: 如果 $\Gamma \cup \{\neg \mathcal{P}\} \vdash \mathcal{Q}$ 且 $\Gamma \cup \{\neg \mathcal{P}\} \vdash \neg \mathcal{Q}$, 则 $\Gamma \vdash \mathcal{Q}$。

(3) $\to$ **消去**: 如果 $\Gamma \vdash \mathcal{P} \to \mathcal{Q}$ 且 $\Gamma \vdash \mathcal{P}$, 则 $\Gamma \vdash \mathcal{Q}$。

(4) $\to$ **引入**: 如果 $\Gamma \cup \{\mathcal{P}\} \vdash \mathcal{Q}$, 则 $\Gamma \vdash \mathcal{P} \to \mathcal{Q}$。

(5) $\vee$ **消去**: 如果 $\Gamma \cup \{\mathcal{P}\} \vdash \mathcal{R}$ 且 $\Gamma \cup \{\mathcal{Q}\} \vdash \mathcal{R}$, 则 $\Gamma \cup \{\mathcal{P} \vee \mathcal{Q}\} \vdash \mathcal{R}$。

(6) $\vee$ **引入**: 如果 $\Gamma \vdash \mathcal{P}$ 则 $\Gamma \vdash \mathcal{P} \vee \mathcal{Q}$ 且 $\Gamma \vdash \mathcal{Q} \vee \mathcal{P}$。

(7) ∧ **消去**：如果 $\Gamma \vdash \mathcal{P} \wedge \mathcal{Q}$ 则 $\Gamma \vdash \mathcal{P}$ 且 $\Gamma \vdash \mathcal{Q}$。

(8) ∧ **引入**：如果 $\Gamma \vdash \mathcal{P}$ 且 $\Gamma \vdash \mathcal{Q}$，则 $\Gamma \vdash \mathcal{P} \wedge \mathcal{Q}$。

(9) ↔ **消去**：如果 $\Gamma \vdash \mathcal{P} \leftrightarrow \mathcal{Q}$ 且 $\Gamma \vdash \mathcal{P}$，则 $\Gamma \vdash \mathcal{Q}$；如果 $\Gamma \vdash \mathcal{P} \leftrightarrow \mathcal{Q}$ 且 $\Gamma \vdash \mathcal{Q}$，则 $\Gamma \vdash \mathcal{P}$。

(10) ↔ **引入**：如果 $\Gamma \cup \{\mathcal{P}\} \vdash \mathcal{Q}$ 且 $\Gamma \cup \{\mathcal{Q}\} \vdash \mathcal{P}$，则 $\Gamma \vdash \mathcal{P} \leftrightarrow \mathcal{Q}$。

其中规则 (3) 和 (4) 就是演绎定理，其余规则也不难证明。实际上，L 语言及其合式公式集合，加上这 10 条推理规则也构成一个形式化命题逻辑系统，称为 "自然推理系统"。该系统与命题逻辑的公理系统 L"等价"，也就是说，它们有相同的定理集合和逻辑推理能力。

习题 4.9   为了体会演绎推理的作用，请用命题 4.1 及其推论证明习题 4.5 中的定理。

习题 4.10   这里的一组习题主要是为了帮助读者理解演绎推理并学习其应用。

(1) 给出能得到如下结论的推演过程，并给出各推理结论的非形式的语义解释：

① $\{\neg \mathcal{P}\} \vdash_{\mathsf{L}} (\mathcal{P} \to \mathcal{Q})$

② $\{\neg \neg \mathcal{P}\} \vdash_{\mathsf{L}} \mathcal{P}$

③ $\{(\mathcal{P} \to \mathcal{Q}), (\neg(\mathcal{Q} \to \mathcal{R}) \to \neg \mathcal{P})\} \vdash_{\mathsf{L}} (\mathcal{P} \to \mathcal{R})$

④ $\{(\mathcal{P} \to (\mathcal{Q} \to \mathcal{R}))\} \vdash_{\mathsf{L}} (\mathcal{Q} \to (\mathcal{P} \to \mathcal{R}))$

(2) 使用演绎推理证明如下的定理，并给出非形式的语义解释。

① $\vdash_{\mathsf{L}} (\mathcal{P} \to \neg \neg \mathcal{P})$

② $\vdash_{\mathsf{L}} ((\mathcal{Q} \to \mathcal{P}) \to (\neg \mathcal{P} \to \neg \mathcal{Q}))$，请讨论本定理与 (L3) 的关系

③ $\vdash_{\mathsf{L}} (((\mathcal{P} \to \mathcal{Q}) \to \mathcal{P}) \to \mathcal{P})$

④ $\vdash_{\mathsf{L}} ((\neg(\mathcal{P} \to \mathcal{Q})) \to (\mathcal{Q} \to \mathcal{P}))$

(3) 证明 $\{\mathcal{Q}, (\mathcal{P} \to (\mathcal{Q} \to \mathcal{R}))\} \vdash_{\mathsf{L}} (\mathcal{P} \to \mathcal{R})$，并讨论它与假言三段论的关系。

习题 4.11   证明命题 4.3 中 (2)、(3)、(5)、(6)、(9) 和 (10)。

习题 4.12   对合式公式 $\mathcal{P}$ 和 $\mathcal{Q}$，定义 $(\mathcal{P} \vee \mathcal{Q})$ 为 $(\neg \mathcal{P} \to \mathcal{Q})$，请证明如下的派生规则：

(1) 若 $\Gamma_1 \vdash (\mathcal{P} \to \mathcal{Q})$，$\Gamma_2 \vdash (\mathcal{R} \vee \mathcal{P})$，$\Gamma_1 \subseteq \Gamma$ 且 $\Gamma_2 \subseteq \Gamma$，则 $\Gamma \vdash (\mathcal{R} \vee \mathcal{Q})$。

(2) 若 $\Gamma_1 \vdash (\mathcal{P} \to \mathcal{R})$，$\Gamma_2 \vdash (\mathcal{Q} \to \mathcal{R})$，$\Gamma_1 \subseteq \Gamma$ 且 $\Gamma_2 \subseteq \Gamma$，则 $\Gamma \vdash ((\mathcal{P} \vee \mathcal{Q}) \to \mathcal{R})$。

(3) 若 $\Gamma_1 \vdash (\mathcal{P} \to \mathcal{R})$，$\Gamma_2 \vdash ((\neg \mathcal{P}) \to \mathcal{R})$，$\Gamma_1 \subseteq \Gamma$ 且 $\Gamma_2 \subseteq \Gamma$，则 $\Gamma \vdash \mathcal{R}$。

(4) 若 $\Gamma_1 \vdash (\mathcal{P} \to \mathcal{Q})$，$\Gamma_2 \vdash (\mathcal{P} \to (\mathcal{Q} \to \mathcal{R}))$，$\Gamma_1 \subseteq \Gamma$ 且 $\Gamma_2 \subseteq \Gamma$，则 $\Gamma \vdash (\mathcal{P} \to \mathcal{R})$。

(5) 若 $\Gamma, \mathcal{P} \vdash \mathcal{Q}$，$\Gamma, \mathcal{P} \vdash (\neg \mathcal{Q})$，则 $\Gamma \vdash (\neg \mathcal{P})$。

4.4　形式系统 L 的有效性

读者可能会想，为命题 4.2 (2) 构造证明常常很困难，也不直观，那么，建立像 L 这样的形式系统的意义何在呢？实际上，建立形式系统的主要目的并不是使人工构造形式证明变得更容易，而是希望构造一个系统，正确反映人们对推理证明及其有效性以及**逻辑真理** (logical truth) 的直觉认识，并有可能对其做进一步的深刻研究，得到更深刻的理解。

在第 3 章里我们提出，重言式表示了逻辑真理。现在我们自然应该希望形式系统 L 的合式公式表示的就是第 3 章中的断言形式，而 L 的定理都是重言式。反过来，我们也希望所有重言式都是 L 中可证的定理。前一特性就是形式系统 L 的**有效性**，也称**可靠性**，后一个是形式系统 L 的**充分性**，表示 L 有充分强的证明能力。建立一个形式系统，通常都期望它具有这两个性质。有关形式系统的这些性质的数学理论通常称为其**元理论**，或称**模型论** (model theory)，或者**语义理论** (semantic theory)。

本章下面部分将研究 L 的元理论。为此，我们首先要说明如何将 L 公式解释或语义定义为一个真值函数，这个定义还应保证任何真值函数都能用 L 公式描述。

定义 4.5 (L 的求值)　L 的一个**求值** (valuation) 是一个从所有 L 公式的集合 WFF 到真值集合 $\mathbb{T}$ 的函数 $v : \text{WFF} \mapsto \{ff, tt\}$，它满足如下的条件：

①　$v(\mathcal{P}) \neq v(\neg \mathcal{P})$　，而且

②　$v(\mathcal{P} \to \mathcal{Q}) = ff$，　当且仅当 $v(\mathcal{P}) = tt$ 且 $v(\mathcal{Q}) = ff$

通过类似第 3 章中断言形式的真值函数的求值方法，不难通过对合式公式的结构归纳证明，命题变量符号 $p_1, p_2, \cdots$ 在真值集 $\mathbb{T}$ 的任一**赋值** (assignment)，都唯一确定了 WFF 的一个求值。进而，对任意 $\mathcal{P} \in \text{WFF}$，对于其中出现的命题变量符号的赋值唯一确定 $\mathcal{P}$ 的真值。因此，后面我们不再区分合式公式的求值和赋值。

定义 4.6 (重言式)　设 $\mathcal{P} \in \text{WFF}$，如果 L 的任何赋值 v 都使得 $v(\mathcal{P}) = tt$，则 $\mathcal{P}$ 称为**重言式** (tautology)。重言式也称为**恒真式**或**永真式**[①]。

命题 4.4 (L 的有效性定理)　L 的定理都是重言式。

证明：设 $\mathcal{P}$ 为 L 的定理，设 $\mathcal{P}_1, \cdots, \mathcal{P}_n$ 为 $\mathcal{P}$ 的一个证明，这里 $\mathcal{P}_n$ 即为 $\mathcal{P}$。对这个证明中合式公式的个数 n 做归纳。

- 归纳起始：$n = 1$ 时 $\mathcal{P}$ 为公理。L 公理模式的所有合式公式实例都是重言式。

- 归纳假设：假设 $n > 1$ 且命题对长度为小于 n 的合式公式的证明皆成立。

- 归纳证明：设 $\mathcal{P}$ 的证明长度为 n，则有如下的两种情况：

(1) $\mathcal{P}$ 是公理（这种情况不必再证）。或者

(2) $\mathcal{P}$ 是由在证明中排在 $\mathcal{P}$ 前面的两个合式公式 $\mathcal{P}_i$ 和 $\mathcal{P}_j$，$i, j < n$ 通过使用 (MP) 规则得到。不失一般性，我们假设 $\mathcal{P}_i$ 和 $\mathcal{P}_j$ 分别为 $\mathcal{Q}$ 和 $\mathcal{Q} \to \mathcal{P}$。

---

① 在后面讨论的谓词逻辑中，重言式与恒真式和永真式却有差别。

根据归纳假设，$\mathcal{Q}$ 和 $\mathcal{Q} \to \mathcal{P}$ 都为重言式，我们断言 $\mathcal{P}$ 一定是重言式。如果 $\mathcal{P}$ 不是重言式，必定存在一个赋值 v 使得 $v(\mathcal{P}) = f\!f$。但由于 $\mathcal{Q}$ 是重言式，所以 $v(\mathcal{Q}) = t\!t$。根据赋值的定义，就有 $v(\mathcal{Q} \to \mathcal{P}) = f\!f$，这与归纳假设中 $\mathcal{Q} \to \mathcal{P}$ 为重言式矛盾。所以 $\mathcal{P}$ 一定是重言式。　　　　　　　　　　　　　　　　　　　　　　　□

有效性定理也称为**可靠性定理**。使用第 3.5 节中真值表和重言式替换定理也可以证明命题 4.4。对上述证明中的归纳起始步骤，也可以用反证法证明公理是重言式时，直接用定义 4.5 中赋值的两个条件证明。由定义 4.5 立即可得如下有效性定理的推论。

推论 4.2 (相容性定理)　对任意合式公式 $\mathcal{P}$，$\mathcal{P}$ 和 $\neg\mathcal{P}$ 不可能都是 L 定理。

这个推论说形式系统 L 是**不矛盾**的或说是**相容的**。但下面习题 4.14说明一个逻辑系统的相容性和有效性是不同的概念，相容的逻辑系统不一定有效。

我们自然希望有效性定理的另一个方向也成立，即任何重言式都是 L 的定理，也就是说所有重言式在 L 中都可证。这一结论说明公理和推理规则有充分的推理能力。为了证明这个充分性定理，还需要引进一些重要概念，而这些概念本身在逻辑学中也有极其重要的意义。

习题 4.13　证明习题 4.8 中定义的形式系统 L′ 是有效的。

习题 4.14　设 L_1 是一个命题逻辑系统，仅含两个连接词 $\neg$ 和 $\wedge$，有如下三条公理模式和一条推理规则模式：

AS1. $\neg(\mathcal{P} \wedge \mathcal{P}) \wedge \mathcal{P}$

AS2. $\neg\mathcal{P} \wedge (\mathcal{Q} \wedge \mathcal{P})$

AS3. $\neg(\neg\mathcal{P} \wedge \mathcal{Q}) \wedge (\neg(\mathcal{R} \wedge \mathcal{P}) \wedge (\mathcal{Q} \wedge \mathcal{R}))$

推理规则 RL：如果 $\mathcal{P}$ 且 $\neg\mathcal{P} \wedge \mathcal{Q}$，则 $\mathcal{Q}$。

证明一个 L_1 公式 $\mathcal{P}$ 是 L_1 的定理当且仅当 $\mathcal{P}$ 是矛盾式，即永假式。

4.5　相容性和 L 的充分性定理

不难理解，一个形式化证明系统能证明的定理由该系统的公理和推理规则决定。我们用 $\mathcal{T}_{\mathsf{L}}$ 表示 L 的所有定理的集合。L 有三条公理和一条推理规则，如果对 L 增加一些公理或改变一些公理，就得到了另一个形式系统 L^{+}，这个新的形式系统能证明的定理的集合 $\mathcal{T}_{\mathsf{L}^{+}}$ 和 $\mathcal{T}_{\mathsf{L}}$ 会有怎样的关系呢？我们尤其关心如何能改变一个证明系统的公理，从而能证明更多的定理。这种改变后的系统称为对原系统的扩展。当然，合理的扩展不能引入矛盾，而对于引入了矛盾的扩展会造成什么实质性问题，我们也应该有逻辑上严谨刻画和理解。

定义 4.7 (形式系统的扩展)　形式系统 L^{+} 是 L 的一个**扩展**，如果它满足下面三个条件：

(1) L^{+} 语言的语法定义和 L 一样，保证 L 和 L^{+} 有相同的 wff 集合；

(2) L^+ 依然有只有推理规则 (MP)，但可以改变 L 的公理集合；

(3) L 的所有定理依然是 L^+ 的定理。

　　形式系统的扩展也称为**扩充**。上面定义说明，L 的扩展可以通过修改它的公理或添加一些公理而得到，但需维持 L 的所有定理，可以有所扩充。我们也可以定义更广义的扩展，例如允许扩展 L 的语法，给字母表添加符号和/或合式公式构造规则，使得扩展以后语言的合式公式集是 L 合式公式集的超集。也可允许改变推理规则，只要保证 L 的定理依然是扩展后系统的定理。当然，如果两个逻辑系统的语言不同，就无法简单讨论两者的关系了，需要做系统的语法转换 (翻译) 并研究翻译后的公理、推理规则和语义和转换前的关系。这些问题在果根 (Joseph Goguen) 和布斯塔尔 (Rod Burstall) 的**机构理论** (Theory of Institutions) 中有系统的研究。

　　如果同一个语言上的两个逻辑系统的定理集合相同，就说这两个逻辑系统**等价** (equivalent)。根据这一定义，设 L 和 L^+ 的语言相同，它们等价当且仅当对任意合式公式 $\mathcal{P}$ 都有

$$\vdash_{L} \mathcal{P} \quad \text{当且仅当} \quad \vdash_{L^+} \mathcal{P}$$

换言之，L 和 L^+ 等价当且仅当 $\mathcal{T}_{L^+} = \mathcal{T}_L$。如果读者查阅参考书和文献，可能会发现希尔伯特公理系统的很多变种，实际上，它们都是相互等价的不同系统定义版本，参见**习题** 4.15。

　　应该特别指出，L 有与其公理集合完全不同的扩展。需要说明的是，我们扩展一个形式化系统，是希望能证明更多定理，但不希望过度扩展，造出了使得矛盾式也成为定理的系统。也就是说，不希望得到能证明谬误为定理的系统。一个能证明矛盾式为定理的系统称为**不相容的系统** (inconsistent system)。现在我们要严格地定义相容的概念。

定义 4.8 (相容的系统)　设 L' 是一个形式系统，如果不存在 L' 公式 $\mathcal{P}$ 使得 $\mathcal{P}$ 和 $\neg\mathcal{P}$ 都是 L' 的定理，那么就称 L' 是**相容的**。

与相容系统对应的是不相容系统，对这种系统，存在合式公式 $\mathcal{P}$ 使得 $\mathcal{P}$ 和 $\neg\mathcal{P}$ 都是其定理。定义 4.8 和推论 4.2 说明 L 是相容的。如果 L 的扩展 L^+ 相容，则称 L^+ 是 L 的一个**相容扩展**。

　　形式系统的**相容性**也称为**一致性**、**和谐性**、**自洽性**、**协调性**或**非矛盾性**。列出这些同义术语，一方面是不同教科书和文献中可能采用不同术语，另一方面，在哲学层面，在客观世界和现实生活中，无论是自然的还是人造的系统，或者与之相关的环境都自成一个逻辑系统。如果一个系统能稳定有效运行，它就应该是不矛盾的、相容，或说是协调。人造系统，譬如计算机硬件系统和软件系统的设计和使用，都要遵循一些必要的规则，人和社会活动也是如此。譬如我们进入一个有很多人的电梯，就是进入了一个系统，为保证电梯的正常工作、乘客和谐共处、都能到达目的地，人们就必须遵从一定的规矩，譬如先下后上，后下的人尽量往里站以方便先下者。否则，就可能发生冲撞或其他矛盾。每一个人自成一个系统也有自己的行为准则，思想、言语和行为一致而不自我矛盾的人总是比较可靠的。那么，不相容的形式化系统的问题有多严重呢？下面的命题说明不相容的形式化系统毫无用处。

再次强调，形式系统的相容性和有效性是不同的概念，前者讲的是逻辑的形式推理系统不会推出两个形式为 $\mathcal{P}$ 和 $\neg\mathcal{P}$ 的定理，而后者则定义在解释、赋值和重言式的语义概念的基础上。根据相容系统的定义 4.8，习题 4.14 中的系统 L_1 是相容的，但显然不是有效的（可靠的）。

命题 4.5 (相容)　L^+ 是 L 的相容扩展当且仅当存在 $\mathcal{P} \in \mathrm{WFF}$ 使得 $\mathcal{P}$ 不是 L^+ 定理。

证明：首先，如果 L^+ 是相容的，则根据相容性的定义，对任意的 $\mathcal{P} \in \mathrm{WFF}$，$\mathcal{P}$ 和 $\neg\mathcal{P}$ 中至少有一个不是 L^+ 的定理。这就证明了命题的一个方面。

反之，假设 L^+ 不相容，我们证明任何合式公式都是 L^+ 的定理：由于 L^+ 不相容，存在 $\mathcal{P} \in \mathrm{WFF}$ 使得 $\vdash_{\mathsf{L}^+} \mathcal{P}$ 且 $\vdash_{\mathsf{L}^+} \neg\mathcal{P}$。设 $\mathcal{Q}$ 是任一 L^+ 合式公式。根据关于否定的命题 4.2 (1) 有 $\vdash_{\mathsf{L}^+} (\mathcal{P} \to (\neg\mathcal{P} \to \mathcal{Q}))$。因为 L^+ 是 L 扩展，我们用 (MP) 规则构造出如下的 L^+ 证明

$$(1) \quad \vdash_{\mathsf{L}^+} \mathcal{P} \qquad\qquad\qquad\qquad\qquad\qquad\qquad\qquad\qquad\qquad\qquad (假设)$$

$$(2) \quad \vdash_{\mathsf{L}^+} \neg\mathcal{P} \qquad\qquad\qquad\qquad\qquad\qquad\qquad\qquad\qquad\qquad\qquad (假设)$$

$$(3) \quad \vdash_{\mathsf{L}^+} (\neg\mathcal{P} \to (\mathcal{P} \to \mathcal{Q})) \qquad\qquad\qquad\qquad\qquad\qquad (命题\ 4.2\ (1))$$

$$(4) \quad \vdash_{\mathsf{L}^+} (\mathcal{P} \to \mathcal{Q}) \qquad\qquad\qquad\qquad\qquad\qquad\qquad\qquad (2, 3, \mathrm{MP})$$

$$(5) \quad \vdash_{\mathsf{L}^+} \mathcal{Q} \qquad\qquad\qquad\qquad\qquad\qquad\qquad\qquad\qquad\qquad (1, 4, \mathrm{MP})$$

由 $\mathcal{Q}$ 的任意性，所有的合式公式都是 L^+ 的定理。证明完成。　　　　　□

推论 4.3 (矛盾规则)　L 的扩展 L^+ 不相容当且仅当对任意 $\mathcal{P} \in \mathrm{WFF}$ 有 $\vdash_{\mathsf{L}^+} \mathcal{P}$ 且 $\vdash_{\mathsf{L}^+} \neg\mathcal{P}$。

这个被称为矛盾规则 (rule of contradiction) 的定理就是反证法的基础。值得指出，命题 4.5 说，只要存在一个不是定理的合式公式，就保证了形式系统的相容性。但最重要的是其逆否：不相容系统使所有合式公式都成为定理。而任何断言都是这个系统的真理，等同于这个系统中无真理可言。这种混乱局面的根源就是认可一个矛盾，就使不相容的逻辑系统一无是处，毫无用处。而且，只要证明有一对矛盾都是定理，就得出任何矛盾都是定理（这就是反证法的逻辑基础）。同时，证明了存在一个合式公式不是逻辑系统的定理，那么对任一合式公式 $\mathcal{P}$，它和它的否定 $\neg\mathcal{P}$ 中必定有一个不是定理。这就是我们建立相容逻辑系统的重要思想，根据这一思想，下面引理给出一个人们经常使用的构造相容扩展的方法，也是证明 L 的充分性定理的关键思想。

命题 4.6 (充分性定理的引理)　设 L^+ 为 L 的一个相容扩展，$\mathcal{P}$ 为一个不是 L^+ 的定理的合式公式。定义 L^{++} 为将 $\neg\mathcal{P}$ 加入 L^+ 的公理集而得到的 L 扩展，则 L^{++} 是相容的。

证明：使用反证法，假设 L^{++} 不相容，则根据矛盾规则（即推论 4.3），对命题中的 $\mathcal{P}$ 和任意的 $\mathcal{Q}$，就有 $\vdash_{\mathsf{L}^{++}} \mathcal{P}$，$\vdash_{\mathsf{L}^{++}} \mathcal{Q}$ 和 $\vdash_{\mathsf{L}^{++}} \neg\mathcal{Q}$。由于 L^{++} 和 L^+ 的区别仅仅在于前者比后者多了一个公理 $\neg\mathcal{P}$，因此我们有如下的推理：

(1) $\vdash_{\mathsf{L}^{++}} \mathcal{P}$ 等价于 $\{\neg\mathcal{P}\} \vdash_{\mathsf{L}^+} \mathcal{P}$。

(2) 根据演绎推理定理有 $\vdash_{\mathsf{L}^+} (\neg\mathcal{P} \to \mathcal{P})$。

(3) 根据关于否定的定理，即**命题 4.2**，有 $\vdash_{\mathsf{L}} ((\neg \mathcal{P} \to \mathcal{P}) \to \mathcal{P})$。

(4) 由 (2)、(3) 和 (MP)，$\vdash_{\mathsf{L}^+} \mathcal{P}$。

这与命题中 $\mathcal{P}$ 不是 L^+ 的定理的条件矛盾，因此 L^{++} 是相容的。 □

根据第 2 章定理 2.25，L 的合式公式集合 WFF 是可数集。我们取 WFF 的一个枚举 $\mathcal{P}_0, \mathcal{P}_1, \cdots$，逐个检查 $\mathcal{P}_i$：如果 $\mathcal{P}_i$ 是定理就跳过它，接着考虑下一个；如果 $\mathcal{P}_i$ 不是定理就将 $\neg \mathcal{P}_i$ 增加为公理，完成系统的一次扩展，并以此做下去。这样扩展的极限会是什么呢？

定义 4.9 (最大相容扩展)　设 L^* 是 L 的相容扩展，如果对任意 $\mathcal{P} \in \text{WFF}$，$\vdash_{\mathsf{L}^*} \mathcal{P}$ 和 $\vdash_{\mathsf{L}^*} \neg \mathcal{P}$ 中总有一个成立，则称 L^* 为 L 的一个**最大相容扩展** (maximal consistent extension)。

根据上述定义，一个最大相容扩展已不可能有进一步的相容扩展了，也就是说，如果给一个最大相容扩展中增加一个 "新" 公理，得到的扩展一定不再相容。从证明能力而言，最大相容扩展就是完备的了，因此最大相容扩展也称为**完备相容扩展** (complete consistent extension)。显然 L 本身是不完备的，这是因为对任何命题变量 p_i，p_i 和其否定都不是 L 定理①。然而，存在 L 的完备相容扩展吗？下面命题给出这个问题的正面回答。

命题 4.7 (完备相容扩展的存在性)　若 L^+ 是 L 的任一相容扩展，则 L^+ 有完备相容扩展。

证明：我们采用命题 4.6 的证明之后的讨论中提出的方法，构造 L^+ 一个完备相容扩展。因为 L 的合式公式集合 WFF 是可数的，设 $\mathcal{P}_0, \mathcal{P}_1, \cdots$ 为 WFF 的一个枚举，我们按照如下的过程构造 L 的一个相容扩展序列 $\mathcal{J}_0, \mathcal{J}_1, \mathcal{J}_2, \cdots$：

(1) 设 $\mathcal{J}_0 = \mathsf{L}^+$。

(2) 如果 $\vdash_{\mathcal{J}_0} \mathcal{P}_0$，则令 $\mathcal{J}_1 = \mathcal{J}_0$；否则，如果 $\nvdash_{\mathcal{J}_0} \mathcal{P}_0$（即，$\mathcal{P}_0$ 不是 $\mathcal{J}_0$ 的定理），则令 $\mathcal{J}_1$ 为给 $\mathcal{J}_0$ 添加一个公理 $\neg \mathcal{P}_0$ 而得到的扩展。

(3) 一般情况下，当 $n > 0$ 时，如果 $\vdash_{\mathcal{J}_{n-1}} \mathcal{P}_{n-1}$ 则令 $\mathcal{J}_n = \mathcal{J}_{n-1}$；否则，如果 $\nvdash_{\mathcal{J}_{n-1}} \mathcal{P}_{n-1}$ 则令 $\mathcal{J}_n$ 为给 $\mathcal{J}_{n-1}$ 添加了一个公理 $\neg \mathcal{P}_{n-1}$ 而得到的扩展。

根据命题 4.6，我们很容易用数学归纳法证明，上述构造过程中得到的所有 $\mathcal{J}_0, \mathcal{J}_1, \mathcal{J}_2, \cdots$ 都是 L 的相容扩展。现在定义 L 的一个扩展 $\mathcal{J}$ 使得 $\mathcal{J}$ 的公理集是所有 $\mathcal{J}_n$（$n = 0, 1, 2, \cdots$）的公理集合的并集。现在我们要证明

(i) $\mathcal{J}$ 是 L 的一个相容扩展；而且

(ii) $\mathcal{J}$ 是 L 的完备相容扩展。

我们用反证法证明 (i)：假设 $\mathcal{J}$ 不相容，那么就有合式公式 $\mathcal{P}$ 使得 $\vdash_{\mathcal{J}} \mathcal{P}$ 且 $\vdash_{\mathcal{J}} \neg \mathcal{P}$。这样，$\mathcal{P}$ 和 $\neg \mathcal{P}$ 在 $\mathcal{J}$ 中都有证明。显然，在这两个证明中只有有穷个合式公式，这有穷个合式公式中也只有有穷个是 $\mathcal{J}$ 的公理，这有穷个公理一定出现在枚举 $\mathcal{P}_0, \mathcal{P}_1, \cdots$ 中。因此一

---

① 这里说明一个形式系统的充分性和完备性都是表示系统的证明能力的概念，但它们是两个不同的概念。

定存在 $n > 0$，使得 $\mathcal{J}$ 的这有穷个公理出现在 $\mathcal{P}_0, \cdots, \mathcal{P}_n$ 中。那么这些 $\mathcal{J}$ 的公理一定都是 $\mathcal{J}_n$ 的公理。这样，我们又得到 $\vdash_{\mathcal{J}_n} \mathcal{P}$ 且 $\vdash_{\mathcal{J}_n} \neg \mathcal{P}$。但很显然，这与 $\mathcal{J}_n$ 相容是矛盾的。因此 $\mathcal{J}$ 是相容的。

现在证明 (ii)。我们设 $\mathcal{P}$ 为 L 的任意合式公式，则 $\mathcal{P}$ 一定出现在枚举 $\mathcal{P}_0, \mathcal{P}_1, \cdots$ 中，即存在 $k \geqslant 0$ 使得 $\mathcal{P}$ 就是 $\mathcal{P}_k$。如果 $\mathcal{P}_k$ 是 $\mathcal{J}_k$ 定理，那么 $\vdash_{\mathcal{J}_k} \mathcal{P}_k$，从而有 $\vdash_{\mathcal{J}} \mathcal{P}$。如果 $\mathcal{P}_k$ 不是 $\mathcal{J}_k$ 定理，则 $\neg \mathcal{P}_k$ 是 $\mathcal{J}_{k+1}$ 的公理，因此也是 $\mathcal{J}$ 的公理，这样就一定有 $\vdash_{\mathcal{J}} \neg \mathcal{P}$。所以，或者 $\vdash_{\mathcal{J}} \mathcal{P}$，或者 $\vdash_{\mathcal{J}} \neg \mathcal{P}$，因此 $\mathcal{J}$ 是 L 的一个完备相容扩展。 □

命题 4.8 (相容系统有模型)　设 L^+ 是 L 的相容扩展，则必定存在一个赋值 v，使得对 L^+ 的任何定理 $\mathcal{P}$ 都有 $v(\mathcal{P}) = tt$。

证明：设 $\mathcal{J}$ 是命题 4.7 的证明中构造的那个 L 的完备相容扩展，定义函数 $v : \mathsf{WFF} \mapsto \mathbb{T}$ 如下：对任意的 $\mathcal{P} \in \mathsf{WFF}$，

$$v(\mathcal{P}) \stackrel{\text{def}}{=} \begin{cases} tt, & \text{如果 } \vdash_{\mathcal{J}} \mathcal{P} \\ ff, & \text{如果 } \vdash_{\mathcal{J}} \neg \mathcal{P} \end{cases}$$

现在，我们需要证明如下两点：

(1) 函数 v 满足定义 4.5 中有关赋值的条件，而且

(2) 对 L^+ 的任何定理 $\mathcal{P}$ 都有 $v(\mathcal{P}) = tt$。

第 (2) 点由 v 的定义直接得到。关于 (1)，我们有

- 由于 $\mathcal{J}$ 的相容性和最大性，对任意的 $\mathcal{P} \in \mathsf{WFF}$，必有 $\vdash_{\mathcal{J}} \mathcal{P}$ 或者 $\vdash_{\mathcal{J}} \neg \mathcal{P}$，而且二者中只有一个成立。因此必有 $v(\mathcal{P}) \neq v(\neg \mathcal{P})$。

- 对任意的 $\mathcal{P}, \mathcal{Q} \in \mathsf{WFF}$，我们需要证明 $v(\mathcal{P} \to \mathcal{Q}) = ff$ 当且仅当 $v(\mathcal{P}) = tt$ 而且 $v(\mathcal{Q}) = ff$。首先，假设有 $v(\mathcal{P}) = tt$ 而且 $v(\mathcal{Q}) = ff$，但却有 $v(\mathcal{P} \to \mathcal{Q}) = tt$，我们将得到

  $$① \vdash_{\mathcal{J}} \mathcal{P}, \quad ② \vdash_{\mathcal{J}} \neg \mathcal{Q}, \quad ③ \vdash_{\mathcal{J}} (\mathcal{P} \to \mathcal{Q})$$

  根据上述 ①、③ 和 (MP)，就会有 $\vdash_{\mathcal{J}} \mathcal{Q}$。这显然和 ② 而且 $\mathcal{J}$ 相容矛盾。所以，如果 $v(\mathcal{P}) = tt$ 且 $v(\mathcal{Q}) = ff$，必定有 $v(\mathcal{P} \to \mathcal{Q}) = ff$。

  反之，如果 $v(\mathcal{P} \to \mathcal{Q}) = ff$，而 $v(\mathcal{P}) = ff$ 或者 $v(\mathcal{Q}) = tt$，也就是说

  $$\vdash_{\mathcal{J}} \neg(\mathcal{P} \to \mathcal{Q}) \quad \text{并且} \quad (\vdash_{\mathcal{J}} \neg \mathcal{P} \quad \text{或者} \quad \vdash_{\mathcal{J}} \mathcal{Q})$$

  分如下两种情况分别证明：

  - 假设 ④ $\vdash_{\mathcal{J}} \neg(\mathcal{P} \to \mathcal{Q})$ 和 ⑤ $\vdash_{\mathcal{J}} \neg \mathcal{P}$，则有 $\mathcal{J}$ 中的如下证明：

$$
\begin{array}{llll}
(1) & \vdash_{\mathcal{J}} \neg(\mathcal{P} \to \mathcal{Q}) & \text{假设 ④} \\
(2) & \vdash_{\mathcal{J}} \neg\mathcal{P} \to (\neg\mathcal{Q} \to \neg\mathcal{P}) & \text{(L1)} \\
(3) & \vdash_{\mathcal{J}} \neg\mathcal{P} & \text{假设 ⑤} \\
(4) & \vdash_{\mathcal{J}} (\neg\mathcal{Q} \to \neg\mathcal{P}) & ((2),(3), \text{MP}) \\
(5) & \vdash_{\mathcal{J}} (\neg\mathcal{Q} \to \neg\mathcal{P}) \to (\mathcal{P} \to \mathcal{Q}) & \text{(L3)} \\
(6) & \vdash_{\mathcal{J}} (\mathcal{P} \to \mathcal{Q}) & ((4),(5), \text{MP})
\end{array}
$$

由 (6) 和假设 ④ 得到 $\mathcal{J}$ 不相容，矛盾。

– 假设 ④ $\vdash_{\mathcal{J}} \neg(\mathcal{P} \to \mathcal{Q})$ 和 ⑥ $\vdash_{\mathcal{J}} \mathcal{Q}$，则有 $\mathcal{J}$ 中的如下证明：

$$
\begin{array}{llll}
(1) & \vdash_{\mathcal{J}} \neg(\mathcal{P} \to \mathcal{Q}) & \text{假设 ④} \\
(2) & \vdash_{\mathcal{J}} \mathcal{Q} \to (\mathcal{P} \to \mathcal{Q}) & \text{(L1)} \\
(3) & \vdash_{\mathcal{J}} \mathcal{Q} & \text{假设 ⑥} \\
(4) & \vdash_{\mathcal{J}} (\mathcal{P} \to \mathcal{Q}) & ((2),(3), \text{MP})
\end{array}
$$

根据 (1) 和 (4) 得到 $\mathcal{J}$ 不相容，矛盾。 □

现在我们可以证明 L 的**充分性定理** (adequacy theorem) 了。

命题 4.9 (L 的充分性定理) 设 $\mathcal{P} \in \text{WFF}$，如果 $\mathcal{P}$ 是重言式，则 $\vdash_{L} \mathcal{P}$。

证明： 使用反证法，设 $\mathcal{P}$ 是重言式但不是 L 的定理。根据命题 4.6（充分性定理的引理），我们将 $\neg\mathcal{P}$ 加入 L 的公理集，得到 L 的一个相容扩展 L^+。根据命题 4.8，存在 L 的赋值 v 使任意 L^+ 定理在此赋值下的值为 tt，因此 $v(\neg\mathcal{P}) = tt$，从而 $v(\mathcal{P}) = ff$，与 $\mathcal{P}$ 为重言式矛盾。因此 $\vdash_{L} \mathcal{P}$。 □

至此我们已经证明，形式系统 L 能证明的定理恰好是逻辑恒真的命题或说断言形式，也就是说，L 以纯语法的方式刻画了逻辑推理。这里研究和证明 L 的有效性和充分性的方法，也就是研究一般形式逻辑系统的元理论的一般方法。在其他教科书和文献中，充分性也经常被称为**完备性**。我们这里称为充分性，主要是为了与哥德尔有关逻辑系统的不完备性定理中的完备性相区分，那里的完备性与前面讲的完备相容扩展的完备性的意思有关。

第 3 章中指出，使用真值表可以有效地判定一个断言形式是否重言式、矛盾式，或者可满足。加上本章关于 L 的有效性和充分性定理，我们就能得到形式系统 L 是**可判定的**。

命题 4.10 (L 的可判定性) 形式命题逻辑系统 L 是可判定的，即存在计算机算法来判定任一 L 合式公式是否定理。

请注意，虽然用真值表可以判定合式公式是否重言式。但在没证明命题 4.9 之前，我们不知道重言式是否必为在 L 中可证的定理。一般情况下，并非所有形式逻辑系统都充分刻画了其相关的逻辑恒真命题，也不是所有的形式逻辑都可判定。很显然，由于命题逻辑的有效性和充分性定理，我们可以利用 L 的形式推理系统来证明 L 公式之间的逻辑蕴涵和逻辑等价关系。另一方面，我们还有如下结论：

命题 4.11   在 L 中 $\Gamma \vdash \mathcal{P}$ 当且仅当 $\bigwedge \Gamma \preceq \mathcal{P}$，也就是说，$\Gamma$ 中命题的合取逻辑蕴涵 $\mathcal{P}$。

对 Γ 中的命题个数做归纳，应用命题 4.3 中的规则 (3) (4) (7) (8)，再加上 L 的有效性和充分性，就能证明这个命题。由此可知，每个演绎推理都表达了一个逻辑蕴涵关系。

习题 4.15   设 L^+ 只是将 L 中的公理模式 (L3) 用下面的公理模式替代而得到的系统

$$(L3') \quad ((\neg \mathcal{P} \to \neg \mathcal{Q}) \to ((\neg \mathcal{P} \to \mathcal{Q}) \to \mathcal{P}))$$

请证明：

(1) $\vdash_L ((\neg \mathcal{P} \to \neg \mathcal{Q}) \to ((\neg \mathcal{P} \to \mathcal{Q}) \to \mathcal{P}))$

(2) $\vdash_{L^+} ((\neg \mathcal{P} \to \neg \mathcal{Q}) \to (\mathcal{Q} \to \mathcal{P}))$

如果证明了上面这两条，也就证明了 L^+ 和 L 等价。

习题 4.16   下面两个习题可以加深读者对完备相容扩展的理解。

(1) 证明 L 的合式公式集合 WFF 是可数集，并设计一个方法生成 WFF 的一个枚举。

(2) 讨论 L 的不同的完备相容扩展是否一定等价。

习题 4.17   设 L′ 是与 L 有相同语言但可能不同的公理集和推理规则的命题推理系统，定义 L′ 为**相容的**当且仅当存在一个合式公式 $\mathcal{P}$ 不是 L′ 的定理；L′ 为**关于否定是相容的** (consistent for negation) 当且仅当不存在 $\mathcal{P}$ 使 $\mathcal{P}$ 和其否定 ($\neg\mathcal{P}$) 都是 L′ 的定理。证明：如果 L′ 满足

(1) 对任意的合式公式 $\mathcal{P}$ 和 $\mathcal{Q}$ 有 $(P \to (\neg\mathcal{P} \to \mathcal{Q}))$ 为 L′ 的定理；

(2) MP 是 L′ 的推理规则；

则 L′ 是相容的当且仅当 L′ 关于否定是相容的。注意，L 满足上述条件 (1) 和 (2)。

习题 4.18   这一组习题都与形式语言的扩展、相容性和形式系统的等价性有关。

(1) 设 $\mathcal{P}$ 为 L 公式，而且 L^+ 是在 L 的公理集中加入 $\mathcal{P}$ 得到的扩展。证明 L^+ 和 L 等价当且仅当 $\mathcal{P}$ 为 L 的定理，而且 L^+ 相容当且仅当 $\mathcal{P}$ 不是矛盾式。

(2) 设 $\mathcal{P}$ 为 $((\neg p_1 \to p_1) \to (p_1 \to \neg p_2))$，$L^+$ 是在 L 的公理集中加入 $\mathcal{P}$ 得到的扩展。证明 L^+ 的定理比 L 多。L^+ 是相容的吗？

(3) 设 L′ 为给 L 引入了如下的公理模式而得到的扩展

$$((\mathcal{P} \to \mathcal{Q}) \to (\mathcal{P} \to \neg\mathcal{Q}))$$

证明 L′ 不相容，并根据命题的非形式意义解释出现矛盾的情形。

(4) 设 $\mathcal{J}$ 为 L 的一个完备相容扩展，证明对任意的合式公式 $\mathcal{P}$，将 $\mathcal{P}$ 添加到 $\mathcal{J}$ 的公理集中得到的 $\mathcal{J}$ 的扩展相容，当且仅当 $\mathcal{P}$ 是 $\mathcal{J}$ 的定理。这说明 $\mathcal{J}$ 不再有真正的相容扩展了。

(5) 设 $\mathcal{P}$ 为 L 公式，而且命题变量 $p_1, \cdots, p_n$ 在 $\mathcal{P}$ 中出现。再设 $\mathcal{P}_1, \cdots, \mathcal{P}_n$ 也是 L 公式。定义 $\mathcal{Q}$ 为对每个 $i : 1 \leqslant i \leqslant n$，将 p_i 的每次出现都用相应的 $\mathcal{P}_i$ 替换而得到的 L 公式，即 $\mathcal{Q}$ 为 $\mathcal{P}[\mathcal{P}_1/p_1, \cdots, \mathcal{P}_n/p_n]$。证明，如果 $\mathcal{P}$ 为 L 的定理，则 $\mathcal{Q}$ 也为 L 的定理。请论证，在 $\mathcal{P}$ 为 L 的定理时，从 $\mathcal{P}$ 的一个证明可以构造出 $\mathcal{Q}$ 的一个证明。

习题 4.19 令 L′ 是通过将命题逻辑系统 L 中的公理模式 (L3) 替换为 (L3′)：$(\neg(\neg\mathcal{P})) \to \mathcal{P}$ 得到的命题逻辑系统。证明 L′ 不是完全的。

习题 4.20 证明习题 4.8 中定义的命题逻辑系统 L′ 是完全的。

习题 4.21 (公理和推理规则的独立性) 设 $\mathcal{S} = \langle \Sigma, \mathrm{WFF}, Axiom, Rule \rangle$ 为一个形式系统。

(1) 称一个公理（实例）$\mathcal{P} \in Axiom$ 相对其他公理**独立** (independent)，是指对于形式系统

$$\mathcal{S}_1 = \langle \Sigma, \mathrm{WFF}, Axiom - \{\mathcal{P}\}, Rule \rangle$$

存在 $\mathcal{S}$ 的定理不是 $\mathcal{S}_1$ 的定理。

(2) 称公理模式 $Ax \subseteq Axiom$ 相对其他公理**独立**，如果对于形式系统

$$\mathcal{S}_2 = \langle \Sigma, \mathrm{WFF}, Axiom - Ax, Rule \rangle$$

存在 $\mathcal{S}$ 的定理不是 $\mathcal{S}_2$ 的定理。

(3) 称一个推理规则（实例）$r \in Rule$ 是**独立的**，是指对于形式系统

$$\mathcal{S}_3 = \langle \Sigma, \mathrm{WFF}, Axiom, Rule - \{r\} \rangle$$

存在 $\mathcal{S}$ 的定理不是 $\mathcal{S}_3$ 的定理。

(4) 称一个推理规则模式 $Ref \subseteq Rule$ 是**独立的**，是指对于形式系统

$$\mathcal{S}_4 = \langle \Sigma, \mathrm{WFF}, Axiom, Rule - Ref \rangle$$

存在 $\mathcal{S}$ 的定理不是 $\mathcal{S}_4$ 的定理。

请证明：

(1) 命题逻辑系统 L 的三条公理模式都是独立的；推理规则模式 MP 也是独立的。

(2) 习题 4.8 中形式系统 L′ 的三条公理模式是独立的；其推理规则模式 MP 也是独立的。

构建一个新的形式逻辑系统，保证其公理和推理规则的有效性、充分性和独立性是困难的。从应用角度讲，保证有效性是必须的，保证充分性是重要的，保证独立性是有意义

习题 4.22　设 $\mathcal{S}$ 是一个命题逻辑系统，它与习题 4.8 中定义的命题逻辑系统 L′ 有相同的语言成分和推理规则模式，但其公理集合为

$$Axiom = \{((\neg(\mathcal{P} \vee \mathcal{Q})) \vee (\mathcal{Q} \vee \mathcal{R})) \mid \mathcal{P}, \mathcal{Q}, \mathcal{R}\ \text{均为合式公式}\}$$

请证明 $\mathcal{S}$ 不是相容的。

习题 4.23　设命题逻辑系统 $\mathcal{S}$ 的字母表为 $\Sigma_\mathcal{S} = \{*, (,), p_1, p_2, \cdots\}$，且 $\mathcal{S}$ 的合式公式、公理和推理规则分别定义如下。

(1) $\mathcal{S}$ 的合式公式集合 $\mathsf{WFF}_\mathcal{S}$ 递归定义如下

　① 每一个命题变元 $p_i \in \Sigma_\mathcal{S}$ 是合式公式，即 $p_i \in \mathsf{WFF}_\mathcal{S}$；

　② 如果 $\mathcal{P}, \mathcal{Q} \in \mathsf{WFF}_\mathcal{S}$，则 $(\mathcal{P} * \mathcal{Q}) \in \mathsf{WFF}_\mathcal{S}$；

　③ 每一个 $\mathcal{P} \in \mathsf{WFF}_\mathcal{S}$ 都可以通有限次使用语法规则 ① 和 ② 获得。

(2) 公理集合 $Axiom_\mathcal{S} = \{(\mathcal{P} * \mathcal{P}) \mid \mathcal{P} \in \mathsf{WFF}_\mathcal{S}\}$。

(3) 推理规则集合 $Rules_\mathcal{S} = \{(\mathcal{P}, (\mathcal{Q} * \mathcal{P}), \mathcal{Q}) \mid \mathcal{P}, \mathcal{Q} \in \mathsf{WFF}_\mathcal{S}\}$

给出一个过程，判定合式公式 $\mathcal{P} \in \mathsf{WFF}_\mathcal{S}$ 是否为 $\mathcal{S}$ 的定理，如是定理则构造出其在 $\mathcal{S}$ 的证明。

习题 4.24　设 $\mathcal{S}$ 是只有一个连接词 $\bullet$ 的命题逻辑系统，其字母表为 $\Sigma_\mathcal{S} = \{\bullet, (,), p_1, p_2, \cdots\}$，其合式公式、公理和推理规则分别定义如下。

(1) $\mathcal{S}$ 的合式公式集合 $\mathsf{WFF}_\mathcal{S}$ 递归定义如下

　① 每个命题变元 $p_i \in \Sigma_\mathcal{S}$ 是合式公式，即 $p_i \in \mathsf{WFF}_\mathcal{S}$；

　② 如果 $\mathcal{P}, \mathcal{Q} \in \mathsf{WFF}_\mathcal{S}$，则 $(\mathcal{P} \bullet \mathcal{Q}) \in \mathsf{WFF}_\mathcal{S}$；

　③ 每一个 $\mathcal{P} \in \mathsf{WFF}_\mathcal{S}$ 都可以通有限次使用语法规则 ① 和 ② 获得。

连接词 $\bullet$ 就是习题 3.36 的表 3.9（右表）定义的连接词。

(2) 公理集合 $Axiom_\mathcal{S} = \{(p \bullet (r \bullet p) \bullet ((s \bullet q) \bullet ((p \bullet s) \bullet ((p \bullet s))))) \mid p, q, r, s \in \{p_1, p_2, \cdots\}\}$。

(3) 推理规则集合 $Rules_\mathcal{S}$ 由如下两条推理模式定义

　① 若 $\mathcal{P}$，则 $\mathcal{P}[Q/p]$，这里 $\mathcal{P}[Q/p]$ 是将 $\mathcal{P}$ 中的命题变元 p 的每个出现都用合式公式 Q 替换，例如 $(p \bullet p)[(p_3 \bullet p_4)/p] = ((p_3 \bullet p_4) \bullet (p_3 \bullet p_4))$。

　② 若 $(\mathcal{P} \bullet (\mathcal{Q} \bullet \mathcal{R}))$ 且 $\mathcal{P}$，则 $\mathcal{R}$。

请证明 $\mathcal{S}$ 是相容的。

第 5 章　朴素谓词逻辑

前面两章讨论的命题逻辑是一种系统化的描述方法，它抽象地描述基本逻辑语句（命题）以及它们之间的逻辑关系，支持最基本的逻辑推理。命题逻辑的基本思想和方法是：

(1) 用抽象符号表示基本命题，引入逻辑词支持从简单命题构造复合命题。允许反复这样做，因此能构造出结构上任意复杂的命题。反过来，这种递归结构也使人可以把复杂的逻辑语句描述为一些基本命题的逻辑组合，复杂逻辑语句的真值由基本命题的真值完全决定。

(2) 提供一组广泛认可的公理和推理规则，支持通过形式证明的方式完成对事实的推理和证明。

(3) 这样构建的逻辑系统是有效的，不矛盾的而且有充分的证明能力。

(4) 这种逻辑论证很容易理解，论证的合法性（正确性）可以严格检验。

然而，命题逻辑也有明显的局限性：它是一种粒度很粗的语言，只提供表示命题的抽象符号和逻辑连接词。最简单命题公式就是命题符号，可用于表示实际领域中的一个断言，但无法将其进一步分解，如分割出主语和谓词等。这样形式的语言的描述能力很弱，很多在现实生活中非常重要而且也很直观的逻辑关系、逻辑语句和逻辑论证过程，都不能用命题演算表达。

例如，人们都会认为下面的逻辑论证非常合理[①]：

$$
\begin{array}{c}
\text{所有的人都会死} \\
\text{秦始皇是人} \\
\hline
\therefore \ \text{秦始皇会死}
\end{array}
\tag{5.1}
$$

这段话是一个论证，它说：虽然秦始皇希望"长生不老"，但即使是皇帝，他也是人（虽然他自己可能不这样认为），也不能突破自然规律，终究会死。根据常识可以断定这个推理是正确的，得到的结论也正确。但是，这种"断定"是基于论证的内容或说语义得到的，而不是像前面说的那样完全基于论证的形式。在命题逻辑里，上面这段推理中涉及的断言只能用三个不同的命题符号表示，例如分别用 A、B 和 C。但如果这样做，写出的"推理"就是下面的样子：

$$
\begin{array}{c}
A \\
B \\
\hline
\therefore \ C
\end{array}
\tag{5.2}
$$

---

① 本例是著名的**苏格拉底三段论**"所有人都会死，苏格拉底是人，因此苏格拉底会死"的改版。

这个 "推理" 在形式上显然不具有逻辑合理性。前面说过，正确推理中的命题符号的指代可以随便换。上面 "推理" 中的命题符号 A、B、C 相互无关，因此可以分别指代为任何具体命题，譬如，下面是一个代换的结果

$$\frac{\text{汉族人身高不超过 3 米}}{\text{珠穆朗玛峰是世界最高峰}} \tag{5.3}$$
$$\therefore \ \text{泰山高 8000 米}$$

这里两个前提都对，但 "推理" 的结论显然不对，整个推理也没有任何合理性。为了描述 (5.1) 背后的直观思维过程，我们希望写出的逻辑推理大致具有如下的形式：

$$\frac{\text{所有 } X \text{ 是 } Y}{D \text{ 是 } X} \tag{5.4}$$
$$\therefore \ D \text{ 是 } Y$$

然而，命题逻辑没有为我们提供可用的描述和论证形式。

上面例子和讨论说明命题逻辑的一些弱点：它无法表述诸如 "所有的……都……" 一类的逻辑语句，这类语句希望描述一类事物或对象具有某些共同**性质** (property)。类似的，我们也无法描述 "存在……使得……" 等形式的逻辑语句，它们也是有关一类事物的语句，但说的是这些事物中有一些具有某种性质。实际上，在命题逻辑里，根本就没有一个事物或一类事物的概念，也没有 "被描述对象（事物）" 的概念。

为了能形式化地描述更多的直观逻辑思维过程，我们需要扩展所用的逻辑描述语言，加入更多的语言要素和结构。本章介绍人们在这个方向上迈出的第一步：为了表述对象个体的性质和对象个体之间的关系，人们从命题逻辑发展出了**谓词逻辑** (predicate logic)。实际上，人们还进一步提出了许多其他逻辑，其中许多都可以看作命题逻辑或者谓词逻辑的"扩展"。

5.1　谓词和量词

我们希望进一步描述的基本逻辑事实通常具有如下的形式（例如）：

- 秦始皇 是人。
- 平方等于 -1 的数 不是实数。
- 本课程 学习数理逻辑。
- 这个班的任何 两个人 都是同乡。

这些语句都有一个或多个明确的描述对象（主体），表现为语句中的主语。整个语句就是断言有关对象的一个事实，或说明有关对象具有某种性质，或说明多个对象之间有某种关系。为了描述事物或对象的性质，描述事物之间的关系，就需要扩充逻辑语言的形式。

5.1.1 谓词

用于描述事物的性质和事物之间关系的逻辑概念称为**谓词** (predicate)。谓词同样用抽象符号表示，称为**谓词符号** (predicate symbol)。在这种描述中需要说明被谓词断言的对象，我们将采用数学中的函数和关系作用的表达形式，把被谓词作用的对象写在谓词符号后面的括号里。例如，用 $A_1(a)$ 表示对象 a 具有性质 A_1，用 $A_2(a,b)$ 和 $A_3(a,b,c)$ 表示对象 a 和对象 b 有关系 A_2，或对象 a、b 和 c 有关系 A_3。值得指出，对象和性质不是同一 "层阶" 的概念，准确地说，对象的性质和对象之间的关系是比对象高一阶的概念或对象。

为了突显这种层阶的不同，最好在符号化表示的形式上有所区别。我们约定在下面的讨论中用大写字母表示谓词，用小写字母 a, b, c 等（都可能加下标）表示对象[①]。例如：

- 假定我们用 D 表示会死亡，用 q 表示秦始皇，那么就可以用 $D(q)$ 表示秦始皇会死亡。由此，如果用 k 表示孔子，$D(k)$ 就表示孔子会死亡。如果用 B 表示其眼睛是黑色，用 G 表示其眼睛是绿色，则 $B(q)$ 表示秦始皇的眼睛是黑色，$G(q)$ 表示秦始皇的眼睛是绿色。

- 假定我们用 L 表示讨论的内容是数理逻辑，用 c 表示本课程，那么我们就可以用 $L(c)$ 表示本课程的教学内容是数理逻辑。

- 假定我们用 C 表示是这个班的，用 F 表示同乡关系，a 和 b 表示两个个体（譬如张三和李四），则 $C(a)$ 和 $C(b)$ 表示 a 和 b 是这个班的，$F(a,b)$ 表示 a 和 b 是同乡。

- 假定我们用 P 表示是质数，用 3 表示自然数 "三"，$P(3)$ 就表示 3 是质数，显然这个断言为真。另一方面，$P(4)$ 表示断言 4 是质数，当然，这个断言的真值是假。

- 假定我们用 D_1 表示一个整数整除另一个整数，那么 $D_1(3,12)$ 就表示整数 3 整除整数 12，这一断言显然为真。也可以写出真值为假的断言，例如 $D_1(7,12)$ 等。

从上面的例子可以看到谓词的一些情况。特别是我们采用第 2 章中描述性质（一元关系）$A(a)$ 和二元关系 $R(a,b)$ 一类的数学表示方法表示谓词：$D(q)$ 表示 q 会死，$F(a,b)$ 表示 a 和 b 是同乡。这里的 q、a 和 b 都表示具体的个体（秦始皇，张三和李四）。

5.1.2 变量、量词和函数

仅有谓词的概念还不够，我们依然无法表示诸如 "所有的人都会死" 中的 "所有"。现在只能写针对具体对象的断言，无法表述针对一类或一种对象的统而言之的断言，也就是说，只能表述个体的属性而无法刻画 "种" 和 "类"。"所有" 的同义词还有 "任意的""每一个" 等，与之对应的是关于在一类或一种对象中 "存在" 一个或一些对象具有某种特殊性质的断言。在语言学和逻辑学中，"所有" 和 "存在" 一类词语称为**量词** (quantifier)，它们表示断言的作用范围和方式。显然，使用了量词（如 "所有" 或 "存在" 等）之后，谓词符号作用的就不再是具体的个体对象，而是某一类对象中的每一个。譬如，在前面例子里，班里的张三意指那个具体的张三，说 "所有的张三如何" 或者 "存在张三如何" 完全无意义。我

[①] 按数学的习惯，在抽象地讨论逻辑时，我们只用可能加下标的单个大写或小写字母表示谓词和对象等。在讨论应用逻辑时，则常使用具有语义提示作用的单词等形式的名字。

们希望说的可能是诸如 "班里所有同学都大于 17 岁"，这就需要新的描述方法。在数学中也有类似问题，例如 $1+2=2+1$ 表述了两个具体自然数之间的关系。如果要陈述加法的交换律，就需要引入变量的概念，例如规定 x 和 y 表示任意的数，这样加法交换律就可以表述为 $x+y=y+x$，说明这一规则对任意两个数都对。这些讨论说明，我们希望定义的逻辑中需要有变量的概念，其取值遍历某个对象集合的所有元素。

允许谓词作用于变量，谓词表达式就成为 "简单" 命题的 "参数化"，而量词的作用就是让参数遍历某个集合中的所有个体对象。例如，我们用谓词 $H(x)$ 表示 x 是人，$D(x)$ 表示 x 会死，这里的 x 可以用任何具体个体对象（人）代换。类似的，我们可以用 $D_1(m,n)$ 表示 m 整除 n，其中的 m 和 n 代表任何整数。我们还可以用 $C(x)$ 表示 x 在这个班里，用 $F(x,y)$ 表示 x 和 y 是同乡，这里的变量代表任何人或一个班里的任何人。在谓词公式里出现的这种 x 和 y 称为**个体变量** (individual variable)，也常简称**变量** (variable)。如此一来，如 "所有的 x，如果 x 是人，则 x 会死" 就有明确的表述方式，并可能赋予真值了。而且，使用谓词符号和连接词符号，这一断言可以表示为 "对于所有的 x，$(R(x) \to D(x))$"。与此类似，"所有的 x 和 y，$(C(x) \wedge C(y) \wedge F(x,y))$" 可以表示 "所有的 x 和 y，x 和 y 都在这个班里，而且 x 和 y 是同乡"。

在上面表示中，量词 "所有的…都…" 还没有符号化，需要引进专门表示。量词 "所有的…都…" 称为**全称量词** (universal quantifier)，我们用符号 $\forall$ 表示。由于需要说清考虑 "所有的" 什么，因此对每个全称量词都必须写明关注的具体变量，需要写成 $(\forall x)\cdots$ 的样子。这样，我们就可以用 $(\forall x)D(x)$ 来表示所有的 x 都会死亡。有了量词，再加上前面有关谓词 $H(x)$ 和 $D(x)$ 的约定，我们就可以用下面谓词公式表示所有的人都会死亡了：

$$(\forall x)(H(x) \to D(x))$$

这里全称量词管辖下的语句说 "如果 x 是人，x 就会死亡"。而全称量词说，对所有的 x 情况都如此。这个语句在适当的抽象层面上表达了我们想做的逻辑陈述：所有的人都会死亡。

考虑另一个例子，假设现在要断言 "每个大于 1 的自然数都有质因子"。假设用 $A(x)$ 表示 x 是大于 1 的自然数，用 $B(x)$ 表示 x 有质因子。这个断言就可以表示为 $(\forall x)(A(x) \to B(x))$。

这个陈述或许不能令人满意，因为它过于高层和抽象，涉及的概念太复杂。例如什么叫作 "有质因子"？读者可能希望看到用更基本更易理解的谓词描述的这个断言。我们可以考虑逻辑描述的**精化** (refinement)，例如用 $N(x)$ 表示 x 是自然数，用 $G(x)$ 或者干脆用 $x > 1$ 表示 x 大于 1。这样 "大于 1 的自然数" 就可以用 $N(x) \wedge x > 1$ 描述。"有质因子" 的概念也过于复杂抽象，它实际上是说 "存在某个质数可以整除 x"，或说 "存在某个 y，它是质数而且可以整除 x"。其他都好办，但我们写不出 "存在…使得…" 这样的陈述[①]，为此引进一个**存在量词** (existential quantifier)，用 $\exists$ 表示。$(\exists x)Q(x)$ 表示存在某个对象 x 使得谓词 $Q(x)$ 为真。

有了上面的分析和准备，现在可以用下面逻辑公式表示 "每个大于 1 的自然数都有质

---

① 下面将要说明，实际上，这种 "存在" 断言完全可以用全称量词 $(\forall x)$ 描述，但是稍微有点曲折。

因子":

$$(\forall x)((N(x) \wedge x > 1) \rightarrow ((\exists y)(P(y) \wedge D_1(y, x))))$$

这里的 $P(x)$ 和 $D_1(y, x)$ 是前例提出的表示 "是质数" 和 "整除" 的谓词。如果我们还不满意，认为 "是质数" 和 "整除" 等概念仍过于抽象，需要进一步精化，那么可以考虑基于更基础的数学概念——例如加减乘除和相等——并利用谓词逻辑的结构来描述这个断言，直到满意为止。

很显然，在表达下面几个语句的逻辑公式中也需要存在量词：

- 某些鸟不会飞。

- 存在会下蛋的哺乳动物。

- 有些金属在常温下是液态的。

- 对于每个自然数，都存在比它更大的自然数等。

这些例子说明，存在量词也有相当广泛的应用需求，值得作为专门的机制引进来。

全称量词和存在量词各有一种常见的使用模式：

- 全称量词下辖的公式经常是蕴涵式，也就是说，使用全称量词的公式的形式常为 $(\forall x)$ $(A(x) \rightarrow B(x))$，表示 "对任意的 x，如果 x 具有性质 A，它也一定具有性质 B。

- 存在量词下辖的公式经常是一个合取式，一般形式是 $(\exists x)(A(x) \wedge B(x) \wedge \cdots)$，表示 "存在 x，它同时具有性质 A、B 等。

这里说 "常见使用模式"，是因为这种形式的公式很常见，但也说明并不都这样，请读者注意。

前面说过，可以用全称量词描述存在断言。现在通过一个例子，直观地说明全称量词和存在量词之间的关系。考虑断言 "并非所有的鸟都会飞"。如果用 $B(x)$ 表示 x 是鸟，用 $F(x)$ 表示 x 会飞，上述断言可以用下面逻辑公式表述：

$$\neg((\forall x)(B(x) \rightarrow F(x)))$$

根据命题演算的知识，可知这一公式等价于 $\neg((\forall x)(\neg B(x) \vee F(x)))$。另一方面，直观地看，"并非所有的鸟都会飞" 也意味着 "存在不会飞的鸟"。而后一断言可以描述为

$$(\exists x)(B(x) \wedge \neg F(x))$$

把 $B(x)$ 和 $F(x)$ 看作命题，使用德·摩根律可知存在量词下的公式逻辑等价于 $\neg(\neg B(x) \vee F(x))$。这个例子提示我们，公式 $(\exists x)P(x)$ 可能等价于 $(\neg((\forall x)\neg P(x)))$。后面将证明**确实如此**。反过来，$(\forall x)P(x)$ 也等价于 $(\neg((\exists x)\neg P(x)))$。这些说明全称量词和存在量词可以相互表达、很容易互换。实际上，与 $\wedge$ 和 $\vee$ 类似，全称量词和存在量词也具有**对偶性** (duality)。

不难想象，如果一个谓词逻辑公式中的所有变量都被外围的量词所辖，这个公式应该有一个真值，也就是说，或者为真或者为假。例如，按上面对谓词符号 B 和 F 的规定，根据客观事实可以确定 $(\exists x)(B(x) \wedge \neg F(x))$ 是真断言，而对应的 $\neg(\exists x)(B(x) \wedge \neg F(x))$ 就是假断言。

另一方面，如果一个谓词逻辑公式中出现未被任何量词管辖的变量，例如公式 $B(x)$ 或者 $B(x) \wedge \neg F(x)$，就应该没有确定的真假值：并非所有对象都是鸟，但确实有些是鸟。只有给变量赋予特定的个体或值后，方能确定公式的真假值。但虽然如此，这样的公式也很重要。在构造谓词逻辑的形式系统，构建相关逻辑推理的工作中，这种公式都扮演着极其重要的角色。

考虑另一个例子，可以发现谓词逻辑还需要一种元素：**函数**。假设现在希望表述一个断言："班上所有同学都大于 15 岁"。前面我们假设了 $C(x)$ 表示班上的同学，所以这个逻辑公式的形式可能是 $(\forall x)(C(x) \to \cdots)$，但其中的 $\cdots$ 应该怎么填充呢？写 $x > 15$ 显然不对，因为不是每个同学大于 15，而是他们的年龄大于 15。在这种情况下，我们需要有一种机制，把同学对应到他的年龄。回忆第 2 章的讨论，函数的概念就是定义一种对应关系（2.3 节）。假设 $age(x)$ 表示 x 的年龄，我们需要的断言就可以写为 $(\forall x)(B(x) \to (age(x) > 15))$。这个例子说明了函数的意义，我们将函数描述引入谓词逻辑语言中，作为一种结构。

至此我们已经介绍了这个新的扩展的逻辑所需要的所有结构，包括谓词和量词的一些重要情况，再加上前面介绍过的逻辑连接词，我们已经有了一个很强大的逻辑语言。有关"秦始皇一定会死"的逻辑推理中的几个公式，现在都能写出来了。但是，有关的推理怎么做？如何定义能支持这种推理的语言和推理系统？后面几节将回答这些问题。

习题 5.1 (函数在谓词逻辑的必要性)   不用函数给出如下断言的谓词逻辑的符号表达式：

(1) 自然数乘法交换律。

(2) 班上所有同学都大于 15 岁。

根据第 2 章中关于关系和函数的概念，讨论函数在谓词逻辑中的必要性或意义。

习题 5.2   用谓词逻辑公式描述 "d 是 a 和 b 的最大公约数"。在两种不同细节层面上描述。

习题 5.3   用谓词逻辑公式描述 "两条直线平行"。在两种不同细节层面上描述。

习题 5.4   用谓词逻辑公式以尽可能细致的方式描述 "某人是我最喜欢的大学老师"。

习题 5.5   用谓词逻辑公式的形式描述下列数学命题（断言），并仔细分析每个命题是否成立：

(1) 不是每个函数都有导数。

(2) 连续但是不可导的函数是存在的。

(3) 每一个整数或者是奇数或者是偶数。

(4) 没有整数同时是奇数又是偶数。

(5) 每个实数或者是负数或者有平方根（这个命题对吗？请将它改正确）。

习题 5.6 用谓词逻辑公式的形式描述下列断言，并考虑其哪些断言的意思是一样的：

(1) 如果有的火车晚点，则所有的火车晚点。

(2) 有的人憎恨每一个人。

(3) 大象比老鼠重。

(4) 没有老鼠比大象重。

(5) 不是每个人的每只手都有五个手指头。

(6) 学习成绩好的学生一定或者学习努力，或者聪明。

习题 5.7 使用个体变元 x, y 表示马，假设有下面函数和谓词：

- $H(x)$ 表示 x 是一匹马。

- $t(x)$ 表示 x 的尾巴。

- $m(x)$ 表示 x 的鬃毛。

- $B(x)$ 表示 x 在马棚里。

- $W(x)$ 表示 x 是白色的。

- $D(x)$ 表示 x 是黑色的。

- $L(x, y)$ 表示 x 像 y。

试将下面列出的汉语断言翻译成谓词逻辑公式，而将列出的谓词逻辑公式翻译成汉语断言：

(1) 马棚中的每一匹白色尾巴的马都有黑色的鬃毛。

(2) 白马不是有黑色鬃毛的马。

(3) 马棚中没有白尾巴马。

(4) $(\exists x)((H(x) \wedge B(x)) \wedge ((\forall y)((H(y) \rightarrow ((B(y) \wedge D(t(y))) \rightarrow L(x, y))))))$。

(5) $(\neg(\exists x)(H(x) \wedge B(x) \wedge (\neg W(t(x)))))$。

习题 5.8 使用个体变元 x, y 表示人，并假设有下面函数、谓词和符号常元：

- $B(x, y)$ 表示 x 是 y 的兄弟。

- 个体常元 a 表示张三。

- $U(x, y)$ 表示 x 是 y 的叔叔。

- $f(x)$ 表示 x 的父亲。

- $C(x,y)$ 表示 x 是 y 的堂兄弟。

- $Y(x,y)$ 表示 x 比 y 年轻。

试将下面列出的汉语断言翻译成谓词逻辑公式，而将列出的谓词逻辑公式翻译成汉语断言：

(1) 张三父亲的每个兄弟都是张三的叔叔；

(2) $(\forall x)(\forall y)(B(f(x), f(y)) \rightarrow C(x, y))$；

(3) 张三有一个堂兄弟比他的某个兄弟年轻。

5.2　一阶形式语言

　　如同第 4 章提出的理由和做法，为支持基于谓词逻辑的论证过程（推理），我们需要定义一个形式系统，它包括由字母表 Σ 和通过语法规则定义的合式公式集合 WFF 组成的形式语言 $\mathscr{L} = \langle \Sigma, \text{WFF} \rangle$，由公理集合 $Axiom$ 和推理规则 $Rule$ 构成的推演系统 $K_{\mathscr{L}} = \langle Axiom, Rule \rangle$。本节讨论这种形式系统的构造。这里同样需要定义该语言的字母表，并定义一套构造的规则**合式公式**，还要证明合式公式满足的一些基本性质，定义对合式公式的重要操作。

　　自然，这一形式语言的构造应该基于前一节的分析和考虑，以及第 3 章和第 4 章中研究命题逻辑获得的经验。很明显，在谓词逻辑的语言里，需要有符号来表示变量、常量、函数和谓词等，还需要括号等辅助符号，以及连接词和量词。还需注意，在前一节中我们对符号的使用很随意，而且用了一些暗指谓词语义的符号，譬如 $B(x)$ 和 $F(x)$ 分别表示 x 是鸟 (Bird) 和 x 会飞 (Fly)。现在我们要定义的是一个完全形式化的语言，其字母表是确定的，语句只具有特定的语法形式，但没有任何意义，没有任何特殊语义性质。例如，这里的谓词符只是符号，它们并不表示诸如 "是质数" 或 "整除" 或 "是鸟" 或 "我们班" 等数学的或日常的概念或性质。当然，定义之后我们可以给符号或公式某种具体解释，以便将其用于某种特殊目的或某个具体领域。这样语言和解释分离，将使形式语言及在其基础上建立的证明系统具有普适性，可以根据需要解释到任何具体领域而得到相应的意义。在第 4 章的 4.4 节和 4.5 节介绍命题逻辑系统的有效性、相容性和充分性时，已经对这些有初步讨论。在 5.3 节，我们将系统研究这个谓词逻辑语言的解释，也称为语义或**模型**。但是，正如第 4 章中所言，这种解释并不是形式语言和形式推理本身的一部分，而是谓词逻辑的**元理论** (meta-theory) 和应用的问题。

　　我们要研究的谓词逻辑称为**一阶逻辑** (first-order logic)，其形式语言是一阶谓词逻辑语言，下面说**一阶语言** (first-order language) 或形式语言时都指一阶谓词逻辑的语言。这里专门说 "一阶" 是有意义的，这个术语的含义与变量的指称有关，将在后面说明。

5.2.1 字母表

我们约定，在一阶谓词逻辑的形式语言中可以使用如下几类符号：

$$
\begin{array}{ll}
x_1, x_2, \cdots & \text{变元} \\
a_1, a_2, \cdots & \text{个体常元} \\
f_1^1, f_2^1, \cdots, f_1^2, f_2^2, \cdots, f_1^3, f_2^3, \cdots & \text{函数符} \\
P_1^1, P_2^1, \cdots, P_1^2, P_2^2, \cdots, P_1^3, P_2^3, \cdots & \text{谓词符} \qquad (5.5) \\
(,), ',' & \text{括号和逗号} \\
\neg, \rightarrow & \text{连接词} \\
\forall & \text{量词}
\end{array}
$$

这里有几点说明：

- 引进个体常元符号也是为了能把这个语言应用于（解释到）具体的领域或问题。例如，将这个语言应用于算术时，就需要有常元表示整数 0、1 等；用于讨论秦始皇一定会死亡的问题时，可能需要一个常元表示秦始皇。应该注意，在定义形式语言时，我们应严格规定常元符号和变元（或变量）符号，而不是如第 5.1 节中那样任由语言的使用者选择符号，这样做是为了彻底摒除出现混乱的可能，也使符号的正确使用能机械地检查。

- 我们要为形式语言引进一整套谓词符，其中谓词符 P_i^m 的上标 m 表示谓词符要求的参数个数，称为其**元数**，下标 i 表示同类谓词符的序号。要求 1 个参数的谓词称为一元谓词，还有二元谓词、三元谓词等。一元谓词可用于表示个体对象的性质，二元及更多元的谓词表示多个个体之间的关系（例如前面例子里的整除关系）。在这里，我们同样要明确规定语言中可用的所有谓词符号及其元数，而不是像第 5.1 节那样，允许语言的使用者（出于语义暗示或其他需要）任意选择所用的谓词符号。

- 引进函数符的原因在前面已有说明。在处理具体领域的问题时，经常要考虑对象领域中的各种操作。例如，用于算术时需要处理加减乘除等运算或其他数学函数，处理一般对象时常要从对象找到相关性质等。函数也有元数，如一元函数、二元函数等。第 2 章 2.3 节中把函数定义为特殊的关系，因此，从理论上说，完全可以用谓词描述函数。但是函数有很多特殊性质，也有一些特殊处理方法。更重要的是，函数的作用是从（一类）个体得出相关的（同类或不同类的）个体，得到的个体还可能作为个体在函数或谓词中使用。所以，直接引进函数符（和函数概念），谓词断言的描述往往更简单，也更直观（见习题 5.1）。

- 这里只有否定和蕴涵连接词。第 4 章已经说明，其他连接词都可以用这两个连接词定义。类似的，这里只引进全称量词，前面说过，存在量词可以用全称量词和连接词定义。

- 最后，与第 4 章中命题逻辑语言 L 不同，一阶语言中除需要括号外，还需要分隔参数的逗号，它们也称为辅助符号或标点符号。

5.2.2   一阶语言的实例

上一小节介绍了定义一阶语言所需（所用）的几类基本符号。本节将介绍几个语言实例，第 7 章及第 8 章还要研究不同的数学系统和程序设计理论。这些实例说明，根据具体需要，我们可以定义许多（理论上说是无穷多）不同的一阶语言，它们之间的差异就在于字母表中包含的不同类别的符号的个数可能不同，函数符和谓词符的元数也可能不同。

需要指出，在任何一个一阶语言的字母表中，对于变元、常元、谓词和函数，每类符号只能有可数无穷多个。一般而言，在定义具体一阶语言 $\mathscr{L}$ 时，需要定义其具体的字母表，其中总包含括号和逗号、连接词和量词，还需要（可能）包含：

$$
\begin{aligned}
&\text{可数无穷个变元 } x_1, x_2, \cdots, \\
&\text{一些常元 } a_1, a_2, \cdots, a_k \qquad\qquad\quad\text{（可以没有，或有穷，或可数无穷）} \\
&\text{一些函数符 } f_1^1, \cdots, f_{m_1}^1, f_1^2, \cdots, f_{m_2}^2 \cdots \quad\text{（可以没有，或有穷，或可数无穷）} \\
&\text{一些谓词符 } P_1^1, \cdots, P_{n_1}^1, P_1^2, \cdots, P_{n_2}^2 \cdots \quad\text{（不空，可以有穷或可数无穷）}
\end{aligned}
\tag{5.6}
$$

在后面的理论讨论中，我们通常不明确说明所用语言中各类符号的情况。这样做，有关讨论及其结论将适用于所有一阶语言。在深入讨论理论问题之前，先看两个一阶语言的例子。

例 5.1 (形式算术)   考虑一个描述自然数算术的一阶语言 $\mathscr{L}_{\mathbb{N}}$，其字母表包含下面元素：

$$
\begin{aligned}
&\text{常元 } a_1 \text{ 表示自然数 } 0 \\
&\text{谓词符 } P_1^2 \text{ 表示两个自然数相等 } = \\
&\text{函数符 } f_1^1 \text{ 表示后继函数 } \mathsf{succ} \\
&\text{函数符 } f_1^2 \text{ 表示自然数的加法 } + \\
&\text{函数符 } f_2^2 \text{ 表示自然数的乘法 } \times
\end{aligned}
\tag{5.7}
$$

使用这个语言可以写出下面的一阶公式（右边是对应的数学表达式）：

一阶语言公式	数学表达式
$P_1^2(f_1^2(x_1, x_2), f_1^2(x_2, x_1))$	$x_1 + x_2 = x_2 + x_1$
$P_1^2(f_1^2(f_1^1(f_1^1(a_1)), a_1), f_2^2(f_1^1(a_1), f_1^1(a_1)))$	$\mathsf{succ}(\mathsf{succ}(0)) + 0 = \mathsf{succ}(0) \times \mathsf{succ}(0)$
进一步用 $n+1$ 表示 $\mathsf{succ}(n)$，就是：	$((0 + 1) + 1) + 0 = (0 + 1) \times (0 + 1)$

显然，第一个公式表示一条数学定律，第二个公式表示一个不成立的等式。

例 5.2 (群)   考虑定义一个描述群的一阶语言 $\mathscr{L}_G$，其字母表包含下面元素：

$$
\begin{aligned}
&\text{常元 } a_1 \text{ 表示群 } G \text{ 的单位元 } 1 \\
&\text{谓词符 } P_1^2 \text{ 表示元素相等 } = \\
&\text{函数符 } f_1^1 \text{ 表示元素的求逆函数} \\
&\text{函数符 } f_1^2 \text{ 群的基本运算 } \cdot\text{，称为乘法}
\end{aligned}
\tag{5.8}
$$

下面是用这个语言写出的两个一阶公式（右边是对应的数学表达式）：

一阶语言公式	数学表达式
$P_1^2(f_1^2(x_1, f_1^1(x_1)), a_1)$	$x_1 \cdot (x_1)^{-1} = 1$
$P_1^2(f_1^2(a_1, x_1), f_1^2(x_1, a_1))$	$1 \cdot x_1 = x_1 \cdot 1$

这两个公式都是群论的公理。

现在我们清楚地看到，一个一阶语言 $\mathscr{L}$ 的字母表 $\Sigma_{\mathscr{L}}$ 是字母表 (5.5) 中符号构成的集合的子集，而且总包含个体变元 $x_1, x_2, \cdots$、括号和逗号、连接词、量词和至少一个谓词符号。

5.2.3 合式公式

在自然语言（如中文、拉丁语或英语）或人工语言（如计算机程序语言和建模语言）里，任意排列字母表中的符号得到的序列未必是 "形式合适" 的 "字词" 或句子，每种语言都有语法规则。第 4 章定义了命题演算的合式公式，一阶语言同样需要一套严格的语法规则来定义其**合式公式**。当然，与命题演算相比，一阶语言的语法结构更复杂，在逻辑公式层面下多了一层表示个体的语法表达形式，这种语法范畴的对象称为**项** (term)。

注意，从现在开始我们将主要关注一阶逻辑语言的具有普遍意义的理论问题。因此，在下面的讨论中，如果说到 "一阶语言"，通常泛指任意的一个一阶语言，除非特别说明。

定义 5.1 (项) 一阶语言 $\mathscr{L}$ 的项递归定义如下：

(1) 语言 $\mathscr{L}$ 的所有变元和个体常元都是项；

(2) 如果 f_i^n 是 $\mathscr{L}$ 的 n 元函数符且 $t_1, \cdots, t_n$ 是项，则 $f_i^n(t_1, \cdots, t_n)$ 是项；

(3) $\mathscr{L}$ 所有的项都通过 (1) 和 (2) 产生。

请注意，(2) 中特别要求 t_i 的个数与 f_i^n 的元数一致。项是一阶语言中重要的语言范畴，我们将用 $Term_{\mathscr{L}}$ 表示如上递归定义的项的集合。与命题演算的合式公式集合 WFF 类似，$Term_{\mathscr{L}}$ 中有一个子集 $ATerm_{\mathscr{L}}$，包含所有的个体符号和个体变元符号，称为**原子项** (atomic term)。另外，$Term_{\mathscr{L}}$ 中每个项都通过有穷步应用 (2) 生成。

合式公式基于项的概念定义。首先定义**原子公式** (atomic formula)：

定义 5.2 (原子公式) 如果 P_i^n 是 $\mathscr{L}$ 中的一个 n 元谓词符，$t_1, \cdots, t_n$ 是 $\mathscr{L}$ 的项，那么 $P_i^n(t_1, \cdots, t_n)$ 就是一个原子公式。我们用 $Atom_{\mathscr{L}}$ 表示 $\mathscr{L}$ 的原子公式集合。

一阶语言 $\mathscr{L}$ 的原子公式基于谓词符和项定义，谓词元数应与作为参数的项数相符。

定义 5.3 (合式公式) 一阶语言 $\mathscr{L}$ 的**合式公式**集合 $\text{WFF}_{\mathscr{L}}$ 递归定义如下：

(1) $\mathscr{L}$ 的原子公式都是合式公式，即 $Atom_{\mathscr{L}} \subseteq \text{WFF}_{\mathscr{L}}$；

(2) 如果 $\mathcal{P}, \mathcal{Q} \in \text{WFF}_{\mathscr{L}}$，那么 $(\neg\mathcal{P}), (\mathcal{P} \to \mathcal{Q}), (\forall x_i)\mathcal{P} \in \text{WFF}_{\mathscr{L}}$；

(3) $\text{WFF}_{\mathscr{L}}$ 的所有合式公式都通过 (1) 和 (2) 产生。

在不引起混淆的情况下，我们将省略一阶语言 $\mathscr{L}$ 的语言成分集合的角标。这样一个一阶语言可以表示为三元组 $\mathscr{L} = \langle \Sigma, \mathit{Term}, \mathrm{WFF} \rangle$。我们也把 $\mathscr{L}$ 的合式公式简称为 $\mathscr{L}$ 公式。

递归构造 $\mathscr{L}$ 公式的规则 (2) 是命题逻辑语言 L 中合式公式构造规则的扩充，增加了项和全称量词公式的构造形式。我们可以把谓词逻辑公式看作命题逻辑公式的细节化，其中命题变量被原子公式和量化公式取代。还请注意，在有关全称量词的构造规则里，并没有提出变元 x_i 与合式公式 $\mathcal{P}$ 之间的任何联系。这意味着 $\mathcal{P}$ 完全可以与 x_i 无关。当然，从有用性的角度，我们会更多关注 $\mathcal{P}$ 里包含 x_i 的情况。

在构造一阶语言 $\mathscr{L}$ 的 WFF 时，我们尽可能减少了连接词和量词的个数，这样做有利于在后面研究语言的性质。而从实际使用的角度看，多一些连接词和量词常能简化公式的描述，或使一些描述更直观、更易理解。为此我们也引入其他的连接词和量词：

$(\mathcal{P} \wedge \mathcal{Q})$　　作为 $(\neg(\mathcal{P} \to (\neg\mathcal{Q})))$ 的缩写

$(\mathcal{P} \vee \mathcal{Q})$　　作为 $((\neg\mathcal{P}) \to \mathcal{Q})$ 的缩写

$(\mathcal{P} \leftrightarrow \mathcal{Q})$　　作为 $(\neg((\mathcal{P} \to \mathcal{Q}) \to \neg(\mathcal{Q} \to \mathcal{P})))$ 的缩写

$((\exists x_i)\mathcal{P})$　　作为 $(\neg(\forall x_i)(\neg\mathcal{P}))$ 的缩写

按照定义，包含了 ∃、∧ 或 ∨ 的公式都不是 $\mathscr{L}$ 的合式公式，但我们很容易把它们变换为不含这些符号的公式（不能变换的自然不是合式公式），而后检查变换结果是否为合式公式。

5.2.4　形式语言的语法层次结构

结合前面对命题演算 L 语言的讨论，以及上面一阶语言的定义和实例，可以看到语言定义的层次结构。L 的语法分为命题变量和合式公式两层，合式公式是在命题变量的基础上，通过运算符（构造符，即连接符）构建起来的。但是从概念上看，L 语言只有一层结构，也就是命题（公式）。在上面一阶语言的定义中可以看到明确的四层语法结构：首先是个体层，包括个体常元和变元符号；第二层是项，以个体常元和变元为基础，通过应用函数符号一层层构造；第三层是原子公式，它们可以看作 L 中命题变量的解剖和细节化，还有量词把复合公式封装起来，得到的量化公式也对应于命题变量；第四层是合式公式，对应于 L 中的合式公式。从概念上讲，一阶形式语言也有三层，即个体、项，以及合式公式。

计算机科学技术领域有许多形式化定义的语言，如程序语言、规约和建模语言、数据库查询语言等，它们都有清晰的层次结构。譬如，一个程序语言的语法和一阶语言的语法类似，包含若干个语法层次，通常有**常量和变量**、**表达式**、**命令**或**语句**，以及一些更高层的结构。表达式与一阶语言的项类似，由常量和变量通过运算符（和函数符）构造起来，而命令或语句类似于一阶语言的合式公式。程序语言还在这些基础结构之上定义了更高层的语言结构，如**子程序**、**函数**、**过程**、**模块**、**类**、**服务**、**构件**等。在第 2 章学习集合论和关系时，我们讨论过概念的层次结构。一个语言，无论是自然语言还是人造语言，其最终目标是为了表述概念或者模型，因此，语言的结构性特征是本质的需求。理解形式语言的语法结构，对于正确设计、理解和使用各种语言都非常重要。

关于形式语言的阶 形式逻辑语言的**阶** (order) 的概念由语言中量词可以作用的语法对象的层次而定。命题逻辑语言（如 L）没有量词，称为**零阶逻辑语言** (zero-order language)。本书讨论的谓词逻辑语言中只有个体变元，函数和谓词只能作用于代表个体的项，量词作用于个体变元。由于个体变元和个体项是语言中的一阶结构，这种语言就称为**一阶逻辑语言** (first-order logic language) 或**一阶语言** (first-order language)。一阶语言中的变元是**一阶变元** (first-order variable)，函数为**一阶函数** (first-order function)，谓词为**一阶谓词** (first-order predicate)。我们也可以考虑包含代表函数和/或谓词的函数变元符号和/或谓词变元符号的语言，这些变元就是**二阶变元** (second-order variable)，作用于二阶变元的函数、谓词和量词分别称为**二阶函数** (second-order function)、**二阶谓词** (second-order predicate) 和**二阶量词** (second-order quantifier)，这样定义的逻辑语言称为**二阶逻辑语言** (second-order logic language)，相应的逻辑也称为**二阶逻辑** (second-order logic)。我们还可以定义一般的 n-**阶逻辑语言** (n-order logic language)。二阶或更高阶的逻辑统称为**高阶逻辑** (higher-order logic)。

"阶" 的概念也被移植到计算机科学技术领域。各种编程语言都允许定义函数或过程，建立计算过程的抽象。如果一个函数的参数只能是表示数据的变量或表达式，该函数就是普通函数，严格说是一阶函数。如果一个函数包含实参应该为函数的参数，该函数就是高阶函数。例如，C 语言程序里可以定义包含函数指针参数的函数，而函数指针可以当作函数调用；Python 中的函数可以直接以函数作为参数，这样的函数都是高阶函数。很明显，与普通函数相比，高阶函数的语义更复杂，更难理解，也更容易写错。但一个高阶函数表达了一类抽象计算功能，创建了一种高级的抽象概念，是一种高级模块化技术，非常重要也非常有用。

最后还应再次强调，与命题演算的语言 L 类似，一阶语言的语法也是通过结构递归定义的，其合式公式的构造中最多只能使用可数无穷个基本符号。因此，一个一阶语言最多有可数无穷多个合式公式，存在对这种公式的枚举序列。与计算机领域的各种语言类似，合式公式的语法正确性是可以机械检查的。在研究和证明合式公式的性质时，经常采用结构归纳法。

5.2.5 变元的自由与约束出现

在前面的语法定义中，合式公式的形式和其中括号出现的位置都有明确定义。但是，与命题逻辑的情况类似，从人书写和阅读的角度看，公式中这样写括号有些烦琐。我们希望尽量减少括号的使用，使书写更方便，又不引起歧义。为此特做如下规定：首先继承命题语言 L 的规则，规定 ¬ 的优先级高于 →，也就是说 ¬ 作用于其后最短的合式公式。现在再规定量词也作用于其后最短的合式公式。进一步，我们也允许省略包在整个公式外围的括号。这样 $(\neg(\mathcal{P} \to (\neg\mathcal{Q})))$ 就可以简写为 $\neg(\mathcal{P} \to \neg\mathcal{Q})$，而 $(\neg((\forall x)(\neg\mathcal{P})))$ 可以简写为 $\neg(\forall x)\neg\mathcal{P}$。在引入更多连接词时继续采用命题逻辑的规定：二元连接词的优先级从高到低依次为 ∧、∨、→、↔。

为了后面的讨论，我们还需要定义一些与量词相关的重要概念。

例 5.3 作为例子，考虑前面定义的有关自然数的一阶算术形式语言 $\mathscr{L}_\mathbb{N}$ 中的三个合式

公式:

(1) $P_1^2(x_1, a_1) \rightarrow P_1^2(x_2, a_1)$ (2) $(\exists x_1)P_1^2(f_1^2(x_1, x_2), a_1)$ (3) $(\exists x_1)(\exists x_2)P_1^2(f_1^2(x_1, x_2), a_1)$

可以看出,

- 公式 (1) 表示数学断言 $(x_1 = 0) \rightarrow (x_2 = 0)$, 其中两个变元 x_1 和 x_2 都可以自由独立地取值, 但该公式的真值与两个变元的具体取值有关。要使这个逻辑公式为真, 就要求 x_1 取值 0 而且 x_2 也取值 0, 或者 x_1 的取值大于 0 而 x_2 取任何值。

- 公式 (2) 表示数学断言 $(\exists x_1)(x_1 + x_2 = 0)$, 其中只有 x_2 可以自由独立地取值, 公式的真值也只与变元 x_2 的具体取值有关。对 x_2 的一个具体取值, 需要检查 x_1 的 "所有可能取值", 确定是否存在一个值使得该公式成立。不难看出, 只有 x_2 的值为 0 时才有 x_1 取值 0 能使公式为真; 对 x_2 取其他任何值, 都不存在使该公式为真的 x_1 取值。

- 最后, 公式 (3) 表示数学断言 $(\exists x_1)(\exists x_2)(x_1 + x_2 = 0)$ 中两个变元都不能自由独立取值, 这个断言的真值与两个变元的具体取值无关, 而是需要检查它们所有的可能的取值, 确定是否有存在使公式为真的取值。很容易确定存在这种取值, 所以公式（3）为真。

很明显, 上例中的几个公式在取值方面的特性不同, 而这些特性与其中变元是否位于量词的控制范围内密切相关。公式 (1) 中两个变元都不被量词控制, 所以公式的值与它们的取值都相关。其他公式的情况也类似。这些情况说明, 在考虑谓词断言时, 必须关注其中每个量词的作用范围, 也就是说, 需要关心如下的重要概念:

定义 5.4 (辖域)   对于公式 $(\forall x_i)\mathcal{P}$, 称 $\mathcal{P}$ 为其前面的量词 $\forall$ 或 $(\forall x_i)$ 的**辖域** (scope)。

定义 5.5 (变元约束出现和自由出现)   如果变元 x_i 在公式 $\mathcal{P}$ 中的一个出现位于某个量词 $(\forall x_i)$ 的辖域中, 或者它就是量词 $(\forall x_i)$ 中的这个 x_i, 则称这个出现是 x_i 在 $\mathcal{P}$ 中的一个**约束出现** (bounded occurrence)。如果 x_i 在 $\mathcal{P}$ 中的某个出现不是约束出现, 它就是 x_i 在 $\mathcal{P}$ 中的一个**自由出现** (free occurrence), 这时也说 x_i 在 $\mathcal{P}$ 中有自由出现。

如果 $(\forall x_i)\mathcal{P}$ 是合式公式 $\mathcal{Q}$ 的一个子公式, 我们称 $\mathcal{P}$ 是 $\mathcal{Q}$ 中这个 $(\forall x_i)$ 的辖域。如果变元 x_i 在 $\mathcal{Q}$ 中某个出现不在 $\mathcal{Q}$ 中任何 $(\forall x_i)$ 的**辖域**里, 则称 x_i 在 $\mathcal{Q}$ 中是**自由的**, 也说 x_i 是 $\mathcal{Q}$ 中的**自由变元** (free variable)。如果 x_i 在 $\mathcal{Q}$ 中出现而且其每个出现都位于某个 $(\forall x_i)$ 的**辖域**中, 则称 x_i 在 $\mathcal{Q}$ 中是**约束的**, 也称 x_i 是 $\mathcal{Q}$ 中的约束变元 (bounded variable)。此外, 如果 x_i 在 $\mathcal{Q}$ 中没有出现, 或者其每个出现都是约束出现, 则说 x_i 在 $\mathcal{Q}$ 中非自由。

例 5.4   现在给出几个例子和解释, 帮助读者理解约束出现、自由出现等概念:

(1) 一个合式公式里可能出现多个量词, 量词的每个出现（下面称为**量词出现**）有自己的辖域, 不同量词出现的辖域不同。例如, 对公式 $(\forall x_1)(\exists x_2)((\forall x_1)P_1^1(x_1) \rightarrow P_1^3(x_1, x_2, x_3))$, 最前面量词 $(\forall x_1)$ 的辖域是 $(\exists x_2)((\forall x_1)P_1^1(x_1) \rightarrow P_1^3(x_1, x_2, x_3))$, 紧随其后的量词

($\exists x_2$) 的辖域是 $((\forall x_1) P_1^1(x_1) \rightarrow P_1^3(x_1, x_2, x_3))$，而内层子公式中量词 ($\forall x_1$) 的辖域是 $P_1^1(x_1)$。

(2) 考虑 (1) 中的例子，变元 x_1 和 x_2 在这一公式里的所有出现都是约束出现，x_3 的唯一出现是自由出现。因此，x_1 和 x_2 在这个公式里非自由，其他未在这个公式里出现的变元，如 x_4，在这里也非自由。还可以看到，谓词 $P_1^1(x_1)$ 里的 x_1 被内层的量词 ($\forall x_1$) 约束，而 $P_1^3(x_1, x_2, x_3)$ 里的 x_1 被公式最前面的量词 ($\forall x_1$) 约束。

(3) 考虑 $(\forall x_2)((\forall x_1) P_1^2(x_1, x_2) \rightarrow \neg P_2^2(x_1, x_2))$，子公式 $((\forall x_1) P_1^2(x_1, x_2) \rightarrow \neg P_2^2(x_1, x_2))$ 中 x_2 的两个出现都是位于公式开始那个 ($\forall x_2$) 的辖域中，因此都是约束出现，x_2 在这一公式里是一个约束变元。另一方面，($\forall x_1$) 的辖域只包括 $P_1^2(x_1, x_2)$，这里出现的 x_1 被该量词约束；而在 $P_2^2(x_1, x_2)$ 里出现的 x_1 并没有被约束，是 x_1 的自由出现。同一变元 x_1 在这个公式里既有约束出现，又有自由出现。对整个公式而言 x_1 是自由变元。

从以上的例子及例 5.3 中的讨论可以理解到，一个公式真值依赖于其中自由变元的具体取值，而不依赖于其约束变元的具体取值。

类似的，一个变元可能在一个项里**出现**或**不出现**。由于项没有量词约束结构，变元在项里的所有出现都是自由出现，或者说，变元的自由和约束出现只对合式公式有意义。

上面讨论中用到了一些不属于形式语言的符号，包括 $\mathcal{P}$、$\mathcal{Q}$ 等。与前面两章里的情况类似，使用这些符号是为了讨论形式语言中的问题，就像前面定义合式公式时用到的 t_i。下面讨论中有时会用 $\mathcal{P}(x_1)$ 或 $\mathcal{Q}(x_1, \cdots, x_n)$ 的形式表示讨论中关心的合式公式，其中列出的变元（或变元组）表示关心的变元（或变元组），通常是公式中的自由变元。

5.2.6 换名和代换

考虑公式 $(\forall x_1) P_1^1(x_1)$，直观理解是 "任何对象都满足性质 P_1^1"，与所用的具体约束变元无关。把合式公式里的一个约束变元换成从未用过的新变元，也就是说，把一个量词辖域中约束变元的所有出现用新变元同时代换，这种操作称为变元**换名** (renaming)。例如，把上式里的 x_1 都换成 x_2 将得到 $(\forall x_2) P_1^1(x_2)$。直观地看，换名似乎不会改变公式的意义。

但是，变元换名时必须注意两个问题。首先，以例 5.4 (a) 中公式 $(\forall x_1)(\exists x_2)((\forall x_1) P_1^1(x_1) \rightarrow P_1^3(x_1, x_2, x_3))$ 为例，把最外层量词中 x_1 及其辖下的 $P_1^3(x_1, x_2, x_3)$ 中的 x_1 换成新变元 x_5，结果是 $(\forall x_5)(\exists x_2)((\forall x_1) P_1^1(x_1) \rightarrow P_1^3(x_5, x_2, x_3))$，子公式 $(\forall x_1) P_1^1(x_1)$ 里的 x_1 不应该替换，因为它是另一量词的辖域里的变元。换名时要用新变元，也是为了防止改变公式的意义。

再考虑简单公式 $(\forall x_2) P_1^1(x_1)$，对它的直观理解是，"变元 x_2 表示任何对象时，变元 x_1 表示的对象都满足性质 P_1^1"。这里的 x_1 自由地独立取值，不受量词 ($\forall x_2$) 约束。考虑对 x_1 换名。如果把 x_1 换成另一变元 x_3，上面的直观理解仍然成立，只需把理解中的 x_1 换成 x_3；对原来 x_1 的任意取值，$(\forall x_2) P_1^1(x_1)$ 真值和对 x_3 取同样值时的真值相同。但如果把 x_1 换成 x_2 得到 $(\forall x_2) P_1^1(x_2)$，公式的意思就完全变了。类似的，把例 5.4 (a) 公式中最前面量词的 x_1 换名为 x_3 将得到 $(\forall x_3)(\exists x_2)((\forall x_1) P_1^1(x_1) \rightarrow P_1^3(x_3, x_2, x_3))$，导致

$P_1^3(x_3, x_2, x_3)$ 中原来自由的 x_3 也被约束，显然改变了公式的意义。这类情况称为**变元捕获** (variable captured)。如果把这个量化变元 x_1 换为 x_2，会导致另一种变元捕获，请读者自己分析。

在逻辑公式中换名是一种常用操作（下面将有一例）。自由变元可能与公式使用的上下文有关，通常不能随便换名。另一方面，合适的换名可以把公式中不同量词下的变元变得互不相同，这样做不但有利于公式的理解，也能避免由于不同量词下变元重名给公式操作带来的麻烦。

下面要讨论谓词公式的一种重要操作，它是比变元换名更一般，称为**代换** (substitution)，就是把公式里的一个自由变元统一地代换为某个项。在深入讨论代换的概念和性质之前，也需要先澄清一个问题，与前面提出的不同量词所用的变元重名与换名操作有关。

看一个例子。假设现有断言 $(\exists y)(x < y)$，其中 "$<$" 表示整数的小于关系（可以用一个二元谓词符号表示）。如果用项 $y + 1$ 替换公式中的 x，将得到 $(\exists y)(y + 1 < y)$，公式的意义显然变了：原来 x 可以自由地独立取值，现在变为由受约束的 y 的取值决定的值。作为另一个例子，用包含 x_2 的项去代换 $(\forall x_2)P_1^1(x_1)$ 里的 x_1，例如用 $f_1^2(x_1, x_2)$ 代换得到 $(\forall x_2)P_1^1(f_1^2(x_1, x_2))$，也导致原来与量词无关的谓词变得与之相关了。这些情况也是变元捕获，说明对自由变元做一般代换时也需要有限制。为避免变元捕获，对谓词公式做代换时，如果被代换的自由变元出现在其他量化变元的辖域中，就需要特别处理。

最简单的方法是根据上下文的情况限制代入项 t 的形式。首先给出下面定义：

定义 5.6 设 $\mathcal{P}$ 是一个合式公式，t 是一个项。如果对于 t 中的任何变元 x_j，变元 x_i 在 $\mathcal{P}$ 里的任何自由出现都不位于 $(\forall x_j)$ 的辖域中，则称 t 在 $\mathcal{P}$ 里对 x_i 是自由的。

很显然，如果 t 在 $\mathcal{P}$ 里相对于变元 x_i 自由，在 $\mathcal{P}$ 里把 x_i 统一地换成 t 时就不会出现 t 中变元被捕获的情况。直观地看，这样代换是合理的。因此我们可以规定：**如果一个项 t 在合式公式 $\mathcal{P}$ 中对 x_i 是自由的，则称在 $\mathcal{P}$ 中 t 对 x_i 可代换** (substitutable for)。

项对变元**可代换**的概念的意义在于防止代换改变公式的语义。譬如，x_2 在 $(\forall x_2)P_1^1(x_1)$ 中对 x_1 不是自由的，因此，如果一个项 t 包含 x_2，就不能用 t 代换在 $(\forall x_2)P_1^1(x_1)$ 里自由出现的 x_1。但另一方面，x_2 在 $(\forall x_3)P_1^1(x_1)$ 中对 x_1 是自由的，在这里 x_2 和 x_1 同样自由地独立取值。用本章后面讲的 $\mathscr{L}$ 的**解释** (interpretation) 和**赋值** (assignment) 等概念可以严格证明 $(\forall x_3)P_1^1(x_2)$ 被满足当且仅当 $(\forall x_2)P_1^1(x_1)$ 被满足，而且它们的闭公式 $(\forall x_2)(\forall x_3)P_1^1(x_2)$ 和 $(\forall x_1)(\forall x_2)P_1^1(x_1)$ 是**逻辑等价** (logical equivalent) 的，用下一章中形式化的**谓词逻辑系统** (predicate logic system) 可以形式证明其逻辑等价性。

变元换名和用项代换变元的操作看似简单，却涉及复杂的问题，用非形式的语言难以严格精确理解，可能导致严重错误，这和程序设计中局部变量和全局变量名冲突一样。下面的处理体现了数学语言和逻辑语言的重要性。首先，在任何合式公式中 x_i 总可以用于代换自己。

命题 5.1 对任意合式公式 $\mathcal{P}$ 和变元 x_i（无论是否在 $\mathcal{P}$ 中出现），x_i 在 $\mathcal{P}$ 里相对于 x_i 自由。

这个命题的主要意义在于说明可代换定义的合理性，如果连这样最简单直观的命题都没有，可代换的条件肯定有问题，这是数学上检验定义的合理性的一种方法。

例 5.5 考虑 $\mathscr{L}$ 公式 $(\forall x_2)P_1^2(x_1, x_2) \rightarrow (\forall x_3)P_1^3(x_3, x_4, x_2)$。在这个公式里，项 $f_1^2(x_1, x_2)$ 相对于 x_1 不自由（x_1 有自由出现位于 $(\forall x_2)$ 的辖域里），但相对于 x_2 自由（x_2 的自由出现都不位于 $(\forall x_1)$ 或 $(\forall x_2)$ 的辖域里）；项 $f_1^2(x_3, x_4)$ 相对于 x_1 自由，但相对于 x_2 不自由。

限制代换项 t 的形式确实可以保证代换不改变公式的语义，但也限制了能做的代换。最一般的方法是给导致冲突的量化变元换名。下面是最一般的**代换**定义：

定义 5.7 (代换) 设 $\mathcal{P}$ 是一个合式公式，t 是一个项，$\mathcal{P}[t/x_i]$ 表示将 $\mathcal{P}$ 中 x_i 的所有自由出现统一代换为 t 得到的公式。定义如下：

$$
\mathcal{P}[t/x_i] = \begin{cases} \mathcal{P}, & \mathcal{P} \text{ 中未出现 } x_i \text{ 或者 } \mathcal{P} \text{ 是 } (\forall x_i)\mathcal{Q} \\ P_k^n(t_1[t/x_i], \cdots, t_n[t/x_i]), & \mathcal{P} \text{ 是 } P_k^n(t_1, \cdots, t_n) \\ \neg\mathcal{Q}[t/x_i], & \mathcal{P} \text{ 是 } \neg\mathcal{Q} \\ \mathcal{Q}[t/x_i] \rightarrow \mathcal{R}[t/x_i], & \mathcal{P} \text{ 是 } \mathcal{Q} \rightarrow \mathcal{R} \\ (\forall x_j)\mathcal{Q}[t/x_i], & \mathcal{P} \text{ 是 } (\forall x_j)\mathcal{Q} \text{ 且 } i \neq j \text{ 且 } t \text{ 中未出现 } x_j \\ (\forall x_k)\mathcal{Q}[x_k/x_j][t/x_i], & \mathcal{P} \text{ 是 } (\forall x_j)\mathcal{Q} \text{ 且 } i \neq j \text{ 且 } t \text{ 中出现 } x_j, \\ & x_k \text{ 在 } t \text{ 和 } \mathcal{Q} \text{ 中都不出现} \end{cases}
$$

第一项的两种情况也就是 x_i 在 $\mathcal{P}$ 非自由。显然，如果 $\mathcal{P}$ 中没出现 x_i，对任何 t 都有 $\mathcal{P}[t/x_i] = \mathcal{P}$。项代换 $t_i[t/x_i]$ 的规则很简单，这里没给出定义细节。最后一种情况 $\mathcal{Q}[x_k/x_j][t/x_i]$ 表示应先换名再代换。由于 x_k 不在 t 中出现，避免了变元捕获。

为描述简单，对 $\mathcal{P}(x_1)$ 或 $\mathcal{Q}(x_1, \cdots, x_n)$，我们常用 $\mathcal{P}(t_1)$ 或 $\mathcal{Q}(t_1, \cdots, t_n)$ 表示 $\mathcal{P}(x_1)$ $[t_1/x_1]$ 或 $\mathcal{Q}(x_1, \cdots, x_n)[t_1/x_1, \cdots, t_n/x_n]$。前者表示对 $\mathcal{Q}$ 中一个变元的所有出现做代换，后者表示对一些变元的所有出现做**并行代换** (parallel substitution)，或称**同时代换** (simultaneous substitution)。并行代换的结果可能与顺序代换 $\mathcal{Q}(x_1, \cdots, x_n)[t_1/x_1], \cdots, [t_n/x_n]$（顺序做 n 次代换）不同：

$$P_1^2(x_1, x_2)[f_1^2(x_1, x_2)/x_1, f_1^1(a_1)/x_2] \quad \text{结果是} \quad P_1^2(f_1^2(x_1, x_2), f_1^1(a_1))$$
$$P_1^2(x_1, x_2)[f_1^2(x_1, x_2)/x_1][f_1^1(a_1)/x_2] \quad \text{结果是} \quad P_1^2(f_1^2(x_1, f_1^1(a_1)), f_1^1(a_1))$$

习题 5.9 设 $\mathscr{L}_1$ 为一个一阶语言，其字母表没有函数符号。请描述并定义 $\mathscr{L}$ 的项集合 $Term_{\mathscr{L}_1}$。

习题 5.10 设 $\mathscr{L}_2$ 为一个一阶语言，其字母表没有个体常元符号，而且仅包含一个函数符号 f_1^1。请描述并定义 $\mathscr{L}$ 的项集合 $Term_{\mathscr{L}_2}$。

习题 5.11 严格按照 $\mathscr{L}$ 的语法定义（不使用优先级且不省略括弧）判定下列的表达式中哪些是合式公式，哪些不是？为什么？

(1) $P_1^2(f_1^1(x_1), x_1)$;

(2) $f_1^3(x_1, x_3, x_5)$;

(3) $(P_1^1(x_2) \to P_1^3(x_3, a_1))$；

(4) $\neg(\forall x_2)P_1^2(x_1, x_2)$；

(5) $((\forall x_2)P_1^1(x_1) \to (\neg P_1^1(x_2)))$；

(6) $P_1^3(f_2^3(x_1, x_2, x_4))$；

(7) $(\neg P_1^1(x_1) \to P_1^1(x_2))$；

(8) $(\forall x_1)P_1^3(a_1, a_2, f_1^1(a_3))$；

(9) $(\forall x)P_1^2(x_1, x_2)$；

(10) $\forall x_3 P_1^2(x_1, x_2)$；

(11) $((\neg P_1^1(x_1)) \to P_1^1(x_2))$；

(12) $(\forall x_1)(P_1^1(x_2) \to P_2^2(x_2, x_3))$。

习题 5.12　如果 $\mathcal{P}$ 和 t 分别是合式公式和项，证明 $\mathcal{P}[t/x_i]$ 也是合式公式（对任意 x_i）。

习题 5.13　用一阶形式语言 $\mathscr{L}$ 给出习题 5.7 和习题 5.8 的严格表示。

习题 5.14　在下面合式公式中 x_1 的哪些出现是自由的，哪些是约束的？

(1) $(\forall x_2)(P_1^2(x_1, x_2) \to P_1^2(x_2, a_1))$；

(2) $(P_1^1(x_1) \to (\neg(\forall x_1)(\forall x_2)P_1^3(x_1, x_2, a_1)))$；

(3) $((\forall x_1)P_1^1(x_1) \to (\forall x_2)P_1^2(x_1, x_2))$；

(4) $(\forall x_2)(a_1^2(f_1^2(x_1, x_2), x_1) \to (\forall x_1)P_2^2(x_3, f_2^2(x_1, x_2)))$。

指出在上述哪些合式公式中项 $f_1^2(x_1, x_3)$ 对 x_2 是自由的。

习题 5.15　指出下面公式所有的自由变元和约束变元，各个变元的所有自由出现和约束出现，并说明被约束的变元出现分别被那个量词所辖：

$$(\exists x_2)((\forall x_3)P_1^3(x_1, x_2, x_4) \to (\forall x_2)(\neg P_2^2(x_1, x_2) \land (\forall x_1)P_2^3(x_1, x_2, x_3)))$$

习题 5.16　设下面合式公式中 $\lor$、$\land$ 和 $\exists$ 是通过 $\neg$、$\to$ 和 $\forall$ 定义的连接词和量词。

$(\neg(((\forall x_1)P_1^2(x_1, x_3) \land (\neg(\exists x_2)(P_2^2(x_1, x_2) \lor (\forall x_3)(\neg P_3^2(x_2, x_3))) \to (\exists x_3)P_2^2(x_1, x_3)))))$

$(\forall x_2)(P_1^2(x, x_2) \lor (\exists x_4)((P_2^2(x_2, x_4) \land (\neg(\forall x_1)P_3^2(x_1, x_3))) \to (\forall x_3)P_2^2(x_3, x_1)))$

试确定：

(1) 上述每个合式公式中变元的各个自由出现；

(2) 上述每个合式公式中所有的自由变元；

(3) 上述每个合式公式中所有的约束变元;

(4) $f_1^1(x_2)$ 在各合式公式中对 x_1 是否为自由的;

(5) $f_1^2(x_2, x_4)$ 在各合式公式中对 x_1 是否为自由的;

(6) x_1 在各合式公式中对 x_2 是否为自由的。

习题 5.17　设 $\mathcal{P}$ 是公式 $(\neg(\forall x_1)((\exists x_3)P_1^2(x_3, x_2) \wedge (\forall x_1)P_1^2(x_1, x_2) \to (\exists x_2)P_1^3(x_1, x_2, x_3)))$，其中 $(\exists x_i)\mathcal{P}$ 定义为 $(\neg(\forall x_i)(\neg\mathcal{P}))$。请分别写出下面几个代换得到的公式:

(1)　$\mathcal{P}[f_1^3(x_1, x_2, x_3)/x_1]$　　(2)　$\mathcal{P}[f_1^3(x_1, x_2, x_3)/x_2]$　　(3)　$\mathcal{P}[f_1^3(x_1, x_2, x_3)/x_3]$

习题 5.18　请证明定义 5.7 中定义的代换不可能出现变元捕获。

习题 5.19　设 $\mathcal{P}(x_i)$ 为 $\mathscr{L}$ 公式且 x_i 在其中自由出现。进一步设 x_j 是 $\mathcal{P}(x_i)$ 中的自由变元。证明: 如果 x_j 在 $\mathcal{P}(x_i)$ 中对 x_i 是自由的, 则 x_i 在 $\mathcal{P}(x_j)$ 中对 x_j 是自由的。其中 $\mathcal{P}(x_j)$ 是将 $\mathcal{P}(x_i)$ 中 x_i 的每个出现用 x_j 替换的结果。

习题 5.20　对下列每个小题, 用 $\mathcal{P}(x_1)$ 代表其中的合式公式, 用 t 表示项 $f_1^2(x_1, x_3)$。请写出 $\mathcal{P}(t)$ 并确定在每种情况下 t 在 $\mathcal{P}(x_1)$ 中对 x_1 是否自由。

(1) $((\forall x_2)P_1^2(x_2, f_1^2(x_1, x_2)) \to P_1^1(x_1))$;

(2) $(\forall x_1)(\forall x_3)(P_1^1(x_3) \to P_1^1(x_1))$;

(3) $((\forall x_2)P_1^1(f_1^1(x_2)) \to (\forall x_3)P_1^3(x_1, x_2, x_3))$;

(4) $((\forall x_2)P_1^3(x_1, f_1^1(x_1), x_2) \to (\forall x_3)P_1^1(f_1^2(x_1, x_3)))$。

习题 5.21　对 t 是下列各项的情况分别重复做习题 5.20 的工作:

(1) x_2;

(2) x_3;

(3) $f_1^2(a_1, x_1)$;

(4) $f_1^3(x_1, x_2, x_3)$。

5.3　解　释

前一节介绍了 $\mathscr{L}$ 的语法和合式公式, 还定义了辖域、变元的自由和约束等概念, 最后研究了重要的代换操作。但请注意, 我们的目标是用这种语言描述现实世界中的逻辑问题, 做相应的逻辑推理, 为此就必须有办法建立起一阶语言与具体领域的联系。很显然, 这种联系应该把语言中的语法成分对应到具体领域里的对象, 以它们作为相应语言成分的语义或解释。这种解释语言的方法称为语言的**指称语义** (denotational semantics) 定义。我们完全可能将同一个语言应用于不同的具体领域, 如果这样做, 就需要为这个语言定义不同的语义（解释）。

5.3.1　概念

要建立一阶语言与某个具体问题领域的联系，就需要把量词陈述的范围设定到相关领域，并将语言中的常元、谓词符和函数符都落实到该问题领域中。一套这种关系就给出了一阶语言的一个**解释** (interpretation)。解释是一阶语言的通用语义框架，反映了我们对一阶语言的基本理解，例如 $\forall$ 的意义，以及为什么前面定义的换名和代换是合理的（保持语义），等等。

定义 5.8 (解释)　语言 $\mathscr{L}$ 的一个解释 I 包含如下一组要素：

(1) 一个非空集合 D_I，它由一些独立个体（对象）组成。对于 $\mathscr{L}$ 中的个体常元 $a_1, a_2, \cdots$，D_I 中存在与之对应的个体 $\overline{a_1}, \overline{a_2}, \cdots$，分别称为在 I 下各个 a_i 的解释或**指称物** (denotation)，或者**意义**；

(2) 集合 D_I 上的一个（全）函数集 $\overline{\Phi} = \{\overline{f}_i^n : D_I^n \mapsto D_I \mid n > 0, i > 0$ 表示函数的元数和序号 $\}$，每个 $\overline{f}_i^n \in \overline{\Phi}$ 是 D_i 上的一个 n-元函数，作为 $\mathscr{L}$ 函数符号 f_i^n 的解释或指称（物）；

(3) 集合 D_I 上的一个关系集合 $\overline{\Upsilon} = \{\overline{P}_i^n : D_I^n \mid n > 0, i > 0$ 表示关系的元数和序号 $\}$，每个 $\overline{P}_i^n \in \overline{\Upsilon}$ 是 D_i 上的一个 n-元关系，作为 $\mathscr{L}$ 谓词符号 P_i^n 的解释或指称。

可以看到，一个解释定义了一个代数结构（第 2.1.3 节），D_I 为其载子集。一个解释 I 给出了语言 $\mathscr{L}$ 中各种成分的一种具体意义：

- D_I 作为 $\mathscr{L}$ 中变元可能取值的**论域** (domain)，也就是 $\mathscr{L}$ 中量词 $(\forall x)$ 和 $(\exists x)$ 的作用范围。语言说 "所有的" 就指集合 D_I 的所有元素；

- 由于 $\mathscr{L}$ 是一阶语言，变元取值被限定为论域 D_I 中的个体；

- 语言 $\mathscr{L}$ 中的各个常元对应到论域 D_I 中的具体个体对象；

- 语言 $\mathscr{L}$ 中的各个函数符和谓词符分别对应到论域 D_I 上的函数和关系。

$\mathscr{L}$ 中的公式原本只是抽象的符号序列，给定一个解释 I，这些公式就有了具体的意义。进而，我们完全可以给 $\mathscr{L}$ 许多不同解释，不同解释之间可以相互有关或无关。

用严谨数学语言讲，一个解释 $\mathcal{I} = (D, I)$ 有两个实质性的元素，一个是论域 D，一个是**解释函数** (interpretation function) 或称**语义函数** (semantic function) I 定义的一组**映射** (mapping)。我们不妨就用 I 统一表示这组映射：

- 设 $\alpha = \{a_1, a_2, \cdots\}$ 为 $\mathscr{L}$ 的常元符号集合，则 $I : \alpha \mapsto D$，$I(a_i) = \overline{a}_i$。

- 设 $\Phi = \{f_1^1, f_2^1, \cdots, f_1^2, f_2^2, \cdots\}$ 是 $\mathscr{L}$ 的函数符号集合，$I : \Phi \mapsto \overline{\Phi}$，$I(f_i^n) = \overline{f}_i^n : D^n \mapsto D$。

- 设 $\Upsilon = \{P_1^1, P_2^1, \cdots, P_1^2, P_2^2, \cdots\}$ 是 $\mathscr{L}$ 的谓词符号集合，$I : \Upsilon \mapsto \overline{\Upsilon}$，$I(P_i^n) = \overline{P}_i^n : D^n$。

二元组 $\mathcal{I} = (D, I)$ 称为一个**塔斯基结构**。注意，上面讨论中重载了映射 I 记号，用同一符号表示三个类型不同的映射。我们简单地用 I 表示一个解释，用 D_I 表示其解释域。

例 5.6　现在考虑给出例 5.1 中一阶语言 $\mathscr{L}_{\mathbb{N}}$ 的一个解释 N。回忆一下，$\mathscr{L}_{\mathbb{N}}$ 包含常元、函数符和谓词符 $a_1, f_1^1, f_1^2, f_2^2, P_1^2$，解释 N 必须给出它们对应的常量、函数和关系。

解释 N 的论域 D_N 取自然数集合 $\mathbb{N} = \{0, 1, 2, 3, \cdots\}$ 作为 $\mathscr{L}_{\mathbb{N}}$ 变元的可能取值，令元素 0 作为常元 a_1 的解释。再令解释 N 将函数符 f_1^1 解释为 $\mathbb{N}$ 中的一元后继函数 succ；将函数符 f_1^2 和 f_2^2 分别解释为 $\mathbb{N}$ 中的二元函数 $+$ 和 $\times$；将谓词符 P_1^2 解释为 $\mathbb{N}$ 中的 $=$。

通过解释 N，形式语言 $\mathscr{L}_{\mathbb{N}}$ 的任何公式都可以映射到自然数集合 $\mathbb{N}$ 中的公式。例如，

$$(\forall x_1)P_1^2(f_1^2(x_1, a_1), x_1)$$

将被解释 N 映射到关于自然数中的断言：

$$\text{对任何自然数 } a, \ a + 0 = a$$

这是一个在自然数论域中成立的公式。我们也可以写出在解释 N 下不成立的公式，例如：

$$(\forall x_1)(\forall x_2)P_1^2(f_2^2(x_1, x_2), a_1)$$

它在解释 N 下的意义是 "任意两个自然数的乘积都是 0"，显然这是一个假断言。

应该特别说明，一阶语言并不足以描述自然数理论中我们可能感兴趣的所有命题。例如 "存在一个函数，其所有函数值都不是 0"（"并非每个函数，并非其所有的函数值都不是 0"。请读者考虑如何描述它）。在这个断言里说到了自然数上的所有函数，也就是说，描述这个断言时需要把量词作用到函数上，在一阶语言里不能这样做。

请注意，完全可能给同一个语言不同的解释，定义不同的塔尔斯基结构。下面是一例。

例 5.7　$\mathscr{L}_{\mathbb{N}}$ 的解释 N' 定义如下：论域 $D_{N'} = \mathbb{N}$，常元 a_1 解释为自然数 1，谓词符的解释同例 5.6。函数符 f_1^2 解释为乘法运算 $\times$，f_2^2 解释为加法运算 $+$。在这一解释下，公式

$$(\forall x_1)P_1^2(f_1^2(x_1, a_1), x_1)$$

将解释为自然数中的断言：

$$\text{对任何自然数 } a, \ a \times 1 = a$$

这是一个在自然数理论中成立的断言。

当然，我们也可以基于不同的论域给出同一个一阶语言的解释。例如，例 5.2 中的语言 $\mathscr{L}_G$ 可以自然地解释到一个群，但我们也可以把 $\mathscr{L}_{\mathbb{N}}$ 解释到一个群：其中的 a_1 解释为群中的单位元，f_1^1 解释为求逆函数，f_1^2 和 f_2^2 都解释为群中的基本运算 "·"。

5.3.2　赋值

与命题逻辑的情况类似，一般而言，只有解释还无法确定 $\mathscr{L}$ 公式的真值。解释中给定了个体论域和常元、函数符、谓词符的意义，把 $\mathscr{L}$ 的合式公式映射到相应论域中的逻辑

断言。然而，如例 5.3中的讨论，公式里通常还有个自由体变元符号，公式的真值还可能依赖对个体变元**赋值** (assignment)。我们也会看到，项的求值和量词的语义也是要通过变元的赋值才能严格定义。

考虑语言 $\mathscr{L}$ 的一个解释 I，其论域为 D_I，并把语言中常元 a_i、函数符 f_i^n 和谓词符 P_j^m 分别解释为论域 D_I 的元素、n 元函数和 m 元关系。为了讨论简单起见，我们约定这些符号的解释分别用 $\bar{a}_i \in D_I$、$\overline{f}_i^n : D_I^n \mapsto D_I$ 和 $\overline{P}_j^m : D_I^m$ 表示。

定义 5.9 (赋值) $\mathscr{L}$ 的解释 I 中的一个**赋值** (valuation) σ 是从 $\mathscr{L}$ 的项集合到 D_I 的一个函数（映射），而且：

(1) 对 $\mathscr{L}$ 中的任一常元 a_i 都有 $\sigma(a_i) = \bar{a}_i$；

(2) 对 $\mathscr{L}$ 中每一个变元 x_i，有 $\sigma(x_i) \in D_I$，称为对变元 x_i 的**赋值** (assignment)；

(3) 对 $\mathscr{L}$ 中的任一 n-元的函数符 f_i^n 和任意 n 个项 $t_1, \cdots, t_n$，都有 $\sigma(f_i^n(t_1, \cdots, t_n)) = \overline{f}_i^n(\sigma(t_1), \cdots, \sigma(t_n))$。

可以看到，上面定义要求赋值 σ 把 $\mathscr{L}$ 中任一个项映射到 D_I 的一个对象，并称该对象是这个项在 σ 下的解释。$\mathscr{L}$ 的一个项在一个解释下对应的个体称为该项的值，一个项的值根据函数的语义由该项中出现的个体常元和变元的赋值递归计算得出。根据定义，在同一个解释下可能有许多不同赋值，它们的差异就在于对变元的赋值。给定了所有变元的赋值 $\sigma(x_1), \sigma(x_2), \cdots$，也就唯一确定了的一个赋值[①]。

下面 "i-等价" 的定义在马上就要开始的讨论中有重要作用：

定义 5.10 (i-等价)   对于下标 i，如果两个赋值 σ 和 σ' 对所有下标为 j $(j \neq i)$ 的变元的赋值相同，即 $\sigma(x_j) = \sigma'(x_j)$，就说这两个赋值 i-**等价** (i-equivalence)（或说是 x_i 等价）。

显然，一个赋值与其自身对任一个 i 都为 i-等价的。但一般而言，两个 i-等价的不同赋值对 x_i 的赋值可能不同，因此，对于包含了 x_i 的项，它们的赋值也可能不同。

5.3.3   合式公式可满足性

考虑 $\mathscr{L}$ 的一个解释 I，对合式公式 $\mathcal{P}$，I 的赋值 σ 把 $\mathcal{P}$ 中每个项映射到一个值。我们把 $\mathcal{P}$ 里出现的各个项 t 用其在 I 下的值 $\sigma(t)$ 取代，把 $\mathcal{P}$ 中的常元、函数符和谓词符用 I 给定的解释取代，就得到了 D_I 上的一个断言（或说命题），并可能由此确定该断言真值。

定义 5.11 (满足)   令 I 为 $\mathscr{L}$ 的一个解释，$\mathcal{P}$ 为一个 $\mathscr{L}$ 公式，I 中赋值 σ **满足** (satisfy) $\mathcal{P}$，记为 $(I, \sigma) \models \mathcal{P}$，归纳定义如下：

(1) $(I, \sigma) \models P_i^n(t_1, \cdots, t_n)$，当且仅当 $\overline{P}_i^n(\sigma(t_1), \cdots, \sigma(t_n))$ 在 D_I 中为真（或说成立）；

(2) $(I, \sigma) \models \neg \mathcal{Q}$，当且仅当 $(I, \sigma) \not\models \mathcal{Q}$ （这里的 $\not\models$ 表示**不满足**）；

(3) $(I, \sigma) \models \mathcal{Q} \to \mathcal{R}$，当且仅当 $(I, \sigma) \models \neg \mathcal{Q}$，或者 $(I, \sigma) \models \mathcal{R}$；

---

① 注意一个解释中的 "赋值" 的英文术语是 "valuation"，即求值或计值。因为是有关对项的求值。而变元的赋值的英文术语是 "assignment"，即给变元指定具体值。显然，给定了变元的值，项的值就能根据函数的定义求得。

(4) $(I, \sigma) \models (\forall x_i)\mathcal{Q}$，当且仅当对每一个与 σ i-等价的赋值 σ' 都有 $(I, \sigma') \models \mathcal{Q}$。

下面是有关赋值 "满足" 合式公式的一些说明：

- 很显然，对任何公式 $\mathcal{P}$ 和具体赋值 σ，或者 $(I, \sigma) \models \mathcal{P}$，或者 $(I, \sigma) \models \neg\mathcal{P}$。

- 注意有关 $(\forall x_i)\mathcal{Q}$ 的规则，考查所有与 σ i-等价的 σ'，就意味着检查 x_i 的所有可能取值（取遍论域 D_I）下 $\mathcal{Q}$ 的真值，正合我们对 $(\forall x_i)$ 的理解。

- $\mathscr{L}$ 的解释 (D, I) 给出了常元、函数符和谓词符的映射，该解释下的赋值在常元和函数符上与解释一致，其实际作用就是给变元赋值。在考虑公式的满足问题时，我们可以先把 $\mathscr{L}$ 公式解释为 D_I 上的公式，然后再考虑对变元的赋值。

- 个体常元符号、函数符和谓词符在不同的解释下可能有不同的语义（指称），在同一个解释下的不同赋值对同一个体变元的作用结果也可以不同。另一方面，连接词和量词的语义在任何解释下和任何赋值下都是一样的。

例 5.8　前面例 5.6 给出了一阶语言 $\mathscr{L}_\mathbb{N}$ 及其解释 N，该解释的论域是自然数集合 $\mathbb{N}$。现在考虑在这个解释下的一些公式和赋值实例。下面示例中用代换的形式 $[a_{i_1}/x_1, \cdots,]$ 表示赋值。

(1) 考虑公式 $\mathcal{P}_1 = P_1^2(f_1^2(x_1, x_2), f_2^2(x_2, x_3))$，$N$ 将其解释为算术式 $x_1 + x_2 = x_2 \times x_3$。赋值 $\sigma_1 = [2/x_1, 1/x_2, 3/x_3]$ 相当于要求做代换 $\mathcal{P}_1[2/x_1, 1/x_2, 3/x_3]$，得到 $2 + 1 = 1 \times 3$。这是自然数中的一个真公式，所以 $(N, \sigma_1) \models \mathcal{P}_1$。考虑另一赋值 $\sigma_2 = [4/x_1, 5/x_2, 3/x_3]$，代换 $\mathcal{P}_1[4/x_1, 5/x_2, 3/x_3]$ 将得到 $4 + 5 = 5 \times 3$。这个等式在自然数中不真，所以 $(N, \sigma_2) \not\models \mathcal{P}_1$。

(2) 考虑公式 $\mathcal{P}_2 = (\forall x_1)P_1^2(f_1^2(x_1, x_2), f_2^2(x_2, x_1))$，$N$ 将其解释为 "对所有 x_1 都有 $x_1 + x_2 = x_2 \times x_1$"。考虑赋值 $\sigma_3 = [1/x_1, 1/x_2]$。$\mathcal{P}_2$ 是 $\forall$ 公式，定义 5.11 要求检查所有与 σ_3 1-等价的赋值。随便找一个，例如 σ_3 本身，得到 $1 + 1 = 1 \times 1$ 不成立，可知 $(N, \sigma_3) \not\models \mathcal{P}_2$。考虑另一赋值 $\sigma_4 = [0/x_1, 0/x_2]$，现在需要检查所有与 σ_4 1-等价的赋值是否满足 $x_1 + x_2 = x_2 \times x_1$。可以确定给 x_1 赋值 0 时等式成立，赋其他值时等式都不成立，所以 $(N, \sigma_4) \not\models \mathcal{P}_2$。

定义 5.7 刻画了合式公式的代换操作。但如果代换改变公式的真值，操作公式时就不能随便使用了。但代换并非都会改变公式的真值，可以证明，在一定条件下代换具有 "保值" 性：

命题 5.2　设 $\mathcal{P}(x_i)$ 是一个 $\mathscr{L}$ 公式，x_i 是该公式中的自由变元。另外假设 t 是一个项，而且 t 在 $\mathcal{P}$ 里相对于 x_i 自由。再设 σ 是一个赋值，σ' 是与 σ i-等价的另一个赋值。如果 $\sigma'(x_i) = \sigma(t)$，则 $(I, \sigma) \models \mathcal{P}(t)$ 当且仅当 $(I, \sigma') \models \mathcal{P}(x_i)$。

为了证明这个命题，我们先考虑一个引理：

引理 5.1 设 s 为任一包含 x_i 的项，$s' = s[t/x_i]$，即，s' 是 s 经过代换 $[t/x_i]$ 得到的结果。假定 σ 和 σ' 是 i-等价的赋值，且 $\sigma'(x_i) = \sigma(t)$，那么 $\sigma(s') = \sigma'(s)$。

证明：我们根据 s 的结构做结构归纳：

基础： 如果 s 是 x_i，那么 $s' = t$，因此有 $\sigma(s') = \sigma(t) = \sigma'(x_i) = \sigma'(s)$，引理成立。如果 s 是常量或 x_i 之外其他变元，$s' = s$，因 σ 和 σ' 为 i-等价的赋值，$\sigma'(s) = \sigma(s)$，引理成立。

归纳： 设 s 为任一个项 $f_j^n(s_1, \cdots, s_n)$，且 $s_k' = s_k[t/x_i]$（$k = 1, \cdots, n$）。根据结构归纳法，我们假设 $\sigma(s_k') = \sigma'(s_k)$（$k = 1, \cdots, n$）。令 $s' = s[t/x_i]$，则有

$$\begin{aligned} \sigma(s') &= \overline{f}_i^n(\sigma(s_1'), \cdots, \sigma(s_n')) && \text{— 由解释的定义} \\ &= \overline{f}_i^n(\sigma'(s_1), \cdots, \sigma'(s_n)) && \text{— 根据归纳假设} \end{aligned}$$

最后这个项就是 $\sigma'(s)$，引理得证。   □

命题 5.2 的证明 我们用结构归纳法证明命题 5.2，分情况做归纳：

<u>$\mathcal{P}(x_i)$ 是原子公式，设为 $P_j^n(s_1, \cdots, s_n)$：</u> 根据**引理 5.1**，$\sigma(s_k') = \sigma'(s_k)$（$k = 1, \cdots, n$），因此

$$\overline{P}_j^n(\sigma'(s_1), \cdots, \sigma'(s_n)) = \overline{P}_j^n(\sigma(s_1'), \cdots, \sigma(s_n'))$$

注意，$s_k' = s_k[t/x_i]$（$k = 1, \cdots, n$），$(I, \sigma') \models \mathcal{P}(x_i)$ 即是说 (I, σ') 满足上述等式的左边公式，$(I, \sigma) \models \mathcal{P}(t)$ 说 (I, σ) 满足右边公式，两者相等说明当两边同时成立或同时不成立。

  <u>$\mathcal{P}(x_i)$ 是 $\neg \mathcal{Q}(x_i)$</u>：假设命题对 $\mathcal{Q}(x_i)$ 成立，也就是说 $(I, \sigma') \models \mathcal{Q}(x_i)$ 当且仅当 $(I, \sigma) \models \mathcal{Q}(t)$，显然 $(I, \sigma') \models \neg \mathcal{Q}(x_i)$ 当且仅当 $(I, \sigma) \models \neg \mathcal{Q}(t)$，证毕。

  <u>$\mathcal{P}(x_i)$ 是 $\mathcal{Q}(x_i) \to \mathcal{R}(x_i)$</u>：假设命题对 $\mathcal{Q}(x_i)$ 和 $\mathcal{R}(x_i)$ 都成立。设 $(I, \sigma') \models \mathcal{P}(x_i)$，根据定义当且仅当 $(I, \sigma') \models \neg \mathcal{Q}(x_i)$ 或者 $(I, \sigma') \models \mathcal{R}(x_i)$，根据归纳假设当且仅当 $(I, \sigma) \models \neg \mathcal{Q}(t)$ 或者 $(I, \sigma) \models \mathcal{R}(t)$，这种情况当且仅当 $(I, \sigma) \models \mathcal{P}(t)$，证毕。

  <u>$\mathcal{P}(x_i)$ 是 $(\forall x_j)\mathcal{Q}(x_i)$</u>：我们首先证明如果 $(I, \sigma) \not\models \mathcal{P}(t)$ 则 $(I, \sigma') \not\models \mathcal{P}(x_i)$。设 $(I, \sigma) \not\models \mathcal{P}(t)$，必定存在与 σ j-等价的赋值 η，使得 $(I, \eta) \not\models \mathcal{Q}(t)$。令 η' 是任意一个与 η i-等价而且满足 $\eta'(x_i) = \eta(t)$ 的赋值，根据归纳假设就有 $(I, \eta') \not\models \mathcal{Q}(x_i)$。由于 x_i 在 $(\forall x_j)\mathcal{Q}(x_i)$ 里相对于 t 自由，可知 t 中不存在 x_j，只可能出现某些变元 x_k 且 $k \neq j$，而 $\sigma(t)$ 只依赖于这些 x_k。由于 η 与 σ j-等价，因此对这些 k 都有 $\eta(x_k) = \sigma(x_k)$，所以 $\eta(t) = \sigma(t)$。还是由于 η 与 η j-等价，所以 η' 也与 σ' j-等价。再根据 $(I, \eta') \not\models \mathcal{Q}(x_i)$ 就得到 $(I, \sigma') \not\models (\forall x_j)\mathcal{Q}(x_i)$，这也就是 $(I, \sigma') \not\models \mathcal{P}(x_i)$。相反的情况也可以类似地证明。   □

命题 5.2 告诉我们，代换是数学中处理复杂结构的有效手段，这一点，在命题逻辑中的重言式代换定理和逻辑等价代换定理中已经有很好的体现。另一方面，代换方法的有效性，也是建立在形式语言的结构性构造的基础之上。

5.3.4 真值和模型

给定了一个解释 $\langle D_I, I \rangle$ 和一个赋值 σ, 任何一个 $\mathscr{L}$ 公式就有确定的真值了。严格说, 对 $\mathscr{L}$ 的项的集合 $Term_{\mathscr{L}}$ 和合式公式集合 $\mathrm{WFF}_{\mathscr{L}}$, 设 Ω_I 为解释 I 下所有赋值的集合。则对于解释 I, 我们定义了:

(1) 一个类型为 $I : Term_{\mathscr{L}} \mapsto [\Omega_I \mapsto D_I]$ 的函数[1], 使得对任意的项 $t \in Term_{\mathscr{L}}$ 和任意赋值 σ, $I(t)(\sigma)$ 为 t 在解释 I 下依据定义 5.9 根据 σ 得到的值 $\sigma(t)$。

(2) 一个类型为 $I : \mathrm{WFF}_{\mathscr{L}} \mapsto [\Omega_I \mapsto \mathbb{T}]$ 的函数, 使得对任意 $\mathcal{P} \in \mathrm{WFF}_{\mathscr{L}}$, $I(\mathcal{P})$ 是论域 D_I 上的断言形式, 它对任何赋值 σ 都有一个真值 $I(\mathcal{P})(\sigma)$, 而且 $I(\sigma)(\mathcal{P}) = tt$ 当且仅 $(I, \sigma) \models \mathcal{P}$。

定义 5.12 (真值和模型) 设 I 是合式公式 $\mathcal{P}$ 的一个解释:

(1) 如果对 I 中的所有赋值 σ 都有 $I(\mathcal{P})(\sigma) = tt$, 则说 $\mathcal{P}$ 在解释 I 下为**真**。如果对 I 中的任何赋值 σ 都有 $I(\mathcal{P})(\sigma) = ff$, 就说 $\mathcal{P}$ 在解释 I 下为**假**。

(2) 当 $\mathcal{P}$ 在解释 I 下为真时, 也说 I 是 $\mathcal{P}$ 的**模型** (model), 记为 $I \models \mathcal{P}$。

(3) 如果在 I 下存在赋值 σ 使得 $I(\mathcal{P})(\sigma) = tt$, 则称 $\mathcal{P}$ 在解释 I 下**可满足** (satisfiable)。

关于合式公式的真值问题, 有如下的说明:

- 前面说过, 我们要求解释 I 的论域是非空集合, 因此 I 下的赋值集合一定不空。根据定义, 对给定的公式 $\mathcal{P}$, 其解释 I 下的赋值 σ 或者满足它, 或者不满足它。不可能出现某个 $\mathcal{P}$ 在解释 I 下又真又假的情况, 但是, 却可能出现 $\mathcal{P}$ 被一些赋值满足, 但不被另一些赋值满足的情况。这时 $\mathcal{P}$ 在解释 I 下既不是真的, 也不是假的。

- 在解释 I 下公式 $\mathcal{P}$ 为真当且仅当 $\neg \mathcal{P}$ 为假。因此, 对给定的公式 $\mathcal{P}$, 不存在能使它和 $\neg \mathcal{P}$ 同时为真的解释。对给定的解释 I, 也不存在公式 $\mathcal{P}$ 能使其自身与 $\neg \mathcal{P}$ 同时为真。

- 解释 I 将任一公式 $\mathcal{P}$ 转换成解释域上的断言形式 (或说带参数的关系表达式) $I(\mathcal{P})$, 因此 I 定义了一阶语言 $\mathscr{L}$ 的一个**语义** (semantics)。

- 注意: 函数 $I : \mathrm{WFF}_{\mathscr{L}} \mapsto [\Omega_I \mapsto \mathbb{T}]$ 有两个 "等价" 形式: $I^c : \mathrm{WFF}_{\mathscr{L}} \times \Omega_I \mapsto \mathbb{T}$ 定义为 $I^c(\mathcal{P}, \sigma) = I(\mathcal{P})(\sigma)$ 和 $I' : \Omega_I \mapsto [\mathrm{WFF}_{\mathscr{L}} \mapsto \mathbb{T}]$ 使得 $I'(\sigma)(\mathcal{P}) = I(\mathcal{P})(\sigma) = I^c(\mathcal{P}, \sigma)$。

我们曾经多次讲到模型思维, 这是我们首次遇到模型概念的严格逻辑定义。第 7 章中数学系统的模型就是建立在这一定义的基础上, 譬如, 抽象代数中的群和布尔代数等代数结构都是相关的一阶系统的模型。在第 8 章我们将介绍计算机程序程序设计理论, 学习如何使用定义形式逻辑系统的语言的方式定义程序设计语言, 用定义逻辑公式的语义的方式定义程序语言的语义, 以及用逻辑系统的形式证明方法证明程序的性质。

关于解释和逻辑公式的真假, 我们有如下的基本性质。

---

[1] 因为这个函数值域的元素是函数, 所以在数学上也称为泛函。

命题 5.3   设 I 是 $\mathscr{L}$ 的任一解释，$\mathcal{P}$ 和 $\mathcal{Q}$ 是 $\mathscr{L}$ 公式：

(1) $I \models \neg\mathcal{P}$ 当且仅当不存在 σ 使得 $(I,\sigma) \models \mathcal{P}$；

(2) 解释 I 下 $\mathcal{P} \wedge \neg\mathcal{P}$ 必定是假；

(3) 公式 $\mathcal{P} \rightarrow \mathcal{Q}$ 在 I 下为假，当且仅当 $\mathcal{P}$ 在 I 下为真且 $\mathcal{Q}$ 在 I 下为假。

证明：这里只证明 (3)，其他留作练习。假设 $\mathcal{P} \rightarrow \mathcal{Q}$ 在 I 下为假，那么对任意的赋值 σ，必定有 $(I,\sigma) \not\models \mathcal{P} \rightarrow \mathcal{Q}$。根据定义 5.11 (3) 可知 $(I,\sigma) \not\models \neg\mathcal{P}$ 并且 $(I,\sigma) \not\models \mathcal{Q}$，也就是说，$(I,\sigma) \models \mathcal{P}$ 并且 $(I,\sigma) \not\models \mathcal{Q}$。由于 σ 的任意性，我们得到 $\mathcal{P}$ 在 I 下为真，而 $\mathcal{Q}$ 在 I 下为假。   □

命题 5.4   对任一解释 I，如果 $I \models \mathcal{P} \rightarrow \mathcal{Q}$ 并且 $I \models \mathcal{P}$，那么必定有 $I \models \mathcal{Q}$。

证明：令 σ 为 I 中的任一赋值，根据命题的条件，σ 满足 $\mathcal{P}$ 而且 σ 满足 $\mathcal{P} \rightarrow \mathcal{Q}$。由 σ 满足 $\mathcal{P} \rightarrow \mathcal{Q}$，根据定义 5.11 (3)，$\sigma$ 或者满足 $\neg\mathcal{P}$，或者满足 $\mathcal{Q}$。由于 σ 满足 $\mathcal{P}$，因此它不能满足 $\neg\mathcal{P}$，所以 σ 满足 $\mathcal{Q}$。由 σ 的任意性知 $\mathcal{Q}$ 在 I 下为真。   □

命题 5.5   对 $\mathscr{L}$ 的任意解释 I 和合式公式 $\mathcal{P}$，$I \models \mathcal{P}$ 当且仅当对任何变元 x_i 都有 $I \models (\forall x_i)\mathcal{P}$。

证明：假定 $I \models \mathcal{P}$。令 σ 为 I 中任一赋值，而且 σ 满足 $\mathcal{P}$。由 $I \models \mathcal{P}$ 可知 I 中任一赋值 σ 都满足 $\mathcal{P}$，特别的，任何与 σ i-等价的赋值 σ' 也都满足 $\mathcal{P}$，所以 σ 满足 $(\forall x_i)\mathcal{P}$。由 σ 的任意性就得到 $I \models (\forall x_i)\mathcal{P}$。

反过来，设 $I \models (\forall x_i)\mathcal{P}$。令 σ 为 I 中任一赋值，由定义可知与 σ i-等价的赋值 σ' 都满足 $\mathcal{P}$，特别的是 σ 本身也满足 $\mathcal{P}$。由 σ 的任意性得到 $I \models \mathcal{P}$。   □

不难理解这一命题的如下推论。

推论 5.1   设 $y_1, \cdots, y_n$ 为 $\mathscr{L}$ 中的一组变元，对 $\mathscr{L}$ 中的任意解释 I 和合式公式 $\mathcal{P}$，$I \models \mathcal{P}$ 当且仅当 $I \models (\forall y_1)\cdots(\forall y_n)\mathcal{P}$。

如果 x_i 在 $\mathcal{P}$ 中非自由，很明显，增加量词 $(\forall x_i)$ 不会影响公式的解释，$\mathcal{P}$ 真当且仅当 $(\forall x_i)\mathcal{P}$ 真。如果 x_i 在 $\mathcal{P}$ 中自由时的情况有些不同，但上面结论说明，这时仍有 $\mathcal{P}$ 真当且仅当 $(\forall x_i)\mathcal{P}$ 真。这种情况说明，如果只考虑合式公式的真假，自由变元可以看作是被全称量化的。

前面引进了存在量词作为一种简写。对于存在量词有如下的结果：

命题 5.6   如果解释 I 中至少存在一个与 σ i-等价的赋值 σ' 满足 $\mathcal{P}$，解释 I 中的赋值 σ 满足 $(\exists x_i)\mathcal{P}$。

证明：请回忆一下，$(\exists x_i)\mathcal{P}$ 表示 $\neg(\forall x_i)\neg\mathcal{P}$。如果 σ 满足 $\neg(\forall x_i)\neg\mathcal{P}$，那么就存在与 σ i-等价的赋值 σ' 不满足 $\neg\mathcal{P}$，因此 σ' 满足 $\mathcal{P}$。   □

在许多时候，我们关心的不是一个公式的模型问题，而是一集公式的模型问题，也就是说，对于公式集合 $\{\mathcal{P}_1, \cdots, \mathcal{P}_n\}$，是否存在一个解释 I 使得 $I \models \mathcal{P}_1, \cdots, I \models \mathcal{P}_n$。

习题 5.22　给出命题 5.3 (1) 和 (2) 的证明。

习题 5.23　请将 $\mathscr{L}_N$ 解释到整数集合 $\mathbb{Z}$（其中包括负数）上，并用这一形式语言写出两个在 $\mathbb{Z}$ 里为真但在自然数集合 $\mathbb{N}$ 中不真的公式。

习题 5.24　请将 $\mathscr{L}_N$ 解释到有理数集合 $\mathbb{Q}$，并用这一形式语言写出两个在 $\mathbb{Q}$ 里为真但在整数集合 $\mathbb{Z}$ 中不真的公式。

习题 5.25　设 $\mathscr{L}$ 为一个一阶语言，除了变元、连接词、量词、括弧和逗号外，包括一个个体常元 a_1、一个函数符号 f_1^1 和一个谓词符号 P_1^2。令 $\mathcal{P}$ 是如下合式公式：

$$(\forall x_1)(\forall x_2)(P_1^2(f_1^2(x_1, x_2), a_1) \rightarrow P_1^2(x_1, x_2))$$

定义 $\mathscr{L}$ 的解释 I_1 如下：D_I 为整数集合 $\mathbb{Z}$，$\bar{a}_1$ 为 0，$\overline{f}_1^2(x, y)$ 为 $x - y$，$\overline{P}_1^2(x, y)$ 为 $x < y$。请说明 $\mathcal{P}$ 在 I_1 下的数学解释。这是一个真断言还是假断言？给出另一个解释 I_2 使得 $\mathcal{P}$ 在其解释下为真当且仅当 $\mathcal{P}$ 在解释 I_1 下为假。

习题 5.26　下面是某一阶语言 $\mathscr{L}$ 的一个合式公式，是否存在一个解释将其解释为假断言？

$$(\forall x_1)(P_1^1(x_1) \rightarrow P_1^1(f_1^1(x_1)))$$

如果存在，请给出这个解释详细的描述。如果不存在则说明理由。

习题 5.27　对合式公式 $(\forall x_1)(P_1^2(x_1, x_2) \rightarrow P_1^2(x_2, x_1))$ 重复习题 5.26 的工作。

习题 5.28　令 $\mathscr{L}_N$ 和 N 分别为例 5.6 中的一阶语言和其在算术上的解释，给出满足和不满足如下公式的赋值。

(1) $P_1^2(f_1^2(x_1, x_1), f_2^2(x_2, x_3))$；

(2) $P_1^2(f_1^2(x_1, a_1), x_2) \rightarrow P_1^2(f_1^2(x_1, x_2), x_3)$；

(3) $\neg P_1^2(f_2^2(x_1, x_2), f_2^2(x_2, x_3))$；

(4) $(\forall x_1)P_1^2(f_2^2(x_1, x_2), x_3)$；

(5) $(\forall x_1)P_1^2(f_2^2(x_1, a_1), x_1) \rightarrow P_1^2(x_1, x_2)$。

习题 5.29　在习题 5.25 的一阶语言 $\mathscr{L}$ 的解释下设法找出满足和不满足下列每个公式的赋值：

(1) $P_2^2(x_1, a_1)$；

(2) $P_2^2(f_1^2(x_1, x_2), x_1) \rightarrow P_2^2(a_1, f_1^2(x_1, x_2))$；

(3) $\neg P_2^2(x_1, f_1^2(x_1, f_1^2(x_1, x_2)))$；

(4) $(\forall x_1) P_2^2(f_1^2(x_1, x_2), x_3)$;

(5) $(\forall x_1) P_2^2(f_1^2(x_1, a_1), x_1) \rightarrow P_2^2(x_1, x_2)$。

习题 5.30　下列哪些公式在习题 5.25（也见习题 5.29）的一阶语言 $\mathscr{L}$ 的解释下为真，哪些为假？

(1) $(\forall x_1) P_2^2(f_1^2(a_1, x_1), a_1)$;

(2) $(\forall x_1)(\forall x_2)(\neg(P_2^2(f_1^2(x_1, x_2), x_1)))$;

(3) $(\forall x_1)(\forall x_2)(\forall x_3)(P_2^2(x_1, x_2) \rightarrow P_2^2(f_1^2(x_1, x_3), f_1^2(x_2, x_3)))$;

(4) $(\forall x_1)(\exists x_2) P_2^2(x_1, f_1^2(f_1^2(x_1, x_2), x_2))$。

习题 5.31　证明：对任意给定的解释 I，$(\mathcal{P} \rightarrow \mathcal{Q})$ 为假当且仅当 $\mathcal{P}$ 为真且 $\mathcal{Q}$ 为假。

习题 5.32　设一阶语言 $\mathscr{L}$ 包含一个个体常元 a_1，一个二元函数 f_1^2，两个一元谓词符号 P_1^1 和 P_2^1，两个二元谓词符号 P_1^2 和 P_2^2，以及常规的逻辑连接词、变元符号和辅助符号（即括弧和逗号）。定义两个解释 I_1 和 I_2 如下：

(1) I_1 的论域 $D_{I_1} = \mathbb{N}$，即为自然数集合；I_2 的论域 $D_{I_2} = \mathbb{R}$，即为实数集合。

(2) I_1 和 I_2 都把个体常元 a_1 解释为自然数 1；把函数符号 f_1^2 解释为加运算 +；把一元谓词符号 $P_1^1(x)$ 和 $P_2^1(x)$ 分别解释为 x 为偶数和奇数；把二元谓词符号 P_1^2 和 P_2^2 分别解释为小于关系 "<" 和等于关系 "="。

请证明：

(1) $(\forall x_1)(\forall x_2) P_2^2(f_1^2(x_1, x_2), a_1)$ 在两个解释下都为假；

(2) $(\forall x_1)(\exists x_2) P_2^2(f_1^2(x_1, x_2), a_1)$ 在 I_1 下为假，在 I_2 下为真；

(3) $(\exists x_1)(\forall x_2) P_2^2(f_1^2(x_1, x_2), a_1)$ 在 I_1 和 I_2 下均为假；

(4) $(\forall x_1)(\exists x_2) P_2^2(f_1^2(x_1, x_2), a_1) \rightarrow (\exists x_1)(\forall x_2) P_2^2(f_1^2(x_1, x_2), a_1)$ 在 I_1 下为真，在 I_2 下为假；

(5) $(\exists x_1) P_1^1(x_1) \rightarrow (\forall x_1) P_2^1(x_1)$ 在 I_1 下为假；

(6) $(\exists x_1)(\forall x_2)(\neg P_2^2(x_1, x_2) \rightarrow P_1^2(x_1, x_2))$ 在 I_1 下为真。

5.4 重言式和逻辑等价

命题逻辑语言 L 和谓词逻辑语言 $\mathscr{L}$ 中都有连接词 ¬ 和 →。这样，如果取一个 L 公式 $\mathcal{P}_0$，把其中命题符号 p_i 代换为 $\mathscr{L}$ 公式 $\mathcal{P}_i$（同一命题符号换成同一 $\mathscr{L}$ 公式），就会得到一个 $\mathscr{L}$ 公式，设为 $\mathcal{P}$。我们称 $\mathcal{P}$ 为 $\mathcal{P}_0$ 在 $\mathscr{L}$ 中的一个**代换实例** (substitution instance)。注意，一个 $\mathscr{L}$ 公式可能与多个 L 公式具有同样的结构。例如：

$$\neg(\forall x_1)P_1^2(x_1, f_1^1(x_2)) \to ((\forall x_2)P_2^2(f_1^2(x_1, x2), x_2) \to \neg(\forall x_1)P_1^2(x_1, f_1^1(x_2))) \tag{5.9}$$

既是 $\neg p_1 \to p_2$ 的代换实例，也是 $p_1 \to (p_2 \to \neg p_3)$ 的代换实例[①]。

5.4.1 重言式

作为特殊情况，式 (5.9) 可以看作 L 公式 $p_1 \to (p_2 \to p_1)$ 的代换实例，而这个公式是命题逻辑中的一个重言式。我们有下面定义：

定义 5.13 (重言式)　如果 $\mathscr{L}$ 公式 $\mathcal{P}$ 是某个 L 重言式 $\mathcal{P}_0$ 在 $\mathscr{L}$ 中的代换实例，我们就说 $\mathcal{P}$ 是 $\mathscr{L}$ 的**重言式** (tautology)。

命题 5.7 (重言式定理)　$\mathscr{L}$ 的重言式 $\mathcal{P}$ 在 $\mathscr{L}$ 的任意解释 I 下都为真。

证明：设 $\mathcal{P}_0$ 是 L 的合式公式，$p_1, \cdots, p_n$ 是 $\mathcal{P}_0$ 里出现的所有命题符号，而 $\mathcal{P}$ 是通过用 $\mathscr{L}$ 公式 $\mathcal{P}_1, \cdots, \mathcal{P}_n$ 代换 $\mathcal{P}_0$ 中 $p_1, \cdots, p_n$ 而得到的 $\mathscr{L}$ 公式。再令 I 为 $\mathscr{L}$ 的任一个解释，σ 是 I 中的任一赋值。我们构造 L 中的赋值 σ' 使之满足（对于 $i = 1, \cdots, n$）：

$$\sigma'(p_i) = \begin{cases} tt, & \text{如果 } \sigma \text{ 满足 } \mathcal{P}_i \\ ff, & \text{如果 } \sigma \text{ 不满足 } \mathcal{P}_i \end{cases}$$

在此基础上，我们首先证明 σ 满足 $\mathcal{P}$ 当且仅当 $\sigma'(\mathcal{P}_0) = tt$，基于 $\mathcal{P}_0$ 的结构进行归纳：

基础：　设 $\mathcal{P}_0$ 是命题符号，例如 p_i。根据 σ' 的构造规则，$\sigma'(p_i) = tt$ 当且仅当 σ 满足 $\mathcal{P}$。

情况 1：　设 $\mathcal{P}_0$ 是 $\neg \mathcal{Q}_0$，对应的 $\mathcal{P}$ 是 $\neg \mathcal{Q}$，其中 $\mathcal{Q}$ 是 $\mathcal{Q}_0$ 的代换实例。由归纳假设，σ 满足 $\mathcal{Q}$ 当且仅当 $\sigma'(\mathcal{Q}_0) = tt$。由此并根据定义 5.11 (2)，$\sigma$ 满足 $\mathcal{P}$ 当且仅当 $\sigma'(\mathcal{P}_0) = tt$。

情况 2：　设 $\mathcal{P}_0$ 是 $\mathcal{Q}_0 \to \mathcal{R}_0$，对应的 $\mathcal{P}$ 是 $\mathcal{Q} \to \mathcal{R}$，其中 $\mathcal{Q}$ 和 $\mathcal{R}$ 分别是 $\mathcal{Q}_0$ 和 $\mathcal{R}_0$ 的代换实例。下面几个断言等价：

(1) σ 满足 $\mathcal{P}$；

(2) 或者 σ 满足 $\neg \mathcal{Q}$，或者 σ 满足 $\mathcal{R}$（定义 5.11 (3)）；

(3) 或者 σ 不满足 $\mathcal{Q}$，或者 σ 满足 $\mathcal{R}$；

(4) 或者 $\sigma'(\mathcal{Q}_0) = tt$，或者 $\sigma'(\mathcal{R}_0) = tt$；

(5) $\sigma'(\mathcal{Q}_0 \to \mathcal{R}_0) = tt$（定义 4.5）；

[①] 注意，任意 $\mathscr{L}$ 公式都是 L 公式 p 的代换实例。特别的，形式为 $(\forall x_i)\mathcal{P}$ 的公式都是 p 的代换实例。

(6) $\sigma'(\mathcal{P}_0) = tt$。

这样就完成了归纳证明。

有了上面结果，定理的证明就很简单了：设 $\mathcal{P}$ 为 $\mathscr{L}$ 的重言式，因此是某个 L 重言式 $\mathcal{P}_0$ 的代换实例。令 I 为 $\mathscr{L}$ 的任一解释，σ 为 I 中任一赋值。根据上面结果，σ 满足 $\mathcal{P}$ 当且仅当 $\sigma'(\mathcal{P}_0) = tt$。由于 $\mathcal{P}_0$ 为重言式，必有 $\sigma'(\mathcal{P}_0) = tt$。由于 I 和 σ 的任意性，对任意的 I 都有 $I \models \mathcal{P}$。　□

　　前面说过，给定解释 I 不一定能确定 $\mathscr{L}$ 公式 $\mathcal{P}$ 的真或假，可能出现 I 的一些赋值满足 $\mathcal{P}$ 但另一些不满足 $\mathcal{P}$ 的情况。这里的问题明显与公式 $\mathcal{P}_1$ 中自由变元有关。这个问题值得研究。

定义 5.14 (闭公式和公式的全称闭式)　令 $\mathcal{P}$ 为 $\mathscr{L}$ 公式，如果 $\mathcal{P}$ 中没有自由变元，则称 $\mathcal{P}$ 为 $\mathscr{L}$ 中的一个**闭公式** (closed formula)。

　　对任意 $\mathscr{L}$ 公式 $\mathcal{P}$，设 $\mathcal{P}$ 中自由变元为 $x_{i_1}, \cdots, x_{i_k}$，将这些变元全称量化后得到的公式 $(\forall x_{i_1}), \cdots, (\forall x_{i_k})\mathcal{P}$ 称为 $\mathcal{P}$ 的**全称闭式**，常记为 $\mathcal{P}'$。

命题 5.8　设 I 是 $\mathscr{L}$ 的一个解释，$\mathcal{P}$ 是一个合式公式。再设 σ 和 η 是 I 中的两个赋值，而且对 $\mathcal{P}$ 的每个自由变元 x_i 都有 $\sigma(x_i) = \eta(x_i)$，那么 σ 满足 $\mathcal{P}$ 当且仅当 η 满足 $\mathcal{P}$。

证明：基于 $\mathcal{P}$ 的结构做归纳证明。

基础：设 $\mathcal{P}$ 为原子公式 $P_i^n(t_1, \cdots, t_n)$。$t_1, \cdots, t_n$ 中的变元都是自由变元，σ 和 η 对它们赋值相同，就有 $\sigma(t_i) = \eta(t_i)$（$i = 1, \cdots, n$），显然 σ 满足 $\mathcal{P}$ 当且仅当 η 满足 $\mathcal{P}$。

情况 1：$\mathcal{P}$ 是 $\neg\mathcal{Q}$。证明很简单，留作练习。

情况 2：$\mathcal{P}$ 是 $\mathcal{Q} \to \mathcal{R}$。证明很简单，留作练习。

情况 3：$\mathcal{P}$ 是 $(\forall x_i)\mathcal{Q}$。设 σ 满足 $\mathcal{P}$，η' 为任一个与 η i-等价的赋值。对 $\mathcal{P}$ 中所有的自由变元 y 都有 $\eta'(y) = \eta(y) = \sigma(y)$（因为 x_i 在 $(\forall x_i)\mathcal{Q}$ 中非自由）。还有，由于 σ 满足 $(\forall x_i)\mathcal{Q}$，任何与 σ i-等价的赋值都满足 $\mathcal{Q}$。我们取满足下面条件的特殊 σ'：

$$\sigma'(x_i) = \eta'(x_i)$$
$$\sigma'(x_j) = \sigma(x_j) \quad \text{对所有的} j \neq i$$

易见，对 $\mathcal{Q}$ 中所有自由变元 y 都有 $\eta'(y) = \sigma'(y)$。由归纳假设，因为 σ' 满足 $\mathcal{Q}$，η' 也满足 $\mathcal{Q}$。由于 η' 的任意性，η 满足 $(\forall x_i)\mathcal{Q}$。

　　用同样方法可证当 η 满足 $(\forall x_i)\mathcal{Q}$ 时 σ 也满足 $(\forall x_i)\mathcal{Q}$。　□

习题 5.33　请证明命题 5.8 中归纳的**情况 2** 和**情况 3**。

推论 5.2　设 $\mathcal{P}$ 是一个 $\mathscr{L}$ 闭公式，I 为 $\mathscr{L}$ 的一个解释。那么或者 $I \models \mathcal{P}$，或者 $I \models \neg\mathcal{P}$。

证明：令 σ 和 η 是 I 中的两个赋值，且对 $\mathcal{P}$ 中任意自由变元 x_i 都有 $\sigma(x_i) = \eta(x_i)$（由于 $\mathcal{P}$ 无自由变元，I 中任意两个赋值都满足这个条件）。根据命题 5.8，σ 满足 $\mathcal{P}$ 当且仅

当 η 满足 $\mathcal{P}$。也就是说，I 的赋值或者都满足 $\mathcal{P}$，或者都不满足 $\mathcal{P}$。因此或者 $I \models \mathcal{P}$，或者 $I \models \neg \mathcal{P}$。 □

5.4.2 逻辑有效的公式

推论 5.2 得到的结论非常重要。很显然，我们更关心一个公式在某解释下的真值，而不是在该解释是否被某个赋值满足。这个推论告诉我们，对于闭公式，任意解释的所有赋值都将得到同样的结果。这样，如果需要考查一个公式在某个解释下的真值，而这个公式是闭公式，我们就不需要检查所有可能的赋值，只检查任意一个具体赋值就足够了。另一方面，在数学中，闭公式是非常自然的情况。请读者自己思考并确认这个说法。

解释可以给出闭公式的真值，这样就可能出现一种情况：某个 $\mathscr{L}$ 公式 $\mathcal{P}$ 在所有解释下的值都是 tt，也就是说，$\mathcal{P}$ 在所有解释下都为真。

定义 5.15 (逻辑上有效和矛盾) 对 $\mathscr{L}$ 公式 $\mathcal{P}$，如果 $\mathscr{L}$ 的任何解释 I 都使 $\mathcal{P}$ 为真，则称 $\mathcal{P}$ 为**逻辑上有效的** (logically valid)，记为 $\models \mathcal{P}$。如果任何 $\mathscr{L}$ 的解释 I 都使 $\mathcal{P}$ 为假，则称 $\mathcal{P}$ 是**矛盾** (contradiction)。

在命题演算系统 L 中，一个合式公式是逻辑有效的当且仅当它是重言式。但请注意，一阶语言 $\mathscr{L}$ 中的重言式是通过 L 的重言式的语法转换来定义的。虽然 $\mathscr{L}$ 中的重言式一定是逻辑有效的，但反过来则不一定。譬如 $\mathscr{L}$ 公式 $((\forall x_1)P_1^1(x_1) \to (\exists x_1)P_1^1(x_1))$ 逻辑有效（参考命题 5.6），但它却不是重言式。另一方面，L 里有很多公式既不是重言式也不是矛盾式。类似的，$\mathscr{L}$ 中也有许多公式既不是逻辑有效的，也不是矛盾的，譬如 $P_1^1(x_1)$。

例 5.9 根据前面讨论和定义 5.15，很容易得到下面结果：

(1) 如果 $\mathcal{P}$ 和 $\mathcal{P} \to \mathcal{Q}$ 都是逻辑有效的，$\mathcal{Q}$ 也是。

(2) 如果 $\mathcal{P}$ 是逻辑有效的，$(\forall x_i)\mathcal{P}$ 也是（其中 x_i 为任意逻辑变元）。

这里的 (1) 说明了分离规则在谓词逻辑中的有效性，这是下一章建立一阶形式证明系统时继续用 (MP) 作为一条基本推理规则的依据。另一方面，例中的 (2) 则说明了在下一章建立的形式谓词推理系统中的**泛化** (generalization) 推理规则的有效性，泛化规则也称为**概括规则**。

例 5.10 我们继续考虑逻辑有效性的一些情况和实例。

(1) 根据命题 5.7，$\mathscr{L}$ 的重言式在任何解释下都为真，所以重言式都是逻辑有效的。

(2) $(\forall x_i)\mathcal{P} \to (\exists x_i)\mathcal{P}$ 是逻辑有效的，这一结论可以如下证明：

令 I 为任一论域为 D_I 的解释，σ 为 I 中的一个赋值。如果 σ 不满足 $(\forall x_i)\mathcal{P}$，那么 σ 满足 $(\forall x_i)\mathcal{P} \to (\exists x_i)\mathcal{P}$。如果 σ 满足 $(\forall x_i)\mathcal{P}$，那么任何与 σ i-等价的赋值 σ' 也都满足 $\mathcal{P}$，自然是存在赋值 σ 满足 $\mathcal{P}$，根据命题 5.6，这个 σ 满足 $(\exists x_i)\mathcal{P}$，因此也满足 $(\forall x_i)\mathcal{P} \to (\exists x_i)\mathcal{P}$。这就证明了任何解释中任何赋值都满足这个公式，所以它是逻辑有效的。

(3) $P_1^1(x_1)$ 不是逻辑有效的。这很显然，只要给出一个解释 I 和一个赋值 σ 使 $(I, \sigma) \not\models$ $P_1^1(x_1)$。取论域为 $\mathbb{N}$ 的解释 I，把 $P_1^1(x_1)$ 解释为 "x_1 是偶数"，并令 $\sigma(x_1) = 1$。类似地可以证明，$\mathscr{L}$ 的任何原子公式都不是逻辑有效的。

(4) 虽然通过检查解释和赋值的方法可以判断逻辑有效性，但这样做通常都很麻烦。考虑公式 $(\forall x_1)(\exists x_2) P_1^2(x_1, x_2) \rightarrow (\exists x_1)(\forall x_2) P_1^2(x_1, x_2)$，记为 $\mathcal{P}$。它不是逻辑有效的，为证明这一结论，就需要找到一个论域 D_I、相应的解释 I 和一个赋值，使这一公式在 D_I 中不成立。

我们取论域是自然数 $\mathbb{N}$ 的解释 I，并将 $P_1^2(x_1, x_2)$ 解释为 "x_2 比 x_1 大 3"。显然，对任意自然数 n，都存在另一自然数比它大 3，也就是说 $(\forall x_1)(\exists x_2) P_1^2(x_1, x_2)$ 在此解释下成立。但很显然，"存在某自然数，任何自然数都比它大 3" 并不成立。所以公式 $\mathcal{P}$ 在解释 I 下总不成立，与具体赋值无关（这里没有自由变元，赋值没有实质性影响）。

一般而言，要证明一个公式 $\mathcal{P}$ 是逻辑有效的，需要证明在任何解释下的任何赋值都满足 $\mathcal{P}$；而要证明 $\mathcal{P}$ 非逻辑有效的，则需要动脑筋，设法构造出一个解释，使得在这个解释下有赋值不满足 $\mathcal{P}$。与之对应，要证明一个公式为矛盾的或非矛盾的，也要做类似的工作。显然，这种构造性工作需要深入的思维，不是简单的形式化操作。在下一章，我们将研究相应的形式化途径。

5.4.3　逻辑蕴涵和逻辑等价

与命题逻辑中的情况一样，在谓词逻辑中，同样需要讨论合式公式之间的逻辑蕴涵或者逻辑等价关系，这一讨论也同样有价值。

定义 5.16 (逻辑蕴涵和逻辑等价)　设 $\mathcal{P}$ 和 $\mathcal{Q}$ 是 $\mathscr{L}$ 公式，如果满足 $\mathcal{P}$ 的解释都满足 $\mathcal{Q}$，亦即，$\mathcal{P}$ 的模型都是 $\mathcal{Q}$ 的模型，我们就说 $\mathcal{P}$ **逻辑蕴涵** (logically implies) $\mathcal{Q}$。我们沿用命题逻辑中的符号，用 $\mathcal{P} \preceq \mathcal{Q}$ 表示公式间的这种关系。如果 $\mathcal{P} \preceq \mathcal{Q}$ 且 $\mathcal{Q} \preceq \mathcal{P}$，就说 $\mathcal{P}$ 与 $\mathcal{Q}$ **逻辑等价** (logical equivalent)，记为 $\mathcal{P} \cong \mathcal{Q}$。

由于 $\mathscr{L}$ 公式之间的逻辑等价关系也是基于逻辑蕴涵定义的，下面主要讨论逻辑蕴涵。

命题 5.9　如果 $\mathcal{P}$ 是矛盾式，则对任何公式 $\mathcal{Q}$ 都有 $\mathcal{P} \preceq \mathcal{Q}$。如果 $\mathcal{Q}$ 是逻辑有效的，则对任何公式 $\mathcal{P}$ 都有 $\mathcal{P} \preceq \mathcal{Q}$。

关于一个合式公式 $\mathcal{P}$ 的真值，我们可以提出几层渐进加强的定义：

- 首先是 $\mathcal{P}$ 在一个解释 I 和这个解释中的一个赋值 σ 下为真，即 $(I, \sigma) \models \mathcal{P}$。

- 其次，在此基础上我们进一步定义了 $\mathcal{P}$ 在一个解释 I 下为真，即 $I \models \mathcal{P}$，当且仅当对 I 中**所有赋值** σ 都有 $(I, \sigma) \models \mathcal{P}$。请注意，这里我们在元语言的层面上对赋值 σ 使用了 "全称量化"，因此可以证明 $I \models \mathcal{P}$ 当且仅当 $I \models (\forall x_i)\mathcal{P}$，而且 $I \models \mathcal{P}$ 当且仅当 $I \models \mathcal{P}'$，其中 $\mathcal{P}'$ 是 $\mathcal{P}$ 闭公式，通过将 $\mathcal{P}$ 中所有自由变元都全称量化而得到。

- 最后, $\mathcal{P}$ 是逻辑有效的, 即 $\models \mathcal{P}$, 当且仅当 $\mathcal{P}$ 对所有的解释 I 皆为真, 当且仅当 $\mathcal{P}$ 对所有的解释 I 和 I 中所有的赋值 σ 都为真, 当且仅当 $\mathcal{P}$ 对所有的 I 都有 $I \models \mathcal{P}$, 当且仅当对所有的解释 I 和赋值 σ 都有 $(I, \sigma) \models \mathcal{P}$。

命题与推理的形式化（符号化）使命题和推理的形式与内容完全分离, 而解释是将普适的形式逻辑解释到具体应用场景, 赋予它们具体的内容和意义。这一分离和结合的抽象过程使形式逻辑普适化和系统化。请读者注意区分一个公式在一个解释下是可满足的、真的或假的, 与公式的逻辑有效性（或恒真）或逻辑矛盾性。前者是针对具体应用场景定义, 而后者是对所有应用场景。我们在日常生活中, 或者具体的科学和工程领域中, 经常会遇到 "假命题" 的说法, 人们经常混淆了上述差异。一个命题是 "假命题" 有几种可能情况: 一种是该命题在某个给定的场景（解释）下不可满足, 另一种情况是在某些给定的场景下是假, 还有一种情况就是其本身为逻辑矛盾, 有些时候也指完全没有实际意义的（真）命题, 如 "如果地球是方的, 则月亮是草做的"。

很明显, 直接使用定义证明公式之间的逻辑蕴涵和逻辑等价关系经常是很困难的, 因为逻辑蕴涵的定义要求 $\mathcal{P}$ 的任意解释都满足 $\mathcal{Q}$。根据前面的讨论, 可以得到如下结论, 这些结论有助于我们确定一些 $\mathcal{L}$ 公式之间的逻辑蕴涵关系。

命题 5.10 设 $\mathcal{P}$ 和 $\mathcal{Q}$ 是任意的 $\mathcal{L}$ 公式, $\mathcal{P} \preceq \mathcal{Q}$ 当且仅当 $\models \mathcal{P} \to \mathcal{Q}$。

根据逻辑有效的定义和命题 5.4, 很容易证明上述结论。一类特殊情况是, 如果 $\mathcal{P} \to \mathcal{Q}$ 是重言式, 则一定有 $\mathcal{P} \preceq \mathcal{Q}$。

谓词逻辑的重言式是基于命题逻辑的重言式定义的, 因此命题逻辑中有关逻辑蕴涵的所有结果都可以直接应用到谓词逻辑的推理中, 尤其是关于逻辑等价替换, 逻辑蕴涵的传递性, 蕴涵中的逻辑等价及逻辑蕴涵替换等。另一方面, 正如前面所说, 一般谓词公式的逻辑有效性要求考虑其所有可能的解释, 因此不容易确定。前面已经通过语义证明了一些公式的逻辑有效性, 第 6 章还要研究谓词逻辑的形式推理系统, 研究形式化证明与语义解释的关系, 证明形式化推理系统的有效性和充分性。有关结论说明, 形式化推理系统也可用于证明谓词公式的有效性, 因此可以用于证明谓词公式之间的逻辑蕴涵和逻辑等价关系。

习题 5.34 令 $\mathcal{L}_{\mathbb{N}}$ 为例 5.6 中的一阶语言, N 为 $\mathcal{L}_{\mathbb{N}}$ 在自然数算术上的解释。请给出满足和不满足如下公式的赋值, 确定下列闭公式的真假:

(1) $(\forall x_1) P_1^2(f_2^2(x_1, a_1), x_1)$;

(2) $(\forall x_1)(\forall x_2)(P_1^2(f_1^2(x_1, a_1), x_2) \to P_1^2(f_1^2(x_2, a_1), x_1))$;

(3) $(\forall x_1)(\forall x_2)(\exists x_3) P_1^2(f_1^2(x_1, x_2), x_3)$;

(4) $(\exists x_1) P_1^2(f_1^2(x_1, x_1), f_2^2(x_1, x_1))$。

习题 5.35 请证明: 对任意的合式公式 $\mathcal{P}$, $\models \mathcal{P} \to (\exists x_1)\mathcal{P}$。

习题 5.36 给出一个合式公式 $\mathcal{P}$ 使得 $\models \mathcal{P} \to (\forall x_1)\mathcal{P}$。

习题 5.37 给出一个合式公式 $\mathcal{P}$ 使得 $\mathcal{P} \to (\forall x_1)\mathcal{P}$ 不是逻辑有效的。

习题 5.38 判定是否存在形如 $(\forall x_1)(\mathcal{P} \vee \mathcal{Q}) \to (\mathcal{P} \vee (\forall x_1)\mathcal{Q})$ 的逻辑有效的合式公式，其中 x_1 在 $\mathcal{P}$ 中自由出现。

习题 5.39 请证明：

(1) $\models (\exists x_1)(\forall x_2)(P_1^2(x_1, x_2) \to (\forall x_2)(\exists x_1)P_1^2(x_1, x_2))$;

(2) $\models (\forall x_1)P_1^1(x_1) \to ((\forall x_1)P_2^1(x_1) \to (\forall x_2)P_1^1(x_2))$;

(3) $\models (\forall x_1)(\mathcal{P} \to \mathcal{Q}) \to ((\forall x_1)\mathcal{P} \to (\forall x_1)\mathcal{Q})$，其中 $\mathcal{P}$ 和 $\mathcal{Q}$ 是任意合式公式；

(4) $\models (\forall x_1)(\forall x_2)\mathcal{P} \to (\forall x_2)(\forall x_1)\mathcal{P}$，其中 $\mathcal{P}$ 是任意合式公式。

习题 5.40 请给出两个逻辑有效但不是闭公式的合式公式例子。

习题 5.41 设合式公式 $\mathcal{P}$、$\mathcal{Q}$ 和 $\mathcal{R}$ 定义如下：

(1) $\mathcal{P} = (\exists x_3)((\exists x_1)(\forall x_2)P_1^3(x_1, x_2, x_3) \to (\exists x_4)P_1^2(x_4, x_3))$;

(2) $\mathcal{Q} = (\exists x_3)((\forall x_2)(\exists x_1)P_1^3(x_1, x_2, x_3) \to (\exists x_4)P_1^2(x_4, x_3))$;

(3) $\mathcal{R} = (\forall x_3)(\forall x_2)(\exists x_3)P_1^3(x_1, x_2, x_3) \to (\exists x_3)(\exists x_4)P_1^2(x_4, x_3)$。

对任意的两个不同的合式公式 $\mathcal{P}_1, \mathcal{P}_2 \in \{\mathcal{P}, \mathcal{Q}, \mathcal{R}\}$，判断 $\mathcal{P}_1 \to \mathcal{P}_2$ 是否为逻辑有效的。

习题 5.42 下列形式的合式公式是否逻辑有效的？是则给出证明；如果不是，则给出不满足的模型（解释和赋值）；如果不是，那么其是否为可满足的？

(1) $(\exists x_1)(\mathcal{P} \leftrightarrow \mathcal{Q}) \to ((\exists x_1)\mathcal{P} \leftrightarrow (\exists x_1)\mathcal{Q})$;

(2) $(\forall x_1)(\mathcal{P} \leftrightarrow \mathcal{Q}) \to ((\forall x_1)\mathcal{P} \leftrightarrow (\forall x_1)\mathcal{Q})$;

(3) $((\exists x_1)P_1^1(x_1) \to (\forall x_1)P_2^1(x_1)) \to (\forall x_1)(P_1^1(x_1) \to P_2^1(x_1))$;

(4) $(\forall x_1)(P_1^1(x_1) \to P_2^1(x_1)) \to ((\exists x_1)P_1^1(x_1) \to (\forall x_1)P_2^1(x_1))$;

(5) $(\exists x_1)(\forall x_2)(P_1^1(x_1) \to P_1^1(x_2))$;

(6) $(\exists x_1)(\forall x_2)P_1^2(x_1, x_2) \to (\forall x_1)(\exists x_2)P_1^2(x_1, x_2)$;

习题 5.43 证明下面合式公式都不是逻辑有效的，并给出不满足各合式公式的解释和赋值：

(1) $(\forall x_1)(\exists x_2)P_1^2(x_1, x_2) \to (\exists x_2)(\forall x_1)P_1^2(x_1, x_2)$;

(2) $(\forall x_1)(\forall x_2)(P_1^2(x_1, x_2) \to P_1^2(x_2, x_1))$;

(3) $(\forall x_1)(\neg P_1^1(x_1) \to \neg P_1^1(a_1))$;

(4) $(\forall x_1)P_1^2(x_1, x_1) \to (\exists x_2)(\forall x_1)P_1^2(x_1, x_2)$;

(5) $(\exists x_1)(\forall x_2)(\exists x_3)(P_1^2(x_3, x_1) \wedge P_1^2(x_1, x_2) \to P_1^2(x_2, x_2))$;

(6) $(\exists x_1)(\forall x_2)(P_1^1(x_1) \to (P_1^1(x_1) \vee P_2^1(x_2)))$;

(7) $((\exists x_1)P_1^1(x_1) \to (\forall x_1)P_2^1(x_1)) \to (\forall x_1)(P_1^1(x_1) \to P_2^1(x_1))$;

(8) $(\forall x_1)(P_1^1(x_1) \to P_2^1(x_1)) \to ((\exists x_1)P_1^1(x_1) \to (\forall x_1)P_2^1(x_1))$;

(9) $(\exists x_1)(\forall x_2)(P_1^1(x_1) \to P_1^1(x_2))$;

(10) $(\exists x_1)(\forall x_2)P_1^2(x_1, x_2) \to (\forall x_1)(\exists x_2)P_1^2(x_1, x_2)$。

习题 5.44 对任意合式公式 $\mathcal{P}$ 和 $\mathcal{Q}$,证明如下的逻辑等价或逻辑蕴涵:

(1) ∃-∀ 转换规则:$(\exists x_i)(\mathcal{P}(x_i) \wedge \mathcal{Q}(x_i)) \cong \neg(\forall x_i)(\mathcal{P}(x_i) \to \neg\mathcal{Q}(x_i))$,其中 x_i 是任意变元;

(2) ∀-∃ 转换规则:$(\forall x_i)(\mathcal{P}(x_i) \to \mathcal{Q}(x_i)) \cong \neg(\exists x_i)(\mathcal{P}(x_i) \wedge \neg\mathcal{Q}(x_i))$,其中 x_i 是任意变元;

(3) 零量词规则:$(\forall x_i)(\mathcal{P} \vee \mathcal{Q}) \cong (((\forall x_i)\mathcal{P}) \vee \mathcal{Q})$,其中 x_1 不在 $\mathcal{Q}$ 中自由出现;

(4) 替代规则:$(\forall x_i)\mathcal{P}(x_i) \preceq \mathcal{P}(t)$,其中 x_i 是任意变元,t 是任意的项,而且 t 在 $\mathcal{P}$ 中对 x_i 是自由的,$\mathcal{P}(t)$ 是将 $\mathcal{P}(x_i)$ 中所有 x_i 的出现用 t 替换所得。

习题 5.45 请证明如下规则。

(1) 恒真式规则:对任意合式公式 $\mathcal{Q}, \mathcal{P}_1, \cdots, \mathcal{P}_n$,如果 $\models \mathcal{P}_1, \cdots, \models \mathcal{P}_n$ 和 $\mathcal{P}_1 \wedge \cdots \wedge \mathcal{P}_n \to \mathcal{Q}$,也就是说,它们都是有效的公式,则有 $\models \mathcal{Q}$。

(2) 泛化规则:对任意合式公式 $\mathcal{P}$ 和任意的变元 x_i,如果 $\models \mathcal{P}$,则 $\models (\forall x_i)\mathcal{P}$。

习题 5.46 令 P 为任意的一元谓词符号,x 为任意变元,a 和 b 为个体常元。设 $\mathcal{P}(x)$ 为合式公式 $P(x) \to P(a) \wedge P(b)$,请证明 $\models (\exists x)\mathcal{P}(x)$,但不存在项 t 使得 $\models \mathcal{P}(t)$。

5.5 斯科伦定理

我们现在介绍一种范式,称为斯科伦范式。这是下一章第 6.5.3 节中谓词逻辑的子句形式的基础或说序言,在计算机科学技术领域有特殊的意义,尤其是在逻辑程序设计中。

考虑下面合式公式:

$$(\forall x_1)(\exists x_2)\mathcal{Q}(x_1, x_2)$$

为简单起见,我们假定公式 $\mathcal{Q}(x_1, x_2)$ 中的自由变元只有 x_1 和 x_2。这一公式断言:

对任何 x_1,都存在 x_2,使 $\mathcal{Q}(x_1, x_2)$ 描述的 x_1 和 x_2 之间的关系成立

这说明上述断言描述了 x_1 和 x_2 的值之间的一种对应关系。注意，这种对应关系与论域上的全函数关系不同，与一个 x_1 值对应的 x_2 值不必唯一。但既然有这种对应，我们就可以设想存在一个函数 $h_1^1(x)$，它可以从任意的 x_1 算出**一个**与之对应的 x_2。按照这种看法，公式

$$(\forall x_1)\mathcal{Q}(x_1, h_1^1(x_1))$$

的意思应该与公式 $(\forall x_1)(\exists x_2)\mathcal{Q}(x_1, x_2)$ 差不多。当然，这里出现的 h_1^1 应该是一个前面讨论中从未出现过新函数。后一公式就称为前一公式的一个**斯科伦范式** (Skolemised form)，而函数 h_1^1 则称为一个**斯科伦函数** (Skolem function)，这种操作也称为**斯科伦化** (Skolemisation)。为完全避免造成混淆的可能，我们假定斯科伦函数符取自另一个符号集合（与前面 $\mathscr{L}$ 定义中的函数符不同），对任何自然数 n 和 i，h_i^n 是第 i 个 n 元斯科伦函数符。

简言之，斯科伦化的作用，就是通过引入一个新函数符号的方法消去逻辑公式中的一个存在量词，得到了一个"意义类似"的逻辑公式。当然，这里的"意义类似"具体是什么意思？还需要进一步研究和明确。斯科伦化的价值也需要进一步考虑。

上面讨论的是斯科伦化的一种特殊形式，现在考虑一般形式。假设公式 $(\exists x_i)\mathcal{Q}$ 出现在公式 $\mathcal{P}$ 的内部，辖域包含着公式 $(\exists x_i)\mathcal{Q}$ 的所有的全称量词是 $(\forall x_{i_1}), \cdots, (\forall x_{i_r})$。根据讨论的需要，我们将 $\mathcal{Q}$ 写成 $\mathcal{Q}(x_{i_1}, \cdots, x_{i_r}, x_i)$，这些变元不一定都在 $\mathcal{Q}$ 中出现。对 $\mathcal{P}$ 斯科伦化，就应该找一个新的 r 元函数符，如 h_j^r，然后把 $(\exists x_i)\mathcal{Q}$ 改写为 $\mathcal{Q}(x_{i_1}, \cdots, x_{i_r}, h_j^r(x_{i_1}, \cdots, x_{i_r}))$，也就是说，把 $\mathcal{Q}$ 中出现的 x_i 都代换为 $h_j^r(x_{i_1}, \cdots, x_{i_r})$，用代换结果取代 $\mathcal{P}$ 中原来的 $(\exists x_i)\mathcal{Q}$。

对任意的 $\mathscr{L}$ 公式，通过上述操作可以删去其中的大部分存在量词，但是还有一种情况没有处理，那就是存在量词出现在公式最外层，不在任何全称量词的辖域内部的情况。对这种情况，应该用一个新常量替代存在量化变元 x_i（注意，常量可以看作 0 元函数）。为了这种用途，可以另行引入一组新的常元 c_i（就像前面引进新函数符一样）。

例 5.11 (斯科伦化)　现在看两个例子：

(1) 考虑公式

$$(\forall x_1)((\forall x_2)((\exists x_3)P_1^3(x_1, x_2, x_3) \to P_1^1(x_2)) \to (\forall x_2)(\exists x_3)P_1^3(x_1, x_2, x_3))$$

可以看到有 $(\exists x_3)P_1^3(x_1, x_2, x_3)$ 出现在 $(\forall x_1)$ 和 $(\forall x_2)$ 的辖域里，引入斯克伦函数 h_1^2 把这个子公式改写为 $P_1^3(x_1, x_2, h_1^2(x_1, x_2))$。注意，公式里还有 $(\exists x_3)P_1^3(x_1, x_2, x_3)$ 的另一个出现，虽然它也在 $(\forall x_1)$ 和 $(\forall x_2)$ 的辖域里，但那里是另一个 $(\forall x_2)$。我们需要引进另一个斯克伦函数 h_2^2。斯克伦化的最后结果是：

$$(\forall x_1)((\forall x_2)(P_1^3(x_1, x_2, h_1^2(x_1, x_2)) \to P_1^1(x_2)) \to (\forall x_2)P_1^3(x_1, x_2, h_2^2(x_1, x_2)))$$

(2) 考虑公式

$$(\forall x_1)((\exists x_2)P_1^2(x_1, x_2) \wedge (\exists x_3)P_2^2(x_1, x_3))$$

如果先做第一个存在量词公式的斯克伦化，再做第二个，我们可能得到

$$(\forall x_1)(P_1^2(x_1, h_1^1(x_1)) \wedge P_2^2(x_1, h_2^1(x_1)))$$

如果合式公式中没有存在量词，斯克伦化的结果就是其自身。还请注意，对一个公式做斯克伦化，消除存在量词时可以采用不同顺序，选择不同的函数符和常量符，得到的结

果可能不同。但是如果不考虑在新函数符和新常元选择上的差异，每个公式都有唯一的斯克伦形式。

很明显，通过引入新的斯科伦常量或斯科伦函数消去合式公式里的存在量词，得到的公式与原公式不会是逻辑等价的。但是，我们还是有如下的重要结论。

命题 5.11 (斯科伦定理) $\mathscr{L}$ 公式 $\mathcal{P}$ 是可满足的，当且仅当 $\mathcal{P}$ 的斯科伦形式是可满足的。

证明：这个命题要求证明原合式公式有模型，当且仅当经过斯科伦化得到的公式也有模型。对本命题最一般形式的证明牵涉到很多叙述细节，那些细枝末节没什么实质性的价值。为了更清晰地展示证明的方法和其中的关键思想，这里只考虑对前面提出的简单情况的证明。

假定公式 $\mathcal{P}$ 形如 $(\forall x_1)(\exists x_2)\mathcal{Q}(x_1, x_2)$，其斯克伦形式是 $(\forall x_1)\mathcal{Q}(x_1, h_1^1(x_1))$，记为 $\mathcal{P}^S$。现在希望证明，存在一个解释 I 使得 $I \models \mathcal{P}$，当且仅当存在一个解释 I^S 使得 $I^S \models \mathcal{P}^S$。

假定有一个解释 I 使 $\mathcal{P}$ 为真，那么在解释 I 下 $(\exists x_2)\mathcal{Q}(x_1, x_2)$ 也为真 (命题 5.5)，这意味着 I 中的每个赋值都满足 $(\exists x_2)\mathcal{Q}(x_1, x_2)$。对任意一个 $a \in D_I$，设 σ 是一个使 $\sigma(x_1) = a$ 的赋值。这样，根据命题 5.6，存在赋值 σ' 与 σ 2-等价且满足 $\mathcal{Q}(x_1, x_2)$，令 $\overline{h}_1^1(a) = \sigma'(x_2)$。显然，对每个 $a \in D_I$ 都可以做这件事，这样就得到了函数 $\overline{h}_1^1$ 的定义。扩展前面取定的解释 I，加入把函数符 h_1^1 映射到斯克伦函数 $\overline{h}_1^1$，就得到了语言的解释 I^S。可知解释 I^S 下的每个赋值都满足 $\mathcal{Q}(x_1, h_1^1(x_1))$。再根据命题 5.5 就得到了 $I^S \models (\forall x_1)\mathcal{Q}(x_1, h_1^1(x_1))$。

反过来，假设扩展语言 (包含新函数符 h_1^1) 的解释 I^S 使得 $I^S \models \mathcal{P}^S$。这说明 I^S 下的任何赋值都满足 $\mathcal{Q}(x_1, h_1^1(x_1))$。令 I 是另一个解释，除了不包含对函数符 h_1^1 的解释外，I 对其他符号的解释与 I^S 完全相同。再令 σ 为 I 的一个赋值。我们构造另一个与 σ 2-等价的赋值 σ'，使得 $\sigma'(x_2) = h_1^1(\sigma(x_1))$。显然 σ' 是 I 中赋值并满足 $\mathcal{Q}(x_1, x_2)$。根据命题 5.6，σ 满足 $(\exists x_2)\mathcal{Q}(x_1, x_2)$。对 I 中每个赋值 σ 都能这样证明其满足 $(\exists x_2)\mathcal{Q}(x_1, x_2)$，所以 $I \models (\forall x_1)(\exists x_2)\mathcal{Q}(x_1, x_2)$。□

推论 5.3 (斯科伦化与矛盾) $\mathscr{L}$ 公式 $\mathcal{P}$ 是矛盾的，当且仅当 $\mathcal{P}$ 的斯科伦形式是矛盾的。

证明：根据矛盾的定义 (定义 5.15) 和命题 5.11 立即可得。□

定义 5.17 (弱等价) 两个 $\mathscr{L}$ 公式 $\mathcal{P}$ 和 $\mathcal{Q}$ 称为是**弱等价** (weak equivalent) 的，如果 $\mathcal{P}$ 是矛盾的当且仅当 $\mathcal{Q}$ 是矛盾的。

显然，任意 $\mathscr{L}$ 公式 $\mathcal{P}$ 与其斯科伦形式弱等价。斯科伦化的概念由斯科伦 (Thoralf Albert Skolem，1887~1963) 于 1919 提出，斯科伦化的一个重要应用将在第 6.5.2 节介绍。

习题 5.47 将下列合式公式斯科伦化：

(1) $(\forall x_1)(\exists x_2)(\forall x_3)P_1^3(x_1, x_2, x_3)$；

(2) $(\exists x_1)((\forall x_2)P_1^2(x_1, x_2) \to (\exists x_3)P_2^2(x_1, x_3))$；

(3) $(\forall x_1)(\neg P_1^1(x_1) \to (\exists x_2)(\exists x_3)(\neg P_1^2(x_2, x_3)))$；

(4) $(\forall x_1)(\exists x_2)(\forall x_3)(\exists x_4)((\neg P_1^2(x_1, x_2) \vee P_2^1(x_1)) \to P_2^2(x_3, x_4))$.

第 6 章 形式化谓词逻辑

第 5 章说明了如何定义一个一阶谓词逻辑的形式语言（简称为一阶语言）的语法，如何为一阶语言定义一个解释。那里的语法定义了一阶语言的合式公式集合；解释给出了语言的语义，建立起一阶语言的合式公式与现实论域中的断言之间的联系；还说明了如何在一阶语言中表述具体论域的断言，分析了建立这种解释时可能遇到的问题。本章将讨论如何构建一阶形式谓词逻辑系统中的证明系统或称演绎推理系统，为语言、证明和解释三位一体的谓词逻辑系统加入最后一个部分。这里还要研究证明的形式，以及证明系统的有效性和充分性。我们将采用的做法是建立一个具有普遍意义的一阶语言 $\mathscr{L}$ 的证明系统，但并不给出 $\mathscr{L}$ 的具体定义。这样做可以得到一些一般性结果，适用于任何具体一阶语言。对语言 $\mathscr{L}$，本章将只关心其纯粹形式化的方面，研究合式公式的有关性质和关系，并不涉及与具体解释有关的问题。

建立 $\mathscr{L}$ 的形式证明系统时采用的基本思想和工作方式与第 4 章中类似：首先给出一组公理模式和一组推理规则，建立起一个公理证明系统；而后定义形式证明和定理的概念；再将这种证明拓展为带假设前提的演绎推理，也称为归约或**推理**；最后证明这一形式系统具有所需的性质，包括它是有效的（可靠的）、相容的（协调的）和充分的，由其证明得到的定理集合正好是逻辑上有效的合式公式集。

6.1 形式系统 $\mathsf{K}_{\mathscr{L}}$

设 $\mathcal{P}$、$\mathcal{Q}$ 和 $\mathcal{R}$ 是任意 $\mathscr{L}$ 公式，x_i 为 $\mathscr{L}$ 的任意变量，一阶语言 $\mathscr{L}$ 的**形式推理系统** $\mathsf{K}_{\mathscr{L}}$ 由下面的**公理模式** (axiom scheme) 和**推理规则模式** (inference rule scheme) 定义。

公理（模式） $\mathsf{K}_{\mathscr{L}}$ 的公理（模式）如下：

(K1) $(\mathcal{P} \to (\mathcal{Q} \to \mathcal{P}))$

(K2) $(\mathcal{P} \to (\mathcal{Q} \to \mathcal{R})) \to ((\mathcal{P} \to \mathcal{Q}) \to (\mathcal{P} \to \mathcal{R}))$

(K3) $(\neg \mathcal{P} \to \neg \mathcal{Q}) \to (\mathcal{Q} \to \mathcal{P})$

(K4) $((\forall x_i)\mathcal{P} \to \mathcal{P})$ x_i 未在 $\mathcal{P}$ 中自由出现

(K5) $((\forall x_i)\mathcal{P}(x_i) \to \mathcal{P}(t))$ t 在 $\mathcal{P}(x_i)$ 中相对于 x_i 自由

(K6) $(\forall x_i)(\mathcal{P} \to \mathcal{Q}) \to (\mathcal{P} \to (\forall x_i)\mathcal{Q})$ x_i 未在 $\mathcal{P}$ 中自由出现

推理规则（模式） $\mathsf{K}_{\mathscr{L}}$ 的两条（演绎）规则是：

分离规则模式 (Modus Ponens) 从 $\mathcal{P}$ 和 $\mathcal{P} \to \mathcal{Q}$ 推出 $\mathcal{Q}$，这条规则简记为 MP。

概括规则模式 (Generalization) 由 $\mathcal{P}$ 推出 $(\forall x_i)\mathcal{P}$，这条规则简记为 GEN。

公理模式和推理规则模式将分别简称为公理和推理规则, 形式演绎系统也简称为**形式系统** (formal system), 其中的概括规则也称**泛化规则**。关于这些公理和规则有如下说明:

- 每个公理模式代表无穷多条公理; 两条规则也是规则模式, 各代表无穷多条规则。

- 易见, K$_{\mathscr{L}}$ 的公理和规则包括命题逻辑演绎系统 L 的公理和规则, 增加的三条公理 (K4) 到 (K6) 和一条演绎规则 (GEN) 用于处理与量词有关的证明问题。

- 公理 (K5) 是有关公理的最一般形式, 实际中常用这一公理的简单情况: $(\forall x_i)\mathcal{P} \to \mathcal{P}$, 这里无论 x_i 是不是 $\mathcal{P}$ 的自由变量。如果 x_i 是 $\mathcal{P}$ 的自由变量, 我们可以写 $\mathcal{P}(x_i)$, 公理 (K5) 也就是 $(\forall x_i)\mathcal{P}(x_i) \to \mathcal{P}(x_i)$。注意 x_i 在 $\mathcal{P}(x_i)$ 中相对于 x_i 自由 (命题 5.1)。如果 x_i 并不在 $\mathcal{P}$ 中自由出现, 我们就得到了 (K4)。

由于一阶语言及推理系统比命题逻辑的语言和演算系统复杂, 第 5 章和本章采取了 "分而治之, 各个击破"[①]的方式: 第 5 章定义一阶语言 $\mathscr{L} = \langle \Sigma, \textit{Term}, \mathsf{WFF} \rangle$, 本章在其基础上定义公理和推理规则 K$_{\mathscr{L}} = \langle \textit{Axiom}, \textit{Rule} \rangle$, 它们共同构成一个**一阶形式演绎推理系统** (first-order formal deductive reasoning system), 依然记为 K$_{\mathscr{L}}$

$$\mathsf{K}_{\mathscr{L}} = \langle \Sigma, \textit{Term}, \mathsf{WFF}, \textit{Axiom}, \textit{Rule} \rangle$$

其中

- 语言成分 Σ、$\textit{Term}$ 和 WFF 为第 5 章中定义的一阶语言 $\mathscr{L}$ 的语言成分;

- $\textit{Axiom}$ 是由公理模式 (K1) $\sim$ (K6) 定义的六个公理集合的并集 $\textit{Axiom} \stackrel{\text{def}}{=} K1 \cup K2 \cup K3 \cup K4 \cup K5 \cup K6$, 其中

$$K1 = \{(\mathcal{P} \to (\mathcal{Q} \to \mathcal{P})) \mid \mathcal{P}, \mathcal{Q} \in \mathsf{WFF}\};$$
$$K2 = \{(\mathcal{P} \to (\mathcal{Q} \to \mathcal{R})) \mid \mathcal{P}, \mathcal{Q}, \mathcal{R} \in \mathsf{WFF}\};$$
$$K3 = \{(\mathcal{P} \to (\mathcal{Q} \to \mathcal{R})) \to ((\mathcal{P} \to \mathcal{Q}) \to (\mathcal{P} \to \mathcal{R})) \mid \mathcal{P}, \mathcal{Q} \in \mathsf{WFF}\};$$
$$K4 = \{((\forall x_i)\mathcal{P} \to \mathcal{P}) \mid \mathcal{P} \in \mathsf{WFF}\};$$
$$K5 = \{((\forall x_i)\mathcal{P}(x_i) \to \mathcal{P}(t)) \mid \mathcal{P} \in \mathsf{WFF}, t \in \textit{Term}, t \text{ 在 } \mathcal{P}(x_i) \text{ 中相对于 } x_i \text{ 自由}\};$$
$$K6 = \{(\forall x_i)(\mathcal{P} \to \mathcal{Q}) \to (\mathcal{P} \to (\forall x_i)\mathcal{Q}) \mid \mathcal{P}, \mathcal{Q} \in \mathsf{WFF}, x_i \text{ 未在 } \mathcal{P} \text{ 中自由出现}\}。$$

- 推理规则集合 $\textit{Rule}$ 由规则模式 (MP) 和 (GEN) 定义 $\textit{Rule} = MP \cup GEN$, 其中

分离规则集合 $MP = \{(\mathcal{P}, (\mathcal{P} \to \mathcal{Q}), \mathcal{Q}) \mid \mathcal{P}, \mathcal{Q} \in \mathsf{WFF}\};$

概括规则集合 $GEN = \{(\mathcal{P}, (\forall x_i)\mathcal{P}) \mid \mathcal{P} \in \mathsf{WFF}\}。$

定义 6.1 (证明、演绎、定理和演绎结论) 系统 K$_{\mathscr{L}}$ 的一个**证明** (proof) 是一个合式公式序列 $\mathcal{P}_1, \cdots, \mathcal{P}_n$, 其中每个 $\mathcal{P}_i$ $(i = 1, \cdots, n)$ 或是一条 K$_{\mathscr{L}}$ 的公理, 或是基于序列中前面的公式, 通过 (MP) 规则 (分离规则) 或 (GEN) 规则 (概括规则) 得到。

---

① 英语中有类似的表述 "separation of concerns, divide and conquer", 这被认为是最重要的科学和工程原理。

设 Γ 是 $\mathscr{L}$ 的合式公式集，从 Γ 出发的一个**演绎** (deduction) 是一个与证明类似的合式公式序列，只是其中还允许出现 Γ 的公式（参考定义 4.4）。

合式公式 $\mathcal{P}$ 是 $K_{\mathscr{L}}$ 的**定理**，如果它是某个 $K_{\mathscr{L}}$ 证明序列的最后一个公式。合式公式 $\mathcal{P}$ 是合式公式集 Γ 的演绎**结论** (consequence)，如果它是从 Γ 出发的一个演绎序列的最后一个公式（请读者参考有关命题逻辑系统 L 类似概念的定义 4.3）。

我们分别简称 $K_{\mathscr{L}}$ 的公理，推理规则、证明和定理为$K_{\mathscr{L}}$ **公理**、$K_{\mathscr{L}}$ **规则**、$K_{\mathscr{L}}$ **证明** 和$K_{\mathscr{L}}$ **定理**，并用 $\vdash_{K_{\mathscr{L}}} \mathcal{P}$ 表示 “$\mathcal{P}$ 是 $K_{\mathscr{L}}$ 定理”（后面常简称 “定理”），用 $\Gamma \vdash_{K_{\mathscr{L}}} \mathcal{P}$ 表示 “$\mathcal{P}$ 是 Γ 的 ($K_{\mathscr{L}}$) 演绎结论”。为简单起见，在不需要强调 $\mathscr{L}$ 时，也常把带角标的 $K_{\mathscr{L}}$ 简写为 K；在不会引起误解的情况下，我们将进一步把 $\vdash_{K_{\mathscr{L}}} \mathcal{P}$ 和 $\Gamma \vdash_{K_{\mathscr{L}}} \mathcal{P}$ 分别简写为 $\vdash \mathcal{P}$ 和 $\Gamma \vdash \mathcal{P}$。

命题 6.1 设 $\mathcal{P}$ 是 $\mathscr{L}$ 公式，如果 $\mathcal{P}$ 是重言式，$\mathcal{P}$ 也是 K 定理。

证明：根据定义，$\mathscr{L}$ 公式 $\mathcal{P}$ 是重言式的条件是，存在 L 重言式 $\mathcal{P}_0$ 使得 $\mathcal{P}$ 是用一些 $\mathscr{L}$ 公式代换 $\mathcal{P}_0$ 中命题符号而得到的结果。设 $\mathcal{P}$ 是 $\mathscr{L}$ 的重言式，$\mathcal{P}_0$ 是与 $\mathcal{P}$ 对应的那个 L 重言式，$\mathcal{P}_0$ 中的命题符号是 $p_1, \cdots, p_n$，且 $\mathcal{P}$ 是通过 $\mathcal{P}_0[\mathcal{P}_1/p_1, \cdots, \mathcal{P}_n/p_n]$ 得到的。

由于 $\mathcal{P}_0$ 是 L 重言式，根据第 4 章的 L 的充分性定理（命题 4.9）可知有 $\vdash_L \mathcal{P}_0$，因此存在 $\mathcal{P}_0$ 的证明。把这个证明序列中出现的命题符 p_i 都统一代换为 $\mathscr{L}$ 公式 $\mathcal{P}_i\,(i = 1, \cdots, n)$，就得到了 K 里 $\mathcal{P}$ 的一个证明。这个结论显然，因为 L 的公理模式 (L1)、(L2) 和 (L3) 也是 K 公理模式，(MP) 规则也是 K 演绎规则，公式序列的最后公式就是 $\mathcal{P}$。因此 $\vdash_K \mathcal{P}$。 □

这里应该作两点说明，一是上面证明不够严谨。如果需要，我们可以对 $\mathcal{P}_0$ 在 L 中的证明中合式公式的个数进行归纳，从 $\mathcal{P}_0$ 在 L 中的一个证明构造出 $\mathcal{P}$ 在 K 的一个证明。二是与第 4 章中的情况不同，命题 6.1 的逆命题并不成立。譬如，很明显，我们有 $\vdash ((\forall x_1)P_1^1(x_1) \to P_1^1(x_1))$，但 $((\forall x_1)P_1^1(x_1) \to P_1^1(x_1))$ 并不是重言式，这说明逻辑有效性是比重言式更广泛的概念。

6.1.1 $K_{\mathscr{L}}$ 的有效性

我们想首先确认 K 定理的逻辑有效性，有关工作与对于 L 研究命题定理的有效性类似，为完成这一工作，首先需要确认公理的有效性。根据定义 5.13，公理模式 (K1)、(K2) 和 (K3) 的实例都是重言式，因此都是逻辑有效的（命题 5.7 和定义 5.15），剩下的问题就是确认公理模式 (K4)、(K5) 和 (K6) 的实例的逻辑有效性。

命题 6.2 (公理的逻辑有效性) $K_{\mathscr{L}}$ 公理模式 (K4)、(K5) 和 (K6) 的实例都是逻辑有效的。

证明：设 I 为任一个 $\mathscr{L}$ 的解释，σ 是 I 的任一个赋值。下面分别证明：

(K4)：设 σ 满足 $(\forall x_i)\mathcal{P}$，所有与 σ i-等价的赋值 σ' 都满足 $\mathcal{P}$，特别是 σ 满足 $\mathcal{P}$。所以，σ 满足 $(\forall x_i)\mathcal{P} \to \mathcal{P}$。由 σ 的任意性，$I \models (\forall x_i)\mathcal{P} \to \mathcal{P}$。由 I 的任意性知 (K4) 是逻辑有效的。

(K5)：设 t 为任一在 $\mathcal{P}(x_i)$ 中相对于 x_i 自由的项。若 σ 不满足 $(\forall x_i)\mathcal{P}$，那么 σ 自然满足 $(\forall x_i)(\mathcal{P}(x_i) \to \mathcal{P}(t))$。现假设 σ 满足 $(\forall x_i)\mathcal{P}$，需要证明 σ 满足 $\mathcal{P}(t)$。已知任意

i-等价于 σ 的赋值 σ' 都满足 $\mathcal{P}$, 特别的, 使得 $\sigma'(x_i) = \sigma(t)$ 的赋值也满足 $\mathcal{P}$。根据命题 5.2 知 σ 满足 $\mathcal{P}(t)$, 因此 $I \models (\forall x_i)(\mathcal{P}(x_i) \to \mathcal{P}(t))$。由 I 的任意性知 (K5) 是逻辑有效的。

(K6): 假设 σ 满足 $(\forall x_i)(\mathcal{P} \to \mathcal{Q})$, 那么, 任意与 σ i-等价的赋值 η 都满足 $\mathcal{P} \to \mathcal{Q}$, 也就是说, 或者 η 不满足 $\mathcal{P}$, 或者 η 满足 $\mathcal{Q}$。由于 x_i 在 $\mathcal{P}$ 中非自由, 根据命题 5.8, 如果 η 不满足 $\mathcal{P}$, 每个与 σ i-等价的赋值就都不满足 $\mathcal{P}$。σ 也是这样一个赋值, 因此:

$$\text{或者 } \sigma \text{ 不满足} \mathcal{P}, \text{ 或者与 } \sigma \text{ } i\text{-等价的每个 } \eta \text{ 都满足 } \mathcal{Q}$$

这样就有

$$\text{或者 } \sigma \text{ 不满足 } \mathcal{P}, \text{ 或者 } \sigma \text{ 满足 } (\forall x_i)\mathcal{Q}$$

因此 σ 满足 $(\mathcal{P} \to (\forall x_i)\mathcal{Q})$, 也就是说 σ 满足 $(\forall x_i)(\mathcal{P} \to \mathcal{Q}) \to (\mathcal{P} \to (\forall x_i)\mathcal{Q})$。由 I 与 σ 的任意性知 (K6) 是逻辑有效的。 □

由公理的有效性和例 5.9 关于 (MP) 和 (GEN) 的有效性, 可以证明 K$_{\mathscr{L}}$ 是可靠的。

命题 6.3 (K$_{\mathscr{L}}$ 的可靠性定理) 对任意 $\mathscr{L}$ 公式 $\mathcal{P}$, 若 $\vdash_{\mathsf{K}_{\mathscr{L}}} \mathcal{P}$, 则 $\mathcal{P}$ 是逻辑有效的。

证明: 对证明序列的步骤数做归纳:

基础: 设 $\mathcal{P}$ 的证明长度为 1。这时序列中只有 $\mathcal{P}$, 根据证明的定义, $\mathcal{P}$ 只能是公理, 前面已经证明公理都是逻辑有效的。

归纳: 设 $\mathcal{P}$ 的证明长度为 $n > 1$。由归纳假设, 证明序列中前 $n-1$ 个公式都是逻辑有效的, 现在考虑最后一个公式 $\mathcal{P}$, 有三种情况:

- $\mathcal{P}$ 是公理, 自然是逻辑有效的。
- $\mathcal{P}$ 由证明序列里位于前面两个公式 $\mathcal{Q} \to \mathcal{P}$ 和 $\mathcal{Q}$ 通过分离规则得到, 由归纳假设, 这两个公式都是逻辑有效的。根据例 5.9 立即得到 $\mathcal{P}$ 是逻辑有效的。
- $\mathcal{P}$ 是 $(\forall x_i)\mathcal{Q}$, 由前面公式 $\mathcal{Q}$ 通过概括规则得到。根据归纳假设, $\mathcal{Q}$ 是逻辑有效的。还是根据例 5.9 就得到了 $\mathcal{P}$ 是逻辑有效的。

这样就完成了整个定理的归纳证明。 □

由 K$_{\mathscr{L}}$ 的有效性, 自然得出其相容性。

推论 6.1 (K$_{\mathscr{L}}$ 的相容性 (consistency)) K$_{\mathscr{L}}$ 是相容的, 即不存在 $\mathscr{L}$ 公式 $\mathcal{P}$ 使得 $\vdash_{\mathsf{K}_{\mathscr{L}}} \mathcal{P}$ 并且 $\vdash_{\mathsf{K}_{\mathscr{L}}} \neg \mathcal{P}$。

证明: 假设有 $\mathcal{P}$ 使得 $\vdash_{\mathsf{K}_{\mathscr{L}}} \mathcal{P}$ 并且 $\vdash_{\mathsf{K}_{\mathscr{L}}} \neg \mathcal{P}$, 根据命题 6.3, $\mathcal{P}$ 和 $\neg \mathcal{P}$ 都是逻辑有效的。由此可知 $\mathcal{P}$ 和 $\neg \mathcal{P}$ 在任何解释下都为真, 这显然与有关真值的定义 5.12 矛盾。所以 K$_{\mathscr{L}}$ 协调。

□

在与逻辑相关的中文书和论文中，常见与**相容性**同义的术语包括**协调性**、**一致性**和**不矛盾性**，含义是不会产生矛盾，对应的英文是 consistency。后面可以看到协调性和可靠性的推论。

6.1.2 $K_{\mathscr{L}}$ 的演绎定理

与命题逻辑系统 L 的情况类似，在 K 里找到一个公式的证明也不容易。因此我们也希望能建立一些证明定理的方法。命题逻辑的演绎定理（命题 4.1）是非常有用的工具，它说 $\mathcal{P} \vdash_{\mathsf{L}} \mathcal{Q}$ 当且仅当 $\vdash_{\mathsf{L}} \mathcal{P} \to \mathcal{Q}$。在谓词逻辑系统 K 里也有类似的情况吗？我们先看一个例子。

例 6.1   对 $\mathscr{L}$ 公式 $\mathcal{P}$ 都有 $\mathcal{P} \vdash_{\mathsf{K}} (\forall x_1)\mathcal{P}$（使用概括规则），但 $\vdash_{\mathsf{K}} \mathcal{P} \to (\forall x_1)\mathcal{P}$ 却未必成立。

考虑简单公式 $P_1^1(x_1)$，设解释 I 以 $\{0,1\}$ 为论域，令 P_1^1 的解释 $\overline{P}_1^1$ 是 $x > 0$。显然，把 x_1 映射到 1 的赋值 σ 满足 $P_1^1(x_1)$，但它并不满足 $(\forall x_1)P_1^1(x_1)$，因此 σ 不满足 $\mathcal{P} \to (\forall x_1)\mathcal{P}$，这说明 $\mathcal{P} \to (\forall x_1)\mathcal{P}$ 在解释 I 下不真。根据命题 6.3，$\mathcal{P} \to (\forall x_1)\mathcal{P}$ 不是 K 定理。

由上面讨论可知，命题逻辑中一般的演绎定理（命题 4.1）在 K 系统里并不成立。要做类似的推理，就需要对 $\mathcal{P}$ 有所限制。下面是 K 系统中演绎定理的一般形式。

命题 6.4 (K 的演绎定理)   设 $\mathcal{P}$ 和 $\mathcal{Q}$ 是 $\mathscr{L}$ 公式，Γ 是 $\mathscr{L}$ 的合式公式集合（可能为空），如果 $\Gamma \cup \{\mathcal{P}\} \vdash_{\mathsf{K}} \mathcal{Q}$，而且演绎序列中未涉及对 $\mathcal{P}$ 的自由变量使用概括规则，那么 $\Gamma \vdash_{\mathsf{K}} \mathcal{P} \to \mathcal{Q}$。

证明: 对从 $\Gamma \cup \{\mathcal{P}\}$ 到 $\mathcal{Q}$ 的演绎中的公式数 n 做归纳证明。

基础: 设 $n = 1$，这时 $\mathcal{Q}$ 只能是公理，或者是 $\mathcal{P}$，或者是 Γ 中的公式，我们可以用 L 中证明演绎定理的同样方式，证明 $\Gamma \vdash_{\mathsf{K}} \mathcal{P} \to \mathcal{Q}$。

归纳: 对 $n > 1$。这里的归纳假设是对任意的 $\mathscr{L}$ 公式 $\mathcal{R}$，只要它可以从 $\Gamma \cup \{\mathcal{P}\}$ 通过少于 n 步演绎，其中没有使用对 $\mathcal{R}$ 中自由变量的概括规则而得到，都必定有 $\Gamma \vdash_{\mathsf{K}} \mathcal{P} \to \mathcal{R}$。下面基于归纳假设，分三种情况证明对通过 n 步演绎得到的 $\mathcal{Q}$，定理的结论也成立。

情况 1: $\mathcal{Q}$ 是公理或 $\mathcal{P}$ 或 Γ 中公式像基础步骤中一样证明。

情况 2: $\mathcal{Q}$ 是通过分离规则 (MP)，基于演绎序列中前面的公式得到。这种情况可以采用 L 中同样的方式完成证明。

情况 3: $\mathcal{Q}$ 是对演绎序列中位于前面公式使用概括规则而得到，设该公式是 $\mathcal{R}$，那么 $\mathcal{Q}$ 就是 $(\forall x_i)\mathcal{R}$。归纳假设说明可以得到 $\Gamma \vdash_{\mathsf{K}} \mathcal{P} \to \mathcal{R}$，而且 x_i 不是 $\mathcal{R}$ 的自由变量。根据这些情况，我们可以得到从 Γ 出发的如下演绎序列：

(1)	$\cdots$	
$\vdots$	$\cdots$	归纳假设，可以得到 $\Gamma \vdash_{\mathsf{K}} \mathcal{P} \to \mathcal{R}$
(k)	$\mathcal{P} \to \mathcal{R}$	
(k+1)	$(\forall x_i)(\mathcal{P} \to \mathcal{R})$	(k)，概括规则
(k+2)	$(\forall x_i)(\mathcal{P} \to \mathcal{R}) \to (\mathcal{P} \to (\forall x_i)\mathcal{R})$	(K6)，x_i 在 $\mathcal{P}$ 中无自由出现
(k+3)	$(\mathcal{P} \to (\forall x_i)\mathcal{R})$	(k+1) (k+2)，MP

这样就完成了定理的证明。 □

值得指出，这里对形式化演绎推理的研究清晰刻画了推理的本质规律，揭示出一些在非形式推理中使用概括规则时很容易忽略甚至完全不清楚的问题，可能进一步发现更多常用而且正确的推理规则。譬如，当 $\mathcal{P}$ 是闭公式时上面定理的条件自然满足，因此就有下面的常用推论。

推论 6.2 如果 $\Gamma \cup \{\mathcal{P}\} \vdash_{\mathsf{K}} \mathcal{Q}$ 且 $\mathcal{P}$ 是闭公式，那么 $\Gamma \vdash_{\mathsf{K}} \mathcal{P} \to \mathcal{Q}$。

虽然 K 里的演绎定理需要增加条件，但其逆定理与命题逻辑中完全一样：

命题 6.5 (K 演绎定理的逆定理 (inverse of deductive theorem)) 设 $\mathcal{P}$ 和 $\mathcal{Q}$ 是 $\mathscr{L}$ 公式，Γ 是 $\mathscr{L}$ 的合式公式集合（可能为空），如果 $\Gamma \vdash_{\mathsf{K}} \mathcal{P} \to \mathcal{Q}$，那么 $\Gamma \cup \{\mathcal{P}\} \vdash_{\mathsf{K}} \mathcal{Q}$。

这个定理的证明与在命题逻辑里完全一样（命题 4.1）。

虽然 K 里的演绎定理有些限制，但这个定理还是很有用的。我们可以用它证明其他一些演绎规则。例如**假言三段论** (hypothetical syllogism, (HS))：

推论 6.3 (假言三段论) 对任意 $\mathscr{L}$ 公式 $\mathcal{P}$、$\mathcal{Q}$ 和 $\mathcal{R}$，

$$\{\mathcal{P} \to \mathcal{Q}, \mathcal{Q} \to \mathcal{R}\} \vdash_{\mathsf{K}} \mathcal{P} \to \mathcal{R}$$

这个推论的证明与在命题逻辑中假言三段论完全一样（推论 4.1）。我们再看两个利用演绎定理完成证明的例子。

例 6.2 如果 x_i 在 $\mathcal{P}$ 里非自由，那么

$$\vdash_{\mathsf{K}} (\mathcal{P} \to (\forall x_i)\mathcal{Q}) \to (\forall x_i)(\mathcal{P} \to \mathcal{Q})$$

我们可以写出下面演绎序列：

(1) $\mathcal{P} \to (\forall x_i)\mathcal{Q}$ 假设
(2) $(\forall x_i)\mathcal{Q} \to \mathcal{Q}$ (K4) 或者 (K5)
(3) $\mathcal{P} \to \mathcal{Q}$ (1)(2), HS
(4) $(\forall x_i)(\mathcal{P} \to \mathcal{Q})$ (3), GEN

因此就有：

$$\mathcal{P} \to (\forall x_i)\mathcal{Q} \vdash_{\mathsf{K}} (\forall x_i)(\mathcal{P} \to \mathcal{Q})$$

虽然在演绎中对 x_i 使用了概括规则，但 x_i 在 $\mathcal{P} \to (\forall x_i)\mathcal{Q}$ 中无自由出现，所以我们可以使用演绎定理得到所需结果：

$$\vdash_{\mathsf{K}} (\mathcal{P} \to (\forall x_i)\mathcal{Q}) \to (\forall x_i)(\mathcal{P} \to \mathcal{Q})$$

例 6.3 对任何 $\mathscr{L}$ 公式 $\mathcal{P}$ 和 $\mathcal{Q}$，都有

$$\vdash_{\mathsf{K}} (\forall x_i)(\mathcal{P} \to \mathcal{Q}) \to ((\exists x_i)\mathcal{P} \to (\exists x_i)\mathcal{Q})$$

我们可以写出下面演绎：

(1)	$(\forall x_i)(\mathcal{P} \to \mathcal{Q})$	假设
(2)	$(\forall x_i)(\neg \mathcal{Q})$	假设
(3)	$(\forall x_i)(\mathcal{P} \to \mathcal{Q}) \to (\mathcal{P} \to \mathcal{Q})$	(K4) 或者 (K5)
(4)	$\mathcal{P} \to \mathcal{Q}$	(1)(3)，MP
(5)	$(\mathcal{P} \to \mathcal{Q}) \to (\neg \mathcal{Q} \to \neg \mathcal{P})$	重言式
(6)	$\neg \mathcal{Q} \to \neg \mathcal{P}$	(4)(5)，MP
(7)	$(\forall x_i)(\neg \mathcal{Q}) \to \neg \mathcal{Q}$	(K4) 或者 (K5)
(8)	$\neg \mathcal{Q}$	(2)(7)，MP
(9)	$\neg \mathcal{P}$	(6)(8)，HS
(10)	$(\forall x_i)\neg \mathcal{P}$	(9)，GEN

通过上面的演绎序列可以得到：

$$\{(\forall x_i)(\mathcal{P} \to \mathcal{Q}), (\forall x_i)\neg \mathcal{Q}\} \vdash_{\mathsf{K}} (\forall x_i)\neg \mathcal{P}$$

由于 x_i 在 $(\forall x_i)(\neg \mathcal{Q})$ 非自由，使用演绎定理得到：

$$\{(\forall x_i)(\mathcal{P} \to \mathcal{Q})\} \vdash_{\mathsf{K}} (\forall x_i)(\neg \mathcal{Q}) \to (\forall x_i)(\neg \mathcal{P})$$

我们知道下面重言式：

$$((\forall x_i)(\neg \mathcal{Q}) \to (\forall x_i)(\neg \mathcal{P})) \to (\neg(\forall x_i)(\neg \mathcal{P}) \to \neg(\forall x_i)(\neg \mathcal{Q}))$$

使用 MP 规则，就得到了

$$\{(\forall x_i)(\mathcal{P} \to \mathcal{Q})\} \vdash_{\mathsf{K}} (\neg(\forall x_i)(\neg \mathcal{P}) \to \neg(\forall x_i)(\neg \mathcal{Q}))$$

也就是

$$\{(\forall x_i)(\mathcal{P} \to \mathcal{Q})\} \vdash_{\mathsf{K}} ((\exists x_i)\mathcal{P} \to (\exists x_i)\mathcal{Q})$$

因为 x_i 在 $(\forall x_i)(\mathcal{P} \to \mathcal{Q})$ 非自由，再用演绎定理就能得到

$$\vdash_{\mathsf{K}} (\forall x_i)(\mathcal{P} \to \mathcal{Q}) \to ((\exists x_i)\mathcal{P} \to (\exists x_i)\mathcal{Q})$$

　　注意，上面演绎序列第 (5) 步用了重言式，这不完全符合演绎的定义。然而，我们可以在证明和演绎中直接"调用"已有定理——也就是说，拷贝已有定理的证明，嵌入当前的证明或演绎中——是逻辑有效的。在数学中，我们经常在已有定理的基础上证明新定理。在使用计算机辅助定理证明器时，人们也构建了已证明的重要定理库，用于支持新定理的证明。在程序设计和软件工程中，重复使用各种"标准库"、其他**程序库**和**构件库**，例如 Java 库等，其思想方法也如此。

习题 6.1　请给出下面 $\mathscr{L}$ 公式的 $\mathsf{K}_{\mathscr{L}}$ 证明：

$$(\forall x_1)(P_1^1(x_1) \to P_1^1(x_1))$$

习题 6.2 请证明下面几个 $\mathscr{L}$ 公式是 K$_\mathscr{L}$ 的定理:

(1) $(\exists x_i)(\mathcal{P} \to \mathcal{Q}) \to ((\forall x_i)\mathcal{P} \to \mathcal{Q})$

(2) $((\exists x_i)\mathcal{P} \to \mathcal{Q}) \to (\forall x_i)(\mathcal{P} \to \mathcal{Q})$ 假设 x_i 不在 $\mathcal{Q}$ 中自由出现

(3) $\neg(\forall x_i)\mathcal{P} \to (\exists x_i)\neg\mathcal{P}$

习题 6.3 请检查如下演绎过程中的错误:

(1)	$(\exists x_2)P_1^2(x_1, x_2)$	假设
(2)	$(\forall x_1)(\exists x_2)P_1^2(x_1, x_2)$	(1), GEN
(3)	$(\forall x_1)(\exists x_2)P_1^2(x_1, x_2) \to (\exists x_2)P_1^2(x_2, x_2)$	(K5)
(4)	$(\exists x_2)P_1^2(x_2, x_2)$	(2) (3), MP
(5)	$(\exists x_2)P_1^2(x_1, x_2) \vdash_{\overline{\text{K}}} (\exists x_2)P_1^2(x_2, x_2)$	演绎的定义
(6)	$\vdash_{\overline{\text{K}}} (\exists x_2)P_1^2(x_1, x_2) \to (\exists x_2)P_1^2(x_2, x_2)$	演绎定理

习题 6.4 请通过给出一个解释的方法, 证明 $(\exists x_2)P_1^2(x_1, x_2) \to (\exists x_2)P_1^2(x_2, x_2)$ 不是有效的, 因此这个公式不是 K 的定理。

习题 6.5 WFF$_\text{L}$ 和 WFF$_\mathscr{L}$ 分别为命题逻辑语言 L 和一阶语言 $\mathscr{L}$ 的合式公式集合。对 WFF$_\text{L}$ 中任意命题变元 p, 递归定义从 WFF$_\mathscr{L}$ 到 WFF$_\text{L}$ 的公式转换函数 $\psi_p : \text{WFF}_\mathscr{L} \mapsto \text{WFF}_\text{L}$ 如下:

$$\psi_p(\mathcal{P}) = \begin{cases} p, & \mathcal{P} \text{ 是 WFF}_\mathscr{L} \text{ 的原子公式} \\ \neg\psi_p(\mathcal{Q}), & \mathcal{P} \text{ 是 } \neg\mathcal{Q} \\ \psi_p(\mathcal{Q}) \to \psi_p(\mathcal{R}), & \mathcal{P} \text{ 是 } \mathcal{Q} \to \mathcal{R} \\ \psi_p(\mathcal{Q}), & \mathcal{P} \text{ 是 } (\forall x)\mathcal{Q}, x \text{ 是 } \mathscr{L} \text{ 的个体变元} \end{cases}$$

证明对任意 $\mathcal{P} \in \text{WFF}_\mathscr{L}$, 如果 $\mathcal{P}$ 是 K$_\mathscr{L}$ 的定理, 则 $\psi_p(\mathcal{P})$ 是 L 的定理, 即若 $\vdash_{\overline{\text{K}_\mathscr{L}}} \mathcal{P}$, 则 $\vdash_{\overline{\text{L}}} \psi_p(\mathcal{P})$。并请使用这一结论和命题演算 L 的相容性证明 K$_\mathscr{L}$ 的相容性。

习题 6.6 (命题逻辑和谓词逻辑的统一) 定义逻辑语言 $\mathscr{L}^{+\text{L}}$: 字母表为 L 和 $\mathscr{L}$ 字母表的并集, 合式公式构造规则为 $\mathscr{L}$ 的构造规则加上 "命题变元 p_i 为原子公式", 其余规则不变。定义这个扩展的语言上逻辑证明系统 K$_{\mathscr{L}^{+\text{L}}}$ 的公理模式和推理规则模式和 K$_\mathscr{L}$ 相同。请证明

(1) $\mathscr{L}$ 和 L 的合式公式集合都是 $\mathscr{L}^{+\text{L}}$ 的合式公式集合的真子集。

(2) 命题演算 L 的定理和一阶系统 K$_\mathscr{L}$ 的定理都是 K$_{\mathscr{L}^{+\text{L}}}$ 的定理, 但 K$_{\mathscr{L}^{+\text{L}}}$ 有更多定理。

(3) 如果 K$_{\mathscr{L}^{+\text{L}}}$ 中的一个合式公式 $\mathcal{P}$ 中既包括 L 中的命题公式又包括 $\mathscr{L}$ 中的一阶谓词公式, 则称 $\mathcal{P}$ 为**混成公式**。给出三个是 K$_{\mathscr{L}^{+\text{L}}}$ 定理的混成公式的例子, 并给出在 K$_{\mathscr{L}^{+\text{L}}}$ 中的证明。

(4) 将 L 中的命题符号看作 $\mathscr{L}^{+\text{L}}$ 中的 **0-元谓词符号**, L 公式看作 0-**阶公式**。定义包括 0-阶公式的 $\mathscr{L}^{+\text{L}}$ 的解释、恒真式和模型, 证明 $\mathscr{L}^{+\text{L}}$ 的有效性定理。

习题 6.7 (一阶系统的等价性)　将一阶语言 $\mathscr{L}$ 中两个逻辑连词符号集 $\{\neg, \rightarrow\}$ 用 $\{\neg, \vee\}$ 替代，同时将合式公式定义 5.3 的语法规则 (2) 改为下面规则，得到的语言称为 $\mathscr{L}'$：

　　如果 $\mathcal{P}$ 和 $\mathcal{Q}$ 是合式公式，那么 $(\neg \mathcal{P})$，$(\mathcal{P} \vee \mathcal{Q})$ 和 $((\forall x_i)\mathcal{P})$ 也是合式公式。

定义 $(\mathcal{P} \rightarrow \mathcal{Q})$ 为 $((\neg \mathcal{P}) \vee \mathcal{Q})$，$(\mathcal{P} \wedge \mathcal{Q})$ 为 $(\neg((\neg \mathcal{P}) \vee (\neg \mathcal{Q})))$，维持 $\mathscr{L}$ 的其他语法元素和规则。

　　定义 $\mathscr{L}'$ 的一阶证明系统 $\mathsf{K}_{\mathscr{L}'}$，其公理模式包括：

(K1′)　$((\mathcal{P} \vee \mathcal{P}) \rightarrow \mathcal{P})$

(K2′)　$(\mathcal{P} \rightarrow (\mathcal{Q} \vee \mathcal{P}))$

(K3′)　$(\mathcal{P} \rightarrow \mathcal{Q}) \rightarrow ((R \vee P) \rightarrow (Q \vee R))$

(K4′)　$((\forall x_i)\mathcal{P}(x_i) \rightarrow \mathcal{P}(t))$，$t$ 在 $\mathcal{P}(x_i)$ 中相对于 x_i 自由

(K5′)　$((\forall x_i)(\mathcal{P} \vee \mathcal{Q}) \rightarrow (\mathcal{P} \vee (\forall x_i)\mathcal{Q}))$，$x_i$ 未在 $\mathcal{P}$ 中自由出现

$\mathsf{K}_{\mathscr{L}'}$ 的推理规则模式和 $\mathsf{K}_{\mathscr{L}}$ 相同。

　　请证明：$\mathsf{K}_{\mathscr{L}'}$ 和 $\mathsf{K}_{\mathscr{L}}$ 是等价的一阶系统，即，$\mathcal{Q}$ 是 $\mathsf{K}_{\mathscr{L}'}$ 的定理当且仅当 $\mathcal{Q}$ 是 $\mathsf{K}_{\mathscr{L}}$ 的定理。

习题 6.8　对 $\mathscr{L}$ 公式 $\mathcal{P}$，定义 $\mathcal{P}^*$ 如下：

(1) 如果 $\mathcal{P}$ 为原子公式，则 $\mathcal{P}^* = \mathcal{P}$；

(2) $(\neg \mathcal{Q})^* = (\neg \mathcal{Q}^*)$；$(\mathcal{Q} \vee \mathcal{R})^* = \neg(\mathcal{Q}^* \vee \mathcal{R}^*)$；$((\forall x_i)\mathcal{P})^* = (\exists x_i)\mathcal{P}^*$。

试问对任意的合式公式 $\mathcal{P}$，$\vdash \mathcal{P} \rightarrow \mathcal{P}^*$ 成立吗？

6.2　可证明等价和代换

　　在第 3 章关于朴素命题逻辑的讨论中，直接给出了表示等价的连词 $\leftrightarrow$ 的定义及其真值表，并定义如果 $\mathcal{P} \leftrightarrow \mathcal{Q}$ 是重言式，则 $\mathcal{P}$ 和 $\mathcal{Q}$ 逻辑等价。在有关命题逻辑推理系统中讨论了逻辑等价代换，证明了非常重要的重言式代换定理和等价代换定理。在第 3 章最后还说明了 $\wedge$、$\vee$ 和 $\leftrightarrow$ 可以用 $\neg$ 和 $\rightarrow$ 定义，特别是 $\mathcal{P} \leftrightarrow \mathcal{Q}$ 可以定义为 $\neg((\mathcal{P} \rightarrow \mathcal{Q}) \rightarrow \neg(\mathcal{Q} \rightarrow \mathcal{P}))$，也可以定义为 $(\mathcal{P} \rightarrow \mathcal{Q}) \wedge (\mathcal{Q} \rightarrow \mathcal{P})$。本节我们将沿用有关朴素命题逻辑的第 3 章中基于 $\neg$ 和 $\rightarrow$ 的 $\leftrightarrow$ 语法定义，研究一阶谓词逻辑公式之间的等价关系。但是，这里要做的是在形式推理系统中研究可以证明的等价，而不是语义上的等价，因此称为**可证明等价**。

定义 6.2 (可证明等价)　设 $\mathcal{P}$ 和 $\mathcal{Q}$ 是 $\mathscr{L}$ 公式，定义 $(\mathcal{P} \leftrightarrow \mathcal{Q}) \overset{\text{def}}{=} \neg((\mathcal{P} \rightarrow \mathcal{Q}) \rightarrow \neg(\mathcal{Q} \rightarrow \mathcal{P}))$。如果有 $\vdash_{\mathsf{K}} \mathcal{P} \leftrightarrow \mathcal{Q}$，我们就说 $\mathcal{P}$ 和 $\mathcal{Q}$ 是**可证明等价** (provably equivalent)。

　　下面的命题说明 $\mathcal{P} \leftrightarrow \mathcal{Q}$ 也可以定义为 $(\mathcal{P} \rightarrow \mathcal{Q}) \wedge (\mathcal{Q} \rightarrow \mathcal{P})$。

命题 6.6 (等价与蕴涵)　对任意公式 $\mathcal{P}$ 和 $\mathcal{Q}$，$\vdash_{\mathsf{K}} \mathcal{P} \leftrightarrow \mathcal{Q}$ 当且仅当 $\vdash_{\mathsf{K}} \mathcal{P} \rightarrow \mathcal{Q}$ 且 $\vdash_{\mathsf{K}} \mathcal{Q} \rightarrow \mathcal{P}$。

证明: 设 $\vdash_K \mathcal{P} \leftrightarrow \mathcal{Q}$, 也就是 $\vdash_K \neg((\mathcal{P} \to \mathcal{Q}) \to \neg(\mathcal{Q} \to \mathcal{P}))$。注意到 $\neg((\mathcal{P} \to \mathcal{Q}) \to \neg(\mathcal{Q} \to \mathcal{P})) \to (\mathcal{P} \to \mathcal{Q})$ 和 $\neg((\mathcal{P} \to \mathcal{Q}) \to \neg(\mathcal{Q} \to \mathcal{P})) \to (\mathcal{Q} \to \mathcal{P})$ 都是重言式, 因此都是定理。根据这两个定理, 利用 MP 就能得到 $\vdash_K \mathcal{P} \to \mathcal{Q}$ 且 $\vdash_K \mathcal{Q} \to \mathcal{P}$, 正如所需。

反过来, 假定 $\vdash_K \mathcal{P} \to \mathcal{Q}$ 且 $\vdash_K \mathcal{Q} \to \mathcal{P}$, 现在需要证明 $\vdash_K \neg((\mathcal{P} \to \mathcal{Q}) \to \neg(\mathcal{Q} \to \mathcal{P}))$。应用命题逻辑公式的真值表检查, 可知 $(p_1 \to p_2) \to ((p_2 \to p_1) \to \neg((p_1 \to p_2) \to \neg(p_2 \to p_1)))$ 是命题逻辑的重言式, 应用 $\mathscr{L}$ 的重言式定义可得重言式

$$(\mathcal{P} \to \mathcal{Q}) \to ((\mathcal{Q} \to \mathcal{P}) \to \neg((\mathcal{P} \to \mathcal{Q}) \to \neg(\mathcal{Q} \to \mathcal{P})))$$

再对分别与 $\vdash_K \mathcal{P} \to \mathcal{Q}$ 和 $\vdash_K \mathcal{Q} \to \mathcal{P}$ 应用两次 MP 规则, 就可以得到需要的结果。 □

推论 6.4 (可证明等价的传递性) 对于 $\mathscr{L}$ 公式 $\mathcal{P}$、$\mathcal{Q}$ 和 $\mathcal{R}$, 如果 $\mathcal{P}$ 和 $\mathcal{Q}$, $\mathcal{Q}$ 和 $\mathcal{R}$ 分别为可证明等价的, 那么 $\mathcal{P}$ 和 $\mathcal{R}$ 也是可证明等价的。

证明: 由 $\vdash_K \mathcal{P} \leftrightarrow \mathcal{Q}$ 和 $\vdash_K \mathcal{Q} \leftrightarrow \mathcal{R}$ 可得 $\vdash_K \mathcal{P} \to \mathcal{Q}$ 且 $\vdash_K \mathcal{Q} \to \mathcal{R}$, 用 HS 规则得到 $\vdash_K \mathcal{P} \to \mathcal{R}$。采用同样方法可得 $\vdash_K \mathcal{R} \to \mathcal{P}$。根据命题 6.6 即可得到 $\vdash_K \mathcal{P} \leftrightarrow \mathcal{R}$。 □

推论 6.5 (可证明等价是公式之间的等价关系) $\mathscr{L}$ 公式之间的可证明等价是一种等价关系 (传递性已证, 自反性和对称性都很显然)。

根据上面命题和推论, 要证明两个 $\mathscr{L}$ 公式 $\mathcal{P}$ 和 $\mathcal{Q}$ 可证明等价, 只需要证明 $\mathcal{P} \to \mathcal{Q}$ 和 $\mathcal{Q} \to \mathcal{P}$ 都是 K 定理。下面将用这种技术证明在前一章里非形式地讨论过的代换的性质。由于公式中有变量, 给证明造成了一点麻烦。在前一章我们利用解释和赋值的概念证明了约束变量的换名不影响语义, 下面命题说明通过变量换名得到的公式是可证明等价的。

命题 6.7 (换名) 设变量 x_i 在 $\mathcal{P}(x_i)$ 中自由出现, x_j 是未在 $\mathcal{P}(x_i)$ 中 (自由或约束) 出现的变量, 那么

(1) $\vdash_K (\forall x_i)\mathcal{P}(x_i) \leftrightarrow (\forall x_j)\mathcal{P}(x_j)$;

(2) $\vdash_K (\exists x_i)\mathcal{P}(x_i) \leftrightarrow (\exists x_j)\mathcal{P}(x_j)$.

证明: 关于 (1), 易见, 如果 x_j 未在 $\mathcal{P}(x_i)$ 中 (自由或约束) 出现, 那么 x_i 也未在 $\mathcal{P}(x_j)$ 中 (自由或约束) 出现。下面需要做两个对称的演绎, 证明两个蕴涵关系都是 K 定理。首先:

(1) $(\forall x_i)\mathcal{P}(x_i)$ 假设
(2) $(\forall x_i)\mathcal{P}(x_i) \to \mathcal{P}(x_j)$ (K5)
(3) $\mathcal{P}(x_j)$ (1)(2), MP
(4) $(\forall x_j)\mathcal{P}(x_j)$ (3), GEN
(5) $(\forall x_i)\mathcal{P}(x_i) \vdash_K (\forall x_j)\mathcal{P}(x_j)$ 演绎的定义

$(\forall x_j)\mathcal{P}(x_j) \vdash_K (\forall x_i)\mathcal{P}(x_i)$ 的证明类似。对这两个结果分别用演绎定理, 再用命题 6.6, 就能得到 $\vdash_K (\forall x_i)\mathcal{P}(x_i) \leftrightarrow (\forall x_j)\mathcal{P}(x_j)$。

命题中 (2) 部分的证明留作习题。 □

这一命题形式化地刻画我们前面非形式的认识：用新变量统一替换公式中某个约束变量，得到的公式与原公式"等价"（这里是"可证明等价"）。后面将会看到换名的重要作用。

命题 6.8 (广义概括定理) 设 $\mathscr{L}$ 公式 $\mathcal{P}$ 中的自由变量是 $y_1, \cdots, y_n$，那么 $\vdash_{\mathrm{K}} \mathcal{P}$ 当且仅当 $\vdash_{\mathrm{K}} (\forall y_1) \cdots (\forall y_n)\mathcal{P}$。

证明：假设 $\vdash_{\mathrm{K}} \mathcal{P}$，对 $\mathcal{P}$ 中自由变量的个数 n 做归纳。归纳的基础是 $\mathcal{P}$ 中不包含自由变量，结论显然成立。现在设这个结论对任何包含 $n-1$ 个自由变量的 $\mathcal{Q}$ 都成立。假设 $\mathcal{P}$ 包含 n 个自由变量。考虑 $(\forall y_n)\mathcal{P}$，对 $\vdash_{\mathrm{K}} \mathcal{P}$ 用一次概括规则，可得 $\vdash_{\mathrm{K}} (\forall y_n)\mathcal{P}$。由于 $(\forall y_n)\mathcal{P}$ 只包含 $n-1$ 个自由变量，根据归纳假设，$\vdash_{\mathrm{K}} (\forall y_1) \cdots (\forall y_n)\mathcal{P}$。

反过来，设 $\vdash_{\mathrm{K}} (\forall y_1) \cdots (\forall y_n)\mathcal{P}$。同样对 n 做归纳，反复使用公理 (K5) 即可证明 $\vdash_{\mathrm{K}} \mathcal{P}$。 □

可以看到，上面命题里用了 $y_1, \cdots, y_n$，它们并不是 $\mathscr{L}$ 中的个体变量。实际上，我们是在元语言层用这些符号，用它们表示 $\mathscr{L}$ 中的任意变元符号，也就是说，无论 $y_1, \cdots, y_n$ 是 $\mathscr{L}$ 个体变元 $x_1, x_2, \cdots$ 中的哪些符号，上面的命题都成立。下面讨论中有时还会这样做。

全称闭式（定义 5.14）就是把合式公式中所有自由变元全称量化得到的闭公式。前面说过，$\mathcal{P}$ 的全称闭式常记为 $\mathcal{P}'$。根据命题 6.8 和公理 (K5) 立刻就能得到下面重要定理：

命题 6.9 (全称闭式) 对 $\mathscr{L}$ 中任意合式公式 $\mathcal{P}$，$\vdash_{\mathrm{K}} \mathcal{P}$ 当且仅当 $\vdash_{\mathrm{K}} \mathcal{P}'$。

但请注意，一般而言 $\mathcal{P}$ 和 $\mathcal{P}'$ 并不是可证明等价的。虽然公理 (K5) 保证总有 $\vdash_{\mathrm{K}} \mathcal{P}' \to \mathcal{P}$，但例 6.1 说明 $\vdash_{\mathrm{K}} \mathcal{P} \to (\forall x_i)\mathcal{P}$ 对某些 $\mathcal{P}$ 不成立。也就是说，$\vdash_{\mathrm{K}} \mathcal{P} \to \mathcal{P}'$ 不成立。为证明下面关于等价替换的命题 6.10 的重要结论，现在先证明一个有用的引理：

引理 6.1 对任意 $\mathscr{L}$ 公式 $\mathcal{P}$ 和 $\mathcal{Q}$，都有 $\vdash_{\mathrm{K}} (\forall x_i)(\mathcal{P} \leftrightarrow \mathcal{Q}) \to ((\forall x_i)\mathcal{P} \leftrightarrow (\forall x_i)\mathcal{Q})$。

证明：利用演绎定理，可以给出如下的证明：

(1) $(\forall x_i)(\mathcal{P} \leftrightarrow \mathcal{Q})$ （演绎假设）
(2) $(\mathcal{P} \leftrightarrow \mathcal{Q})$ (K5)
(3) $(\mathcal{P} \to \mathcal{Q})$ （$\leftrightarrow$ 的命题 6.6）
(4) $(\forall x_i)\mathcal{P}$ （演绎假设）
(5) $\mathcal{P}$ （公理 K5）
(6) $\mathcal{Q}$ ((3) (5) MP)
(7) $(\forall x_i)\mathcal{Q}$ ((6) GEN，x_i 在 $(\forall x_i)\mathcal{P}$ 中非自由)

根据演绎定理就有

$$\vdash_{\mathrm{K}} (\forall x_i)(\mathcal{P} \leftrightarrow \mathcal{Q}) \to ((\forall x_i)\mathcal{P} \to (\forall x_i)\mathcal{Q})$$

对称地可以证明

$$\vdash_{\mathrm{K}} (\forall x_i)(\mathcal{P} \leftrightarrow \mathcal{Q}) \to ((\forall x_i)\mathcal{Q} \to (\forall x_i)\mathcal{P})$$

综合上面两个演绎结论，引理得证。 □

命题 6.10 设 $\mathcal{P}$ 和 $\mathcal{Q}$ 是两个 $\mathscr{L}$ 公式，再假设 $\mathcal{Q}_0$ 是通过将公式 $\mathcal{P}_0$ 中一个或多个 $\mathcal{P}$ 用 $\mathcal{Q}$ 代换得到的公式，那么

$$\vdash_{\mathsf{K}} (\mathcal{P} \leftrightarrow \mathcal{Q})' \to (\mathcal{P}_0 \leftrightarrow \mathcal{Q}_0)$$

证明： 对 $\mathcal{P}_0$ 做结构归纳证明。

基础： 最简单的情况，$\mathcal{P}_0$ 是原子公式，这时 $\mathcal{P}_0$ 就是 $\mathcal{P}$，$\mathcal{Q}_0$ 也就是 $\mathcal{Q}$。使用公理 (K5) 就有 $\vdash_{\mathsf{K}} (\mathcal{P} \leftrightarrow \mathcal{Q})' \to (\mathcal{P} \leftrightarrow \mathcal{Q})$ 成立。

归纳： 设 $\mathcal{P}_0$ 不是原子公式，$\mathcal{P}$ 是 $\mathcal{P}_0$ 的真子公式，根据 $\mathcal{P}_0$ 的结构区分三种情况：① $\mathcal{P}_0$ 是 $\neg\mathcal{P}_1$；② $\mathcal{P}_0$ 是 $\mathcal{P}_1 \to \mathcal{P}_2$；③ $\mathcal{P}_0$ 是 $(\forall x_i)\mathcal{P}_1$。需要证明命题对这三种情况的 $\mathcal{P}_0$ 都成立。假设将 $\mathcal{P}_1$ 里的 $\mathcal{P}$ 代换为 $\mathcal{Q}$ 得到 $\mathcal{Q}_1$，将 $\mathcal{P}_2$ 里的 $\mathcal{P}$ 代换为 $\mathcal{Q}$ 得到的是 $\mathcal{Q}_2$。归纳假设就是

$$\vdash_{\mathsf{K}} (\mathcal{P} \leftrightarrow \mathcal{Q})' \to (\mathcal{P}_1 \leftrightarrow \mathcal{Q}_1) \quad \text{和} \quad \vdash_{\mathsf{K}} (\mathcal{P} \leftrightarrow \mathcal{Q})' \to (\mathcal{P}_2 \leftrightarrow \mathcal{Q}_2)$$

下面分别证明在上述三种情况下结论都成立：

情况 1： $\mathcal{P}_0$ 是 $\neg\mathcal{P}_1$ 时 $\mathcal{Q}_0$ 是 $\neg\mathcal{Q}_1$。因为 $((\mathcal{P}_1 \leftrightarrow \mathcal{Q}_1) \to (\neg\mathcal{Q}_1 \leftrightarrow \neg\mathcal{P}_1))$ 是重言式，因此是 K 定理。根据归纳假设和 HS 规则，可以得到 $\vdash_{\mathsf{K}} (\mathcal{P} \leftrightarrow \mathcal{Q})' \to (\neg\mathcal{Q}_1 \leftrightarrow \neg\mathcal{P}_1)$，由此立刻就能得到 $\vdash_{\mathsf{K}} (\mathcal{P} \leftrightarrow \mathcal{Q})' \to (\mathcal{P}_0 \leftrightarrow \mathcal{Q}_0)$。

情况 2： 其中的 $\mathcal{Q}_0$ 是 $\mathcal{Q}_1 \to \mathcal{Q}_2$。我们需要（基于归纳假设）证明的是

$$\vdash_{\mathsf{K}} (\mathcal{P} \leftrightarrow \mathcal{Q})' \to ((\mathcal{P}_1 \to \mathcal{P}_2) \leftrightarrow (\mathcal{Q}_1 \to \mathcal{Q}_2))$$

根据归纳假设，我们有如下演绎

(1)	$(\mathcal{P} \leftrightarrow \mathcal{Q})'$	(演绎推理假设)
(2)	$(\mathcal{P} \leftrightarrow \mathcal{Q})' \to (\mathcal{P}_1 \leftrightarrow \mathcal{Q}_1)$	(归纳假设)
(3)	$(\mathcal{P} \leftrightarrow \mathcal{Q})' \to (\mathcal{P}_2 \leftrightarrow \mathcal{Q}_2)$	(归纳假设)
(4)	$\mathcal{P}_1 \leftrightarrow \mathcal{Q}_1$	((1) (2) MP)
(5)	$\mathcal{P}_1 \to \mathcal{Q}_1$	(关于 $\leftrightarrow$ 的命题 6.6)
(6)	$\mathcal{Q}_1 \to \mathcal{P}_1$	(关于 $\leftrightarrow$ 的命题 6.6)
(7)	$\mathcal{P}_2 \leftrightarrow \mathcal{Q}_2$	((1) (3) MP)
(8)	$\mathcal{P}_1 \to \mathcal{P}_2$	(演绎推理假设)
(9)	$\mathcal{Q}_1 \to \mathcal{P}_2$	((6) (8) HS)
(10)	$\mathcal{Q}_1 \to \mathcal{Q}_2$	((7) (9) HS)

由 (1)、(8) 和 (10)，根据演绎定理有

$$\vdash_{\mathsf{K}} (\mathcal{P} \leftrightarrow \mathcal{Q})' \to ((\mathcal{P}_1 \to \mathcal{P}_2) \to (\mathcal{Q}_1 \to \mathcal{Q}_2)) \tag{6.1}$$

将上面演绎中假设 (8) 换为 $(\mathcal{Q}_1 \to \mathcal{Q}_2)$，对 (5) 和 (9) 用 HS 得到 $(\mathcal{P}_1 \to \mathcal{P}_2)$，进而

$$\vdash_{\mathsf{K}} (\mathcal{P} \leftrightarrow \mathcal{Q})' \to ((\mathcal{Q}_1 \to \mathcal{Q}_2) \to (\mathcal{P}_1 \to \mathcal{P}_2)) \tag{6.2}$$

综合演绎结论 (6.1) 和 (6.2)，情况 (2) 得证。

　　情况 3: 其中的 $\mathcal{Q}_0$ 是 $(\forall x_i)\mathcal{Q}_1$。对归纳假设使用概括规则，得到

$$\vdash_{\overline{K}} (\forall x_i)((\mathcal{P} \leftrightarrow \mathcal{Q})' \to (\mathcal{P}_1 \leftrightarrow \mathcal{Q}_1))$$

由于 $(\mathcal{P} \leftrightarrow \mathcal{Q})'$ 没有自由变量，下面是公理模式 (K6) 的一个实例

$$\vdash_{\overline{K}} (\forall x_i)((\mathcal{P} \leftrightarrow \mathcal{Q})' \to (\mathcal{P}_1 \leftrightarrow \mathcal{Q}_1)) \to ((\mathcal{P} \leftrightarrow \mathcal{Q})' \to (\forall x_i)(\mathcal{P}_1 \leftrightarrow \mathcal{Q}_1))$$

对上面两个公式应用 MP 规则，得到

$$\vdash_{\overline{K}} (\mathcal{P} \leftrightarrow \mathcal{Q})' \to (\forall x_i)(\mathcal{P}_1 \leftrightarrow \mathcal{Q}_1)$$

根据前面引理，我们有：

$$\vdash_{\overline{K}} (\forall x_i)(\mathcal{P}_1 \leftrightarrow \mathcal{Q}_1) \to ((\forall x_i)\mathcal{P}_1 \leftrightarrow (\forall x_i)\mathcal{Q}_1)$$

应用 HS 得到 $\vdash_{\overline{K}} (\mathcal{P} \leftrightarrow \mathcal{Q})' \to ((\forall x_i)\mathcal{P}_1 \leftrightarrow (\forall x_i)\mathcal{Q}_1)$，这也就是

$$\vdash_{\overline{K}} (\mathcal{P} \leftrightarrow \mathcal{Q})' \to (\mathcal{P}_0 \leftrightarrow \mathcal{Q}_0)$$

这样就完成了整个证明。　　　　　　　　　　　　　　　　　　　□

推论 6.6 (等价替换定理)　设 $\mathscr{L}$ 公式 $\mathcal{P}$、$\mathcal{Q}$、$\mathcal{Q}_0$ 和 $\mathcal{P}_0$ 具有命题 6.10 中提出的性质和关系，如果 $\vdash_{\overline{K}} \mathcal{P} \leftrightarrow \mathcal{Q}$，那么 $\vdash_{\overline{K}} \mathcal{P}_0 \leftrightarrow \mathcal{Q}_0$。

证明：假设 $\vdash_{\overline{K}} (\mathcal{P} \leftrightarrow \mathcal{Q})$，根据命题 6.8 就有 $\vdash_{\overline{K}} (\mathcal{P} \leftrightarrow \mathcal{Q})'$。由命题 6.10 可得 $\vdash_{\overline{K}} (\mathcal{P} \leftrightarrow \mathcal{Q})' \to (\mathcal{P}_0 \leftrightarrow \mathcal{Q}_0)$。用 MP 规则就得到了 $\vdash_{\overline{K}} \mathcal{P}_0 \leftrightarrow \mathcal{Q}_0$。　　□

推论 6.7 (换名定理)　设 x_i 未在 $\mathscr{L}$ 公式 $\mathcal{P}$ 里（自由或约束）出现，公式 $\mathcal{Q}_0$ 是通过把 $\mathcal{P}_0$ 里的一个或多个 $(\forall x_i)\mathcal{P}(x_i)$ 用 $(\forall x_j)\mathcal{P}(x_j)$ 代换得到的公式，那么 $\vdash_{\overline{K}} \mathcal{P}_0 \leftrightarrow \mathcal{Q}_0$。

证明：应用命题 6.7 和命题 6.10。　　　　　　　　　　　　　□

　　最后，我们证明一组关于 $(\exists x_i)$ 对 $\vee$ 和 $(\forall x_i)$ 对 $\wedge$ 分配律。

命题 6.11 (分配律)　设 $\mathcal{P}$ 和 $\mathcal{Q}$ 为 $\mathscr{L}$ 公式，x_i 为个体变量，则

$$(1)\quad \vdash_{\overline{K}} (\forall x_i)(\mathcal{P} \wedge \mathcal{Q}) \leftrightarrow ((\forall x_i)\mathcal{P} \wedge (\forall x_i)\mathcal{Q})$$
$$(2)\quad \vdash_{\overline{K}} (\exists x_i)(\mathcal{P} \vee \mathcal{Q}) \leftrightarrow ((\exists x_i)\mathcal{P} \vee (\exists x_i)\mathcal{Q})$$
$$(3)\quad \vdash_{\overline{K}} (\forall x_i)(\mathcal{P} \vee \mathcal{Q}) \to ((\forall x_i)\mathcal{P} \vee (\forall x_i)\mathcal{Q})$$
$$(4)\quad \vdash_{\overline{K}} (\exists x_i)(\mathcal{P} \wedge \mathcal{Q}) \to ((\exists x_i)\mathcal{P} \wedge (\exists x_i)\mathcal{Q})$$

证明：关于 (1) 我们将分别证明：

$$(1a)\quad \vdash_{\overline{K}} (\forall x_i)(\mathcal{P} \wedge \mathcal{Q}) \to ((\forall x_i)\mathcal{P} \wedge (\forall x_i)\mathcal{Q})$$
$$(1b)\quad \vdash_{\overline{K}} ((\forall x_i)\mathcal{P} \wedge (\forall x_i)\mathcal{Q}) \to (\forall x_i)(\mathcal{P} \wedge \mathcal{Q})$$

对 (1a) 有如下演绎：

(1)	$(\forall x_i)(\mathcal{P} \wedge \mathcal{Q})$	(演绎假设)
(2)	$(\mathcal{P} \wedge \mathcal{Q})$	(K5)
(3)	$\mathcal{P}$	($\vdash_{\mathsf{K}} \mathcal{P} \wedge \mathcal{Q}$ 当且仅当 $\vdash_{\mathsf{K}} \mathcal{P}$ 且 $\vdash_{\mathsf{K}} \mathcal{Q}$)
(4)	$\mathcal{Q}$	($\vdash_{\mathsf{K}} \mathcal{P} \wedge \mathcal{Q}$ 当且仅当 $\vdash_{\mathsf{K}} \mathcal{P}$ 且 $\vdash_{\mathsf{K}} \mathcal{Q}$)
(5)	$(\forall x_i)\mathcal{P}$	((3) GEN)
(6)	$(\forall x_i)\mathcal{Q}$	((4) GEN)
(7)	$(\forall x_i)\mathcal{P} \wedge (\forall x_i)\mathcal{Q}$	($\vdash_{\mathsf{K}} \mathcal{P} \wedge \mathcal{Q}$ 当且仅当 $\vdash_{\mathsf{K}} \mathcal{P}$ 且 $\vdash_{\mathsf{K}} \mathcal{Q}$)

根据 $\mathsf{K}_{\mathscr{L}}$ 的演绎定理，(1a) 得证。

对 (1b) 有如下演绎：

(1)	$(\forall x_i)\mathcal{P} \wedge (\forall x_i)\mathcal{Q}$	(演绎假设)
(2)	$(\forall x_i)\mathcal{P}$	($\vdash_{\mathsf{K}} \mathcal{P} \wedge \mathcal{Q}$ 当且仅当 $\vdash_{\mathsf{K}} \mathcal{P}$ 且 $\vdash_{\mathsf{K}} \mathcal{Q}$)
(3)	$(\forall x_i)\mathcal{Q}$	($\vdash_{\mathsf{K}} \mathcal{P} \wedge \mathcal{Q}$ 当且仅当 $\vdash_{\mathsf{K}} \mathcal{P}$ 且 $\vdash_{\mathsf{K}} \mathcal{Q}$)
(4)	$\mathcal{P}$	(2 K5)
(5)	$\mathcal{Q}$	(3 K5)
(6)	$\mathcal{P} \wedge \mathcal{Q}$	($\vdash_{\mathsf{K}} \mathcal{P} \wedge \mathcal{Q}$ 当且仅当 $\vdash_{\mathsf{K}} \mathcal{P}$ 且 $\vdash_{\mathsf{K}} \mathcal{Q}$)
(7)	$(\forall x_i)(\mathcal{P} \wedge \mathcal{Q})$	((6) GEN)

根据 $\mathsf{K}_{\mathscr{L}}$ 的演绎定理，(1b) 得证。

对 (2) 有如下证明：

(1)	$\vdash_{\mathsf{K}} (\exists x_i)(\mathcal{P} \vee \mathcal{Q}) \leftrightarrow ((\exists x_i)\mathcal{P} \vee (\exists x_i)\mathcal{Q})$	
(2)	$\Leftrightarrow \vdash_{\mathsf{K}} \neg(\forall x_i)\neg(\mathcal{P} \vee \mathcal{Q}) \leftrightarrow (\neg(\forall x_i)\neg\mathcal{P} \vee \neg(\forall x_i)\neg\mathcal{Q})$	($\exists x_i$ 在 $\mathscr{L}$ 的定义)
(3)	$\Leftrightarrow \vdash_{\mathsf{K}} \neg(\forall x_i)(\neg\mathcal{P} \wedge \neg\mathcal{Q}) \leftrightarrow \neg((\forall x_i)\neg\mathcal{P} \wedge (\forall x_i)\neg\mathcal{Q})$	(德·摩根定律)
(4)	$\Leftrightarrow \vdash_{\mathsf{K}} ((\forall x_i)\neg\mathcal{P} \wedge (\forall x_i)\neg\mathcal{Q}) \leftrightarrow (\forall x_i)\neg(\mathcal{P} \vee \mathcal{Q})$	($\neg\mathcal{P} \to \neg\mathcal{Q}$ 和 $\mathcal{Q} \to \mathcal{P}$ 等价)
(5)	$\Leftrightarrow \vdash_{\mathsf{K}} ((\forall x_i)\neg\mathcal{P} \wedge (\forall x_i)\neg\mathcal{Q}) \leftrightarrow (\forall x_i)(\neg\mathcal{P} \wedge \neg\mathcal{Q})$	(德·摩根定律)

这里 $\Leftrightarrow$ 表示公式双向都构成证明，其中 (5) 正是命题的定理 (1)，因此此命题的定理 (2) 得证。 □

习题 6.9 证明命题 6.7 的 (2)：设变量 x_i 在 $\mathcal{P}(x_i)$ 中自由出现，x_j 是未在 $\mathcal{P}(x_i)$ 中（自由或约束）出现的变量，那么 $\vdash_{\mathsf{K}} (\exists x_i)\mathcal{P}(x_i) \leftrightarrow (\exists x_j)\mathcal{P}(x_j)$，并非形式地解释这个定理的意义。

习题 6.10 证明命题 6.11 (3) 和 (4)。

习题 6.11 请证明 $\vdash_{\mathsf{K}} ((\forall x_i)(\mathcal{P} \to \mathcal{Q}) \to ((\forall_i)\mathcal{P} \to (\forall x_i)\mathcal{Q}))$，并用解释的概念说明这个定理的意义，再说明为什么 $\vdash_{\mathsf{K}} ((\forall_i)\mathcal{P} \to (\forall x_i)\mathcal{Q})) \to (\forall x_i)(\mathcal{P} \to \mathcal{Q}))$ 不成立。

习题 6.12 请给出如下演绎的形式归约，并通过解释的概念说明其意义

(a) $(\forall x_1)(\forall x_2)P_1^2 \vdash_{\mathsf{K}} (\forall x_2)(\forall x_3)P_1^2(x_2, x_3)$

(b) $(\forall x_1)(\forall x_2)P_1^2 \vdash_{\mathsf{K}} (\forall x_1)P_1^2(x_1, x_1)$

习题 6.13 (全称变量引入)   设 $\Gamma \vdash_{\mathsf{K}} \mathcal{P}[a/x]$ 且 a 为不在 $\Gamma \cup \{\mathcal{P}\}$ 中出现的个体常元符号。证明 $\Gamma \vdash_{\mathsf{K}} (\forall x)\mathcal{P}$，其中 x 是 $\Gamma \vdash_{\mathsf{K}} (\forall x)\mathcal{P}$ 中非约束的变元符号（注：这个条件是强调这个结论的意义，没有这个条件结论显然也成立）。

习题 6.14 (蕴涵替换)   本习题证明一个类似命题演算中的逻辑蕴涵或可证明蕴涵的替换定理。令 Σ 为习题 6.7 中一阶语言 $\mathscr{L}'$ 的字母表。用析取符号 $\vee$ 替代 $\mathscr{L}$ 的字母表中的蕴涵符号 $\to$，用 Σ^* 代表 Σ 所有有穷的符号串集合（包括空串）。设 $\mathcal{P}, \mathcal{Q} \in \mathrm{WFF}_{\mathscr{L}'}$，定义如下概念：

(1) 若存在 $\alpha, \beta \in \Sigma^*$ 使得 $\mathcal{P} = \alpha \mathcal{Q} \beta$（这里使用的是字符串之间的相等关系和字符串拼接操作），则称 $\mathcal{Q}$ 在 $\mathcal{P}$ 上下文 (α, β) 中出现，简称 $\mathcal{Q}$ 在 $\mathcal{P}$ 中的一个**指定出现**。

(2) 若存在 $\alpha_1, \cdots, \alpha_{n+1} \in \Sigma^*$ 使得 $\mathcal{P} = \alpha_1 \mathcal{Q} \alpha_2 \cdots \alpha_n \mathcal{Q} \alpha_{n+1}$，则称 $\mathcal{Q}$ 在 $\mathcal{P}$ 上下文 $(\alpha_1, \cdots, \alpha_{n+1})$ 中出现，简称这是 $\mathcal{Q}$ 在 $\mathcal{P}$ 中的 n **个指定出现**。

(3) 对 $\mathcal{Q}$ 在 $\mathcal{P}$ 中的一个指定出现，如果有 $\mathcal{P}$ 中连续嵌套的偶数个 $\neg$（包括 0 个）的作用域包含 $\mathcal{Q}$ 这次出现，则称 $\mathcal{Q}$ 在 $\mathcal{P}$ 中这个出现为**肯定出现**，否则称为**否定出现**。

(4) 设 $\mathcal{Q}$ 在 $\mathcal{P}$ 的上下文 $(\alpha_1, \cdots, \alpha_{n+1})$ 中出现，$\mathcal{R} \in \mathrm{WFF}_{\mathscr{L}'}$，定义用 $\mathcal{R}$ 在 $\mathcal{P}$ 上下文 $(\alpha_1, \cdots, \alpha_n)$ 中替换 $\mathcal{Q}$ 所有指定出现的替换为

$$\mathcal{P}_{(\alpha_1, \cdots, \alpha_{n+1})}[\mathcal{Q}/\mathcal{R}] = \alpha_1 \mathcal{R} \alpha_2 \cdots \alpha_n \mathcal{R} \alpha_{n+1}$$

在不会引起误解时，可以将 $\mathcal{P}_{(\alpha_1, \cdots, \alpha_{n+1})}[\mathcal{R}/\mathcal{Q}]$ 简记为 $\mathcal{P}[\mathcal{R}/\mathcal{Q}]$。

设 $\mathcal{P}, \mathcal{Q}, \mathcal{R}$ 为 $\mathscr{L}'$ 公式（同时也认为是 $\mathscr{L}$ 公式），$\mathcal{Q}$ 在 $\mathcal{P}$ 上下文 $(\alpha_1, \cdots, \alpha_{n+1})$ 中出现，而且 $y_1, \cdots, y_m$ 包括 $\mathcal{Q}$ 和 $\mathcal{R}$ 中的所有自由变元，证明如下命题：

(1) 如果 $\mathcal{Q}$ 在 $\mathcal{P}$ 中的所有指定出现都是肯定的，则

$$\vdash (\forall y_1) \cdots (\forall y_m)(\mathcal{Q} \to \mathcal{R}) \to (\mathcal{P} \to \mathcal{P}_{(\alpha_1, \cdots, \alpha_{n+1})}[\mathcal{R}/\mathcal{Q}])$$

(2) 如果 $\mathcal{Q}$ 在 $\mathcal{P}$ 中的所有指定出现都是否定的，则

$$\vdash (\forall y_1) \cdots (\forall y_m)(\mathcal{Q} \to \mathcal{R}) \to (\mathcal{P}_{(\alpha_1, \cdots, \alpha_{n+1})}[\mathcal{R}/\mathcal{Q}] \to \mathcal{P})$$

(3) 如果 $\mathcal{Q}$ 在 $\mathcal{P}$ 中的所有指定出现都是肯定的且 $\vdash (\mathcal{Q} \to \mathcal{R})$，则 $\vdash (\mathcal{P} \to \mathcal{P}_{(\alpha_1, \cdots, \alpha_{n+1})}[\mathcal{R}/\mathcal{Q}])$。

(4) 如果 $\mathcal{Q}$ 在 $\mathcal{P}$ 中的所有指定出现都是否定的且 $\vdash (\mathcal{Q} \to \mathcal{R})$，则 $\vdash (\mathcal{P}_{(\alpha_1, \cdots, \alpha_{n+1})}[\mathcal{R}/\mathcal{Q}] \to \mathcal{P})$。

注：由于通过使用 $\neg$，$\vee$ 和 $\to$ 可以相互定义，所以上述 $\mathsf{K}'_{\mathscr{L}'}$ 的定理也可以转换为 $\mathsf{K}_{\mathscr{L}}$ 的定理。

习题 6.15 (参考习题 6.14中的定义) 设 $\mathcal{P}$、$\mathcal{Q}$ 和 $\mathcal{P}_1$ 为合式公式，$\mathcal{Q}_1$ 是用 $\mathcal{Q}$ 替换 $\mathcal{P}$ 在 $\mathcal{P}_1$ 中的一次肯定出现得到的合式公式。

(1) 如果 $\vdash \mathcal{P} \lor \mathcal{Q}$，试问 $\vdash \mathcal{P}_1 \lor \mathcal{Q}_1$ 是否成立？为什么？

(2) 如果 $\vdash \mathcal{P} \land \mathcal{Q}$，试问 $\vdash \mathcal{P}_1 \land \mathcal{Q}_1$ 是否成立？为什么？

习题 6.16 (等价替换) 这一习题是证明一阶逻辑的等价替换定理。设 $\mathcal{P}$、$\mathcal{Q}$、$\mathcal{R}$ 和 $y_1, \cdots, y_m$ 如习题 6.14，请证明下面命题：

(1) $\vdash (\forall y_1) \cdots (\forall y_m)(\mathcal{Q} \leftrightarrow \mathcal{R}) \to (\mathcal{P} \leftrightarrow \mathcal{P}[\mathcal{R}/\mathcal{Q}])$。

(2) 如果 $\vdash \mathcal{Q} \leftrightarrow \mathcal{R}$，则 $\vdash \mathcal{P} \leftrightarrow \mathcal{P}[\mathcal{R}/\mathcal{Q}]$。

(3) 如果 $\vdash \mathcal{Q} \leftrightarrow \mathcal{R}$ 且 $\vdash \mathcal{P}$，则 $\vdash \mathcal{P}[\mathcal{R}/\mathcal{Q}]$。

6.3　K$_\mathscr{L}$ 的充分性定理

　　前面有关形式演绎系统 K$_\mathscr{L}$ 的可靠性定理（命题 6.3）告诉我们，使用 K$_\mathscr{L}$ 可以推导出的 "结论" 都是逻辑上有效的，也就是说，通过 K$_\mathscr{L}$ 得到的定理在语义上都是 "合理的"，或者可以说是 "正确的"。这一结论非常重要，它告诉我们 K$_\mathscr{L}$ 可以放心地使用，因为它不会把 "假的" 证明成 "真的"，也不会证明出矛盾的定理。但另一方面，我们可能也希望知道，这个 K$_\mathscr{L}$ 的证明能力是否 "足够强大" 了，是不是所有逻辑上有效的公式都可以通过 K$_\mathscr{L}$ 演绎得到？也就是说，逻辑上有效的公式是否都为 K$_\mathscr{L}$ 的定理？这个问题称为形式系统的**充分性** (adequacy) 问题。第 4 章证明了形式命题演算系统的充分性，现在我们考虑 K$_\mathscr{L}$。

　　一般而言，一个形式系统是充分的，说明这个形式系统足够强大，能给出所有 "正确的结论"。对一个形式逻辑系统，例如 K$_\mathscr{L}$，我们当然希望它充分强大，能推演出所有在逻辑上有效的合式公式。实际上，K$_\mathscr{L}$ 确实是足够强大的，本节将证明 K$_\mathscr{L}$ 的**充分性定理** (adequacy theorem)，其能证明的定理集合就是所有逻辑上有效的合式公式集合。这一结论最早由最伟大的逻辑学家之一哥德尔证明。请注意**充分性**和**完备性**的区别，这里的充分性定理和哥德尔最著名的不完备性定理相关，但并不是同一个概念。实际上，确实有些教科书和文献也把充分性称为完备性或完全性。

　　K$_\mathscr{L}$ 的**充分性定理**可以陈述如下：

　　　　如果 $\mathscr{L}$ 公式 $\mathcal{P}$ 是逻辑上有效的，那么 $\vdash_{\text{K}_\mathscr{L}} \mathcal{P}$，也就是说，$\mathcal{P}$ 是 K$_\mathscr{L}$ 定理。

这个定理的证明比较复杂，比 K$_\mathscr{L}$ 的可靠性定理的证明复杂得多，比第 4 章中 L 的充分性定理的证明也要复杂，但思路是一样的。

6.3.1　K$_\mathscr{L}$ 的扩展

　　第 4 章证明了命题逻辑系统 L 的充分性，有关证明基于演绎系统的扩展和相容性两个重要概念。下面的证明与之类似。我们首先把**扩展**的概念推广到谓词逻辑系统。在下面的讨论中，我们将经常用 K 表示 K$_\mathscr{L}$ 以简化叙述，除非需要特别强调 $\mathscr{L}$ 时才用 K$_\mathscr{L}$。

定义 6.3 (扩展)　K 的一个扩展是通过修改或扩大 K 的公理集合而得到的另一个形式系统，该系统维持所有 K 定理仍为扩展后的系统的定理，但允许增加新的定理。

对于 K 的两个扩展，如果某一个扩展的定理集合包含（或等于）另一个扩展的定理集合，我们也说前者是后者的扩展。显然，如果两个 K 扩展的定理集合相同，它们互为扩展。

定义 6.4 (一阶系统)　对于任意的一阶语言 $\mathscr{L}$，形式系统 $K_{\mathscr{L}}$ 的一个扩展 S 称为（$\mathscr{L}$ 上的）一个**一阶系统**，必要时可以记为 $S_{\mathscr{L}}$。

定义 6.5 (相容的一阶系统)　一阶系统 $S_{\mathscr{L}}$ 是**相容的**，如果对任意 $\mathscr{L}$ 公式 $\mathcal{P}$，在 $\mathcal{P}$ 和 $\neg\mathcal{P}$ 中至多有一个是 $S_{\mathscr{L}}$ 的定理。

采用扩展的方式，可以得到各种有用的一阶系统。例如，我们可以选定 K 中谓词 P_1^2 为等词 "="，并给 K 加入有关等词的必要公理，如自反性、对称性和传递性公理，这样就得到了一个 "包含等词" 的一阶逻辑系统。形式化的自然数系统、群论系统都是这个一阶系统的扩展。我们将在第 7 章专门讨论这种带有等词的数学系统。

命题 6.12　【请参考有关命题逻辑系统 L 的命题 4.6】设 S 是一个相容的一阶系统，$\mathcal{P}$ 是一个闭公式，但它不是 S 的定理。将 $\neg\mathcal{P}$ 加入 S 的公理集合，得到的 S 的扩展 S^* 也是相容的。

证明：我们用反证法。假定 S^* 不相容，那么一定存在某个公式 $\mathcal{Q}$ 使得 $\vdash_{S^*} \mathcal{Q}$ 而且 $\vdash_{S^*} \neg\mathcal{Q}$。由此可以得到下面的演绎：

$$
\begin{array}{llll}
(1) & \vdash_{S^*} \mathcal{Q} & & \text{(假设)} \\
(2) & \vdash_{S^*} \neg\mathcal{Q} & & \text{(假设)} \\
(3) & \vdash_{S^*} \neg\mathcal{P} & & (S^* \text{ 公理}) \\
(4) & \vdash_{S^*} \neg\mathcal{Q} \to (\mathcal{Q} \to \mathcal{P}) & & \text{K 重言式，命题 6.1，} S^* \text{ 是 K 的扩展} \\
(5) & \vdash_{S^*} \mathcal{Q} \to \mathcal{P} & & ((2)(4)\ \text{MP}) \\
(6) & \vdash_{S^*} \mathcal{P} & & ((1)(5)\ \text{MP}) \\
(7) & \{\neg\mathcal{P}\} \vdash_{S} \mathcal{P} & & ((6),\ S^* \text{ 的定义}) \\
(8) & \vdash_{S} \neg\mathcal{P} \to \mathcal{P} & & ((7) \text{ 演绎定理，因为 } \neg\mathcal{P} \text{ 是闭的}) \\
(9) & \vdash_{S} (\neg\mathcal{P} \to \mathcal{P}) \to \mathcal{P} & & \text{(K 重言式，是 K 定理，也是 S 定理)} \\
(10) & \vdash_{S} \mathcal{P} & & ((8)(9)\ \text{MP})
\end{array}
$$

与命题假设 $\mathcal{P}$ 不是 S 的定理矛盾，所以 S^* 是相容的。　　　　□

定义 6.6 (完备的一阶系统)　一阶系统 S 是**完备的** (complete)，如果对任意闭公式 $\mathcal{P}$，$\vdash_{S} \mathcal{P}$ 和 $\vdash_{S} \neg\mathcal{P}$ 两者中必有一个成立。

显然 $K_{\mathscr{L}}$ 并不是完备的，这一点很容易证明，我们只需举一个例子。令 $\mathcal{P}$ 为 $(\forall x_1)P_1^1(x_1)$，这是一个闭公式，但是 $\vdash_{K_{\mathscr{L}}} \mathcal{P}$ 和 $\vdash_{K_{\mathscr{L}}} \neg\mathcal{P}$ 都不成立。一般而言，一个逻辑系统**相对具有某个性质的公式集合是完备的**，如果这个公式集合中的任何公式都在该系统中可以证明。在这个意义下，$K_{\mathscr{L}}$ 的完全性就是相对于 $\mathscr{L}$ 有效公式集合的完备性。

命题 6.13 (完备相容扩展) 设 S 为任意一阶系统, 在 S 的相容扩展中存在完备的扩展。

证明: 本证明完全按照有关命题逻辑的命题 4.7 的证明路线进行。令 $\mathcal{P}_0, \mathcal{P}_1, \cdots$ 是 $\mathscr{L}$ 的闭合式公式集合的一个枚举, 我们构造 K 的一个扩展序列 $S_0, S_1, \cdots$ 如下: 令 S_0 就是 K。对任何 $n > 0$, 如果 $\vdash_{S_{n-1}} \mathcal{P}_n$, 则令 S_n 等同于 S_{n-1}; 否则就将 $\neg \mathcal{P}_n$ 加入 S_{n-1} 的公理集合得到一个新的一阶系统, 令其为 S_n。这样就得到了 K 的一个扩展的序列。根据命题 6.12, 序列中每个 S_n 都是 K 的相容扩展。令 S_∞ 是 K 的具有下面公理集合的扩展: 如果合式公式 $\mathcal{P}$ 是某个 S_n 的公理, 就取它为 S_∞ 的公理。下面证明 S_∞ 是相容而且完备的。

证明 S_∞ 的相容性: 用反证法, 设 S_∞ 不相容, 一定存在 $\mathcal{P}$ 使 $\vdash_{S_\infty} \mathcal{P}$ 和 $\vdash_{S_\infty} \neg \mathcal{P}$。由于 $\mathcal{P}_0, \mathcal{P}_1, \cdots$ 是 $\mathscr{L}$ 的合式公式集合的枚举, 一定存在某个 n, 使得证明 $\vdash_{S_\infty} \mathcal{P}$ 和 $\vdash_{S_\infty} \neg \mathcal{P}$ 的演绎序列中用到的所有公理都是 S_n 的公理, 这样就有 $\vdash_{S_n} \mathcal{P}$ 和 $\vdash_{S_n} \neg \mathcal{P}$, 与 S_n 的相容性矛盾。

证明 S_∞ 的完备性: 任取一个 $\mathscr{L}$ 闭公式 $\mathcal{P}$, 它一定出现在序列 $\mathcal{P}_0, \mathcal{P}_1, \cdots$ 里, 假设它就是 $\mathcal{P}_k$。考虑扩展系统 S_k, 如果 $\vdash_{S_k} \mathcal{P}_k$, 由 S_∞ 的构造 $\vdash_{S_\infty} \mathcal{P}$。如果 $\nvdash_{S_k} \mathcal{P}_k$, 那么 $\neg \mathcal{P}_k$ 属于 S_{k+1} 的公理集合, 因此就有 $\vdash_{S_\infty} \neg \mathcal{P}$。总之 $\vdash_{S_\infty} \mathcal{P}$ 或 $\vdash_{S_\infty} \neg \mathcal{P}$ 之一必成立, 完备性得证。 □

可以看到, 一阶系统完备扩展的证明与命题逻辑系统中的证明完全一样, 只是把那里的证明翻译成了基于一阶系统的说法。显然, 一个完备扩展 S_∞ 也是极大相容扩展, 对任何合式公式 $\mathcal{P}$, $\mathcal{P}$ 或者 $\neg \mathcal{P}$ 属于 S_∞ 的公理集合。继续向前, 我们希望证明: 只要 S 是相容的一阶系统, 就存在一个解释使得 S 的每个定理都为真。但这一事实的证明仍然不太容易完成。

6.3.2 充分性定理的证明

前面一直假定 $\mathscr{L}$ 是一个任意但却特定的一阶语言, 现在考虑扩大这个语言, 加入一组常元。

引理 6.2 令 $b_0, b_1, \cdots$ 是无穷多个编号的新个体常元, 将它们加入 $\mathscr{L}$ 得到的语言称为 $\mathscr{L}^+$。这些常元也看作项, 可用在公理中。这样, K$_\mathscr{L}$ 的任意相容扩展 S 在 $\mathscr{L}^+$ 中也是相容的。

证明: 用反证法证明: 假定 S^+ 不相容, 一定存在某个 $\mathcal{P}$ 使得

$$\vdash_{S^+} \mathcal{P} \quad \text{并且} \quad \vdash_{S^+} \neg \mathcal{P}$$

设这两个定理的证明序列分别为 $\mathcal{P}_{11}, \cdots, \mathcal{P}_{1m}, \mathcal{P}$ 和 $\mathcal{P}_{21}, \cdots, \mathcal{P}_{2n}, \neg \mathcal{P}$。由于是有穷公式序列, 其中只会涉及 $b_0, b_1, \cdots$ 中的有穷个常元。假设这里出现的常元是 $b_{i_1}, \cdots, b_{j_k}$, 取 k 个证明中未使用的变元 $x_{i_1}, \cdots, x_{i_k}$, 令 σ 是代换 $[x_{i_1}/b_{i_1}, \cdots, x_{i_k}/b_{j_k}]$ 把上述各常元分别代换为对应的变量。用 σ 代换两个证明序列中的常元, 得到的 $\mathcal{P}_{11}\sigma, \cdots, \mathcal{P}_{1m}\sigma, \mathcal{P}\sigma$ 和 $\mathcal{P}_{21}\sigma, \cdots, \mathcal{P}_{2n}\sigma, \neg\mathcal{P}\sigma$ 分别是在 S 里的有关 $\mathcal{P}\sigma$ 和 $\neg\mathcal{P}\sigma$ 的证明。这就说明 S 不相容, 与 S 相容的假设矛盾。 □

命题 6.14 *设 S 是 $\mathscr{L}$ 的任意相容的一阶系统, 存在解释 I 使 S 的定理在解释 I 下均为真。*

证明: 设 $\mathscr{L}^+$ 为引理 6.2 中定义的扩展语言, S^+ 和 K^+ 为相应的对 S 和 $K_{\mathscr{L}}$ 扩展了新常元 $b_0, b_1, \cdots$ 得到的系统。引理 6.2 说明 S^+ 是相容的。现在按如下步骤构造 S 的解释 I:

(1) 首先枚举 $\mathscr{L}^+$ 中只包含一个自由变量的合式公式 (不同公式中的自由变量不必不同), 设得到的公式序列是
$$\mathcal{F}_0(x_{i_0}), \mathcal{F}_1(x_{i_1}), \mathcal{F}_2(x_{i_2}), \cdots$$

(2) 用如下方式从 $b_0, b_1, \cdots$ 中选出一个常元序列 $c_0, c_1, \cdots$:

① 对 $n = 0$, 在 $b_0, b_1, \cdots$ 中任选一个未出现在 $\mathcal{F}_0(x_{i_0})$ 里的常元作为 c_0;

② 对 $n > 0$, 任选一个不属于 $\{c_0, \cdots, c_{n-1}\}$ 且未出现在 $\mathcal{F}_0(x_{i_0}), \cdots, \mathcal{F}_{n-1}(x_{i_{n-1}})$ 里的常元作为 c_n。由于常元无穷多, 每次选取要考虑的公式有穷, 总能找到可用的 c_n。

(3) 对每个 $k \geqslant 0$, 令 $\mathcal{G}_k$ 是公式 $\neg(\exists x_{i_k})\mathcal{F}_k(x_{i_k}) \to \neg\mathcal{F}_k(c_k)$。

(4) 从 K^+ 出发构造一系列系统 $S_0, S_1, \cdots$: 令 S_0 为 S^+; 令 S_1 为给 S_0 加入新公理 $\mathcal{G}_0$ 得到的 S_0 的扩展; 一般的对任意 $n > 0$, 令 S_n 为给 S_{n-1} 加入新公理 $\mathcal{G}_{n-1}$ 而得到的扩展。

(5) 现在需要证明 $S_0, S_1, \cdots$ 都是相容的, 具体证明见下面引理 6.3。

(6) 有了 $S_0, S_1, \cdots$ 都相容的条件, 现在按命题 6.13 中的方法构造 S^+ 的扩展 S_∞, 其公理集合包含所有属于某个 S_n 的公理。再用命题 6.13 中同样的方法证明 S_∞ 是相容的, 然后按该命题中的方法做出 S_∞ 的完备相容扩展, 称之为 S^*。

(7) 现在构造 $\mathscr{L}^+$ 的解释 I:

① 论域 D_I 的元素是 $\mathscr{L}^+$ 的所有**闭项** (closed term) (不包含变量的项)。

② 令常元的解释为其自己本身。这样, 对任意 $d_1, \cdots, d_n \in D_I$ 和 f_i^n, $\overline{f}_i^n(d_1, \cdots, d_n)$ 的值也就是 $f_i^n(d_1, \cdots, d_n)$。因为 $d_1, \cdots, d_n$ 都是闭项, $f_i^n(d_1, \cdots, d_n)$ 也是闭项。

③ 对任意 $d_1, \cdots, d_n$ 和 P_i^n, 如果 $\vdash_{S^*} P_i^n(d_1, \cdots, d_n)$, 就令 $\overline{P}_i^n(d_1, \cdots, d_n)$ 成立; 如果 $\vdash_{S^*} \neg P_i^n(d_1, \cdots, d_n)$, 就令 $\overline{P}_i^n(d_1, \cdots, d_n)$ 不成立。S^* 完备保证了两者之一成立。

(8) 可以证明对任何 $\mathscr{L}^+$ 公式 $\mathcal{P}$, $\vdash_{S^*} \mathcal{P}$ 当且仅当 $I \models \mathcal{P}$。证明见下面的引理 6.4。 □

引理 6.3 命题 6.14 的证明的第 (4) 步中构造的 $S_0, S_1, \cdots$ 都是相容的。

证明: 首先, S_0 就是 S^+, 已知是相容的。现在假设对某个 $n \geqslant 0$, S_n 是相容的, 我们用反证法完成证明。设 S_{n+1} 是不相容的, 因此存在 $\mathscr{L}^+$ 公式 $\mathcal{P}$ 使得:

$$\vdash_{\mathsf{S}_{n+1}} \mathcal{P} \quad 并且 \quad \vdash_{\mathsf{S}_{n+1}} \neg\mathcal{P}$$

由于 $\neg\mathcal{P} \to (\mathcal{P} \to \neg\mathcal{Q})$ 是重言式。因此 $\vdash_{\mathsf{S}_{n+1}} \neg\mathcal{P} \to (\mathcal{P} \to \neg\mathcal{Q})$。两次应用 MP 得到 $\vdash_{\mathsf{S}_{n+1}} \neg\mathcal{Q}$。由重言式中 $\mathcal{Q}$ 的任意性, 令 $\mathcal{Q}$ 为 $\mathcal{G}_n$ 则有 $\vdash_{\mathsf{S}_{n+1}} \neg\mathcal{G}_n$。

由于任何 S_{n+1} 中的证明都是 S_n 增加 $\mathcal{G}_n$ 为公理的系统的证明, 我们有

$$\{\mathcal{G}_n\} \vdash_{\mathsf{S}_n} \neg\mathcal{G}_n$$

$\mathcal{G}_n$ 是闭公式, 应用演绎定理得到 $\vdash_{\mathsf{S}_n} \mathcal{G}_n \to \neg\mathcal{G}_n$。借鉴命题 6.12 的证法可得 $\vdash_{\mathsf{S}_n} \neg\mathcal{G}_n$, 即

$$\vdash_{\mathsf{S}_n} \neg(\neg(\exists x_{i_n})\mathcal{F}_n(x_{i_n}) \to \neg\mathcal{F}_n(c_n))$$

注意下面的结果 (其中的两个公式都是重言式的实例):

$$\vdash_{\mathsf{S}_n} \neg(\neg(\exists x_{i_n})\mathcal{F}_n(x_{i_n}) \to \neg\mathcal{F}_n(c_n)) \to \neg(\exists x_{i_n})\mathcal{F}_n(x_{i_n}) \quad 以及$$
$$\vdash_{\mathsf{S}_n} \neg(\neg(\exists x_{i_n})\mathcal{F}_n(x_{i_n}) \to \neg\mathcal{F}_n(c_n)) \to \mathcal{F}_n(c_n)$$

与上面公式分别应用 MP, 将分别得到

$$\vdash_{\mathsf{S}_n} \neg(\exists x_{i_n})\mathcal{F}_n(x_{i_n}) \quad 和 \quad \vdash_{\mathsf{S}_n} \mathcal{F}_n(c_n)$$

找一个未在 $\vdash_{\mathsf{S}_n} \mathcal{F}_n(c_n)$ 的证明中用过的变量, 例如 y, 用它代换这个证明中出现的所有 c_n。因为 c_n 未出现在 $\mathcal{G}_0, \cdots, \mathcal{G}_{n-1}$ 中, 代换后的序列就是 S_n 中 $\mathcal{F}_k(y)$ 的证明, 所以 $\vdash_{\mathsf{S}_n} \mathcal{F}_n(y)$。应用概括规则得到

$$\vdash_{\mathsf{S}_n} (\forall y)\mathcal{F}_n(y)$$

由于变量 x_{i_n} 未在 $\mathcal{F}_n(y)$ 中出现, 可以做约束变量换名得到

$$\vdash_{\mathsf{S}_n} (\forall x_{i_n})\mathcal{F}_n(x_{i_n})$$

但是前面有 $\vdash_{\mathsf{S}_n} \neg(\exists x_{i_n})\mathcal{F}_n(x_{i_n})$, 由此得到 S_n 不相容, 与假设矛盾, 所以 S_{n+1} 是相容的。由 n 的任意性和归纳法, 对所有的 n, S_n 都是相容的。   □

引理 6.4 令命题 $\mathscr{L}^+$ 为命题 6.14 的证明中构造的 $\mathscr{L}$ 的扩展的一阶语言, I 是命题 6.14 的证明中第 (7) 步定义的解释。则对任何 $\mathscr{L}^+$ 闭公式 $\mathcal{P}$, $\vdash_{\mathsf{S}^*} \mathcal{P}$ 当且仅当 $I \models \mathcal{P}$。

证明: 对公式 $\mathcal{P}$ 的结构使用归纳法:

基础: $\mathcal{P}$ 为原子公式 $P_i^n(d_1, \cdots, d_n)$, 其中 P_i^n 为任谓词符, $d_1, \cdots, d_n$ 为闭项。根据 I 的定义可知 $\vdash_{\mathsf{S}^*} P_i^n(d_1, \cdots, d_n)$ 当且仅当 $I \models P_i^n(d_1, \cdots, d_n)$。

归纳： 分三种情况分别证明：

情况 1, $\mathcal{P}$ 是 $\neg\mathcal{Q}$: 这时的归纳假设是 $\vdash_{S^*} \mathcal{Q}$ 当且仅当 $I \models \mathcal{Q}$。设 $\vdash_{S^*} \mathcal{P}$ 也就是 $\vdash_{S^*} \neg\mathcal{Q}$。这说明 $\mathcal{Q}$ 不是 S^* 的定理。因为 S^* 是相容的，所以 $I \nvDash \mathcal{Q}$。再由于 $\mathcal{Q}$ 是闭的，$I \models \mathcal{P}$。反过来，如果 $I \models \mathcal{P}$，也就是 $I \models \neg\mathcal{Q}$，也就是说 $\mathcal{Q}$ 不是 S^* 的定理。根据归纳假设和 S^* 的完备性，$\vdash_{S^*} \neg\mathcal{Q}$，这也就是 $\vdash_{S^*} \mathcal{P}$。

情况 2, $\mathcal{P}$ 是 $\mathcal{Q} \to \mathcal{R}$: 这时的归纳假设说引理对 $\mathcal{Q}$ 和 $\mathcal{R}$ 成立。假定 $\mathcal{P}$ 在 I 下不真，那么就有 $\mathcal{Q}$ 真而 $\mathcal{R}$ 假。根据归纳假设，$\vdash_{S^*} \mathcal{Q}$ 而且 $\nvdash_{S^*} \mathcal{R}$，由 S^* 完备知 $\vdash_{S^*} \neg\mathcal{R}$。由于有 $\vdash_{S^*} \mathcal{Q} \to (\neg\mathcal{R} \to \neg(\mathcal{Q} \to \mathcal{R}))$（重言式的实例），两次使用 MP 就得到了 $\vdash_{S^*} \neg(\mathcal{Q} \to \mathcal{R})$，也就是 $\vdash_{S^*} \neg\mathcal{P}$。根据 S^* 的相容性，$\mathcal{P}$ 不是其定理。

反过来，设 $\mathcal{P}$ 不是 S^* 定理，由 S^* 完备得 $\vdash_{S^*} \neg\mathcal{P}$，也就是 $\vdash_{S^*} \neg(\mathcal{Q} \to \mathcal{R})$。由于 $\neg(\mathcal{Q} \to \mathcal{R}) \to \mathcal{Q}$ 和 $\neg(\mathcal{Q} \to \mathcal{R}) \to \neg\mathcal{R}$ 都是重言式实例，使用 MP 可以得到

$$\vdash_{S^*} \mathcal{Q} \quad \text{和} \quad \vdash_{S^*} \neg\mathcal{R}$$

由 S^* 的相容性可得 $\nvdash_{S^*} \mathcal{R}$。根据归纳假设就有 $I \models \mathcal{Q}$ 和 $I \models \neg\mathcal{R}$，因此 $\mathcal{Q} \to \mathcal{R}$ 在解释 I 下为假，即 $\mathcal{P}$ 在解释 I 下为假。

情况 3, $\mathcal{P}$ 是 $(\forall x_i)\mathcal{Q}(x_i)$: 如果 x_i 在 $\mathcal{Q}$ 中无自由出现，可知 $\mathcal{Q}$ 为闭公式，所以 $\vdash_{S^*} \mathcal{Q}$ 当且仅当 $\vdash_{S^*} (\forall x_i)\mathcal{Q}$，而且 $I \models \mathcal{Q}$ 当且仅当 $I \models (\forall x_i)\mathcal{Q}$。这时的归纳假设是 $\vdash_{S^*} \mathcal{Q}$ 当且仅当 $I \models \mathcal{Q}$，结合这些就得到 $\vdash_{S^*} (\forall x_i)\mathcal{Q}$ 当且仅当 $I \models (\forall x_i)\mathcal{Q}$。

如果 x_i 在 $\mathcal{Q}$ 中自由出现。由 $\mathcal{P}$ 是闭公式可知 x_i 是 $\mathcal{Q}$ 中唯一的自由变量，因此 $\mathcal{Q}(x_i)$ 必定出现在合式公式枚举 $\mathcal{F}_0(x_{i_0}), \mathcal{F}_1(x_{i_1}), \mathcal{F}_2(x_{i_2}), \cdots$ 中。不失一般性，设 $\mathcal{Q}(x_i)$ 是 $\mathcal{F}_m(x_{i_m})$，而 $\mathcal{P}$ 就是 $(\forall x_{i_m})\mathcal{F}_m(x_{i_m})$。设 $I \models \mathcal{P}$。由于公理 (K5) 是逻辑有效的，所以 $I \models (\forall x_{i_m})\mathcal{F}_m(x_{i_m}) \to \mathcal{F}_m(c_m)$。用 MP 立刻得到 $I \models \mathcal{F}_m(c_m)$。由于 $\mathcal{F}_m(c_m)$ 的连接词/量词数少于 $\mathcal{P}$，根据归纳假设知 $\vdash_{S^*} \mathcal{F}_m(c_m)$。下面用反证法证明 $\vdash_{S^*} \mathcal{P}$。

设 $\nvdash_{S^*} \mathcal{P}$，即 $\vdash_{S^*} \neg(\forall x_{i_m})\mathcal{F}_m(x_{i_m})$。注意 $\neg(\exists x_{i_m})\mathcal{F}_m(x_{i_m}) \to \neg\mathcal{F}_m(c_m)$ 是 S^* 公理（由命题中 (4)）。用 MP 即得 $\vdash_{S^*} \neg\mathcal{F}_m(c_m)$，与 S^* 的相容性矛盾，所以 $\vdash_{S^*} \mathcal{P}$。

反过来。用反证法，设 $\vdash_{S^*} \mathcal{P}$ 但 $\mathcal{P}$ 在 I 下不真，也就是说 $I \nvDash (\forall x_{i_m})\mathcal{F}_m(x_{i_m})$。这说明存在 I 中某个赋值 σ 不满足 $\mathcal{F}_m(x_{i_m})$。由于 $\sigma(x_{i_m}) \in D_I$，设其值是某个 $d \in D_I$，因此就有 $I \models \neg\mathcal{F}_m(d)$。但前面假设 $\vdash_{S^*} \mathcal{P}$，即有 $\vdash_{S^*} (\forall x_{i_m})\mathcal{F}_m(x_{i_m})$，通过公理 (K5) 和 MP 可得 $\vdash_{S^*} \mathcal{F}_m(d)$；再用归纳假设得到 $I \models \mathcal{F}_m(d)$。但在一个解释 I 下 $\mathcal{F}_m(d)$ 和 $\neg\mathcal{F}_m(d)$ 不可能都为真，矛盾。所以 $\vdash_{S^*} \mathcal{P}$ 蕴涵着 $I \models \mathcal{P}$。

至此引理的证明完成。得到我们所需的结论：S^* 的每个定理在解释 I 下都为真。由于 S 的定理都是 S^* 的定理，在 I 下自然也都为真。   □

由上面命题和两个引理可知，如果 $\mathscr{L}^+$ 的某个合式公式 $\mathcal{P}$ 是 S 定理，就有 $I \models \mathcal{P}$。请注意，S 定理都是 $\mathscr{L}$ 公式，但解释 I 中包含对于不属于 $\mathscr{L}$ 的符号的解释。我们对 I 加以限制，去除对于常元 $b_1, b_2, \cdots$ 和依赖于它们的项的解释，但维持 D_I 不变，这样就得到了 $\mathscr{L}$ 的一个解释 I'，而每个 S 定理在解释 I' 下都为真。

命题 6.15 ($K_{\mathscr{L}}$ 的充分性定理) 如果 $\mathscr{L}$ 公式 $\mathcal{P}$ 是逻辑有效的，那么 $\vdash_{K_{\mathscr{L}}} \mathcal{P}$。

证明: 设 $\mathcal{P}$ 是逻辑有效的 $\mathscr{L}$ 公式, 再设 $\mathcal{P}'$ 是 $\mathcal{P}$ 的全称闭式。根据命题 5.5, $\mathcal{P}'$ 也是逻辑上有效的。用反证法, 假定 $\mathcal{P}$ 不是 K$_\mathscr{L}$ 定理。根据命题 6.8, $\mathcal{P}'$ 也不是 K$_\mathscr{L}$ 定理, 根据命题 6.12, 将 ¬$\mathcal{P}'$ 加入 K$_\mathscr{L}$ 的公理集合得到的扩展 K$_\mathscr{L}^+$ 是相容的。根据命题 6.14, 存在 $\mathscr{L}$ 解释 I 使得 K$_\mathscr{L}^+$ 中每个定理在 I 下为真。所以 ¬$\mathcal{P}'$ 在 I 下为真, 因此 $\mathcal{P}'$ 在 I 下为假 (因为 $\mathcal{P}$ 是闭公式)。这与 $\mathcal{P}'$ 的有效性矛盾, 因此 $\mathcal{P}$ 必为 K$_\mathscr{L}$ 定理。 □

命题 6.15 说明 K$_\mathscr{L}$ 的证明能力充分强大, 是一个合适的一阶演绎系统。此结果最早由哥德尔在 1930 年证明, 也被称为 "**哥德尔完全性定理** (Gödel Completeness Theorem)"。应再次提醒读者, 不要把它与著名的 "**哥德尔不完备性定理** (Gödel Incompleteness Theorem)" 混淆。上面证明参考了 Hinkin 后来的工作。这个定理, 加上前面的可靠性定理 (命题 6.3), 就得到:

推论 6.8 (K$_\mathscr{L}$ 的可靠和充分性定理) 对 $\mathscr{L}$ 公式 $\mathcal{P}$, $\vdash_{K_\mathscr{L}} \mathcal{P}$ 当且仅当 $\models \mathcal{P}$。

这个结论说明我们达到了自己的目标, 为一阶逻辑语言的形式化推理构造了一个合适的系统。建立一阶语言是为了反映直观的逻辑概念和逻辑陈述, 为此我们定义了 $\mathscr{L}$ 及其合式公式, 通过解释的概念定义了合式公式的真值。为把直观的逻辑推理严格化, 我们定义了形式化演绎系统 K$_\mathscr{L}$。但这个定义是否 "合理" 还需要经过严格证明。上面可靠性和充分性定理给了我们最好的回答: K$_\mathscr{L}$ 的定义 "恰到好处", 它既不会推导出 "错误的东西" (逻辑上无效的, 出格的结论), 也足够强大, 可以推导出所有 "正确的东西" (所有逻辑上有效的结论)。

上面定理也说明, 对于一阶语言, 我们有可能建立可靠和完备的推理系统。能建立一个, 就可能建立很多。我们可以考虑改变系统的公理规则集, 或者系统的推理规则集。人们已经为一阶语言建立个许多不同的演绎系统。与 K$_\mathscr{L}$ 差异最大的是所谓 "自然推理系统", 这类系统的公理集为空, 只有推理规则。有一些数理逻辑教科书以 "自然推理系统" 为基础讨论逻辑。当然, 无论为一阶语言建立怎样的推理系统, 都需要证明其 "可靠性和完全性"。

最后, K$_\mathscr{L}$ 的可靠和充分性定理也证明了 $\mathscr{L}$ 公式的可证明等价和逻辑等价是一致的。

推论 6.9 (K$_\mathscr{L}$ 的公式的逻辑等价和可证明等价的一致性) 设 $\mathcal{P}$ 和 $\mathcal{Q}$ 为 $\mathscr{L}$ 公式, $\models \mathcal{P} \leftrightarrow \mathcal{Q}$ 当且仅当 $\vdash \mathcal{P} \leftrightarrow \mathcal{Q}$。

习题 6.17 证明 K$_\mathscr{L}$ 的一个扩展 S 是不相容的, 当且仅当 $\mathscr{L}$ 的所有合式公式都是 S 的定理。

习题 6.18 令 S 是一个相容的一阶系统, 假设对 S 的任何合式公式 $\mathcal{P}$, 如果在 S 添加 $\mathcal{P}$ 得到的扩展是相容的, 则 $\mathcal{P}$ 是 S 的定理。证明 S 是完备的。

习题 6.19 令 $\mathcal{P}, \mathcal{Q} \in \mathrm{WFF}_\mathscr{L}$, 而且 $\mathcal{P} \vee \mathcal{Q}$ 是 K$_\mathscr{L}$ 的定理。是否一定有或者 $\mathcal{P}$ 是 K$_\mathscr{L}$ 的定理, 或者 $\mathcal{Q}$ 是 K$_\mathscr{L}$ 的定理?

习题 6.20 设 $\mathscr{L}$ 是有无穷个谓词符号的一阶语言, 证明 K$_\mathscr{L}$ 有无穷个不同的相容扩展。

习题 6.21 证明习题 6.6中逻辑系统 K$_{\mathscr{L}+\mathsf{L}}$ 是完全的。

6.4　模　　型

本书反复强调了模型和模型思维的重要性，**模型论** (model theory) 是数理逻辑的三大组成部分之一，另外两个部分是**证明论** (proof theory) 和**递归函数论** (recursion theory)。在数理逻辑领域，**模型** (model) 的概念源自解释的概念，参看命题 6.15。

定义 6.7 (模型)　模型的概念建立起逻辑语言与应用领域之间的联系。

(1) 如果 $\mathscr{L}$ 的解释 I 使公式集 Γ 中的公式都为真，I 就是 Γ 的一个模型。

(2) 如果 $\mathscr{L}$ 的解释 I 使得一阶系统 S 的所有定理都为真，I 就是 S 的一个模型。

命题 6.16 (模型)　设 S 为一个一阶系统，I 是一个 $\mathscr{L}$ 的解释。如果 I 使得 S 的每一条公理都为真，那么 I 就是 S 的一个模型。

证明：【参考有关 K 可靠性的证明】假设 I 是一个使 S 的所有公理都为真的解释，$\mathcal{P}$ 是一个 S 定理，$\vdash_{\mathsf{S}} \mathcal{P}$。下面基于得到 $\vdash_{\mathsf{S}} \mathcal{P}$ 的证明的长度 n 做归纳，证明 $I \models \mathcal{P}$。

基本情况是 $n = 1$，也就是说 $\mathcal{P}$ 是公理，自然有 $I \models \mathcal{P}$。下面考虑 $n > 1$ 的情况，归纳假设是所有证明长度小于 n 的定理在 I 下均为真。考虑最后一行 $\vdash_{\mathsf{S}} \mathcal{P}$，分三种情况：

情况 1： $\mathcal{P}$ 是公理，根据命题假设就有 $I \models \mathcal{P}$。

情况 2： $\mathcal{P}$ 由证明中前面两个公式（例如 $\mathcal{Q} \to \mathcal{P}$ 和 $\mathcal{Q}$）通过 MP 得到。根据归纳假设有 $I \models \mathcal{Q} \to \mathcal{P}$ 和 $I \models \mathcal{Q}$，由命题 5.4 即能得到 $I \models \mathcal{P}$。

情况 3： $\mathcal{P}$ 是 $(\forall x_i)\mathcal{Q}(x_i)$，通过概括规则由 $\vdash_{\mathsf{S}} \mathcal{Q}(x_i)$ 得到。由归纳假设可知 $I \models \mathcal{Q}(x_i)$，根据命题 5.5 就能得到 $I \models \mathcal{P}$。　□

这个定理说明，根据定义 6.7 (1) 由一阶系统 S 的公理集确定的模型，与根据定义 6.7 (2) 由一阶系统 S 确定的模型概念是一样的。而且，要构建一个一阶系统的模型，只需要证明相应的解释使其公理为真，这使人们更清楚如何去研究和构建逻辑系统的模型。

推论 6.10 ($\mathsf{K}_{\mathscr{L}}$ 的解释和模型)　$\mathscr{L}$ 的任一解释 I 都是 $\mathsf{K}_{\mathscr{L}}$ 的模型。

很显然，因为 $\mathsf{K}_{\mathscr{L}}$ 公理在 I 下都为真（这是可靠性定理的基本情况）。

由此可知，模型的概念对 $\mathsf{K}_{\mathscr{L}}$ 没有任何特殊意义，但是对 $\mathsf{K}_{\mathscr{L}}$ 的扩展则非常重要，因为对这种扩展系统，可能有些解释是其模型，而另一些解释不是其模型。当然，一定存在无模型的系统，前面有关相容的一阶系统有解释的命题 6.14，也可以基于模型的概念重新陈述。

命题 6.17 (模型的存在性)　一阶系统 S 是相容的，当且仅当 S 有模型。

证明： 由于相容的系统有解释 I，解释 I 就是 S 的模型。因此我们只需证明另一边，用反证法：假设 S 有模型 I 但不相容，那么就存在合式公式 $\mathcal{P}$ 使得 $\vdash_{\mathsf{S}} \mathcal{P}$ 和 $\vdash_{\mathsf{S}} \neg\mathcal{P}$。由于 S 定理在 I 下都真，因此 $\mathcal{P}$ 和 $\neg\mathcal{P}$ 在 I 下都真，这当然是不可能的。命题得证。　□

例 6.4　设 S 是一个一阶系统，$\mathcal{P}$ 是一个 $\mathscr{L}$ 闭公式，而且 $\mathcal{P}$ 和 $\neg\mathcal{P}$ 都不是 S 的定理。根据命题 6.12，把公式 $\mathcal{P}$ 和 $\neg\mathcal{P}$ 分别加入 S 作为公理得到的系统 $S^{+(\mathcal{P})}$ 和 $S^{+(\neg\mathcal{P})}$ 都是相容的，因此它们都有模型：S 的解释中使得 $\mathcal{P}$ 为真的那些解释都是 $S^{+(\mathcal{P})}$ 的模型，而那些使得 $\neg\mathcal{P}$ 为真的都是 $S^{+(\neg\mathcal{P})}$ 的模型。显然，$S^{+(\mathcal{P})}$ 的模型绝不会是 $S^{+(\neg\mathcal{P})}$ 的模型，反之亦然。

命题 6.18　如果一阶系统 S 不是完备的，那么它至少有两个本质上不同的模型。

证明：　设 S 是不完备的一阶系统，上例中说明存在一个闭公式 $\mathcal{P}$ 使得 $\mathcal{P}$ 和 $\neg\mathcal{P}$ 都不是 S 的定理，并因此至少存在两个本质上不同 S 的模型，一个满足 $\mathcal{P}$ 而另一个满足 $\neg\mathcal{P}$。　　　　　□

　　另一显而易见的事实是：在 S 的一个模型里为真的合式公式 $\mathcal{P}$ 未必是 S 的定理。下面命题说明公式 $\mathcal{P}$ 要成为一阶系统 S 的定理的一个条件。

命题 6.19 (模型和定理)　设 S 是相容的一阶系统，$\mathcal{P}$ 是 $\mathscr{L}$ 的闭公式。如果 $\mathcal{P}$ 在 S 的每个模型中都为真，那么 $\mathcal{P}$ 是 S 的定理。

证明：　设 $\mathcal{P}$ 满足命题的条件，是一个在 S 的每个模型中都为真的闭公式。我们采用反证法，假设 $\mathcal{P}$ 不是 S 的定理。那么，根据命题 6.12，将 $\neg\mathcal{P}$ 加入 S 的公理集合得到的扩展 S* 仍然是相容的。S* 的相容性保证了它有模型，假定 I 是它的模型。由于 $\neg\mathcal{P}$ 是 S* 的公理，必有 $I \models \neg\mathcal{P}$。因此 $\mathcal{P}$ 在解释 I 下为假。但由于 S* 是 S 的相容扩展，I 也是 S 的模型，这就与 $\mathcal{P}$ 在 S 的每个模型中都为真矛盾。所以 $\mathcal{P}$ 必定是 S 的定理。　　　　　□

命题 6.20 (勒文海姆-斯科伦定理)　设 S 是一个有模型一阶系统，则 S 必有一个论域为可数集合的模型。

证明：　由于 S 是有模型的一阶系统，根据命题 6.17，S 是相容的。命题 6.14 的证明中为这样的 S 构造了一个模型，该模型以 $\mathscr{L}$ 扩展的语言 $\mathscr{L}^+$ 的所有闭项作为论域，这个论域是可数的。　　　　　□

　　我们在第 2 章讨论了可数集合的概念：一个可数集合或为有穷集合，或为无穷集合但其元素可数，也就是说，这些元素可以用自然数编号。命题 6.14 的证明中定义的 $\mathscr{L}^+$ 的闭项的集合是可数的（虽然无穷）。勒文海姆-斯科伦定理有一些很惊人的推理，下面命题就是这样一个。

命题 6.21 (紧致性定理)　若一阶系统 S 的公理集合的有穷子集都有模型，那么 S 也有模型。

证明：　设 S 公理集合的每个有穷子集都有模型，但 S 没有模型。根据命题 6.17 知 S 不是相容的，因此存在公式 $\mathcal{P}$ 使 $\vdash_S \mathcal{P}$ 且 $\vdash_S \neg\mathcal{P}$。但请注意，$\vdash_S \mathcal{P}$ 且 $\vdash_S \neg\mathcal{P}$ 的证明中只包含 S 的有穷多个公理的实例。令 Γ 是这些证明中用到的所有公理的集合，Γ 有穷。根据命题假设 Γ 有模型，也就是说，存在解释 I 使 Γ 中的公理都为真。由于 MP 规则和概括规则都保持真值（参考命题 6.16 的证明），得到 $\mathcal{P}$ 和 $\neg\mathcal{P}$ 在解释 I 下均为真。这显然是不可能的，因此 S 有模型。   □

推论 6.11   设 Γ 是无穷的 $\mathscr{L}$ 的合式公式集合，Γ 有模型，当且仅当 Γ 的有穷子集都有模型。

　　我们可以从相容的一阶系统 S 的任一模型出发，生成出一个相容且完备的一阶系统，它是 S 的一个扩展。设 I 是 S 的一个模型，如果 S 不完备，就能找到一个闭公式 $\mathcal{P}$ 使得 $\mathcal{P}$ 和 $\neg\mathcal{P}$ 都不是 S 定理。检查它们在 I 下的值，如果 $I \models \mathcal{P}$，就把 $\mathcal{P}$ 加入 S 的公理集合；否则就有 $I \models \neg\mathcal{P}$，把 $\neg\mathcal{P}$ 加入 S 的公理集合。如果得到的一阶系统仍不完备，就继续这样做。这一过程最终将得到 S 的一个完备相容扩展。另一方法更简单：把解释 I 下为真的所有公式都加入 S 的公理集合，把得到的系统（S 的扩展）记为 S(I)。显然 S(I) 是相容的：如果有 $\vdash_{\text{S}(I)} \mathcal{P}$ 和 $\vdash_{\text{S}(I)} \neg\mathcal{P}$，就有在 I 下 $\mathcal{P}$ 和 $\neg\mathcal{P}$ 都取值真，这不可能。另一方面，S(I) 也是完备的：对任一 $\mathcal{P}$，或者 $I \models \mathcal{P}$，或者 $I \models \neg\mathcal{P}$，相应的就有或者 $\vdash_{\text{S}(I)} \mathcal{P}$，或者 $\vdash_{\text{S}(I)} \neg\mathcal{P}$。显然，S($I$) 也是基于 I 产生的相容且完备的一阶系统，S(I) 的公理集合就是其所有定理的集合。

习题 6.22   设 Γ 是一阶语言 $\mathscr{L}$ 的一个合式公式集合，M 是 Γ 的一个模型。证明如果 $\Gamma \vdash_{\text{K}_{\mathscr{L}}} \mathcal{P}$，则 $\mathcal{P}$ 在 M 中为真。反过来的命题是否成立？

习题 6.23   设 S 是 $\text{K}_{\mathscr{L}}$ 的完备扩展，证明 S 的任何两个模型都是基本等价的，即其任何闭公式 $\mathcal{P}$ 在一个模型中为真当且仅当在另一个模型也为真。

习题 6.24   设 S 是 $\text{K}_{\mathscr{L}}$ 的相容扩展，M 是 S 的模型。设 S^+ 是将所有在 M 中为真的 S 的原子公式加入公理集而得到的扩展。请证明 S^+ 是相容的，并请说明 S^+ 是否一定是完备的。

习题 6.25   设 S 是 $\text{K}_{\mathscr{L}}$ 的相容扩展，M 是 S 的模型。设 $\text{S}^\dagger$ 是将所有在 M 中为真的 S 的闭原子公式和在 M 中不为真的原子公式的否定加入公理集合而得到的 S 的扩展。请证明 $\text{S}^\dagger$ 是相容的，并请说明 S^+ 是否一定是完备的。

习题 6.26   设 S 是 $\text{K}_{\mathscr{L}}$ 的相容扩展，其中一阶语言 $\mathscr{L}$ 的字母表包括变量符号、个体符号和一个谓词符号 P_1^1，但没有函数符号。对 S 的一个解释 I，记其解释域为 D_I，D_I 有一个子集 $C_I \overset{\text{def}}{=} \{e \mid e \in D_I \text{ 且 } P_1^1(e) \text{ 在解释 } I \text{ 中成立}\}$。假设对任意的 $n \geqslant 1$ 都存在 S 的模型 M_n 使得 $\overline{a_i} \in C_{M_n}$（$1 \leqslant i \leqslant n$）。证明存在 S 的模型 M，其中对于每个 i 有 $\overline{a_i} \in C_M$。

习题 6.27 (公理和推理规则的独立性)   此习题意在证明关于一阶逻辑系统的公理和推理规则的独立性。考虑习题 6.7 中的一阶语言 $\mathscr{L}'$ 和形式推理系统 $\text{K}_{\mathscr{L}'}$。我们称 $\mathscr{L}'$ 的一个解释 $\langle I, D_I \rangle$ 为 D_I 上的解释，当 $D_I = \{a\}$ 为单点集时称 I 为 a 上的解释。现在设 I 为 a 上的解释。

(1) 证明如下简单结论：

　　① 对 I 的任何赋值 σ，因为对任意的个体变元 x_i 总有 $\sigma(x_i) = a$。因此，对任意合式公式 $\mathcal{P}$ 总有 $I(\mathcal{P})(\sigma) = I((\forall x_i)\mathcal{P})(\sigma)$。

② 对任意的项 $t \in Term_{\mathscr{L}'}$，总有 $I(t)(\sigma) = a$。

③ 若 $x_{1_1}, \cdots, x_{1_n}$ 为相互不同个体变元且 $t_1, \cdots, t_n \in Term_{\mathscr{L}'}$，对任意合式公式 $\mathcal{P}$ 都有：

$$I(\mathcal{P}[t_1/x_{1_1}, \cdots, t_n/x_{1_n}])(\sigma) = I(\mathcal{P})(\sigma)$$

④ 定义单点集合 $\{a\}^n = \{\langle a, \cdots, a\rangle\}$，$\{a\}^n$ 上只有两个一元关系（性质）$R^t(a, \cdots, a) = tt$ 和 $R^f(a, \cdots, a) = ff$，而且对 $\mathscr{L}'$ 的任何一个 n 元谓词符号 P_i^n，$i = 1, 2, \cdots$，$I(P_i^n)(\sigma) \in \{R^t, R^f\}$，即或者对任意的 $t_1, \cdots, t_n \in Term_{\mathscr{L}'}$，

$$I(P_i^n(t_1, \cdots, t_n))(\sigma) = R^t(a, \cdots, a) = tt$$

或者对任意的 $t_1, \cdots, t_n \in Term_{\mathscr{L}'}$，

$$I(P_i^n(t_1, \cdots, t_n))(\sigma) = R^f(a, \cdots, a) = ff$$

(2) 请证明：对任意 $\mathscr{L}'$ 合式公式 $\mathcal{P}$，如果 $\mathcal{P}$ 中不出现 $\vee$，则有 a 上的解释 I 和 I'，I 下的任意赋值 $\sigma \in \Omega_I$ 都使得 $I(\mathcal{P})(\sigma) = tt$，而 I' 下的任意赋值 $\sigma \in \Omega_{I'}$ 都使得 $I'(\mathcal{P})(\sigma') = ff$。

(3) 请证明：对 $\mathscr{L}'$ 中任意合式公式 $\mathcal{P}$，① 若 $\mathcal{P}$ 中不出现 $\vee$，则 $\mathcal{P}$ 和 $\neg\mathcal{P}$ 都是可满足的；② 若 $\vdash_{\mathsf{K}'_{\mathscr{L}'}} \mathcal{P}$，则 $\vee$ 一定在 $\mathcal{P}$ 中出现。

(4) 证明**独立性定理**：$\mathsf{K}'_{\mathscr{L}'}$ 中的推理规则和所有公理模式是独立的。

(5) 对一阶语言 $\mathscr{L}$ 上的推理系统 $\mathsf{K}_{\mathscr{L}}$，证明其公理模式和推理规则的独立性。

6.5 范　　式

范式指具有某种规范形式的公式。第 3.7.2 节讨论了命题逻辑的合取范式和析取范式。把一般的合式公式变换到范式，可能使我们看到一些在原形式下不明显的情况和公式之间的关系。本节讨论 $\mathscr{L}$ 的范式问题，主要介绍 $\mathscr{L}$ 公式的前束范式。在有关命题逻辑范式的讨论中，我们主要关注限制连接词及其使用方式，合取范式和析取范式中只允许出现合取、析取和否定连接词，并限制合取和析取连接词出现的层次。这些操作都有可能平行地用到 $\mathscr{L}$ 语言公式。对于 $\mathscr{L}$ 语言的范式，我们还要考虑量词的使用方式。

6.5.1　量词辖域的变换

很显然，公式变换不应该随便做，我们希望变换后的公式与变换之前的原公式"等价"。这里考虑的"等价变换"基于前面定义的可证明等价。下面命题给出了一些保证了可证明等价的量词辖域变换，其中有些变换要求代换为对偶量词。

命题 6.22 (量词辖域变换)　设 $\mathcal{P}$ 和 $\mathcal{Q}$ 是 $\mathscr{L}$ 公式，我们有：

(1) 如果 x_i 未在 $\mathcal{P}$ 中自由出现，那么

$$\vdash_{\mathsf{K}} (\forall x_i)(\mathcal{P} \to \mathcal{Q}) \leftrightarrow (\mathcal{P} \to (\forall x_i)\mathcal{Q}) \quad 以及 \quad \vdash_{\mathsf{K}} (\exists x_i)(\mathcal{P} \to \mathcal{Q}) \leftrightarrow (\mathcal{P} \to (\exists x_i)\mathcal{Q})$$

(2) 如果 x_i 未在 $\mathcal{Q}$ 中自由出现，那么

$$\vdash_K (\forall x_i)(\mathcal{P} \to \mathcal{Q}) \leftrightarrow ((\exists x_i)\mathcal{P} \to \mathcal{Q}) \quad \text{以及} \quad \vdash_K (\exists x_i)(\mathcal{P} \to \mathcal{Q}) \leftrightarrow ((\forall x_i)\mathcal{P} \to \mathcal{Q})$$

证明：这里共需要做 8 个证明，对 (1)，当 x_i 未在 $\mathcal{P}$ 中自由出现时需要证明 4 个定理：

(1a) $\vdash_K (\forall x_i)(\mathcal{P} \to \mathcal{Q}) \to (\mathcal{P} \to (\forall x_i)\mathcal{Q})$ (1b) $\vdash_K (\mathcal{P} \to (\forall x_i)\mathcal{Q}) \to (\forall x_i)(\mathcal{P} \to \mathcal{Q})$

(1c) $\vdash_K (\exists x_i)(\mathcal{P} \to \mathcal{Q}) \to (\mathcal{P} \to (\exists x_i)\mathcal{Q})$ (1d) $\vdash_K (\mathcal{P} \to (\exists x_i)\mathcal{Q}) \to (\exists x_i)(\mathcal{P} \to \mathcal{Q})$

对 (2)，当 x_i 未在 $\mathcal{Q}$ 中自由出现时也需要证明 4 个定理：

(2a) $\vdash_K (\forall x_i)(\mathcal{P} \to \mathcal{Q}) \to ((\exists x_i)\mathcal{P} \to \mathcal{Q})$ (2b) $\vdash_K ((\exists x_i)\mathcal{P} \to \mathcal{Q}) \to (\forall x_i)(\mathcal{P} \to \mathcal{Q})$

(2c) $\vdash_K (\exists x_i)(\mathcal{P} \to \mathcal{Q}) \to (\mathcal{P} \to (\exists x_i)\mathcal{Q})$ (2d) $\vdash_K (\mathcal{P} \to (\exists x_i)\mathcal{Q}) \to (\exists x_i)(\mathcal{P} \to \mathcal{Q})$

公式 (1a) 是公理 (K6) 的实例，而反方向 (1b) $(\mathcal{P} \to (\forall x_i) \to (\forall x_i)(\mathcal{P} \to \mathcal{Q})$ 已经在例 6.2 证明。对于 (1c)，$\vdash_K (\exists x_i)(\mathcal{P} \to \mathcal{Q}) \to (\mathcal{P} \to (\exists x_i)\mathcal{Q})$，按照存在量词的定义，我们先根据第 3 章中 $(\mathcal{P} \to \mathcal{Q})$ 与 $(\neg\mathcal{P} \vee \mathcal{Q})$ 的逻辑等价关系将 (1c) 重写为

$$(1c') \quad \vdash_K (\exists x_i)(\neg\mathcal{P} \vee \mathcal{Q}) \to (\neg\mathcal{P} \vee (\exists x_i)\mathcal{Q})$$

根据命题 6.11 (2) 即 $(\exists x_i)$ 对 $\vee$ 的分配律，有

$$(\exists x_i)(\neg\mathcal{P} \vee \mathcal{Q}) \to ((\exists x_i)\neg\mathcal{P} \vee (\exists x_i)\mathcal{Q})$$

因为 x_i 在 $\mathcal{P}$ 非自由出现，所以 $(\exists x_i)\neg\mathcal{P}$ 和 $\neg\mathcal{P}$ 可证明等价（留作练习）。因此 $(1c')$ 得证。

其他证明都可以类似地完成，留作读者练习。　　　　　　　　　　□

习题 6.28 请证明命题 6.22 中的定理 (1d)、(2a)、(2b)、(2c) 和 (2d)。

例 6.5 证明下面两个合式公式可证明等价：

$$(\forall x_1)P_1^1(x_1) \to (\forall x_2)(\exists x_3)P_1^2(x_2, x_3) \quad \text{和} \quad (\exists x_1)(\forall x_2)(\exists x_3)(P_1^1(x_1) \to P_1^2(x_2, x_3))$$

根据命题 6.22 以及可证明等价的传递性（命题 6.4），我们有：

$$(\forall x_1)P_1^1(x_1) \to (\forall x_2)(\exists x_3)P_1^2(x_2, x_3)$$

可证明等价于 $(\exists x_1)(P_1^1(x_1) \to (\forall x_2)(\exists x_3)P_1^2(x_2, x_3))$

可证明等价于 $(\exists x_1)(\forall x_2)(P_1^1(x_1) \to (\exists x_3)P_1^2(x_2, x_3))$

可证明等价于 $(\exists x_1)(\forall x_2)(\exists x_3)(P_1^1(x_1) \to P_1^2(x_2, x_3))$

从这个例子看出，通过可证明逻辑等价转换可以将 $(\forall x_1)P_1^1(x_1) \to (\forall x_2)(\exists x_3)P_1^2(x_2, x_3)$ 中的量词都移至了公式的前端，下面我们将证明对一般的公式而言，量词也可以移到公式前面。

6.5.2 前束范式

$\mathscr{L}$ 的合式公式中量词出现的情况可能非常复杂，辖域相互嵌套，不同量化变量形成复杂的联系，使人很难看清公式表达的逻辑关系，特别是很难看清不同量词是否实际上相互无关。本小节将说明，利用前面已经得到的结果，我们可以把任何 $\mathscr{L}$ 公式变换到一种规范形式，其中所有量词都出现在公式的最前面，它们的辖域下是一个不包含量词的合式公式。

定义 6.8 (前束范式) 前束范式 (prenex normal form) 的 $\mathscr{L}$ 具有下面形式的合式公式：

$$(Q_1 x_{i_1}) \cdots (Q_k x_{i_k}) \mathcal{P}$$

其中的 Q_j ($j = i_1, \cdots, i_k$) 是量词 $\forall$ 或者 $\exists$，$\mathcal{P}$ 是不包含量词的 $\mathscr{L}$ 公式。对任何 $\mathscr{L}$ 公式 $\mathcal{P}$，与 $\mathcal{P}$ 可证明等价的前束范式称为 $\mathcal{P}$ **的前束范式**。

不包含量词的公式可以看作前束范式的特殊情况。下面命题说明，对任何 $\mathscr{L}$ 公式，都可以通过保持可证明等价的变换，得到其前束范式。

命题 6.23 对任何 $\mathscr{L}$ 公式 $\mathcal{P}$，都存在与之可证明等价的前束范式 $\mathcal{Q}$。

证明：根据换名定理（命题 6.7），任何 $\mathscr{L}$ 公式 $\mathcal{P}$ 都可以通过变量换名得到一个与之可证明等价的公式，其中的约束变量都与 $\mathcal{P}$ 中所有自由变量不同名，而且不同量词的约束变量也互不同名。因此，不失一般性，我们可以假定 $\mathcal{P}$ 原本就是这样的公式。下面对 $\mathcal{P}$ 中的量词和连接词的个数做归纳证明，证明它可以变换到与之可证明等价的前束范式。

基础： $\mathcal{P}$ 为原子公式，它已经是自己的前束范式。

归纳： 考虑 $\mathcal{P}$ 非原子公式的情况，归纳假设是任何比 $\mathcal{P}$ 短的公式都有对应的前束范式 $\mathcal{Q}$。分三种情况，设 $\mathcal{P}$ 的形式分别是：

- $\mathcal{P}$ 为 $\neg \mathcal{P}_1$：由于 $\mathcal{P}_1$ 的连接词少于 $\mathcal{P}$ 因此 $\mathcal{P}_1$ 有前束范式,设其为 $(Q_1 x_{i_1}) \cdots (Q_k x_{i_k}) \mathcal{P}_2$，其中 $\mathcal{P}_2$ 不包含量词。因此 $\vdash_K \mathcal{P} \leftrightarrow \neg(Q_1 x_{i_1}) \cdots (Q_k x_{i_k}) \mathcal{P}_2$。反复使用量词对偶性的变换规则，就能得到 $\vdash_K \mathcal{P} \leftrightarrow (Q_1^* x_{i_1}) \cdots (Q_k^* x_{i_k}) \neg \mathcal{P}_2$，其中 Q_j^* 表示 Q_j 的对偶量词（Q_j 是 $\forall$ 时 Q_j^* 就是 $\exists$；Q_j 为 $\exists$ 时 Q_j^* 就是 $\forall$）。令 $\mathcal{Q}$ 是 $(Q_1^* x_{i_1}) \cdots (Q_k^* x_{i_k}) \neg \mathcal{P}_2$，即为所需。

- $\mathcal{P}_1 \to \mathcal{P}_2$：由归纳假设，设 $\mathcal{P}_1$ 的前束范式是 $(Q_1 x_{i_1}) \cdots (Q_k x_{i_k}) \mathcal{P}_{11}$，公式 $\mathcal{P}_2$ 的前束范式是 $(Q_1 x_{j_1}) \cdots (Q_l x_{j_l}) \mathcal{P}_{21}$。根据等价代换定理（命题 6.6）可得

$$\vdash_K \mathcal{P} \leftrightarrow ((Q_1 x_{i_1}) \cdots (Q_k x_{i_k}) \mathcal{P}_{11} \to (Q_1 x_{j_1}) \cdots (Q_l x_{j_l}) \mathcal{P}_{21})$$

由于约束变量可以换名，不失一般性，假设 $x_{i_1}, \cdots, x_{i_k}, x_{j_1}, \cdots, x_{j_l}$ 互不相同。反复应用命题 6.22 中证明了的等价变换，就能把量词都移到最前面，最终得到 $\mathcal{P}$ 的前束范式 $\mathcal{Q}$。

- $(\forall x_i)\mathcal{P}_1$：由于有前束范式 $(Q_1 x_{i_1}) \cdots (Q_k x_{i_k}) \mathcal{P}_2$ 使得 $\vdash_K \mathcal{P}_1 \leftrightarrow (Q_1 x_{i_1}) \cdots (Q_k x_{i_k}) \mathcal{P}_2$。应用概括规则得 $\vdash_K (\forall x_i)(\mathcal{P}_1) \leftrightarrow (Q_1 x_{i_1}) \cdots (Q_k x_{i_k}) \mathcal{P}_2$，根据引理 6.1 和 MP 规则可以得到 $\vdash_K (\forall x_i)(\mathcal{P}_1) \leftrightarrow (\forall x_i)(Q_1 x_{i_1}) \cdots (Q_k x_{i_k}) \mathcal{P}_2$。这样就得到了所需的 $\mathcal{Q}$。

证明完成，证明过程也说明了通过公式变换得到前束范式的方法。   □

例 6.6 考虑公式 $(\forall x_1)P_1^2(x_1,x_2) \to (\exists x_2)P_1^2(x_1,x_2)$。

首先可以看到第一个 $P_1^2(x_1,x_2)$ 里出现的 x_2 和第二个 $P_1^2(x_1,x_2)$ 里出现的 x_1 是整个公式的自由变量，与两个量词的约束变量无关。我们需要先做约束变量换名，得到与之可证明等价的公式，例如 $(\forall x_3)P_1^2(x_3,x_2) \to (\exists x_4)P_1^2(x_1,x_4)$。然后应用**命题 6.22** 中证明了的变换：

$$(\forall x_3)P_1^2(x_3,x_2) \to (\exists x_4)P_1^2(x_1,x_4)$$
可证明等价于 $\quad (\exists x_3)(P_1^2(x_3,x_2) \to (\exists x_4)P_1^2(x_1,x_4))$
可证明等价于 $\quad (\exists x_3)(\exists x_4)(P_1^2(x_3,x_2) \to P_1^2(x_1,x_4))$

两次变换中量词涉及的约束变量都未在蕴涵式另一部分中自由出现。最后公式即为所需。

例 6.7 考虑公式 $(\forall x_1)((\forall x_2)P_1^2(x_1,x_2) \to (\exists x_2)P_2^2(x_1,x_2)) \to (\exists x_2)(\forall x_1)P_1^2(x_1,x_2)$。

虽然这里没有自由变量，但也有一些量词用了同样约束变量。我们仍然需要换名，例如得到

$$(\forall x_1)((\forall x_2)P_1^2(x_1,x_2) \to (\exists x_3)P_2^2(x_1,x_3)) \to (\exists x_4)(\forall x_5)P_1^2(x_5,x_4)$$

重复使用命题 6.22中的变换规则，有下面是对此公式变换过程：

$$(\forall x_1)((\forall x_2)P_1^2(x_1,x_2) \to (\exists x_3)P_2^2(x_1,x_3)) \to (\exists x_4)(\forall x_5)P_1^2(x_5,x_4)$$
可证明等价于 $(\exists x_1)(((\forall x_2)P_1^2(x_1,x_2) \to (\exists x_3)P_2^2(x_1,x_3)) \to (\exists x_4)(\forall x_5)P_1^2(x_5,x_4))$
可证明等价于 $(\exists x_1)((\exists x_2)(P_1^2(x_1,x_2) \to (\exists x_3)P_2^2(x_1,x_3)) \to (\exists x_4)(\forall x_5)P_1^2(x_5,x_4))$
可证明等价于 $(\exists x_1)(\forall x_2)((P_1^2(x_1,x_2) \to (\exists x_3)P_2^2(x_1,x_3)) \to (\exists x_4)(\forall x_5)P_1^2(x_5,x_4))$
可证明等价于 $(\exists x_1)(\forall x_2)((\exists x_3)(P_1^2(x_1,x_2) \to P_2^2(x_1,x_3)) \to (\exists x_4)(\forall x_5)P_1^2(x_5,x_4))$
可证明等价于 $(\exists x_1)(\forall x_2)(\forall x_3)((P_1^2(x_1,x_2) \to P_2^2(x_1,x_3)) \to (\exists x_4)(\forall x_5)P_1^2(x_5,x_4))$
可证明等价于 $(\exists x_1)(\forall x_2)(\forall x_3)(\exists x_4)((P_1^2(x_1,x_2) \to P_2^2(x_1,x_3)) \to (\forall x_5)P_1^2(x_5,x_4))$
可证明等价于 $(\exists x_1)(\forall x_2)(\forall x_3)(\exists x_4)(\forall x_5)((P_1^2(x_1,x_2) \to P_2^2(x_1,x_3)) \to P_1^2(x_5,x_4))$

注意，得到前束范式的变换过程的结果并不唯一。以上例中的公式为例，在示例的变换过程中，我们总是尽可能先外移左边的量词。如果换一种变换顺序，就可能得到另一个前束范式。下面是尽可能先外移右边量词得到的结果：

$$(\exists x_4)(\forall x_5)(\exists x_1)(\forall x_3)(\forall x_2)((P_1^2(x_1,x_2) \to P_2^2(x_1,x_3)) \to P_1^2(x_5,x_4))$$

与前面结果明显不同，采用其他变换顺序还可能得到不同的结果。需要说明，当公式中连续出现了一系列量词时，它们的顺序是有意义的，只有在一些特殊情况下才能交换两个量词，并保证变换的结果与原公式可证明等价。显然，无论怎样变换，一个公式中量词的个数不会变，公式里量词的个数和全称/存在量词的分布情况，可以看作是公式本身复杂程度的一个指标。另外，两种量词的交替次数亦可以看作公式复杂性的一个指标。有下面定义：

定义 6.9 (前束范式的分类) 对于自然数 $n > 0$，

- 一个前束范式称为 Π^n-型范式，如果它以全称量词开始，并有 $n-1$ 次量词交替。

- 一个前束范式称为 Σ^n-型范式，如果它以存在量词开始，并有 $n-1$ 次量词交替。

例 6.8 看几个例子，包括我们前面做出的几个前束范式：

(1) 例 6.6 中的 $(\exists x_3)(\exists x_4)(P_1^2(x_3, x_2) \to P_1^2(x_1, x_4))$ 是 Σ^1-型前束范式；

(2) 例 6.7 中的 $(\exists x_1)(\forall x_2)(\forall x_3)(\exists x_4)(\forall x_5)((P_1^2(x_1, x_2) \to P_2^2(x_1, x_3)) \to P_1^2(x_5, x_4))$ 是 Σ^4-型前束范式。在该例后的讨论中给出了同一公式的另一前束范式，它也是 Σ^4-型范式。

(3) 例 6.7 中的情况不具有一般性。例如公式 $(\forall x_1)P_1^1(x_1) \to (\forall x_2)P_2^1(x_2)$，采用不同顺序应用变换规则，把两个量词移到公式前部，将分别得到前束范式 $(\exists x_1)(\forall x_2)(P_1^1(x_1) \to P_2^1(x_2))$ 和 $(\forall x_2)(\exists x_1)(P_1^1(x_1) \to P_2^1(x_2))$，它们分属于 Σ^2-型和 Π^2-型。

6.5.3 子句形式

现在介绍谓词逻辑的另一种范式，称为**子句形式** (clause form)。既作为可靠性和充分性定理的一个应用，也作为第 5.5 节的 "斯科伦定理" 的应用。谓词逻辑的子句形式是命题逻辑中子句形式的推广，这是一种无量词的谓词公式形式，在计算机科学技术领域有特殊意义。

定义 6.10 (子句形式) 一个子句形式 $\mathscr{L}$ 公式是一些子句的合取，每个**子句** (clause) 是一些基本公式的析取。这里，一个基本公式或者是一个原子公式，或者是一个原子公式的否定。

命题 6.24 (公式的子句变换) 对任何 $\mathscr{L}$ 公式 $\mathcal{P}$，都存在子句形式的公式 Q 与之弱等价。

证明：弱等价的概念见定义 5.17。通过下面步骤，就能从 $\mathcal{P}$ 得到所要求的 Q：

(1) 反复应用命题 6.22 中证明了的变换规则，得到与 $\mathcal{P}$ 可证明等价的前束范式 $\mathcal{P}_1$。由于 $\mathsf{K}_{\mathscr{L}}$ 的可靠性与完全性，$\mathcal{P}_1$ 与 $\mathcal{P}$ 逻辑等价。

(2) 通过斯克伦化技术，用斯克伦函数（或常量）替代 $\mathcal{P}_1$ 中存在量化的约束变量，从而删去公式前端的所有存在量词，得到的公式 $\mathcal{P}_2$ 与 $\mathcal{P}_1$ 弱等价，因此也与 $\mathcal{P}$ 弱等价。

(3) 删去 $\mathcal{P}_2$ 开头的所有全称量词，得到的公式称为 $\mathcal{P}_3$。虽然 $\mathcal{P}_3$ 与 $\mathcal{P}_2$ 并不等价，但 $\mathcal{P}_3$ 在任一解释下为真当且仅当 $\mathcal{P}_2$ 在此解释下为真（命题 5.5）。

(4) 公式 $\mathcal{P}_3$ 已经不包含量词，只包含原子公式和连接词。我们把原子公式当作命题符号，这公式就可以看作一个命题逻辑公式。如果 $\mathcal{P}_3$ 不是重言式，我们就应用命题演算规则，可以将 $\mathcal{P}_3$ 变换到对应的合取范式形式，称其为 $\mathcal{P}_4$。易见，$\mathcal{P}_4$ 与 $\mathcal{P}_3$ 可证明等价。

(5) $\mathcal{P}_4$ 的每个合取项是一个析取式，其中析取项或为原子公式，或为原子公式的否定，也就是说，每个合取项是一个子句。$\mathcal{P}_4$ 即为所需的子句形式。

注意，如果 $\mathcal{P}_3$ 是矛盾式（不存在解释），$\mathcal{P}_2$ 也一定是矛盾式，因此 $\mathcal{P}_3$ 和 $\mathcal{P}_2$ 弱等价。另外，可证明等价的合式公式也是弱等价，加上弱等价明显的传递性，取 $\mathcal{P}_4$ 为 $\mathcal{Q}$，它与 $\mathcal{P}$ 弱等价。 □

人们常用集合 $\{\mathcal{C}_1,\cdots,\mathcal{C}_n\}$ 的形式表示子句，其中的 $\mathcal{C}_i$ 是子句，用**文字** (literal) 的集合表示，每个文字或是一个 $\mathscr{L}$ 原子公式，或是一个原子公式的否定。文字的集合表示文字的析取，子句的集合表示子句的合取。文字中可能包含变量，但这里没有量词。

子句形式在计算机领域的一个重要应用称为**逻辑程序设计** (logic programming)，其基本想法是用一组逻辑公式描述一项计算工作，通过自动化地解释这些公式，完成相应的计算工作。带有量词的逻辑公式计算机不容易处理，子句形式特别符合这里的需要。最著名的逻辑程序设计语言是 Prolog，人们还基于类似思想提出了**演绎数据库** (deductive database) 的概念，开发了 Datalog 语言等。用逻辑公式描述计算的另一个想法称为**关系式程序设计** (relational programming)。这些领域和方向都有许多研究，限于篇幅，这里不深入讨论了。

习题 6.29 说明一个合式公式通过不同变换顺序得到的前束范式的形式可能不同，但这些范式中的全称量词和存在量词的个数都一样。

习题 6.30 证明 $\mathscr{L}$ 的任意一个合式公式，如果它不是重言式，则一定弱等价于一个子句形式。

习题 6.31 对下面每一个合式公式，给出一个与之可证明等价的前束范式：

(1) $(\forall x_1)P_1^1(x_1) \to (\forall x_2)P_1^2(x_1,x_2)$；

(2) $(\forall x_1)P_1^2(x_1,x_2) \to (\forall x_2)P_1^2(x_1,x_2)$；

(3) $(\forall x_1)(P_1^1(x_1) \to P_1^2(x_1,x_2)) \to ((\exists x_2)P_1^1(x_2) \to (\exists x_3)P_1^2(x_2,x_3))$；

(4) $(\exists x_1)P_1^2(x_1,x_2) \to (P_1^1(x_1) \to \neg(\exists x_3)P_1^2(x_1,x_3))$。

习题 6.32 设 $\mathcal{P}(x_1)$ 是不含变元 x_2 的 $\mathscr{L}$ 公式，$\mathcal{Q}(x_2)$ 是不含变元 x_1 的 $\mathscr{L}$ 公式，而且假设 $\mathcal{P}$ 和 $\mathcal{Q}$ 中都没有量词。证明公式 $((\exists x_1)\mathcal{P}(x_1) \to (\exists x_2)\mathcal{Q}(x_2)$ 可证明等价于一个 Π^2-型范式，也可证明等价于一个 Σ^2-型范式。

习题 6.33 请给出与某个 Σ^3-型范式可证明等价的 Π^3-型范式公式。

习题 6.34 对习题 6.31 中的每个合式公式，给出一个与之弱等价的子句形式。

第 7 章 数 学 系 统

第 1 章介绍了数理逻辑和数学的关系。在第 3~6 章，我们用数学技术和结构证明了有关逻辑系统的一些命题，或称元性质。实际上，那里用的技术和结构都是数学中最基础的，只与朴素集合论中的集合、关系、函数以及有关整数的概念和性质有关。第 2 章介绍的稍微复杂的数学结构和性质，如格、完全格、完全偏序集以及代数结构等，在这些讨论中都没有涉及。另一方面，第 1 章还提到历史上数学家在研究数学问题时，经常使用形式逻辑严格而精确地表示他们的假设命题和证明过程。对这样的数学场景，我们可以用第 5 章和第 6 章介绍的一阶谓词演算系统 $K_{\mathscr{L}}$，该系统中的定理证明完全体现了数学的推理过程。我们可以根据需要，毫无限制地把一阶语言 $\mathscr{L}$ 的语法符号解释到不同论域，因此 $K_{\mathscr{L}}$ 是普适的，其证明在任何解释下都是可靠的，所证定理的有效性并不依赖于解释，也就是说对任何解释都成立，因此可以说是真理。

如果我们把 $\mathscr{L}$ 解释到某个数学结构或者说数学系统，譬如自然数算术，$K_{\mathscr{L}}$ 中定理就成为关于这一结构的数学断言。应该看到，该断言成立可能是因为表达它的公式的逻辑结构形式，而与相应的数学内容无关。例如，例 5.6 给出了例 5.1 中表示形式算术的一阶语言 $\mathscr{L}_{\mathbb{N}}$ 的解释 N，在 $K_{\mathscr{L}_{\mathbb{N}}}$（简记为 $K_{\mathbb{N}}$）中有如下的 $\mathscr{L}$ 合式公式是一个定理。

$$(\forall x_1)(\forall x_2)P_1^2(x_1, x_2) \rightarrow (\forall x_1)(\forall x_3)P_1^2(x_1, x_3) \tag{7.1}$$

在解释 N 下，该公式被解释为数学断言：如果对任意的自然数 x_1 和 x_2 有 $(x_1 = x_2)$，那么对任意的自然数 x_1 和 x_3 就有 $(x_1 = x_3)$。这个断言由于前提是假所以为真。请注意，这个断言真是由于其逻辑形式，与自然数并无任何特殊关系。另一方面，考虑如下的合式公式：

$$(\forall x_1)P_1^2(f_1^2(x_1, a_1), x_1) \tag{7.2}$$

它在解释 N 下对应的数学断言为：对任意的自然数 x，$x + 0 = x$。这个断言在解释 N 下为真，也就是说对自然数算术 N 成立。然而，这个真是由于 N 对论域的设定以及对这个公式中的常量、函数符和谓词符的指派，而不是仅仅由于该公式的逻辑结构形式。实际上，这个公式在 $K_{\mathbb{N}}$ 中并不是有效的，因此也不是逻辑定理（根据 $K_{\mathbb{N}}$ 的充分性）。

可见，如式 (7.1) 这样 $K_{\mathscr{L}}$ 中的普适定理，其本身在数学上没什么具体意义。但是，如果想证明如式 (7.2) 这样的数学命题，我们就需要在 $K_{\mathscr{L}}$ 的基础上增添适当的公理，建立 $K_{\mathscr{L}}$ 扩展，也就是说，构建特殊的一阶系统。这种系统称为**数学系统** (mathematical system)，或更严格地称为**公理化数学系统** (axiomatic mathematical system)，或者**公理化数学理论**。我们把 $K_{\mathscr{L}}$ 的公理称为**逻辑公理** (logical axiom)，而把构建具体数学系统时添加的其他公理称为**非逻辑公理** (non-logical axiom)，或称为**合适的公理** (proper axiom) 和**领域特定公理** (domain-specific axiom)。使用这些不同术语的意义在于帮助理解这种新增公理与逻辑公理的区别。前者是关于具体领域的真假问题，是具体领域中真命题的抽象；后者是有关于所有的数学系统，乃至所有形式系统的真假问题，是最高级的普适真理的抽象。

自然，在研究和构建数学系统的时候，我们首先要保证它是**相容**（或说**合理**）的，从而不会证明出自相矛盾或谬误的命题。其次，我们也希望它有充分强的证明能力，能完全刻画所研究的数学结构。这就是追求形式化数学系统的**充分性和完备性**。但是，根据著名的哥德尔不完备性定理，数学系统的完备性常常无法获得。反过来说，正是由于数学理论难得完备性，才有数学理论的不断发展、扩展以及多种多样的数学理论和应用模型的产生。数学理论的丰富多彩还在于，合式公式在数学意义上的真假依赖于所考虑的数学问题和背景，也即相应的数学解释。比如，下面一阶语言 $\mathscr{L}_N$ 公式在解释 N 之下是数学断言 "对任意自然数 x 和 y，都有 $xy = yx$"：

$$(\forall x_1)(\forall x_2)P_1^2(f_2^2(x_1, x_2), f_2^2(x_2, x_1)) \tag{7.3}$$

其中的 f_2^2 解释为自然数的乘法，这个命题是成立的。但如果换一个解释，把 $\mathscr{L}_N$ 公式看作一般的**群** (group) 上的断言，把 f_2^2 解释为群的乘法运算，式 (7.3) 就不成立了。

在这一章，我们将通过具体例子讨论如何用一阶谓词逻辑显式且精确地表达不同数学理论所需要（或说合适的）的非逻辑公理，以及如何使用一阶谓词逻辑的形式化证明精确地表达数学中非形式的证明（过程），从而进一步加深对建模思想和方法的理解和训练。

由于所有的数学理论，或者说是绝大部分的实际论域，都需要考虑其中的相等关系，简称**等词**，因此我们首先讨论如何把一个一阶谓词系统扩展为一个**带等词的一阶系统** (first-order system with equality)。此后我们要介绍**公理化群论** (axiomatic group theory)，作为抽象代数系统的例子；**形式化算术** (formal arithmatics)，也称为**皮亚诺算术** (Peano Arithmetic)；还要介绍**公理化布尔代数** (axiomatic Boolean Algebra)；最后讨论**公理化集合论** (axiomatic set theory)。其中公理集合论、形式化算术和公理布尔代数将被应用于下一章介绍的（形式化）程序设计理论；而公理化群论展示了各种代数理论的公理化方法，这一方法在下一章用于刻画程序语言的数据类型。通过学习这些具体数学系统的构建，读者将能理解不同的数学理论决定了相应的一阶语言 $\mathscr{L}$ 以及所需要的非逻辑公理。定义了具体的 $\mathscr{L}$ 以及一组合适的公理，就建立了一个作为 $K_{\mathscr{L}}$ 扩展的数学系统，在该数学系统中证明的定理就是相应数学理论的定理。

7.1 带等词的一阶系统

在第 2 章讨论数学基础时，我们就已经感觉到相等关系的重要性：没有相等关系，我们几乎不可能讨论任何数学问题。在第 5 章和第 6 章中介绍的一阶语言 $\mathscr{L}$ 的符号表中并没有显式包括等词符号 "="。但是，在几个有关一阶语言的解释的例子中，我们都用它作为第一个二元谓词符号 P_1^2 的指称，例如前面关于式 (7.1) ～ 式 (7.3) 的讨论。在本章的讨论中，我们将总把 P_1^2 包括在一阶语言的谓词符号里，并且始终将等词 "=" 作为其指称（解释）。

从第 2 章的讨论中，我们知道相等关系具有等价关系的三个基本性质：自反性、对称性和传递性，它们可以用一阶语言的公式描述如下：

(e1) $(\forall x_1)P_1^2(x_1, x_1)$

(e2) $(\forall x_1)(\forall x_2)(P_1^2(x_1, x_2) \rightarrow P_1^2(x_2, x_1))$

(e3) $(\forall x_1)(\forall x_2)(\forall x_3)(P_1^2(x_1, x_2) \rightarrow (P_1^2(x_2, x_3) \rightarrow P_1^2(x_1, x_3)))$

其实，与等价关系类似，非形式的定义只用个体变量和量词就够了，无需涉及复杂的使用函数符构造的项。这是因为，在非形式的定义中，以及在其基础上的证明中，都隐式地假设了一个表达式的结果就是一个个体，而且变量可以用项替换。譬如，假设 t 和 u 为项且 $t = u$，则对任意的一元函数符号 f_i^1 都有 $f_i^1(t) = f_i^1(u)$。但请注意，形式化系统中不能接受这样的非形式假设，因此，虽然我们希望上面合式公式 (e1)~(e3) 是带等词的一阶逻辑的定理，但却不能简单地将它们作为合适的公理。我们需要给出带等词的一阶系统的严格定义。

定义 7.1 (带等词的一阶系统) 设 $\mathscr{L}$ 为一个一阶语言，包括谓词符 P_1^2。基于 $\mathscr{L}$ 的**带等词的一阶系统**是 $K_{\mathscr{L}}$ 的一个包括公理模式 (E7)~(E9) 的扩展：

(E7) $P_1^2(x_1, x_1)$

(E8) $P_1^2(t_k, u) \rightarrow P_1^2(f_i^n(t_1, \cdots, t_k, \cdots, t_n), f_i^n(t_1, \cdots, u, \cdots, t_n))$，其中 f_i^n 是 $\mathscr{L}$ 的任意函数符号，$t_1, \cdots, t_n$ 和 u 为 $\mathscr{L}$ 的项。

(E9) $(P_1^2(t_k, u) \rightarrow (P_i^n(t_1, \cdots, t_k, \cdots, t_n) \rightarrow P_i^n(t_1, \cdots, u, \cdots, t_n)))$，其中 P_i^n 是 $\mathscr{L}$ 的任意谓词符号，$t_1, \cdots, t_n$ 和 u 为 $\mathscr{L}$ 的项。

公理 (E7)~(E9) 称为**等式公理** (axioms for equality)。

值得给出如下的说明：

- (E7)~(E9) 都是公理模式，每一个都可能代表很多条（实际上是无穷多条）具体公理（公理实例），所以，使用公理时需要进行模式匹配。

- 公理 (E7)~(E9) 中的变量都是自由变量，采用上面的写法主要是为了简洁明晰。由于在一阶系统中同时有 $\mathcal{P} \vdash \mathcal{P}'$ 和 $\mathcal{P}' \vdash \mathcal{P}$（$\mathcal{P}'$ 表示 $\mathcal{P}$ 的全称闭式）。因此，将公理 (E7)~(E9) 分别用它们的全称闭式替换，将得到一个等价的一阶系统，两个系统有同样的定理。

- 根据 (E7) 以及变量换名命题 6.7，很容易证明对任意的变量 x_i，公式 $P_1^2(x_i, x_i)$ 都是定理：

(1)	$P_1^2(x_1, x_1)$	(E7)
(2)	$(\forall x_1)P_1^2(x_1, x_1)$	(1) Gen
(3)	$(\forall x_i)P_1^2(x_i, x_i)$	(2) 命题 6.7
(4)	$(\forall x_i)P_1^2(x_i, x_i) \rightarrow P_1^2(x_i, x_i)$	(K5)
(5)	$P_1^2(x_i, x_i)$	(2) (3) (MP)

- 在所有带有相等关系的论域中，尤其是数学系统中，相等关系 = 都需要满足公理 (E7)~(E9)，尤其是 (E8) 和 (E9) 正好刻画了 "等值替换" 规则。

下面的命题显示公理 (E7)~(E9) 比本节开头列出的性质 (e1)~(e3) 要强，换言之，(e1)~(e3) 都是带等词的一阶系统中的定理。

命题 7.1　设 S 为带等词的一阶系统，表示相等关系的三个基本性质的合式公式 (e1)、(e2) 和 (e3) 都是 S 的定理。

证明：我们给出 (e1)~(e3) 在 S 中的形式化证明：

(e1) 直接使用 $K_{\mathscr{L}}$ 的概括规则 (Gen)。

(e2) S 中证明如下：

(1)	$P_1^2(x_1, x_2) \to (P_1^2(x_1, x_1) \to P_1^2(x_2, x_1))$	(E9)
(2)	$(P_1^2(x_1, x_2) \to (P_1^2(x_1, x_1) \to P_1^2(x_2, x_1))) \to$ $((P_1^2(x_1, x_2) \to P_1^2(x_1, x_1)) \to (P_1^2(x_1, x_2) \to P_1^2(x_2, x_1)))$	(K2)
(3)	$(P_1^2(x_1, x_2) \to P_1^2(x_1, x_1)) \to (P_1^2(x_1, x_2) \to P_1^2(x_2, x_1))$	(1) (2) MP
(4)	$P_1^2(x_1, x_1)$	(E7)
(5)	$P_1^2(x_1, x_1) \to (P_1^2(x_1, x_2) \to P_1^2(x_1, x_1))$	(K1)
(6)	$P_1^2(x_1, x_2) \to P_1^2(x_1, x_1)$	(4) (5) MP
(7)	$P_1^2(x_1, x_2) \to P_1^2(x_2, x_1)$	(3) (6) MP
(8)	$(\forall x_1)(\forall x_2)(P_1^2(x_1, x_2) \to P_1^2(x_2, x_1))$	(7) Gen

(e3) 同样给出 S 中证明如下：

(1)	$P_1^2(x_2, x_1) \to (P_1^2(x_2, x_3) \to P_1^2(x_1, x_3))$	(E9)
(2)	$P_1^2(x_1, x_2) \to P_1^2(x_2, x_1)$	(e2) 的证明中 (7)
(3)	$P_1^2(x_1, x_2) \to (P_1^2(x_2, x_3) \to P_1^2(x_1, x_3))$	(1) (2) HS
(4)	$(\forall x_1)(\forall x_2)(\forall x_3)(P_1^2(x_1, x_2) \to (P_1^2(x_2, x_3) \to P_1^2(x_1, x_3)))$	(3) Gen

$\square$

命题7.1 说明对任意带等词的一阶系统 S 的任何模型，合式公式 (e1)~(e3) 都为真。因此，P_1^2 在 S 的任何模型中的解释都是一个等价关系。但是，虽然我们 "希望" 谓词符号 P_1^2 的解释是相等关系 =，带等词的一阶系统 S 中的三条公理模式 (E7)、(E8) 和 (E9) 并不能保证 P_1^2 在 S 的任何模型中的解释都是 =。其实，任何不同于 = 的**同余关系** (congruent relation)，即保持函数定义的运算的等价关系，也都满足这三条公理模式。下面是一个具体例子。

例 7.1　设 $\mathscr{L}_{\mathrm{mod}}$ 是一个一阶语言，其变元符号为 $x_1, x_2, \cdots$，函数符号和谓词符号分别为 f_1^2 和 P_1^2。定义 $\mathscr{L}_{\mathrm{mod}}$ 的解释 I，其中取 D_I 为整数集合 $\mathbb{Z}$，f_1^2 的解释为加法：$\overline{f_1^2}(x, y)$ 是 $x + y$，谓词符号 P_1^2 的解释为二元关系 $\overline{P_1^2}$，$\overline{P_1^2}(x, y)$ 成立当且仅当 $x \equiv y \pmod{2}$，即当且仅当 x 和 y 模 2 相等，也就是说，x 和 y 同为奇数或同为偶数（无论正负）。

现在证明 (E7)、(E8) 和 (E9) 在解释 I 下成立:

- 对 (E7), 其在 I 下的解释为 $x \equiv x \pmod{2}$, 成立。

- 对 (E8) 考虑特殊情况 $P_1^2(x_1, x_2) \to P_1^2(f_1^2(x_1, x_3), f_1^2(x_2, x_3))$, 其在 I 下的解释为

$$\text{如果 } x \equiv y \pmod{2}, \text{ 则 } (x+z) \equiv (y+z) \pmod{2}$$

显然成立。关于 (E8) 的一般情形的证明留作习题 (请注意这里只有一个函数符号)。

- 对 (E9), 由于 $\mathscr{L}_{\mathrm{mod}}$ 只有一个谓词符号, 因此仅有如下两种情况需要证明:

  (1) 第一种情况为 $P_1^2(t, u) \to (P_1^2(t, v) \to P_1^2(u, v))$, 其在 I 下的解释为

$$\text{如果 } x \equiv y \pmod{2}, \text{ 则 } x \equiv z \pmod{2} \text{ 蕴涵 } y \equiv z \pmod{2}$$

  此断言为真。

  (2) 第二种情况为 $P_1^2(t, u) \to (P_1^2(v, t) \to P_1^2(v, u))$, 其在 I 下的解释为

$$\text{如果 } x \equiv y \pmod{2}, \text{ 则 } z \equiv x \pmod{2} \text{ 蕴涵 } z \equiv y \pmod{2}$$

  此断言亦为真。

一般情况是, 对任意正整数 z, 将 P_1^2 解释为 $\mathbb{Z}$ 上的关系 $m \equiv n \pmod{z}$ 都能使 (E7)、(E8) 和 (E9) 成立。对 $z = 3$ 的情况, 参看习题 2.5, 其中要求证明 $z = 3$ 时这是一个等价关系。

上面例子及其证明说明, 在带有公理模式 (E7)、(E8) 和 (E9) 系统的模型中, P_1^2 并不一定解释为相等关系 $=$。但是, 下面命题则说明, 对于带等词的一阶系统, 一定存在模型使得在其中 P_1^2 的解释为相等关系 $=$。

命题 7.2 设 S 是相容的带等词的一阶系统, 则 S 有模型使得 P_1^2 在其中的解释为 $=$。

证明: 根据命题 6.17, 如果 S 是相容的, 则 S 有模型。设 M 是 S 的一个模型, 根据命题7.1, $\overline{P_1^2}$ 是 M 的论域 D_M 上的等价关系。对任意的 $x \in D_M$, 下面用 $\underline{x}$ 表示 x 所在的等价类 (相对于等价关系 $\overline{P_1^2}$)。我们定义 S 的新解释 M^* 如下:

- M^* 的论域定义为 $D_{M^*} \stackrel{\text{def}}{=} \{\underline{x} \mid x \in D_M\}$。

- 对每一个 i, 常元符号 a_i 的解释为 $\underline{\overline{a_i}}$。其中 $\overline{a_i}$ 为 a_i 在模型 M 中的解释。

- 对每一个 i 和每一个 n, 函数符号 f_i^n 解释为 $\underline{\overline{f_i^n}}$, 其中 $\overline{f_i^n}$ 为函数符号 f_i^n 在模型 M 中的解释。显然这使得 $\underline{\overline{f_i^n}}(\underline{y_1}, \cdots, \underline{y_n}) = \underline{\overline{f_i^n}(y_1, \cdots, y_n)}$。

- 对每一个 i 和每一个 n, 谓词符号 P_i^n 解释为 $\underline{\overline{P_i^n}}$, 其中 $\overline{P_i^n}$ 为谓词符号 P_i^n 在模型 M 中的解释。使得 $\underline{\overline{P_i^n}}(\underline{y_1}, \cdots, \underline{y_n})$ 成立当且仅当 $\overline{P_i^n}(y_1, \cdots, y_n)$ 成立。

虽然细节比较烦琐，但不难验证以上各种符号的指称都是良定义，而且 M^* 是 S 的模型，公理 (E7)、(E8) 和 (E9) 在解释 M^* 下皆为真。特别是，P_1^2 是 D_{M^*} 上的 = 关系。　　□

上面结果可以说 "正面的"，结论是：带有等词的一阶系统，必定存在将等词符号解释为论域上的相等的模型。然而也应该看到问题的另一面：通过公理确实无法区分相等关系与等价关系。这也是公理化数学中无法解决的一个问题，从某种角度说明了公理化技术的能力局限性。

我们可以通过如下例子理解上述的证明。

例 7.2　设 $\mathscr{L}_{\mathrm{mod}}$、S 和 M 为例7.1 中的一阶语言、带等词的一阶系统和模型，定义 M^* 的论域 $D_{M^*} = \{\underline{0}, \underline{1}\}$，函数符号 f_1^2 和谓词符号 P_1^2 的指称 $\overline{f_1^2}$ 和 $\overline{P_1^2}$ 分别定义如下：

- $\overline{f_1^2}(\underline{x}, \underline{y}) = \overline{f_1^2}(x, y) = \underline{x + y}$。

- $\overline{P_1^2}(\underline{x}, \underline{y})$ 成立当且仅当 $\overline{P_1^2}(x, y)$ 成立，当且仅当 $x \equiv y \pmod{2}$，当且仅当 $\underline{x} = \underline{y}$。

定义 7.2　设 S 为一个带等词的一阶系统，如果 S 的模型 M 将谓词符号 P_1^2 解释为其论域上的相等关系 =，则称 M 为 S 的一个**规范模型** (normal model)，也有称为**标准模型**。

上面有关带等词一阶系统的公理及模型的讨论揭示并刻画了等价关系的实质：等价关系是相等关系的推广，是对 "种" 和 "类" 概念的刻画。这一点对数学和计算科学理论都非常重要。在上面研究中，我们保持了一阶语言的语法定义，没有增加新语法符号，只是对其中谓词符号 P_1^2 的解释增加了一些约束（也就是增加了关于该谓词的公理）。引入等词的另一种做法是给一阶语言明确增加一个表示等词的谓词符号 =，同时保持原有谓词符号（包括 P_1^2）的解释的任意性。这样做时还要把公理 (E7)、(E8) 和 (E9) 中的 P_1^2 用 = 替换，得到 (E7′)、(E8′) 和 (E9′) 如下，其中 i、n、t_i、f_i^n、P_i^n 和 u 的要求仍如 (E7)、(E8) 和 (E9)：

(E7′)　$x_1 = x_1$

(E8′)　$(t_k = u) \to (f_i^n(t_1, \cdots, t_k, \cdots, t_n) = f_i^n(t_1, \cdots, u, \cdots, t_n))$

(E9′)　$((t_k = u) \to (P_i^n(t_1, \cdots, t_k, \cdots, t_n) \to P_i^n(t_1, \cdots, u, \cdots, t_n)))$

在后面的讨论中，如果不加说明，等式公理将用上面这三个公理模式表示。显然，如同在有关命题逻辑和谓词逻辑的章节中引进符号 ∨、∧、↔ 和 ∃，这样在语言中引进一些特定的符号并不能真正增强逻辑的表达能力和证明能力，但是却有助于更方便且清晰地表示我们的意图，这是数学和计算机科学的研究和实践中经常使用的技术，即基于已有的基本结构定义一些新符号。举例说，我们可以引入一个有用的符号 ∃! 表示 "存在唯一的 ⋯⋯ 使得 ⋯⋯ (there exists a unique ⋯⋯ such that ⋯⋯)"。例如，$(\exists! x_i)\mathcal{P}(x_i)$ 形式化地定义为

$$(\exists x_i)(\mathcal{P}(x_i) \wedge (\forall x_j)(\mathcal{P}(x_j) \to (x_j = x_i)))$$

请注意：这里的存在且 "唯一" 依赖于相等的概念（依赖于等词）。仅从公理定义的角度，这个定义并不能真正定义唯一性，并不能排除将 = 解释为等价关系的可能性。

习题 7.1 说明在带等词的一阶系统中如何用合式公式表达 "存在两个 ⋯ 使得 ⋯"。

习题 7.2 例7.1 只给出了公理模式 (E8) 的一个实例在解释 I 为真的证明,请证明公理模式 (E8) 的所有实例在解释 I 下为真。

习题 7.3 设 S 是一个带等词的一阶系统,$\mathcal{P}$ 是一个 S 闭公式。请证明,如果 $\mathcal{P}$ 对 S 的所有规范模型为真,则 $\mathcal{P}$ 对 S 的所有模型为真。

习题 7.4 设 $\mathcal{P}(x_1)$ 是一阶语言 $\mathscr{L}$ 的合式公式,x_1 在其中自由出现。令 x_2 在 $\mathcal{P}(x_1)$ 中对 x_1 是自由的,用 $\mathcal{P}[x_2]$ 表示用 x_2 替换 $\mathcal{P}(x_1)$ 中 x_1 的某个自由出现得到的合式公式。证明在包括 (E7′)、(E8′) 和 (E9′) 为公理的 $\mathsf{K}_{\mathscr{L}}$ 的任意扩展中下面合式公式都是定理:

$$(x_1 = x_2 \to (\mathcal{P}(x_1) \to \mathcal{P}[x_2]))$$

因此可得,如果 $\mathcal{P}[x_2]$ 是通过用 x_2 替换 $\mathcal{P}(x_1)$ 中 x_1 的多次自由出现而得到,结果也成立。

习题 7.5 证明在命题7.2 证明中的 $\overline{\mathcal{P}_i^n}$ 是良定义的,即,如果 $y_1, \cdots, y_n, z_1, \cdots, z_n \in D_M$ 且 $[y] = [z]$ $(1 \leqslant i \leqslant n)$,则 $\overline{\mathcal{P}_i^n}(y_1, \cdots, y_n)$ 成立当且仅当 $\overline{\mathcal{P}_i^n}(z_1, \cdots, z_n)$ 成立。

习题 7.6 设 $\mathcal{P}$ 是一阶语言 $\mathscr{L}$ 中涉及 "自由项" $t_1, \cdots, t_n$ 的合式公式,这里一个项是自由的,指其中所有的变量在 $\mathcal{P}$ 中是自由的。令 S 是 $\mathsf{K}_{\mathscr{L}}$ 的一个包括了 (E7′)、(E8′) 和 (E9′) 为公理的扩展,请证明对任意不含 $\mathcal{P}$ 中约束变量的项 u 总有:

$$\vdash_{\mathsf{K_S}} (t_k = u) \to (\mathcal{P}(t_1, \cdots, t_k, \cdots, t_n) \to \mathcal{P}(t_1, \cdots, u, \cdots, t_n))$$

7.2 公理化群论

群论是**抽象代数**最基本的分支之一。抽象代数中 "抽象" 二字主要是因为其研究的代数结构可以用简单的公理集合刻画,因此,每类抽象代数都是从 $\mathsf{K}_{\mathscr{L}}$ 扩展的数学系统(带等词的一阶系统)的模型。而且,刻画一类抽象代数系统的数学系统,通常是一个仅包含等词 "=" 一个谓词符号的一阶系统,这种系统也称为**等式逻辑系统** (equational logic system) 或**代数逻辑系统** (algebraic logic system),简称**代数系统** (algebraic system)。严格地讲,一个代数系统总是建立在一个一阶语言 $\mathscr{L}$ 上的带等词的一阶逻辑之上,这个语言的符号包括一些给定的常元符号、函数符号(也叫代数运算符号)和等词符号 =,其推理系统是添加了等式公理 (E7)、(E8) 和 (E9) 后的 $\mathsf{K}_{\mathscr{L}}$ 扩展的一个扩展。在定义一个代数系统 $\mathcal{E}$ 时,只需要给出 $\mathcal{E}$ 的新的合适公理。下面我们通过给出刻画群的一阶语言和合适公理为例,说明这一思想和方法。

7.2.1 群的非形式定义

我们要定义表示群的一阶语言 $\mathscr{L}_G$,但为了看清以非形式的数学语言定义群和用形式化的一阶语言和系统刻画群的关系和区别,现在先按第 2 章中对代数结构的定义给出群的数学定义。

定义 7.3 (群) 一个**群**是一个代数结构 $G = (S, e, \cdot)$,其中 S 是一个非空载子集合,常元 $e \in S$ 称为**单位元**,二元运算(或函数)$\cdot : S \times S \mapsto S$ 称为**乘法**,使得如下性质成立:

- **乘法的结合律** (associative law of product)：对任意 $x, y, z \in S$，$(x \cdot (y \cdot z)) = ((x \cdot y) \cdot z)$。

- **单位元** (unit)：对任意的 $x \in S$，$e \cdot x = x \cdot e = x$。

- **逆元** (inverse)：对任意的 $x \in S$，存在 $x^{-1} \in S$ 使得 $x \cdot x^{-1} = x^{-1} \cdot x = e$。

在群论中，一个群的单位元 e 也常用 1 表示。需要指出，人们提出了群的多种等价定义，上面定义是最常见的一个。下面是另一个定义。

定义 7.4 (群)　一个群是一个代数结构 $G = (S, \cdot)$，其中 S 是一个非空载子集合，$\cdot : S \times S \mapsto S$ 是 S 上一个二元运算（或函数），称为乘法，满足如下性质：

- **乘法的结合律**：对任意的 $x, y, z \in S$，$(x \cdot (y \cdot z)) = ((x \cdot y) \cdot z)$。

- **左单位元**：存在 $e \in S$ 使得对任意的 $x \in S$，$e \cdot x = x$。

- **左逆元**：对任意的 $x \in S$，存在 $x^l \in S$ 使得 $x^l \cdot x = e$。

与此定义对称的还有通过**右单位元**和**右逆元**的等价定义。另一种方法是将逆元（左逆元或右逆元）用一个一元运算表示。譬如，定义7.4 中的左逆元可以通过在群代数结构中添加一个一元函数 $l : S \mapsto S$，令 $G = (S, e, \cdot, l)$ 并且定义中**左逆元**条件改为

$$\textbf{左逆：} \text{对任意的 } x \in S, \, l(x) \cdot x = e$$

在这样的定义下，为了方便和直观，$l(x)$ 经常被记作 x^l。还可以用同样的形式重写定义7.3。以上定义的等价性证明在群论教科书中都应有讨论，我们把相关的证明都留做习题。

7.2.2　形式化群论

现在根据定义7.4 的带逆运算的形式，给出刻画群的一阶语言 $\mathscr{L}_G$ 以及代数系统的合适公理（即对 $\mathsf{K}_{\mathscr{L}}$ 的公理和等式公理的扩展）。$\mathscr{L}_G$ 是字母表包括如下符号的一阶语言：

- 变元符号 $x_1, x_2, \cdots$

- 个体常元符号 a_1（**单位元**）

- 函数符号 f_1^1，f_1^2 （**逆运算**和**乘法**）

- 谓词符号 $=$

- 标点符号 "、" 和 ","

- 逻辑符号 $\forall$、$\neg$ 和 $\rightarrow$。

一阶系统 $\mathcal{G}$ 为 $\mathsf{K}_{\mathscr{L}}$ 的扩展并包含等词公理 (E7′)，等词公理模式 (E8′) 和 (E9′) 的所有实例，以及如下合适的公理：

(G1)　$f_1^2(f_1^2(x_1, x_2), x_3) = f_1^2(x_1, f_1^2(x_2, x_3))$ （乘法的结合律）

(G2)　$f_1^2(a_1, x_1) = x_1$ （左单位元）

(G3)　$f_1^2(f_1^1(x_1), x_1) = a_1$　（左逆）

如前, 上面公理中的变量都是自由的, 也可以（等价地）以它们的全称闭式作为公理。

公理 (G1)、(G2) 和 (G3) 称为**群论公理** (axioms for group theory), 它们几乎就是定义7.4 中三个条件的形式化翻译。注意到在 (G2) 和 (G3) 没有显示表达 "存在左单位元" 和 "对任意的元素存在左逆元", 而是用了常元符号 a_1 和一元函数符号 f_1^1。在 $\mathcal{G}$ 的任何模型中, 常元符号 a_1 和一元函数符号 f_1^1 都需要有具体解释。这样就保证了它们的存在性。

建立了关于群论的形式化系统, 群论教科书中有关群的性质的传统数学证明, 都可转化为这个系统中的形式化证明。但是, 这种转化过程本身并没有什么实际意义, 而且, 在直观上显而易见的性质, 往往由于在形式化证明中需要补全很多数学上共知的事实, 以及要求证明无缺省的前提, 使得证明变得复杂而且难以理解。下面的例子明显说明了这个现象。

例 7.3　在任意一个群 G 中, 对其左单位元 e "显然" 有 $e \cdot (e \cdot e) = e$。因此, $e \cdot (e \cdot e) = e$ 应该是一阶系统 $\mathcal{G}$ 中的定理。我们给出它在 $\mathcal{G}$ 中的形式化证明。首先写出 $e \cdot (e \cdot e) = e$ 在形式语言 $\mathscr{L}_G$ 中相应的合式公式, $f_1^2(a_1, f_1^2(a_1, a_1)) = a_1$。有关证明如下:

(1)　$f_1^2(a_1, x_1) = x_1$　　　　　　　　　　　　　　　　　　　(G2)

(2)　$(\forall x_1)(f_1^2(a_1, x_1) = x_1)$　　　　　　　　　　　　　(1) Gen

(3)　$(\forall x_1)(f_1^2(a_1, x_1) = x_1) \to (f_1^2(a_1, a_1) = a_1)$　　(K5)

(4)　$f_1^2(a_1, a_1) = a_1$　　　　　　　　　　　　　　　(2),(3), MP

(5)　$(\forall x_1)(f_1^2(a_1, x_1) = x_1) \to (f_1^2(a_1, f_1^2(a_1, a_1)) = f_1^2(a_1, a_1))$　　(K5)

(6)　$f_1^2(a_1, f_1^2(a_1, a_1)) = f_1^2(a_1, a_1)$　　　　　　　(2) (5) MP

(7)　$(f_1^2(a_1, a_1) = a_1) \to$
　　　$((f_1^2(a_1, f_1^2(a_1, a_1)) = f_1^2(a_1, a_1)) \to (f_1^2(a_1, f_1^2(a_1, a_1)) = a_1))$　　(E9')

(8)　$((f_1^2(a_1, f_1^2(a_1, a_1)) = f_1^2(a_1, a_1)) \to (f_1^2(a_1, f_1^2(a_1, a_1)) = a_1))$　(4) (7) MP

(9)　$f_1^2(a_1, f_1^2(a_1, a_1)) = a_1$　　　　　　　　　　　(6) (8) MP

这个证明中没使用群公理的乘法结合律 (G1)。作为习题, 请读者给出另一个形式化证明, 其中用到 (G1) 和命题7.1, 以及等词的对称性 (e2) 和传递性 (e3) 定理。

显然, 对任何一个群 G, 只要将 $\mathscr{L}_G$ 中的 a_1、f_1^1 和 f_1^2 分别解释为 G 的单位元、逆元算和乘法运算, 并把等词符号 = 解释为 G 上的相等关系, 则 G 一定是群论一阶系统 $\mathcal{G}$ 的模型。但是, 并不是 $\mathcal{G}$ 的所有的模型都是群。下面我们给出一个反例。

例 7.4　定义 $\mathcal{G}$ 的解释 I: 解释域 D_I 为整数集合 $\mathbb{Z}$, a_1 解释为 0, 并且 f_1^1 和 f_1^2 分别解释为 $\overline{f_1^1}: \mathbb{Z} \mapsto \mathbb{Z}$ 和 $\overline{f_1^2}: \mathbb{Z} \times \mathbb{Z} \mapsto \mathbb{Z}$ 使得对任意 $x, y \in \mathbb{Z}$, $\overline{f_1^1}(x) = -x$ 和 $\overline{f_1^2}(x, y) = x + y$。同时, 我们将等词符号 = 解释为对某个给定正整数 m (mod m) 的同余关系。为了区别逻辑符号和论域上的相等关系, 记逻辑符号 = 的指称为 $[\![=]\!]$。因此对任意的 $x, y \in \mathbb{Z}$, $x [\![=]\!] y$ 当且仅当 $x \equiv y$ (mod m)。我们证明 I 是 $\mathcal{G}$ 的模型, 也就是说, 证明 $\mathcal{G}$ 的所有公理对解释 I 为真。

首先, $\mathsf{K}_{\mathscr{L}}$ 公理 (K1)~(K6) 是逻辑公理, 自然对包括 I 在内的任何解释成立。其次, 按例7.1 的证明方法可以证明等式公理 (E7)、(E8) 和 (E9) 对 I 真。最后, 我们验证群论公理

(G1)　　在解释 I 下为 $(x + y) + z \equiv x + (y + z) \pmod m$；

(G2)　　在解释 I 下为 $0 + x \equiv x \pmod m$；

(G3)　　在解释 I 下为 $-x + x \equiv 0 \pmod m$。

对任何 $x, y, z \in \mathbb{Z}$，以上三个公式都成立。因此 I 是 $\mathcal{G}$ 的模型。但是 I 不是群，原因是 I 没有把 $\mathcal{G}$ 的等词解释为论域 $\mathbb{Z}$ 上的相等关系，而是解释了一个同余关系。

　　然而，根据命题7.2 的证明中给出的从带等词的一阶系统的一个模型构造一个规范模型的过程，我们可以从 I（它自然是带等词的一阶系统 $\mathcal{G}$ 的模型）构造一个规范模型 I^*。I^* 的论域为整数的 $(\bmod\ m)$ 等价类（也是同余类）集合，$\mathbb{Z}_m \overset{\text{def}}{=} \{\underline{x}_m \mid x \in \mathbb{Z}\}$。其中对每个 $x \in \mathbb{Z}$，$\underline{x}_m$ 是包含 x 的同余类，即 $\underline{x}_m \overset{\text{def}}{=} \{y \mid y \in \mathbb{Z}, y \equiv x \pmod m\}$。

　　在 I^* 下将 a_1 解释为 $\underline{0}_m$，f_1^2 为同余类的加法，f_1^1 为加性逆元素，即 $\underline{-x}_m + \underline{x}_m = \underline{0}_m$。这样，如果 I^* 进一步将等词 $=$ 解释为 $\mathbb{Z}_m$ 的相等关系，I^* 是 $\mathcal{G}$ 的一个规范模型，而且是群。

　　一般而言，任何一个群都是一阶群论系统 $\mathcal{G}$ 的规范模型。反过来，$\mathcal{G}$ 任何规范模型也是一个群。这说明，在研究数学系统时，我们通常应该将带等词的一阶系统的模型限制在规范模型。但请注意，前面说过，对于带等词的一阶系统，并不存在一组有关等词的公理能保证该系统只有规范模型。换言之，我们无法通过公理强制所有的解释都将等词解释为论域上的相等关系。

　　参照本节将群论形式化的过程和方法，其他抽象代数理论，包括**环**、**域**、**向量空间**、**格**和**布尔代数**，都可以用有穷公理模式集合定义为一阶系统。另一著名公理化系统是**欧几里得几何**，它建立在解释为 "点" "线" "面" "相交" "平行" 等的谓词符号和一个复杂的公理集合上。

　　本节讨论了如何在带等词的一阶系统的基础上继续添加合适的公理，构造一个数学系统。这样，传统的数学定义和命题可以形式化地表达为一阶系统及其合式公式，数学证明可以转化为一阶系统中的形式化证明。我们通过建立群论的形式化系统展示了有关技术。可以看到，把传统的数学证明转化为形式化系统的形式证明往往没有什么实际意义。然而，我们的目的在于研究如何把数学中可能隐藏的或不清晰的问题和假设条件严格精确地表达出来，这一点的重要性将在第7.4 节关于形式化算术和第7.5 节关于公理集合论的讨论中看得更清楚。另外，在很多复杂的数学和工程问题的处理方面，严格精确地表达问题和假设条件是非常重要的。譬如，在例7.3 的证明过程中，第一步就需要将群论中的等式 $e \cdot (e \cdot e) = e$ 表达为一阶语言 $\mathcal{L}_G$ 中的合式公式 $f_1^2(a_1, f_1^2(a_1, a_1)) = a_1$，这一工作通常称为**问题的形式化定义**或**规约**。当问题很复杂时，这样的形式化本身就非常重要。譬如在软件的正确性分析和证明中，这一步骤称为**软件需求形式化规约**。采用形式化规约的方式描述软件需求，使我们有可能严格检查规约中出现相互矛盾的需求或者冗余，对保证软件产品的正确性和质量至关重要，但同时也非常困难。

习题 7.7　设 $\mathcal{G}$ 为群论的公理系统，

(1) 请构造 $\mathcal{G}$ 的一个规范模型，其中只包含一个元素。

(2) 请构造 $\mathcal{G}$ 的一个规范模型，其中只包含两个元素。

习题 7.8 给出例7.3 中 $e \cdot (e \cdot e) = e$ 的一个形式化证明，其中使用到 (G1) 和命题7.1，等词的对称性 (e2) 和传递性 (e3) 定理。

习题 7.9 在群论的公理系统 $\mathcal{G}$ 中证明 $\vdash f_1^2(x_1, a) = x_1$ 和 $\vdash f_1^2(x_1, f_1^1(x_1)) = a_1$，即在 $\mathcal{G}$ 的任何模型中左单位元也是右单位元，个体的左逆元也是其右逆元，因此分别可以称为单位元和逆元。

习题 7.10 建立一个环论的一阶系统，定义其字母表、合式公式和公理模式。并说明该系统有不是环的模型。

7.3 公理化布尔代数

第 2.7.2 节讨论过布尔代数，将其作为一个代数结构。由于布尔代数在数学和计算机科学中的重要性，我们现在按前面做群论形式化的方法，构造一个刻画布尔代数的一阶系统。首先定义所需的一阶语言，记为 $\mathscr{L}_{\text{Bool}}$，该语言包括常元符号 a_1 和 a_2，变元符号 $x_1, x_2, \cdots$，函数符号 f_1^1，f_1^2 和 f_2^2，以及谓词符号 $=$（等词）。在一个布尔代数的解释下，a_1 和 a_2 分别解释为底元 $\bot$ 和顶元 $\top$；函数符号 f_1^1、f_1^2 和 f_2^2 分别解释为补运算 $\bar{}$、或运算 $\vee$ 和与运算 $\wedge$。为了更易读，在下面刻画布尔代数合适的公理时，我们直接使用模型中这些符号：

(B1)　$x_1 \vee (x_2 \vee x_3) = (x_1 \vee x_2) \vee x_3$ （或的结合律）

(B2)　$x_1 \wedge (x_2 \wedge x_3) = (x_1 \wedge x_2) \wedge c_3$ （与的结合律）

(B3)　$x_1 \vee x_2 = x_2 \vee x_1$ （或的交换律）

(B4)　$x_1 \wedge x_2 = x_2 \wedge x_1$ （与的交换律）

(B5)　$x_1 \vee (x_1 \wedge x_2) = x_1$ （或的吸收率）

(B6)　$x_1 \wedge (x_1 \vee x_2) = x_1$ （与的吸收率）

(B7)　$x_1 \vee \bot = x_1$ （或的单位元）

(B8)　$x_1 \wedge \top = x_1$ （与的单位元）

(B9)　$x_1 \vee (x_2 \wedge x_2) = (x_1 \vee x_2) \wedge (x_1 \wedge x_3)$ （或对与的分配律）

(B10)　$x_1 \wedge (x_2 \vee x_3) = (x_1 \wedge x_2) \vee (x_1 \wedge x_3)$ （与对或的分配律）

(B11)　$x_1 \vee \overline{x_1} = \top$ （或的补）

(B12)　$x_1 \wedge \overline{x_1} = \bot$ （与的补）

我们将添加了公理 (E7)～(E9) 和 (B1)～(B12) 得到的扩展系统 K$_{\mathscr{L}_{\text{Bool}}}$, 称为**布尔代数系统**, 记为 $\mathcal{BG}$。应该说明, 这里没有追求最小的充分运算符集。根据我们对命题逻辑的研究, 这里只需要一个一元运算 ¯ 和一个二元运算 ∨。与运算 ∧ 可以用它们定义。对偶的, 或运算 ∨ 也可以用补运算 ¯ 和与运算 ∧ 定义。进一步说, 上面 12 条公理也不是相互独立的。譬如, 两个结合律 (B1) 和 (B2) 及两个吸收律 (B5) 和 (B6) 可以用其他几条公理证明。

显然, $\mathcal{BG}$ 有一个平凡的模型, 也称平凡布尔代数, 其论域只包含一个元素, 因此顶元和底元相等 ⊥ = ⊤。为去除这个无意义的模型, 有的形式化布尔代数定义中要求论域至少包含两个不同元素, 为此需要加一条公理 ¬(⊥ = ⊤)。进一步的, 不难证明, 从 $\mathcal{BG}$ 的一个模型 M, 可以定义一个与之对偶的模型, 为此只需将顶元和底元对换, 将或运算和与运算对换。

定义 2.18 给出了 $\mathcal{BG}$ 的最简单的非平凡模型, 即**二元布尔代数**。不难证明, 第 3 章中说的两个断言形式等价, 或第 4 章中说的两个合式公式逻辑等价, 当且仅当它们可以由上述 12 条公理证明是相等的。因此, 命题逻辑也构成一个布尔代数。二元布尔代数常用于电气工程中的电路设计。香农 (Claude Elwood Shannon, 1916~2001)1938 年发表的著名硕士论文的题目是《A Symbolic Analysis of Relay and Switching Circuits》, 其中用布尔代数分析开关电路, 研究电路优化, 奠定了数字电路的理论基础。布尔代数在程序设计语言的设计和程序设计中也十分重要。

习题 7.11 请构造 $\mathcal{BG}$ 的一个规范模型, 其中只包含一个元素 (有关工作应该包含证明, 即, 证明所构造出的系统确实是 $\mathcal{BG}$ 的规范模型)。

习题 7.12 请给出如下布尔代数的定理的形式证明:

(1) $\vdash_{\mathsf{K}_{\mathscr{L}_{\text{Bool}}}} x \vee x = x,\ \vdash_{\mathsf{K}_{\mathscr{L}_{\text{Bool}}}} x \wedge x = x$

(2) $\vdash_{\mathsf{K}_{\mathscr{L}_{\text{Bool}}}} \overline{x \vee y} = \overline{x} \wedge \overline{y},\ \vdash_{\mathsf{K}_{\mathscr{L}_{\text{Bool}}}} \overline{x \wedge y} = \overline{x} \vee \overline{y}$

(3) $\vdash_{\mathsf{K}_{\mathscr{L}_{\text{Bool}}}} x \vee y = \overline{\overline{x} \wedge \overline{y}},\ \vdash_{\mathsf{K}_{\mathscr{L}_{\text{Bool}}}} x \wedge y = \overline{\overline{x} \vee \overline{y}}$

7.4 形式化算术

本节讨论建立自然数算术的形式化系统的思想和方法。算术是数学中最基本的内容,建立算术的形式化系统的努力, 一个重要结果就是证明了数学家寻求建立一个能验证所有数学命题的形式系统的努力 "无果而终"。在建立了这样的算术系统后, 却证明了它不可能完全, 也就是说, 在它的任何相容扩展中总会有成真的命题不能被证明为定理。

7.4.1 算术的形式化

在第 5 章的例 5.6, 我们首次定义了表达自然数的一阶语言 $\mathscr{L}_{\mathbb{N}}$ 及其在自然数集 $\mathbb{N}$ 上的解释。$\mathscr{L}_{\mathbb{N}}$ 是具有如下字母表的一阶语言:

- 个体常元符号 a_1 (将解释为 0);

- 变元符号 $x_1, x_2, \cdots$;

- 函数符号 f_1^1、f_1^2 和 f_2^2（将分别解释为**后继**函数、**加法**和**乘法**）;

- 谓词符号 =;

- 逻辑符号 ¬、→ 和 ∀;

- 标点符号、和,。

令 $\mathcal{FA}$ 表示通过添加 (E7′)、(E8′)、(E9′)，以及如下 6 条公理和一条公理模式而得到的扩展 $K_{\mathscr{L}_{\mathbb{N}}}$。其中的 $\mathcal{P}(x_1)$ 是 $\mathscr{L}_{\mathbb{N}}$ 的合式公式，而且要求有 x_1 在其中自由出现:

(N1) $(\forall x_1)\neg(f_1^1(x_1) = a_1)$

(N2) $(\forall x_1)(\forall x_2)((f_1^1(x_1) = f_1^1(x_2)) \to (x_1 = x_2))$

(N3) $(\forall x_1)(f_1^2(x_1, a_1) = x_1)$

(N4) $(\forall x_1)(\forall x_2)(f_1^2(x_1, f_1^1(x_2)) = f_1^1(f_1^2(x_1, x_2)))$

(N5) $(\forall x_1)(f_2^2(x_1, a_1) = a_1)$

(N6) $(\forall x_1)(\forall x_2)(f_2^2(x_1, f_1^1(x_2)) = f_1^2(f_2^2(x_1, x_2), x_1))$

(N7) $\mathcal{P}(a_1) \to ((\forall x_1)(\mathcal{P}(x_1) \to \mathcal{P}(f_1^1(x_1))) \to (\forall x_1)\mathcal{P}(x_1))$

上面公理模式的描述采用形式符号给出，反而使其直观意义不容易看清楚。如果我们按如下约定改用算术中常用运算符号替代这里的函数符号，将使它们更容易理解:

- f_1^2 用加法符号 + 表示，例如 $t_1 + t_2$ 表示 $f_1^2(t_1, t_2)$;

- f_2^2 用乘法符号 × 表示，例如 $t_1 \times t_2$ 表示 $f_2^2(t_1, t_2)$;

- f_1^1 用 ′ 表示，例如 t' 表示 $f_1^1(t)$;

- a_1 用 0 表示。

按照这些约定，我们可以将 (N1)～(N7) 重写如下:

(N1*) $(\forall x_1)\neg(x' = 0)$，任何自然数 x 的后继都不等于 0;

(N2*) $(\forall x_1)(\forall x_2)((x_1' = x_2') \to (x_1 = x_2))$，若两个自然数的后继相等，则它们本身相等;

(N3*) $(\forall x_1)(x_1 + 0 = x_1)$，0 是加法的单位元，与任何自然数 x 之和等于 x;

(N4*) $(\forall x_1)(\forall x_2)((x_1 + x_2') = (x_1 + x_2)')$，$x$ 与 y 的后继的和等于 x 与 y 和的后继;

(N5*) $(\forall x_1)((x_1 \times 0) = 0)$，0 是乘法的零元，与任何自然数的积等于 0;

(N6*) $(\forall x_1)(\forall x_2)(x_1 \times x_2' = (x_1 \times x_2 + x_1))$，乘法对加法的分配律（的基础）;

(N7*) $\mathcal{P}(0) \rightarrow ((\forall x_1)(\mathcal{P}(x_1) \rightarrow \mathcal{P}(x_1')) \rightarrow (\forall x_1)\mathcal{P}(x_1))$，数学归纳规则。

如果进一步用 "+1" 运算表示后继，用 $t+1$ 表示 t'，则 (N1*)~(N7*) 的意义就清晰明了，尤其是 (N4*)、(N6*) 和 (N7*)。其中 (N4*) 变为

$$(\forall x_1)(\forall x_2)((x_1 + (x_2 + 1)) = ((x_1 + x_2) + 1))$$

(N6*) 则变为

$$(\forall x_1)(\forall x_2)(x_1 \times (x_2 + 1) = (x_1 \times x_2 + x_1))$$

读者不难将 (N7*) 用数学语言写成按照第 2.5 节中说明的数学归纳法。

令解释 N 的论域 $D_N = \mathbb{N}$，定义 $\overline{a_1} = 0$，$\overline{f_1^1}(n) = n + 1$，$\overline{f_1^2}(m, n) = m + n$，$\overline{f_2^2}(m, n) = m \times n$，不难验证 N 是 $\mathcal{FA}$ 的一个规范模型。

7.4.2   与皮亚诺算术的关系

存在其他的与一阶系统 $\mathcal{FA}$ 等价的形式化算术系统。实际上，所有这些系统都源于皮亚诺 (Giuseppe Peano，1858~1932) 基于著名**皮亚诺公理** (Peano Postulates) 建立的被称为皮亚诺算术的逻辑系统。下面简单讨论 $\mathcal{FA}$ 与皮亚诺公理的关系。皮亚诺公理共有如下五条：

(PA1) 0 是自然数；

(PA2) 对每一自然数 n，存在另一自然数 n'；

(PA3) 不存在自然数 n 使得 n' 等于 0；

(PA4) 对任意的自然数 m 和 n，如果 $m' = n'$，则 $m = n$；

(PA5) 如果集合 $A \subseteq \mathbb{N}$ 包含 0，且 $n \in A$ 蕴涵 $n' \in A$，则 $A = \mathbb{N}$。

关于 $\mathcal{FA}$ 的合适的公理和皮亚诺公理之间的关系，说明如下：

- $\mathcal{FA}$ 中没有也不需要对应 (PA1) 和 (PA2) 的公理，因为 $\mathscr{L}_{\mathbb{N}}$ 有常元符号 a_1 和函数符号 f_1^1，它们在 $\mathcal{FA}$ 的任何模型中都有指称，因此 $\overline{a_1}$ 存在，且对解释论域中每个 x，$\overline{f_1^1}(x)$ 都存在。

- (PA3) 和 (PA4) 分别对应 $\mathcal{FA}$ 中 (N1) 和 (N2)。

- (PA5) 和 (N7) 相似，都是为了表述自然数上的数学归纳规则（见第 2.5 节）。要理解二者的相近之处，可以参考第 2.2.2 节有关集合、关系、性质和谓词之间的关系的讨论。首先，(PA5) 是使用集合的概念表述数学归纳规则，(N7) 是使用一阶语言的谓词公式表示同一规则。我们知道，在 $\mathcal{FA}$ 的任何模型 M 中，一个谓词公式 $\mathcal{P}(x)$ 可以定义一个集合 $A = \{n \mid n \in D_M, \mathcal{P}(n)$ 成立$\}$。另一方面，皮亚诺公理 (PA5) 使用了二阶量词 "对任意的包含 0 的自然数集合 A……"。而 (N7) 是一阶谓词语言中的公式模式，虽然也相当于 "对任意含自由变量 x 的合式公式 $\mathcal{P}(x)$……"，但是 $\mathscr{L}_{\mathbb{N}}$ 中

只有可数个合式公式, 因此只能定义可数个集合。由第 2.8 节中定理 2.26 知, N 有不可数多的子集, 因此 (PA5) 概括了所有不可数多个自然数集合。所以, (PA5) 和 (N7) 还是有本质区别的。

- 皮亚诺公理中未提及加法和乘法运算, 原因是这两个运算可以通过后继运算和数学归纳规则定义。$\mathcal{L}_N$ 显式包含了对应于这两个运算的函数符号, 并在 $\mathcal{F}A$ 的公理 (N3)~(N6) 中刻画了这两个运算需要满足的性质。

由于 (PA5) 和 (N7) 的区别, 我们称数学系统 $\mathcal{F}A$ 为**一阶形式化算术** (first order formal arithmetics), 称为**一阶皮亚诺算术** (first order Peano Arithmetics)。

7.4.3 形式化算术的模型及完备性问题

第7.2 节讨论了群论的形式化系统, 目的是为了刻画一类数学模型。例如, 一阶系统 $\mathcal{G}$ 可以有许多不同的规范模型, 这些模型都被称为群。与上述情况不同, 人们研究算术的形式化系统 $\mathcal{F}A$ 的初衷就是想给广为人知的自然数集合寻找一个 "完美无缺" 的模型。用逻辑的语言说, 就是想建立起一个公理化数学系统 $\mathcal{F}A$, 使得自然数集合是其规范模型, 而且自然数的所有性质都是 $\mathcal{F}A$ 的定理。因此, 构造出 $\mathcal{F}A$ 之后就需要回答两个问题: ① 除了自然数模型 N 之外, $\mathcal{F}A$ 是否还有其他规范模型? ② $\mathcal{F}A$ 的证明能力是否足够强? 也就是问, 自然数的所有性质是否都能在此形式系统证明为定理? 我们将看到, 这两个问题其实是紧密相关的。

首先, 我们很容易证明皮亚诺的五条公理决定了自然数集合是其唯一的模型: 假设 N 和 M 都是皮亚诺公理的 "模型", 则有 $0 \in N$ 且 $0 \in M$。假设 $A = N \cap M$, 则 $0 \in A$。如果 $n \in A$, 则 $n \in N$ 且 $n \in M$。根据皮亚诺第五公理 (PA5) 就有 $n' \in N$ 且 $n' \in M$, 故有 $n' \in A$。再根据皮亚诺第五公理 (PA5) 可知 A 包含了所有的自然数, 即 $A = N$。因此, $N \subseteq M$。可以同样地证明 $M \subseteq N$, 所以 $N = M$。

可以看到, 在上述证明中, 皮亚诺第五公理 (PA5) 非常关键。我们在前面的讨论中已经指出了这条公理与 $\mathcal{F}A$ 中 (N7) 的区别。因此, 上面数学证明不能转化为形式系统 $\mathcal{F}A$ 中的证明。实际上, 我们得不出关于问题 ① 的否定性结论, 无法得到 $\mathcal{F}A$ 不存在其他规范模型的结论。

现在讨论问题 ②, $\mathcal{F}A$ 是否完备? 这也就是问, 给定 $\mathcal{L}_N$ 的任一闭公式 $\mathcal{P}$, 它和 $\neg\mathcal{P}$ 中是否必定有一个是 $\mathcal{F}A$ 定理? 这个问题其实与问题 ① 的回答有关。首先, 如果 $\mathcal{F}A$ 不完备, 则存在闭公式 $\mathcal{P}$ 使得 $\mathcal{P}$ 和 $\neg\mathcal{P}$ 都不是 $\mathcal{F}A$ 的定理。因为闭公式在 $\mathcal{F}A$ 的任何解释下或者为真或者为假, $\mathcal{P}$ 在模型 N 的解释下必定是真的或假的。如果 $\mathcal{P}$ 在模型 N 的解释下是假, 则 $\neg\mathcal{P}$ 在 N 的解释就为真。N 把 $\mathcal{P}$ 和 $\neg\mathcal{P}$ 都解释为关于自然数的断言, 如果它们均不是 $\mathcal{F}A$ 的定理, 根据第 6 章中关于相容扩展的命题, 可知 $\mathcal{F}A$ 存在两个不同的相容扩展, 一个通过给 $\mathcal{F}A$ 增添 $\mathcal{P}$ 为新公理而得到, 另一个通过给 $\mathcal{F}A$ 增添 $\neg\mathcal{P}$ 为新公理而得到, 这两个扩展都有规范模型 (参见命题7.2)。这说明 $\mathcal{F}A$ 必定有两个存在本质区别的模型, 在一个中 $\mathcal{P}$ 为真, 在另一个中 $\neg\mathcal{P}$ 为真。这样, 如果 $\mathcal{F}A$ 不完备, 它就一定有与自然数不同的规范模型。

构建形式化算术系统 $\mathcal{FA}$ 初衷是希望它是完备的而且有唯一的规范模型，即自然数。然而，哥德尔在 1931 年证明了 $\mathcal{FA}$ 的不完备性，而且证明了任何包含算术系统的数学系统都不可能是完备的。这个结果被普遍认为是宣布了关于建立数学的完备而且相容的公理集的希尔伯特计划是不可能实现的。**哥德尔不完备性定理**有广泛和深远的意义，建议读者在本节讨论的基础上进一步研修实践，但本书将不包括哥德尔不完备性定理的证明之技术细节。

习题 7.13 考虑如下定义的算术形式系统 $\mathcal{FA'}$：

- 语言符号包括 $f_1^1, f_1^2, f_2^2, P_1^1, a_0, a_1, a_2, \cdots$ 及一阶语言的标点符号、连词符号和量词符号；

- 公理包括形式系统 $\mathcal{FA}$ 的公理以及对每一个自然数 $i > 0$，有一条公理 $f_1^1(a_i) = a_{i+1}$。

易见，如果对每个自然数 $k > 0$，把 a_k 解释为自然数 $k - 1$（a_0 的解释无关紧要），则自然数算术 N 是 $\mathcal{FA'}$ 的一个规范模型。设 $\mathcal{FA''}$ 是 $\mathcal{FA'}$ 的扩展，对每个 $i > 0$ 添加一条新公理 $\neg(a_0 = a_i)$。请从模型的角度证明 $\mathcal{FA''}$ 相容，从而 $\mathcal{FA''}$ 有规范模型。请讨论这个模型和自然数模型 N 的不同。

7.5 公理集合论

众所周知，现代数学的基础建立在集合论之上，从第 2 章的讨论中也能看到，离散数学中处处皆集合，以及集合论对计算机科学的重要性。在第 2 章的学习中可以看到，在定义集合代数和关系代数等内容时，需要对集合做各种假设，以避免悖论或者其他矛盾。建立**集合论的形式化系统** (formal system of set theory)，也称**公理集合论** (axiomatic set theory)，目的就在于明确表达和研究有关集合的假设，并研究数学的各分支应该如何建立在这些假设的基础上。历史上曾出现过几个重要的集合论的形式化系统，本节介绍其中最常见且较为易懂的一个，通过表述这个形式集合论，说明它对集合论的发展的意义。

7.5.1 $\mathcal{ZF}$ 公理系统

这里介绍的形式集合论称为 $\mathcal{ZF}$ **公理系统** ($\mathcal{ZF}$ axiomatic system)，名称来自于系统的创建者恩斯特·策梅洛 (Ernst Friedrich Ferdinand Zermelo，1871~1853) 和亚伯拉罕·弗兰克尔 (Abraham Fraenkel，1891~1961)，前者在 1905 年提出了关于集合论的公理，后者在 1920 年完善了这个理论，形成了下面介绍的 $\mathcal{ZF}$ 公理系统。

我们用 $\mathcal{L_S}$ 表示形式集合论 $\mathcal{ZF}$ 的一阶语言，其字母表包括变量符号 $x_1, x_2, \cdots$；标点符号 、和 ,；连词符号 $\neg$ 和 $\rightarrow$；量词符号 $\forall$；谓词符号 $=$ 和 P_2^2，但没有常元符号和函数符号。谓词符号 P_2^2 被解释为集合间的属于关系 $\in$，即 $\overline{P_2^2}(x, y)$ 表示 $x \in y$。因此，如同在 $\mathcal{L_N}$ 中直接使用加法和乘法符号代替函数符号，在不引起混淆时，我们也用 $\in$ 代替 P_2^2。对任意两个项 t_1 和 t_2，$t_1 \in t_2$ 代表 $P_2^2(t_1, t_2)$。由于没有常元和函数符号，$\mathcal{L_S}$ 的原子公式只有 $x_i = x_j$ 和 $x_i \in x_j$ 两种形式。这样的限制显得很苛刻，但下面给出的公理能正确刻画一般朴素集合论，说明用这个简单语言足以定义集合论所需的概念和符号，包括空集、集合的并、幂集等。连词 $\vee$ 和 $\wedge$ 及存在量词 $\exists$ 可以由 $\mathscr{L}_{\mathbb{S}}$ 中的符号定义，下面讨论中也会直接使用。

形式系统 $\mathscr{ZF}$ 定义为 $\mathsf{K}_{\mathscr{L}}$ 的扩展，包括等式公理中的 (E7′) 和 (E9′)，因为没有常元与函数符号，所以无需 (E8′)，以及如下关于集合的公理 (ZF1) $\sim$ (ZF8)。

(ZF1) $\quad (x_1 = x_2 \leftrightarrow (\forall x_3)(x_3 \in x_1 \leftrightarrow x_3 \in x_2))$

(ZF1) 称为**外延公理** (Axiom of Extensionality)，意为两个集合相等当且仅当它们有相同的元素。其实，从左到右的蕴涵可以由 (E9') 得到，这里写双向蕴涵是为了更清晰地表示其意义。

(ZF2) $\quad (\exists x_1)(\forall x_2)\neg(x_2 \in x_1)$

(ZF2) 称为**空集公理** (Null Set Axiom)，它保证 $\mathscr{ZF}$ 系统的任何模型中空集（不包含任何元素的集合）的存在性。从 (ZF2) 不能证明空集的唯一性。我们可以在 $\mathsf{K}_{\mathscr{L}_{\mathbb{S}}}$ 中引进一个解释为空集的常元符号 $\varnothing$，这样就可以把 (ZF2) 改写为 $\forall(x_1)\neg(x_1 \in \varnothing)$。我们亦可引入表示子集关系的谓词符号 $t_1 \subseteq t_2$ 代表 $(\forall x_1)(x_1 \in t_1 \rightarrow x_1 \in t_2)$，其中 t_1 和 t_2 是任意的项（包括常元 $\varnothing$）。

(ZF3) $\quad (\forall x_1)(\forall x_2)(\exists x_3)(\forall x_4)(x_4 \in x_3 \leftrightarrow (x_4 = x_1 \vee x_4 = x_2))$

(ZF3) 称为**对集公理** (Axiom of Pairing)，意指如果 x 和 y 是模型中的两个元素（集合），则元素为 x 和 y 的集合也是模型中的元素。该公理断言了存在性，显式说明其断言的对象存在。我们在 $\mathscr{L}_{\mathbb{S}}$ 中引进符号 $\{$ 和 $\}$，使得 $\{x_1, x_2\}$ 可以作为项。(ZF3) 保证在任何模型中对 x_1 和 x_2 做任何赋值，$\{x_1, x_2\}$ 指称的集合都存在，而且 $x_4 \in \{x_1, x_2\} \leftrightarrow (x_4 = x_1 \vee x_4 = x_2)$ 成立。

(ZF4) $\quad (\forall x_1)(\exists x_2)(\forall x_3)(x_3 \in x_2 \leftrightarrow (\exists x_4)(x_4 \in x_1 \wedge x_3 \in x_4))$

(ZF4) 称为**并集公理** (Axiom of Unions)，它断言：对每个集合 x，都存在一个集合 y 使得其元素正好是 x 中所有元素的元素，也就是说 $\mathscr{ZF}$ 任何模型对集合的并运算封闭。我们应该注意，对 $\mathsf{K}_{\mathscr{L}_{\mathbb{S}}}$ 的每一个模型，其论域中的个体都是集合，这些集合的元素也是集合。因此，我们为 $\mathscr{L}_{\mathbb{S}}$ 引进一个原函数符号 $\bigcup$ 使得给定任何一个变量符号 x_1，$\bigcup x_1$ 表示一个项，(ZF4) 保证这个项在 $\mathscr{ZF}$ 系统的任何模型的任何解释中的指称的存在性。由于这一存在性，我们可以用一个二元运算符号 $\cup$ 表示两个集合的并，即对任意的项 t_1 和 t_2 都有

$$(t_1 \cup t_2) \text{ 代表 } \bigcup\{t_1, t_2\}$$

(ZF5) $\quad (\forall x_1)(\exists x_2)(\forall x_3)(x_3 \in x_2 \leftrightarrow x_3 \subseteq x_1)$

这是**幂集公理** (Power Set Axiom)，它说在 $\mathscr{ZF}$ 的模型中，对任何集合 x，其幂集存在于模型中。一个集合是 x 的幂集的元素当且仅当它是 x 的子集。第 2 章讨论朴素集合论时，我们用 $\mathbb{P}(x)$ 表示 x 的幂集。这里也可以引进一元运算符号 $\mathbb{P}$，(ZF5) 保证 $\mathbb{P}(t)$ 在模型中的指称的存在性。

(ZF6) $(\forall x_1)(\exists x_2)(\mathcal{P}(x_1, x_2) \rightarrow (\forall x_3)(\exists x_4)(\forall x_5)(x_5 \in x_4 \leftrightarrow (\exists x_6)(x_6 \in x_3 \wedge \mathcal{P}(x_6, x_5))))$

这里 $\mathcal{P}(x_1, x_2)$ 是任一包含 x_1 和 x_2 为自由变元的 $\mathscr{L}_\mathbb{S}$ 合式公式。不失一般性，我们可以假设量词 $(\forall x_5)$ 和 $(\forall x_6)$（包括对偶的 $\exists$ 形式）也不在 $\mathcal{P}(x_1, x_2)$ 出现（如出现可以通过换名消除）。

　　公理 (ZF6) 不太容易理解。简单解释是，如果谓词 $\mathcal{P}$ 定义了一个函数（或关系），使得对任何 x 总存在由 $\mathcal{P}$ 确定 y 作为其像，那么对任何集合 s 一定存在像集合 w。严格些讲，设 I 为 $\mathscr{L}_\mathbb{S}$ 的一个解释，D_I 为其论域，D_I 中元素都是集合。(ZF6) 要求如果在解释 I 下 $\mathcal{P}$ 确定了一个函数 $\overline{\mathcal{P}}: D_I \mapsto D_I$ 或一个关系 $\overline{\mathcal{P}}: D_I \times D_I$，使得对 D_I 中每个元素都有像，则对 D_I 中的任何元素（一个集合）s，一定存在 D_I 中集合 w 使得 $w = \{u \mid$ 存在 $x \in s$ 使得 $\overline{\mathcal{P}}(x, u)\}$。

(ZF7) $(\exists x_1)(\varnothing \in x_1 \wedge (\forall x_2)(x_2 \in x_1 \rightarrow (x_2 \cup \{x_2\}) \in x_1))$

其中的 $\{x_2\}$ 为 $\{x_2, x_2\}$ 的简写。(ZF7) 称为**无穷集公理** (Axiom of Infinity)，它要求 ZF 的任何模型中都必须包含无穷集合。没有这条公理，就无法保证这个形式系统能处理无穷集合。

(ZF8) $(\forall x_1)(\neg(x_1 = \varnothing) \rightarrow (\exists x_2)(x_2 \in x_1 \wedge \neg(\exists x_3)(x_3 \in x_2 \wedge x_3 \in x_1)))$

(ZF8) 称为**基础公理** (Axiom of Foundation)，它要求任何非空集合 x 中一定有一个元素 y 与 x 本身不相交。这是一条技术型公理，专门提出这条公理是为了避免一些反直觉的悖论。(ZF8) 能排除类似一个集合是自身的元素（即 $x \in x$）的现象。

7.5.2 ZF 公理系统的模型

　　作为集合论的形式系统，ZF 的公理保证了一阶语言 $\mathscr{L}_\mathbb{S}$ 中的符号和公式在规范模型里都具有与集合相关的合理意义。虽然 ZF 形式系统的相容性还没有证明，但很长时间以来上述 8 条公理就一直被用来验证有关集合的命题的真假，也一直被视为数学公理化的基础。

　　假设 ZF 是相容的，它就有规范模型（命题7.2）。而且，在 ZF 的规范模型中，都会存在一类具有数系统的性质的集合。譬如，形式化算术 $\mathcal{FA}$ 的规范模型可以定义为 ZF 的一个模型的子集。有关定义如下：

- 在 ZF 的一个模型中，$\varnothing$ 有解释 $\overline{\varnothing}$，将其视为 $\mathcal{FA}$ 中 0 的解释 $\overline{0}$。

- 根据对集公理 (ZF3)，由 $\overline{\varnothing}$ 保证可以构造出 $\{\overline{\varnothing}\}$，等于 $\{\overline{\varnothing}, \overline{\varnothing}\}$，而不等于 $\overline{\varnothing}$，将其看作 $\overline{\varnothing}$ 对应的 $\overline{0}$ 的后继。

- 根据并集公理 (ZF4)，由 $\overline{\varnothing}$ 和 $\{\overline{\varnothing}\}$ 可以构造对集 $\{\overline{\varnothing}, \{\overline{\varnothing}\}\}$，这是模型中的另一元素。

- 上面两条显然构成一个归纳过程，通过该过程能生成一个集合序列。一般的生成规则为：如果已经构造出该序列中的任何集合 x，该集合的后继就是 $x \cup \{x\}$。

- 不难证明序列中第 $k+1$ 个集合包含 k 个元素，把这个集合看作自然数 k。

上一节关于形式化算术的讨论中提到，自然数的加法和乘法都能用后继函数定义，而且可以证明，算术公理 (N1)~(N7) 都可以通过这些定义和 $\mathcal{ZF}$ 的公理推导出来。而且，(ZF7) 可以保证，如上构造出的集合序列中的每个成员是形如 $\{\varnothing,\{\varnothing,\{\varnothing\}\},\{\varnothing,\{\varnothing,\{\varnothing\}\}\},\cdots\}$ 的集合，它们都是我们假设的 $\mathcal{ZF}$ 规范模型的元素。因此，该规范模型里包含了一个 $\mathcal{FA}$ 的规范模型。

具有数学背景的读者可能知道从自然数开始构造整数、有理数、实数和复数的代数过程，这些构造过程都是在 $\mathcal{ZF}$ 系统里进行的。要证明这些构造的合理性，只需证明 $\mathcal{ZF}$ 的每个规范模型都包含了一个和复数集合一样的元素，而复数集合有包含实数为子集，实数包含有理数为子集，有理数包含整数为子集。因此我们说 $\mathcal{ZF}$ 形式化集合论是整个数学的基础。

对于 $\mathcal{ZF}$ 形式化集合论的研究与历史上两个很重要的数学假设（或称数学原理）有着密切而且有趣的关系，这两个数学原理分别是著名的**选择公理** (Axiom of Choice) 和**连续统假设** (Continuum Hypothesis)（见第 2.8 节）。有些数学家把这两个假设视为集合论的附加公理，但也有人怀疑其正确性，甚至认为它们其实是不真的。

选择公理 (AC) 表述如下：

对任一非空集合 x，存在一个集合 y，y 与 x 的每个元素恰好有一个公共元素。

选择公理有如下两个等价原理。

佐恩引理： 如果一个偏序集的每个链都有上确界，则该偏序集存在一个极大元[①]。

良序原理： 每一个集合都可良序化。

关于偏序集、链和良序的概念，请读者参见第 2 章相关内容。

连续统假设 (CH) 可以陈述如下：

每个无穷的实数集合或者是可数的，或者与全部实数集有相等的基数。

有关可数集合以及基数的基本概念，也请读者参见第 2 章的相关内容。

19 世纪末到 20 世纪初，数学界关于 (AC) 和 (CH) 的讨论主要关注两个问题，首先是它们是否为真，再就是如何证明或反证它们。策梅洛和弗兰克尔等人进一步将问题明确为：可否证明 (AC) 或 (CH) 是 $\mathcal{ZF}$ 的定理？如果不能，把其中一个或两个加入 $\mathcal{ZF}$，得到扩展是否相容？

哥德尔在 1938 年回答上面的第二个问题，他证明了 (AC) 和 (CH) 与 $\mathcal{ZF}$ 相容。换句话讲，可以把 (AC) 和/或 (CH) 加入 $\mathcal{ZF}$ 而不会"打破"相容性。其证明思想很简单。假设 $\mathcal{ZF}$ 是相容，他构造了一个模型使得 (AC) 和 (CH) 为真。根据命题 6.16 和命题 6.17，在 $\mathcal{ZF}$ 中添加 (AC) 和/或 (CH) 得到的系统都是相容的。

寇恩 (Paul Cohen, 1934~2007) 在 1963 年给出第一个问题的答案，他证明 (AC) 和 (CH) 与 $\mathcal{ZF}$ 是相互独立的，也就是说，它们不是 $\mathcal{ZF}$ 的定理。虽然技术细节烦琐困难，但证明想法很简单。寇恩构造了一个 $\mathcal{ZF}$ 的模型使得 (AC) 和 (CH) 的否定在其中成真。如

[①] **佐恩引理** (Zorn Lemma) 也称**库拉托夫斯基-佐恩引理** (Kuratowski-Zorn Lemma)，该引理首先由库拉托夫斯基 (Kazimierz Kuratowski, 1896~1980) 在 1922 年提出，然后由佐恩 (Max August Zorn, 1906~1993) 于 1935 年独立提出。

果 (AC) 和 (CH) 是 $\mathcal{ZF}$ 的定理，则它们就应该在 $\mathcal{ZF}$ 的所有模型都为真，而一个合式公式和其否定在一个模型中不可能同时为真。因此，(AC) 和 (CH) 不可能是 $\mathcal{ZF}$ 的定理。

因此，最后的结论是，(AC) 和 $\neg(AC)$ 都不是 $\mathcal{ZF}$ 的定理。这样，在 $\mathcal{ZF}$ 中添加二者中任何一个都会得到一个相容扩展，而且这两个扩展是不同的。显然，对 (CH) 和 $\neg(CH)$ 有同样的结论。值得指出的是，哥德尔和寇恩的工作同时证明了 (AC) 和 (CH) 也是相互独立的，两者中任何一个都不可能是 $\mathcal{ZF}$ 添加了另一个得到的扩展系统的定理。

习题 7.14   如果一阶语言包括符号 a_1（代表 $\varnothing$），f_1^2（代表 $\{,\}$）以及 P_3^2（代表 $\subseteq$），集合论的形式系统的公理应该如何修改？

习题 7.15   假设在一个 $\mathcal{ZF}$ 的模型中将自然数集合定义为：$0 = \varnothing$，$n + 1 = n \cup \{n\}$。请定义一个 $\mathcal{ZF}$ 的解释，其论域就是这个自然数集合，将 $\in$ 和 $=$ 分别解释为通常元素和集合的属于关系和集合的相等关系。请证明在这个解释下 (ZF1)、(ZF2)、(ZF4) 和 (ZF8) 成立；但 (ZF3)、(ZF5) 和 (ZF7) 不成立。说明 (ZF6) 成立与否？

7.6 相容性和模型之间的关系

关于形式系统，我们似乎已经建立起清晰的不容置疑的相容性概念，而且有已经证明的命题断言 "一个形式系统是相容的当且仅当它有模型"。据此，我们可以说在本章建立的数学系统都是相容的，原因是给出的公理都似乎表示了我们意指的模型的性质。然而，思维缜密和敏锐的读者可能已经感觉到我们在模型及相容性的讨论中存在循环论证的危险。譬如，在第 5 章中，定义 5.8 将一个形式语言的解释定义为一个集合以及该集合上的一些运算和操作。那么，我们如何定义集合论的形式系统 $\mathcal{ZF}$ 的解释或模型，而且还能保证不出现循环定义呢？

解决这一问题的思想我们在前面讲过：形式系统的性质需要在元理论中进行证明。按照这样的思想，因为 $\mathcal{ZF}$ "包含" 了形式算术系统 $\mathcal{FA}$，我们可以将 $\mathcal{ZF}$ 作为证明 $\mathcal{FA}$ 的性质的元理论。同样的，整数、有理数、实数和复数的形式系统也可以如此处理。即便如此，当研究对象是 $\mathcal{ZF}$ 的模型时，我们似乎就没有出路了。定义 $\mathcal{ZF}$ 就是为了刻画集合论，从而刻画整个数学。因此，并不存在不包含在 $\mathcal{ZF}$ 中的形式化数学理论作为 $\mathcal{ZF}$ 的元理论。看来唯一的出路是用一个建立在 "真实" 集合 ("real" set) 基础上的直觉的元理论。这里说真实集合就是想区别于符号化的抽象集合，亦即第 2 章讨论的集合。进一步说，$\mathcal{ZF}$ 的模型中的元素应该是解释 $\mathcal{ZF}$ 的符号的集合。但是必须注意，虽然 $\mathcal{ZF}$ 的模型的论域本身是一个 "真实" 集合，但它在本质上与相应论域中的元素不同，不能是 $\mathcal{ZF}$ 的任何符号的解释（或说指称）。

我们不得不承认，上面关于 $\mathcal{ZF}$ 的模型的存在性问题，说明其相容性，从直觉上和语义学方面理解都有困难，显得牵强附会而不完全可信。目前人们觉得相对可靠一些的办法，就是证明一个系统相对另一个系统的**相对相容性** (relative consistency)。也即证明，对于两个一阶系统 S 和 S*，证明假如 S* 有模型，则可以构造出一个 S 的模型。在这种情况下，就称 S 相对于 S* 是相容的，换言之，就是如果 S* 相容，则可以证明 S 相容。在许多关于具体领域的一阶逻辑的研究中，常见情况是 S* 为 S 的扩展。对此，我们不难证明如下的命题。

命题 7.3 设 S* 为 S 的扩展。如果 S* 是相容的，则 S 是相容的。

证明：假设 S* 是相容的，而 S 不是。则存在合式公式 $\mathcal{P}$ 使得 $\vdash_{\overline{S}} \mathcal{P}$ 和 $\vdash_{\overline{S}} \neg\mathcal{P}$。由于 S* 是 S 的扩展，因此必定有 $\vdash_{\overline{S^*}} \mathcal{P}$ 和 $\vdash_{\overline{S^*}} \neg\mathcal{P}$，这与 S* 是相容的矛盾。 □

当然，这是最简单的情况。如果 S* 不是 S 的扩展，S* 相对于 S 的相容性证明可能就会很困难，很可能需要构建具体的模型。例如，前面讨论 $\mathcal{FA}$ 和 $\mathcal{ZF}$ 的关系时，从 $\mathcal{ZF}$ 的一个规范模型构造了 $\mathcal{FA}$ 的一个规范模型。因此，如果 $\mathcal{ZF}$ 是相容，我们就能得到 $\mathcal{FA}$ 也是相容的。与相对相容性相关的问题是一个系统相对另一个系统的**相对完备性** (relative completeness)：一个系统 S 相对一个系统 S* 是完备的，如果假设 S* 完备的，就能证明 S 是完备的。抽象代数中**范畴论**是有关不同形式系统之间相对相容性和相对完备性研究的重要数学理论和工具。

至今为止，虽然大多数逻辑学家都相信 $\mathcal{ZF}$ 是相容的。但所有试图证明其相容性的努力都陷入了上述缺乏形式化元理论的困境。反过来，如果要证明 $\mathcal{ZF}$ 矛盾，则需要找到一个 $\mathscr{L}_8$ 合式公式，使得 $\vdash_{\overline{\mathcal{ZF}}} \mathcal{P}$ 和 $\vdash_{\overline{\mathcal{ZF}}} \neg\mathcal{P}$。但是，经过近一个世纪的努力，数学家仍然没有找到这样的合式公式。不仅如此，更令人感到困惑的是著名的**斯科伦悖论** (Skolem Paradox)：$\mathcal{ZF}$ 有一个可数模型，但是不可数集合存在，$\mathcal{ZF}$ 的模型（论域集合）应该是不可数的。导致这个悖论的原因是：$\mathcal{ZF}$ 是一个一阶系统，假如 $\mathcal{ZF}$ 是相容，则根据上一章中命题 6.20，即勒文海姆-斯科伦定理，$\mathcal{ZF}$ 有可数的模型，记为 M。而另一方面，无穷公理 (ZF7) 说 $\mathcal{ZF}$ 的模型中有无穷集，我们任取一个无穷集，不妨记其为 x。进一步，幂集公理 (ZF5) 又说模型中含有 x 的幂集 $\mathbb{P}(x)$。但因 x 是无穷集合，根据集合论，$\mathbb{P}(x)$ 是一个不可数集合。如果 $\mathbb{P}(x)$ 中所有的集合都属于模型的可数论域 D_M，就形成悖论。为了避免这个悖论，人们给出了如下的论证。

$\mathcal{ZF}$ 的一个可数模型 M 的论域 D_M 是一个"真实"集合，它由"真实"集合组成，对 D_I 中任意的"真实"集合 x，幂集公理 (ZF5) 其实是断言在 D_I 中 x 的"真实"子集构成的集合 y 是 D_I 的元素（集合）。因为作为"真实"集合的 D_I 可数，所以 y 是可数的"真实"集合，但是，y 作为模型中的一个元素，它本身不可数。这样的讨论依然很费解，而且反直觉。更加清晰的解释和论证有赖于对数理逻辑更深刻的学习和研究，包括哥德尔和寇恩有关选择公理和连续统假设与 $\mathcal{ZF}$ 相容关系的证明，以及递归论和基数理论。这些均超出了本书的内容。

第 8 章　程序设计理论导引

第 7 章讨论的公理化数学系统旨在建立数学与数理逻辑的关系，研究数学理论的基础假设的相容性和完备性，保证数学理论中不出现矛盾和谬误，有关研究也对数理逻辑提出一些基础性挑战问题，譬如公理的相容性、系统的完备性，以及模型的性质等。这一章将介绍一阶语言在计算机程序语言设计，包括程序语言的**形式语法**定义和**形式语义**定义，以及程序正确性等方面的应用。这方面的理论和方法构成了**程序设计理论**。在此基础上进一步发展，如第 1.4 节中所言，形成了计算机系统和软件设计开发的**形式化方法**，包括系统和软件的**形式化需求规约**、**分析**和**确认**，计算机系统和软件的**形式化验证**，计算机系统和软件规约的**精化演算**，和**系统与程序综合**等。这些研究主要是为了支持能保证计算机系统和软件系统的**正确性**、**可靠性**和**可信性**的设计与开发方法，提高设计和开发的效率以及自动化程度，也是构建基于网络通信的计算、信息处理、服务系统，以及实现对物理世界控制的融合系统——**信息物理融合系统** (CPS) 的系统工程理论和方法的基础。

本章将说明数理逻辑如何为程序设计提供统一的理论基础、思想方法和处理结构，讨论如何把一阶逻辑语言的定义和模型构建及分析的思想、方法和技术应用于程序语言的语法和形式语义定义。讨论中将给出一个小程序语言 Mini 的语法的形式定义，并给出其**操作语义**、**结构归纳语义**、**指称语义**和**公理语义**。最后将简述如何用类似形式化群论、布尔代数和一般代数系统的构建方法刻画程序语言中的**数据结构**和**类型**，从而为程序设计语言和程序设计方法提供**抽象数据类型**的理论。有关介绍的重点在各种语义的基本概念和方法是如何从数理逻辑基础上发展起来的。

本章的讨论特别强调思想和概念，以及不同形式理论和模型之间的关系，而非高深的和烦琐的技术处理。如果读者有兴趣深入了解相关问题的理论细节，有关技术和工具的使用和实践，不难找到大量关于程序设计理论的文献、教科书和论著，每年也有许多国际会议。

8.1　计算、计算机和计算机程序

本节首先扼要介绍计算和可计算的概念，以及计算技术与工具的历史，由此引出可计算性和数字计算机的概念，有关讨论主要强调知识性和概念发展的连续性。

8.1.1　可计算性和计算机

计算是人类特有的能力，也是人类生活和生产中的一项基本活动。人们从远古时代就开始做计算，如牧民用石头或土块数羊群中的羊的个数，生意人用在绳子上打结的方式计算，都可以看作早期的计算 “技术” 和 “工具”。我们从小就开始学习计算，小学学习算术的加、减、乘、除，初中以后逐步学习解方程、几何证明、对数计算、微积分、逻辑推理演算等。在这些 “计算” 中，人需要按口诀或表格中的规则一步一步操作。毫不夸张地讲，计算也是人类文明进步的主要推动力，人类社会也是伴随着计算技术和工具的研究和发展而发展的。中国古代的《孙子算经》就记载了以算筹为工具的计算，以算盘为工具的珠算在汉代就出现了，直至今天还在使用。使用这些计算工具做计算都需要一步步地做，每一步按照明确的规则（口诀）进行。计算的结果不会因人、因地或因时而变，计算过程可以重复，可称为"机械计算"。

计算工具的研发反映了人类在计算自动化方面的努力。法国哲学家和数学家帕斯卡 (Blaise Pascal, 1623~1662) 在青少年时期就开始研究计算的机器，他在 1642 年发明了用于财会计算的机械计算器。著名的程序设计语言 Pascal 的名字就源自帕斯卡。比帕斯卡年轻 23 岁的德国哲学家、数学家和逻辑学家莱布尼茨 (Gottfried Wilhelm Leibniz, 1646~1716) 研究如何在帕斯卡计算器上做乘除，在 1670~1685 年发明了后人所称的莱布尼茨轮，也称"阶梯式滚筒"，并提出了针轮计算器①。莱布尼茨轮被用于 1851~1915 制造的四则计算机，这是最早批量生产的机械计算器。英国的巴贝奇 (Charles Babbage, 1791~1871) 在 19 世纪上叶设计了多项式求解的机械差分机，美国发明家格兰特 (George Barnard Grant, 1849~1917)19 世纪下叶在此基础上设计制造了机械计算机。

什么是（机械）计算和什么是可（机械地）计算？这一科学问题在 20 世纪二三十年代才得到系统的研究和决定性的答案。在 1920~1930 年，斯科伦和哥德尔等人建立**递归函数论**，并简单地把**递归函数**定义为**可计算函数**。另一计算模型是丘奇 1930 年代建立的**λ-演算**，丘奇把用λ-表达式表示的函数称为可计算函数。同样为回答什么是可计算，图灵 1936 年提出了著名的**图灵机**，用**有穷状态自动机**定义计算任务，作为计算机器②的模型。图灵机有一条能记录一串字符的"纸带"，每次操作可以读或写一个字符，或移动读写头位置，其行为由有穷状态机（可以看作有穷条规则或指令）根据当时的**状态**确定。状态机的状态可以看作人计算时"头脑的状态"，因此，图灵其实是想机械地模仿人的计算。图灵对其机器的组成部件的严格描述如下：

- 一条分为格子的两端无限延伸的"纸带"。每个格子里可以写一个符号，符号取自给定的有穷字母表。假设有一个特殊符号表示空格，记为0，纸带上未写过的格子都填了0。

- 一个"读写头"能读出或改写带上格子里的符号，并能向左或向右移动，每次移动一格。

- 一个"状态寄存器"记录计算过程可能出现的有穷个状态，其中有一个特定的*初始状态*。这些状态代表人在做计算时的"头脑的状态"。

- 一个有穷的"指令表"，每条指令说明在一个特定状态 q_i 且读写头指向的格子里为符号 a_j 时机器按顺序执行如下几种可能的动作：

(1) 清除当前格子里符号（将 a_j 改为空格）或写入一个新符号（用某个 a_k 覆盖 a_j）；

---

① 对数学专业和计算机专业的读者而言，莱布尼茨最著名的贡献是他与牛顿独立地发明了微积分，函数微分积分也是根据规则计算的，所以称为演算。而较少为人所知是他提出的二进制数系统，这是所有现代数字计算机的基础。莱布尼茨的二进制数受到中国《易经》中"阴"和"阳"两个单位思想系统的影响，他在 1703 年读了《易经》后，在法国皇家科学院的院刊发表了一篇题为"二进制数阐述"的文章，文章副标题为"关于只用零与一，兼论它的用处及伏羲氏所用数字的意义"，伏羲氏也就是《易经》八卦的首创人。

② 这里用"机器"一词是为了与"计算机"相区别。

(2) 读写头或向左移或向右移一格（用 L 或 R 表示），或保持不动（用 N 表示）；

(3) 状态或者不变（保持在 q_i），或者迁移到某个新状态 q_l。

指令表就是一个规则表，所以图灵机的计算过程依然是一步步查表的操作过程。我们可以用与第 2.2.5 节中自动机（或状态机）类似的模型给出如下的严格数学定义：

定义 8.1 (图灵机)　一个图灵机是一个 6-元组 $M = (\Phi, \Gamma, b, \Sigma, \delta, \phi_0)$，其中

- Φ 是一个非空有穷集合，称为**状态集**，这里的 $\phi_0 \in \Phi$ 是一个特殊状态，称为**初始状态**；

- Γ 是符号的非空有穷集合，称为**带字母表**，其中有特殊符号 $b \in \Gamma$ 代表空格符号；

- $\Sigma \subseteq \Gamma - \{b\}$ 是输入符号集合，用于在开始时放入带上的格子里表示计算的输入；

- $\delta : \Phi \times \Gamma \rightarrowtail \Phi \times \Gamma \times \{L, N, R\}$ 是一个偏函数，称为**迁移函数** (transition function)，其中 L、R 和 N 分别表示读写头左移、右移或不动。如果 δ 对一个状态和一个符号无定义时机器停机。

从图灵机的这个定义可以证明，一个图灵机 M 确定了一个（偏）函数 $f_M : \Gamma^* \rightarrowtail \Gamma^*$，使得对一些符号串 s，$f_M(s) = r$。也就是说，M 从带上为输入符号串 s 开始，经过有穷次状态迁移后停机，当时带上的字符串为 r（不计带两端的连续无穷空格串）。可见，图灵机描述了这样的偏函数的计算过程，或称为**算法** (algorithm)。一个图灵机表示一个完成相应计算任务的程序。图灵说一个函数**可计算**，当且仅当存在一个图灵机计算它。

上面提出了可计算性的三个看似完全不同的定义，但是丘奇和图灵分别在 1936 年和 1937 年证明了这三个计算模型是一致的，或者说是等价的，即递归函数就是 λ-可表示的，也是图灵可计算的，反之亦然。这通常被称为**丘奇-图灵论题** (Church-Turing Thesis)。下面说到 "计算" 就是指这些计算模型定义的计算，尤其是图灵机定义的计算。一个有意义的问题是：能否定义出超越图灵机能力的计算模型？很多研究者在这个问题上花费很多时间，定义出各种各样的计算模型，但它们都不具有超越图灵机的计算能力。现在大多数研究者都相信，图灵机（同样，递归函数和 λ-表达式）就是能力最强的计算模型。有兴趣的读者不妨自己想想这个问题。

递归函数论、λ-演算和图灵机，以及与之相关的**自动机** (automaton) 与**形式语言** (formal language) 理论，都是数理逻辑和**计算理论** (theory of computation) 的重要组成部分。它们各自建立起完备的理论和技术系统，形成完整和内容丰富的知识体系。人们对它们相互之间的关系也有了清晰的认识。限于篇幅和时间，本书对此不再进一步讨论。

基于基本图灵机，图灵进一步提出了能模拟任何图灵机及其输入的**通用图灵机**。把被模拟的图灵机（状态迁移函数）的编码及其输入放在通用图灵机的带上，就能实现这种模拟。一般认为，冯·诺伊曼借鉴通用图灵机的思想在 1945 年提出的**电子数字计算机**的体系结构，称为**冯·诺伊曼架构**。这个设计架构包括一个中央处理单元 (CPU)，由一个算术逻辑单元和一组寄存器构成；一个控制单元，包括一个指令寄存器和一个程序计数器；存储数据和指令的存储器，也叫内部存储器或内存；外部存储器，也叫外存；输入和输出设备。

扼要地讲，电子数字计算机和前面机械计算机器或算盘一类计算工具的区别就在于其 "通用性" 和 "完全自动化"。前者指一台数字计算机可以实现任何的图灵可计算函数，后者是指给了计算机一个输入，启动计算机后它就会自动执行下去，无需人工的干预。

习题 8.1 关于形式语言和递归函数与图灵机的关系，请做如下习题：

(1) 给定字母表 $\Sigma = \{a, b, 0, 1, +, *, y, n, (,)\}$，根据如下语法规则定义合式的表达式集合 $\mathcal{E}$：

    ① 如果 $\alpha \in \Sigma$, 则 $\alpha \in \mathcal{E}$;

    ② 如果 $\alpha_1 \in \mathcal{E}$ 和 $\alpha_2 \in \mathcal{E}$, 则 $(\alpha_1 + \alpha_2) \in \mathcal{E}$ 和 $(\alpha_1 * \alpha_2) \in \mathcal{E}$;

    ③ $\mathcal{E}$ 任何表达式都是通过有穷次使用①和②构造得出。

定义一个图灵机，给定 Σ 上的一个有穷字符串 γ，如果 γ 是 $\mathcal{E}$ 中的合式表达式，该图灵机就会停机并在带上留下一个 y 作为计算结果，否则就停机并在带上留下 n。

(2) 我们将上一习题中的表达式定义规则用逻辑规约写出如下：

    (A) 如果 $\alpha \in \Sigma$, 则 $\alpha \in \mathcal{E}$;

    (P) 如果 $\alpha_1 \in \mathcal{E}$ 和 $\alpha_2 \in \mathcal{E}$, 则 $(\alpha_1 + \alpha_2) \in \mathcal{E}$;

    (T) 如果 $\alpha_1 \in \mathcal{E}$ 和 $\alpha_2 \in \mathcal{E}$, 则 $(\alpha_1 * \alpha_2) \in \mathcal{E}$。

给出 $(((a+b)*0)+((a*b)+1)) \in \mathcal{E}$ 的形式证明，并分析 $(a+b)*0+a*b+1 \in \mathcal{E}$ 不成立，即不存它的证明。

(3) 定义一个图灵机计算整数的阶乘 $n!$，其递归定为 $0! = 1$；当 $n \neq 0$ 时，$n! = (n-1)! \times n$。其中，$\times$ 是整数的乘法运算。

(4) 对上一习题中定义的图灵机，检验 $3! = 6$ 和 $4! = 24$；证明当 n 小于 0 时，譬如 $n = -1$ 时，图灵机不停机。

(5) 可以假设，任何一个程序 S 有一个对应的图灵机 $T(S)$。设 $T(S_1)$ 和 $T(S_2)$ 分别为程序 S_1 和 S_2 的图灵机，通过 $T(S_1)$ 和 $T(S_2)$ 定义组合程序 $S_1; S_2$、**if** b **then** S_1 **else** S_2 和 **while** b **do** S_1 的图灵机。

习题 8.2 有兴趣的读者可以查找并阅读一些关于 λ-演算和递归函数论的文献，它们都可以按照形式逻辑系统的定义方法，定义为形式逻辑系统，有合式公式和推理规则（包括公理）模式。图灵机也是一样，通过编码可以将一个图灵机表示为整数算术的一个谓词公式。这样，整个图灵机理论就可以作为一个形式逻辑系统研究。

    另一种直接和简单方法是将给定的图灵机定义为一个形式逻辑系统：其字母表包括状态集 Φ、带字母表 Γ 和表示带头位置的自然数；某个合式公式表示图灵机执行过程中可以到达的一个格局 $\langle q, \rho, n \rangle$，其中的 q 表示图灵机的当前状态，ρ 为当时的带字母串，读写头

指向 ρ 中第 n 个字母（n 的取值从 0 到 ρ 长度加 1，位置 0 表示带符号串首符号之前的那个空格符号，位置 $|\rho|+1$ 表示符号串结束之后的那个空格符号）；逻辑系统的公理和推理规则模式由图灵机的迁移函数确定。这样一个逻辑系统可以证明或演绎推导该图灵机的可达格局、停机格局等。请给出任意一个图灵机相应的形式逻辑系统的定义方法，并用图灵机的实例说明。

8.1.2　程序语法的非形式定义

　　计算机具有通用性，就是因为它可以编程，通过程序就能把通用机器定制为计算具体可计算函数的专用机器。编程语言就是描述程序的语言，用于描述在具体计算中需要执行的操作以及这些操作的执行顺序。一个程序表述一个图灵机，把计算某个可计算函数的程序提供给计算机，计算机就能像通用图灵机一样模拟程序表述的图灵机计算这个函数那样，一步一步地完成这个计算任务。读者应该了解计算机、程序和程序语言的基本情况，知道实际中存在许多不同的程序语言。程序语言同样有语法和语义定义的问题，与数理逻辑中的情况类似。本章将集中讨论实际中使用最广泛的过程性语言，如 C 或 Fortran 是这类语言的代表。下面将对程序语言基本情况，以及其语法和语义的问题做一个非形式的简单概述。

输入和输出　计算机有输入和输出，也就是把计算机之外的数据存入内存单元，或把内存单元里的数据传送到外部的操作，对应于图灵机开始计算前把符号写到纸带的格子里和结束后查看纸带上的符号。虽然实际中计算机的输入输出设备种类繁多，输入输出的形式丰富多彩，这些对计算机的实际使用非常重要，但并不是计算的核心问题。我们将主要关心程序中的变量被输入数据初始化，得到**初始值** (initial value) 之后，直到计算结束时变量的**最终值** (final value) 的过程。进一步说，对输入和输出的处理以及对输入输出设备的控制也是通过程序实现的，所以，我们将要讨论的程序设计理论也适用于这类程序的正确设计和分析。

程序语言的语法　如前所述，程序的每步操作都可能读写和修改数据，使用或修改程序变量的值。正如一个谓词逻辑公式中只有有限个变元，而一阶语言需要可数无穷个变元，虽然每个程序只涉及有限个变量，但定义程序语言则需要无穷多个变量符号。我们用 x、y、z 等（可以带角标）表示程序变量，用 X 表示所有变量的集合。除了变量，还有常量和函数符号（或运算符）。基于常量、变量、函数符号及技术符号（如括弧、逗号等）可以构造**表达式**（对应于一阶语言中的项），更高一层的**程序语句**或**命令**在程序语言中的地位相当于一阶语言的合式公式，其定义也需要类似逻辑连接词的符号，包括赋值符号 ":="、顺序组合 ";"、条件选择 "if··· then ··· else ···" 和循环语句 "while ··· do"。我们使用这些符号定义一个简单的程序语言如下：

- 变元符号，以及形式算术和二元布尔代数中使用的常元和运算符号，基于它们可以构造出整数表达式和布尔表达式。

- 程序语句根据如下规则递归定义：

- 对任意的变量 x 和表达式 E，$x := E$ 是程序语句，称为**赋值** (assignment) 语句，这是一种**原子语句** (atomic statement)；

- 如果 S_1 和 S_2 是程序语句，则 $S_1; S_2$ 是程序语句，称为**顺序语句** (sequential composition statement)；

- 如果 B 是布尔表达式，S_1 和 S_2 是程序语句，则 **if** B **then** S_1 **else** S_2 是程序语句，称为**条件语句** (conditional statement)；

- 如果 B 是布尔表达式，S 是程序语句，则 **while** B **do** S 是程序语句，称为**循环语句** (loop statement)，其中的 B 称为**循环体** (loop body)。

我们将上面语法规则定义的程序语言称为 **Mini**。在讨论程序例子时，我们会在表示完整程序的程序语句前，即程序体前，加上程序名 **program** $Name$，随后列出程序中使用的变量，称为**变量说明** (variable declaration)[①]，并用 **begin** S **end** 表示程序的程序体 (S)。虽然没有严格讨论数据类型的说明和使用，为了可读性，我们在变量说明中给出变量的类型。

例 8.1 下面程序对换两个变量 x 和 y 的初始值。

> **program** SWAP
> int $x = m$, $y = n$, z;
> **begin**
> $z := x$; $x := y$; $y := z$ // 由于赋值语句的结合律，省略括弧
> **end**

这个程序使用了三个整数类型变量 x、y 和 z，变量声明中的等号表示初始化，假定 m 和 n 是具体整数值。语句首先把 x 的值赋给 z，然后把 y 的值赋给 x，最后把 z 的值（x 的初始值）赋给 y。所以，做完后 x、y 和 z 的值分别为 n、m 和 m。

例 8.2 这是一个采用欧几里得辗转相减方法求 x 和 y 的整数值的最大公因数的程序：

> **program** GCD
> int $x = m$, $y = n$;
> **begin**
>   **while** $x \neq y$ **do**
>   **if** $x > y$ **then** $x := x - y$ **else** $y := y - x$
> **end**

其中循环语句在 x 和 y 的值不相等时反复执行其中条件语句，把值较大的变量改为它与另一变量之差，直至两个变量的值相等时计算停止。仔细分析可知，当两个变量的初值都是正整数时，该程序一定终止；如果有一个变量的初值为零或负数时，该程序将不终止。但我们如何能严格证明这两个断言？进一步，我们能严格证明如果终止，程序的结果一定是 x 和 y 的初值的最大公因数吗？回答这些问题是程序设计理论的重要目的之一。

---

① 不是所有的程序语言要求在程序体前说明变量。

8.1.3 程序的非形式语义

第8.1.1 节说图灵机计算的是递归函数,其状态机刻画了实现相应递归函数的算法。一个程序就是用程序语言表述通过计算机执行而实现的一个递归函数的算法,可以说,一个程序描述了一个(偏)函数,或说描述了其变量的初始值与终止值之间的一个关系。因此,我们可以把程序实现的函数作为程序的(指称)语义,或说程序的语义决定了它将从变量的初始值产生什么终止值,甚至是否能产生终止值。为了严格系统地讨论,我们引进一些有关程序执行的概念。

程序状态 假定 Mini 变量集合 X 的**取值空间** (value space) 为 V,其意义类似一阶语言解释的论域。X 的一个**状态** (state) 就是其变量在 V 上的一个**赋值** $\sigma: X \mapsto V$,对任意 $x \in X$,在 V 中有一个值 a 与之对应,记为 $\sigma(x) = a$。对 X 的非空子集 $Y \subseteq X$,Y 中变量在 V 的一个赋值 $\rho: Y \mapsto V$ 称为 Y 的一个状态。对 X 的状态 σ,σ 在 Y 上的限制是 Y 的一个状态。反之,Y 的任何状态都可以扩展为 X 的状态(可能很多)。一个程序 S 中的变量有穷,用 αS 记 S 中变量的集合,称为 S 的**字母表**,αS 的状态称为**程序 S 的状态**。程序 S 在计算机上的一次**执行**从 αS 的一个**初始状态**开始,如果执行终止,终止时的状态称为这次执行的**终止状态**。

表达式求值 定义 5.9 说一阶逻辑语言的项可以在一个解释下**求值**,给定变量的赋值就决定了所有项的求值。同样,给定 Mini 变量集 X 的一个状态 σ,就能算出任何表达式 e 在 σ 的值 $\sigma(e)$。我们假设 V 是整数集 $\mathbb{Z}$ 和布尔值 $\mathbb{T} = \{ff, tt\}$ 的并集。以例8.2 中变量 x 和 y 为例,如果在程序 GCD 执行中,循环语句一次迭代前的状态是 σ,假设 $\sigma(x) = 4$ 且 $\sigma(y) = 6$,则表达式 $x \neq y$ 和 $x > y$ 在状态 σ 的值分别为

$$\sigma(x \neq y) = \sigma(x) \neq \sigma(y) = 4 \neq 6 = tt \text{ 和 } \sigma(x > y) = \sigma(x) > \sigma(y) = 4 > 6 = ff$$

这里对运算符和关系符号采用了形式化算术标准模型下的解释。显然,表达式 e 的求值只与其中变量 var(e) 的状态有关,只要两个状态 σ_1 和 σ_2 限制到集合 var(e) 上时相等,就有 $\sigma_1(e) = \sigma_2(e)$。表达式求值的一个棘手问题是 σ 的值可能不存在,例如 $(x + y)/z$ 在 $\sigma(z) = 0$ 的状态下都无定义。这个问题留到关于形式语义的部分讨论。

程序语句的非形式语义 程序语句的语义可以在不同抽象层次上解释和定义,现在采用比较抽象的考虑,将其解释为程序状态变换。引进一个状态更新操作:令 σ 为 X 的一个状态,$x \in X$ 为变量,$a \in V$ 为一个值,状态更新 $\sigma[x \leftarrow a]$ 表示将状态 σ 中 x 的值更新为 a

$$\sigma[x \leftarrow a](y) \stackrel{\text{def}}{=} \begin{cases} a, & \text{如果 } y \text{ 是 } x \\ \sigma(y), & \text{如果 } y \text{ 是与 } x \text{ 不同的变量} \end{cases}$$

两个状态 σ_1 和 σ_2 相等,记为 $\sigma_1 = \sigma_2$,当且仅当对任意 $x \in X$ 都有 $\sigma_1(x) = \sigma_2(x)$。说 σ 和 σ' **关于 x 相等** (equal upto x),或 x-**等价** (x-equivalence),如果对任意变量 $y \neq x$ 都有 $\sigma(y) = \sigma'(y)$。显然,对任意状态 σ 和任意 $a \in V$,σ 和 $\sigma[x \leftarrow a]$ 关于 x 等价。为了方

便，我们有时用一个向量 $x = (x_1, \cdots, x_n)$ 表示一个程序的所有变量。显然，其取值空间为笛卡儿积 V^n。

程序状态应该看作计算机内存读写机制的抽象。在程序开始执行前，每个变量会分配一个**内存地址**。在程序执行中，如果当前状态是 σ，就表示现在读变量 x 的内存单元内容，返回值将为 $\sigma(x)$。而 $\sigma[x \leftarrow a]$ 表示将变量 x 的内存单元的内容更新为 a。$\sigma[x \leftarrow a]$ 只修改状态 σ 的 x 的值，其他变量的值保持不变。很明显，$\sigma[x \leftarrow a][x \leftarrow b] = \sigma[x \leftarrow b]$，这刻画同一内存单元**重写** (overwrite) 的意义。如果 x 和 y 是两个不同变量，对任意的 $a, b \in V$ 总有 $\sigma[x \leftarrow a][y \leftarrow b] = \sigma[y \leftarrow b][x \leftarrow a]$。这表明在我们讨论的程序中，任意两个变量都相互独立，修改一个变量的值不会影响其他变量，也就是说，变量的内存更新没有副作用，这一假设对于包含指针或引用变量的程序语言是不成立的。程序语言的语义模型必须保证内存操作的这些基本性质。用状态表示内存读写机制的抽象意义对程序设计是重要的，是高级程序语言的基础，使程序员能够基于变量表示的数据使用的意图编写程序。而不像是用机器语言编程时，需要考虑数据具体的内存分配以及对地址的运算。

在上面假设和说明的基础上，我们给出 Mini 语言的**非形式语义**如下：

- 赋值语句 $x := e$：设当前状态为 σ，执行 $x := e$ 将用表达式 e 在当前状态下的值 $\sigma(e)$ 更新为在状态 σ 中 x 的值。程序的状态变换为 $\sigma[x \leftarrow \sigma(e)]$。这一执行能成功终止当且仅当 $\sigma(e)$ 有定义。更小粒度的语义（小步语义）可以将赋值语句解释为取出 e 中变量在 σ 的值存入处理器的寄存器，处理单元的算术逻辑单元对 e 求值，最后将值写入 x 的内存单元的几步操作。

- 顺序组合语句 $S_1; S_2$：设当前状态为 σ，$S_1; S_2$ 的执行首先执行语句 S_1，如果其执行终止并达到状态 σ_1，则继续从 σ_1 开始执行 S_2。$S_1; S_2$ 从状态 σ 开始的执行能成功终止，当且仅当 S_1 从 σ 的执行终止于状态 σ_1 而且 S_2 从 σ_1 的执行也终止。

- 条件语句 (**if** B **then** S_1 **else** S_2)：设当前状态为 σ，这个条件语句的执行首先在状态 σ 下对布尔表达式 B 求值，如果 $\sigma(B) = tt$，则执行 S_1，如果 $\sigma(B) = ff$ 则执行 S_2。条件语句的执行成功终止，当且仅当对 B 的求值终止而且随后的语句执行也成功终止。

- 循环语句 (**while** B **do** S)：设当前状态为 σ，这个循环语句的执行首先求值 $\sigma(B)$，如果 $\sigma(B) = tt$ 就执行语句 S，如果执行 S 终止，则在新状态下再次执行 (**while** B **do** S)，如此重复直至对 B 求值得到 ff 时这个循环语句成功终止。如果某一次迭代中 S 不终止，或者每次迭代后对 B 求值都得到 tt，则 (**while** B **do** S) 在状态 σ 的执行不终止。

注意，顺序组合语句和条件语句中的 S_1 和 S_2 以及循环语句中的 S，都可能是复合语句。因此，Mini 中程序语句的语义是递归定义的。为了书写方便以及讨论程序语句在语义上的等价关系，我们将条件语句 (**if** B **then** S_1 **else** S_2) 和循环语句 (**while** B **do** S) 分别简写成代数表达式形式的 $(S_1 \triangleleft B \triangleright S_2)$ 和 $B * S$。

习题 8.3   考虑本书第一章**例** 1.8 中的咖啡罐问题，写一个循环程序 **while** B **do** S 模拟从罐中取豆子的过程。然后在每次迭代的循环体语句 S 后面插入一个打印输出判断白色豆子个数的奇偶性的语句，测试每次迭代前后白豆个数的奇偶性变化，并且说明如果模拟开始时罐中白豆是奇数，则终止时罐中剩余的是白豆，否则罐中剩下的是黑豆。进一步，在每次迭代的循环体 S 之后打印输出袋中豆子个数，可以看到这个数不断减小，因此模拟过程会停机。思考分析程序测试的局限性和如何证明一个循环程序对允许的输入一定停机。

8.2   程序语言的形式语法

本节展示如何像定义一阶逻辑语言那样，通过严格的语法规则定义 Mini 的语法。很显然，为了程序编码以及转化为计算机内部二进制表示的需要，程序语言的符号和语法规则比一阶逻辑的符号系统更丰富，变量符号和常量符号也需要严格的语法规则。实用的程序语言的语法规则很多，也很复杂，涉及多层递归定义。因此，计算机领域通常用以巴科斯 (John Warner Backus, 1924~2007) 和诺尔 (Naur) 的名字命名的一种**元语法** (meta-syntax) 形式，称为**巴科斯-诺尔范式** (Backus-Naur form, BNF)，定义程序语言的语法。我们将用 BNF 给出 Mini 的语法定义，并解释语法规则的含义，但不准备介绍 BNF 的完整定义方法。下面先看如何用 BNF 定义程序变量的语法形式，通常称为**标识符** (identifier) 或**名字**。一个标识符以一个大写或小写英文字母开头，后面可以是字母或数字的符号串，其 BNF 定义由多个递归定义方程给出：

$$
\begin{aligned}
<name> \quad &::= \quad <letter> \mid <name><letter> \mid <name><digit> \\
<letter> \quad &::= \quad <upperletter> \mid <lowletter> \\
<upperletter> \quad &::= \quad A \mid B \mid \cdots \mid Z \\
<lowletter> \quad &::= \quad a \mid b \mid \cdots \mid z \\
<digit> \quad &::= \quad 0 \mid 1 \mid \cdots \mid 9
\end{aligned}
$$

BNF 描述中的 ::= 是定义符，其左边是被定义的语法元素。尖括弧 $< \cdots >$ 括起的成分称为**非终结符号** (non-terminal letter)，有待继续定义；无尖括弧的为**终结符号** (terminal symbol)。::= 的右部定义其左边元素，竖线 "|" 表示选择。因此，一个名字 $<name>$ 或者是一个字母 $<letter>$，或者是一个名字后跟一个字母或者一个名字跟一个数字 $<digit>$。由于名字出现在定义符两边，因此这是递归定义。字母由第 3 和 4 行定义，数字由最后一行定义。

图8.1 用 BNF 给出了表达式的形式语法定义，说明 Mini 中可以写包含变量的整数和布尔表达式。譬如，根据语法可以写出所有的析取范式，其中布尔原子项 ($<boolprimary>$) 可为 tt 或 ff，还能用整数表达式构造等式和不等式。但是，由于 $<boolprimary>$ 的定义包括 ($<boolexpression>$)，上述语法也允许更一般的布尔表达式。

下面是程序语句的形式语法：

$$< statement > \quad\quad ::= \quad < atomicStatement > | < statement >; < statement > |$$
$$< statement > \lhd < boolexpression > \rhd < statement > |$$
$$< boolexpression > * < statement >$$
$$< atomicStatement > \quad ::= \quad \mathbf{skip}| < name >:= < expression >$$

$$
\begin{aligned}
< expression > \quad &::= \quad < intexpression > | < boolexpression > \\
< intexpression > \quad &::= \quad < intterm > | < addop >< intterm > | \\
&\quad\quad\quad < intexpression >< addop >< intexpression > \\
< addop > \quad &::= \quad + | - \\
< intterm > \quad &::= \quad < infactor > | < intterm >< multop >< infactor > \\
< multop > \quad &::= \quad \times | \setminus | div | mod \\
< infactor > \quad &::= \quad < natnumber > | < name > |(< intexpression >) \\
< natnumber > \quad &::= \quad < digit > | < natnumber >< digit > \\
< boolexpression > \quad &::= \quad < disjunction > \\
< disjunction > \quad &::= \quad < conjunction > | < disjunction > \vee < conjunction > \\
< conjunction > \quad &::= \quad < boolterm > | < conjunction > \wedge < boolterm > \\
< boolterm > \quad &::= \quad < boolprimary > | \neg < boolprimary > \\
< boolprimary > \quad &::= \quad tt | f\!f | < name > | (< boolexpression >)| \\
&\quad\quad\quad < intexpression >< relop >< intexpression > \\
< relop > \quad &::= \quad = | < | \leqslant | > | \neq
\end{aligned}
$$

图 8.1 Mini 表达式的语法

给出 Mini 的形式语法，就是想说明程序语言的语法定义方法和形式源于形式逻辑。这种定义严格地描述程序的形式，使得程序的形式正确性可以自动检查。在实现程序语言时，编译器首先要检查程序的语法正确性。关心程序语言研究的读者应该了解这些思想和方法的来源和重要性，在此前提下研究程序语言的定义和实现，包括自动机与形式语言理论和编译原理。

还要再次说明，将条件语句和循环语句的形式写为 $S_1 \lhd B \rhd S_2$ 和 $B * S$，只是为了后面研究语义和程序性质时的表述方便。实际语言为了使用、语法检查和编译，不会采用这样的符号。另外，这里还引进一个 **skip** 原子语句，其执行不改变任何变量的值，立即终止，可以看作空语句或程序中的空行。在后面讨论中，我们用 a、b 和 c 等小写字母及其带角标的形式表示常数；用 x、y 和 z 及其带角标的形式表示变量，用 e 和 d 及其带角标的形式表示整数表达式，用 B 及其带角标形式表示布尔表达式，用 S 和带角标的 S 表示程序语句。

习题 8.4 请仔细检查上面语法，找出常规编程语言都提供，但 Mini 没提供的表达式组成结构。

习题 8.5 **程序语言的语法正确性检验自动机**：程序编译时首先要通过语法检查，语法检查的算法设计是基于自动机理论的。请定义检验本节定义的表达式 $< expression >$ 正确性的自动机，给出算法的伪代码。在此基础上定义检验布尔表达式 $< boolexpression >$ 正确性的自动机和算法伪代码，允许使用算法调用机制。

习题 8.6 根据程序语言的形式语法定义，设计生成程序的流程图的算法和生成程序的抽象语法树的算法。有些读者可能需要阅读和学习有关程序流程图和抽象语法树的知识。

习题 8.7　使用 BNF 范式给出第 4 章中命题演算 L 的合式公式的语法规则和第 6 章中一阶语言 $\mathscr{L}$ 中合式公式的语法规则。

8.3　程序语言的操作语义

实现一个程序语言时需要根据该语言的语义，为具体计算机系统开发该语言的**解释器**或**编译器**。反过来讲，为一个计算机系统开发某语言的一个实现，也是基于这个系统给该语言定义一个语义。也就是说，语言的解释器或编译器可以看作是语言的语义定义。解释器或编译器将语言的语法成分映射到计算机系统的"操作"，作为这些语言成分的语义，这样定义的语义称为**操作语义** (operational semantics)。当然，我们希望的不是针对具体计算机系统定义的程序语言语义，而是抽象的标准的语义，适于该语言在各种计算机系统上的实现。参考第 8.1.1 小节讲到的图灵机和冯·诺伊曼计算机体系架构的关系，定义操作语义的基本方法是用称为**抽象机** (abstract machine) 的**状态迁移机**或**状态迁移系统** (state transition system) 来模拟计算机执行程序的操作。人们在抽象机的基础上继续研究，建立了更抽象的基于程序语法结构的**程序推演系统**，也称为**结构化操作语义** (structural operational semantics)。使用抽象机和程序推演系统定义的程序语义都是形式化地描述计算机如何"一步一步"根据程序的命令执行计算，它们的定义方法都与建立逻辑推演系统类似。因此，一个程序的每次执行过程可以看作一次逻辑证明或推演。

操作语义理论的基本思想源于对正确实现高级程序语言的考虑。最早给出基于抽象机的定义方法并对其系统且严格地论述的人是英国计算机科学家兰丁 (Peter John Landin, 1930~2009)，他在 1964 年发表了《表达式的机械化求值》(The Mechanical Evaluation of Expressions)，其中用了一种"栈-环境-控制-外储"抽象机 (Stack-Environment-Control-Dump Machine, SECD Machine)。这种技术被用于定义 Lisp 和 Algol68 语言的操作语义。而结构化操作语义源自英国爱丁堡大学教授戈登·普罗特金 (Gordon Plotkin, 1946~)1981 年的论文《操作语义的结构化方法》(Structural Approach to Operational Semantics) 描述的定义方法。

IBM 公司维也纳实验室 20 世纪 60 年代研究程序设计语言 PL/L 的形式化定义时提出了一种描述操作语义的元语言，称为**维也纳定义语言** (VDL)。1974 年欧洲计算机制造商联合会 (ECMA) 和美国国家标准局 (ASI) 正式建议用 VDL 定义的 PL/I 语义作为 PL/L 的一种标准。操作语义理论的进一步发展又建立了**大步语义** (big-step semantics)，普遍用于定义**函数程序语言**，如著名的 ML 等。

如前所述，为程序语言构建操作语义就像建立逻辑推理系统，将一个程序的一次执行看作一个逻辑推演过程，或说证明。但是，为了减少形式化的烦琐细节，增强直觉可理解性，本节和随后三节的讨论将采用类似第 3 章和第 5 章的非形式命题逻辑和非形式谓词逻辑的严格但非形式的方式，相应的严格形式化过程可以参考第 4 章和第 6 章将非形式逻辑形式化、第 7 章将数学系统形式化的讨论，以及上一节将程序语言的非形式化语法形式化的方法和过程进行。

8.3.1　栈-状态-控制抽象机解释语义

在本小节中我们将用一个抽象机器模拟 Mini 程序的执行。首先假设 Σ_Y 表示 Mini 程序变量集 X 的子集 Y 的状态集合。特别是当 Y 为程序 S 的变量集合 αS 时，$\Sigma_{\alpha S}$ 就是 S 的状态集合。再将 Σ_X 简记为 Σ，将程序 S 的变量集合 αS 记作向量 $(x_1, \cdots, x_n)$，这样，一个程序状态就是一个值向量 $(a_1, \cdots, a_n)$，表示 x_i 的值为 a_i，$i = 1, \cdots, n$。

抽象机的状态由三部分组成，用三元组 (c, σ, st) 表示，其中

- c 是存储程序的控制区，相当于计算机中存储程序的内存部分，其可能的取值为符号串，可以用语法规则严格定义（从略），具体形式见下面的状态迁移规则；

- σ 是程序的当前状态，表示存储程序变量当前值的机制，即存储数据的内存部分；

- st 是记录中间结果的栈，其可能的取值是符号串，可以用语法规则严格定义（从略），具体形式见下面的状态迁移规则。

抽象机解释程序的过程类似图灵机的计算过程，为了与程序状态区分，我们把抽象机的一个状态 (c, σ, st) 称为一个**大状态** (giant state)，并用 gs 表示任意大状态。抽象机的动作用如下形式的大状态**迁移规则** (transition rule) 定义：

$$(c, \sigma, st) \Rightarrow (c', \sigma', st')$$

这表示抽象机从大状态 (c, σ, st) 迁移至 (c', σ', st')。Mini 的抽象机的大状态转换规则分为三组，第一组为语法分析规则，第二组为控制表达式求值规则，第三组为程序语句执行规则。

语法分析规则　　包括一条对条件语句的分析规则和一条对循环语句的分析规则：

(a1) $((S_1 \lhd B \rhd S_2)c, \sigma, st) \Rightarrow (B \bigtriangleup c, \sigma, S_2 : S_1 : st)$。这条规则说明抽象机执行到条件语句时先把分句 S_1 和 S_2 依次入栈，用冒号 ":" 分隔；控制区中 c 前面的 $(S_1 \lhd B \rhd S_2)$ 改为 $B \bigtriangleup$，表示下一步将求 B 的值，根据这个值决定应执行的语句。注意这里的新符号 $\bigtriangleup$ 不同于条件语句中的 $\lhd$ 和 $\rhd$；控制区中 c 部分、程序状态 σ 和栈中的 st 部分保持不变。

(a2) $((B * S)c, \sigma, st) \Rightarrow (B \bigtriangleup c, \sigma, \mathbf{skip} : S; (B * S) : st)$。抽象机执行到循环语句时下一步同样是求表达式 B 的值，所以控制区的头部改为 $B \bigtriangleup$。注意新控制区的形式与条件语句分析后一样，这里把 $S; (B * S)$ 和 $\mathbf{skip}$ 推入栈，随后将根据 B 的真假决定是执行一次循环体后继续循环还是结束循环（执行 $\mathbf{skip}$）；控制区和栈区的其他部分和程序状态不变。

控制表达式的求值规则　　前面给出了整数表达式和布尔表达式形式语法定义，理论上说，参考第7章有关形式化算术和形式化二元布尔代数的讨论，可以定义出表达式求值的推演规则。但那样做细节很多，也不重要。这里将直接采用第8.1.3 节中的简单表达式求值方法，不考虑更多细节。抽象机的状态迁移遇到布尔表达式求值时，采用如下的规则：

(b) $(Bc, \sigma, st) \Rightarrow (c, \sigma, \sigma(B) : st)$。当抽象机执行到布尔表达式 B 求值时，将 B 在当前程序状态 σ 中的值求出推入栈区，删除程序控制区头部的 B，程序状态保持不变。根据前面语法分析规则，控制区中 c 的形式是 $\triangle\, c'$，条件语句和循环语句的情况统一处理。

语句执行规则　上面几条状态迁移规则都不改变程序状态，实际上并没有实现具体的计算功能。但它们是必需的，必须对语句进行必要的语法分析后才能执行计算操作。我们用 ε 表示空的控制区和空的栈。在下面迁移规则中控制区有两种情况，或者 $c = ;c'$，或者 $c = \varepsilon$。规则 (c1) 和 (c2) 中如果 $c = \varepsilon$，迁移结果的控制区就是 ε，这里没有专门写出。

(c1) $(\textbf{skip}\,c, \sigma, st) \Rightarrow (c', \sigma, st)$。抽象机执行语句 skip 不改变程序状态和堆栈。这里只给出了 **skip** 不是最后语句，即 $c = ;c'$ 的情况。新的大状态下控制区为 c'。

(c2) $(x := Ec, \sigma, st) \Rightarrow (c', \sigma[x \leftarrow \sigma(E)], st)$。和上一条规则类似，但现在要执行的是赋值语句，执行时会改变程序的状态，用当前程序状态下赋值语句中表达式的值更新被赋值变量的值。注意，这条规则能执行的前提是该表达式在当前状态下能成功求值。

(c3) $(\triangle\, c, \sigma, tt : S_2 : S_1 : st) \Rightarrow (S_1 c, \sigma, st)$。这一规则处理应用语法分析规则 (a1) 或 (a2) 后再应用求值规则 (b) 得到 B 的值为真，则下一步再执行分句 S_1。

(c4) $(\triangle\, c, \sigma, ff : S_2 : S_1 : st) \Rightarrow (S_2 c, \sigma, st)$。这一规则与上一条规则对偶，使用语法分析规则 (a1) 或 (a2) 后再用求值规则 (b) 得到 B 的值为假，下一步执行分句 S_2。

可以看到状态迁移系统中的状态迁移规则就像逻辑系统的公理，每条规则要求"匹配"，$gs_1 \Rightarrow gs_2$ 可以理解为 gs_2 是 gs_1 的直接"推演结论"。后面我们会看到，有如逻辑公理和推理规则，状态转换规则可以递归地重复使用。现在先看一个例子。

例 8.3　考虑计算整数解阶乘的程序：

```
program FAC
    int x, y, z;
    begin
        y := 1; z := x;
        (z ≠ 0) * (y := y × z; z := z − 1)  // while (z ≠ 0) do (y := y × z; z := z − 1)
    end
```

虽然抽象机大状态中的程序状态是整个程序变量集 X 的状态，但对于给定的程序 S，大状态的迁移只与 αS 中变量有关。设 (x, y, z) 的初值为 $(2, 0, 0)$，程序 FAC 的抽象机状态迁移如下：

		$(FAC, \sigma_0, \varepsilon)$	$\sigma_0 = (2, 0, 0)$
(c2)	$\Rightarrow$	$(S_1, \sigma_0[y \leftarrow 1], \varepsilon)$	$\sigma_1 = \sigma_0[y \leftarrow 1] = (2, 1, 0), FAC = y := 1; S_1$
(c2)	$\Rightarrow$	$(S_2, \sigma_1[z \leftarrow \sigma_1(x)], \varepsilon,)$	$\sigma_2 = \sigma_1[z \leftarrow 2] = (2, 1, 2), S_1 = z := x; S_2$
(a2)	$\Rightarrow$	$((z \neq 0) \triangle, \sigma_2, \mathbf{skip} : S_3; S_2)$	$S_2 = ((z \neq 0) * S_3)$
(b)	$\Rightarrow$	$(\triangle, \sigma_2, \sigma_2(z \neq 0) : \mathbf{skip} : S_3; S_2)$	$\sigma_2(z \neq 0) = tt$
(c3)	$\Rightarrow$	$(S_4; S_2, \sigma_2[y \leftarrow \sigma_2(y * z)], \varepsilon,)$	$S_3 = y := y \times z; S_4$
			$\sigma_3 = \sigma_2[y \mapsto \sigma_2(y * z)] = (2, 2, 2)$
(c2)	$\Rightarrow$	$(S_2, \sigma_3[z \leftarrow \sigma_3(z - 1)], \varepsilon,)$	$\sigma_4 = \sigma_3[z \leftarrow \sigma_3(z - 1)] = (2, 2, 1)$
(a2)	$\Rightarrow$	$((z \neq 0) \triangle, \sigma_4, \mathbf{skip} : S_3; S_2)$	**第二次迭代开始**
		·········	**省略若干步状态迁移**
(a2)	$\Rightarrow$	$((z \neq 0) \triangle, \sigma_5, \mathbf{skip} : S_3; S_2)$	$\sigma_5 = (2, 2, 0)$
(b)	$\Rightarrow$	$(\triangle, \sigma_5, \sigma_5(z \neq 0) : \mathbf{skip} : S_3; S_2,)$	
(c3)	$\Rightarrow$	$(\mathbf{skip}, \sigma_5, \varepsilon)$	$\sigma_5(z \neq 0) = f\!f$
(c1)	$\Rightarrow$	$(\varepsilon, \sigma_5, \varepsilon)$	

习题 8.8 栈-状态-控制抽象机的大状态 (c, σ, st) 中控制区 c 和中间结果栈都是有一定限制的符号串，请分别给出 c 和 st 的字母表以及递归的语法规则。

8.3.2 基于操作语义的程序分析和验证

用抽象机定义程序语言的操作语义，就是把程序的一次执行解释为一个计算步骤序列，或说把一个程序解释为一个计算步骤序列的集合。计算步骤序列用抽象机的一串状态迁移步骤表示，这个序列集合就定义了该程序的语义。例8.3 的程序 FAC 计算整数的阶乘，即对给定变量 x 的初值 n 计算 $n!$。上面给出了对 x 初值为 2 的计算过程，即从初始状态 $\sigma_0 = (2, 0, 0)$ 到终止状态 $\sigma_5 = (2, 2, 0)$ 的计算。注意，计算最后到达的大状态为 $(\varepsilon, \sigma_5, \varepsilon)$。由于不存在由此出发的迁移规则，抽象机的计算终止，$\sigma_5 = (2, 2, 0)$ 就是从 σ_0 开始的计算结果。本章第8.1.1 节说，一般情况下，一个程序实现其变量初始值 σ_0 上的函数，其计算结果就是终止状态表示的函数值。

在开发程序之前，程序设计者和分析者首先需要弄清并说明程序 "要做什么"，即要实现什么函数的计算。定义和确切表达一个程序要做什么的描述称为**程序需求规约**。目前我们假设一个程序的规约用其实现的函数 f 表示，那么，证明该程序正确，就是要求证明它从任何状态 s_0 开始计算如果能到达某个终止状态 s'，则必然有 $f(s_0) = s'$。下面讨论如何依据抽象机的操作语义确定一个程序是否能完成所需的计算，以及分析所定义的程序语言的一些性质。

首先，根据 Mini 的语法定义、其抽象机的状态转换规则和例8.3，可以感觉到 Mini 的程序都是**确定的** (deterministic)。但如何严格证明这个性质呢？为回答这个问题，我们首先定义一个二元关系 $R: A_1 \times A_2$ 是**确定性关系** (deterministic relation)，当且仅当对任意的 $a \in A_1$ 和 $a_1, a_2 \in A_2$，$R(a, a_1)$ 而且 $R(a, a_2)$ 蕴涵 $a_1 = a_2$，换言之，R 是确定的当且仅当对任意的 $a \in A_1$ 都有 $|R(a)| \leqslant 1$。针对 Mini 定义的状态迁移规则定义了抽象机的大状态之间的二元关系 $\Rightarrow$，称为抽象机的**状态迁移关系** (state transition relation)。

命题 8.1　Mini 的抽象机的状态迁移关系 $\Rightarrow$ 是确定的。

证明:　为证明这个命题，我们需要证明对任意大状态 gs、gs_1 和 gs_2，如果 $gs \Rightarrow gs_1$ 且 $gs \Rightarrow gs_2$，则 $gs_1 = gs_2$。根据 Mini 的语法定义和布尔表达式及整数表达式在一个给定程序状态下求值的唯一性，一个 "合式" 的大状态 (c, σ, st) 至多是一个迁移规则的左边大状态的实例，因此至多能迁移到规则右边大状态模式的一个实例。　□

　　这个命题的严格证明需要给出大状态中的控制区 c 和栈区 st（都是符号串）的严格递归构造规则，然后使用结构归纳法。在此从略。

定义 8.2 可达性 (reachability)　称大状态 gs' 由大状态 gs 经迁移关系 $\Rightarrow$ **可达** (reachable)，记作 $gs \Rightarrow^* gs'$，当且仅当

(1) $gs = gs'$ 或者

(2) 存在 gs''，使得 $gs \Rightarrow^* gs''$ 且 $gs'' \Rightarrow gs'$。

可见，$\Rightarrow^*$ 是 $\Rightarrow$ 的自反和传递闭包。

　　关系 $\Rightarrow^*$ 不是确定的，但从一个大状态出发经过 $\Rightarrow^*$ 能达到的终极状态应该是唯一的，这事实可以由著名的**丘奇-罗瑟性质** (Church-Rosser Property) 推出[①]。

定义 8.3 丘奇-罗瑟性质 (Church-Rosser Property)　令 R 是自反且传递的二元关系，称 R 具有丘奇-罗瑟性质，当且仅当对任意的 a、a_1 和 a_2，如果 $R(a, a_1)$ 且 $R(a, a_2)$，则存在 a_3 使得 $R(a_1, a_3)$ 且 $R(a_2, a_3)$。

推论 8.1　可达关系 $\Rightarrow^*$ 具有丘奇-罗瑟性质。

证明:　可达关系 $\Rightarrow^*$ 具有自反性和传递性，它的丘奇-罗瑟性质由状态迁移关系 $\Rightarrow$ 的确定性推出，具体证明留做习题。　□

　　给定任意的程序语句 S，定义程序状态空间 Σ 上的一个偏函数 $com(S) : \Sigma \rightarrowtail \Sigma$，使得对任意的状态 $\sigma, \sigma' \in \Sigma$，$com(S)(\sigma) = \sigma'$ 当且仅当 $(S, \sigma, \varepsilon) \Rightarrow^* (\varepsilon, \sigma', \varepsilon)$。根据演绎规则知 $(\varepsilon, \sigma', \varepsilon)$ 是终止大状态，由可达关系 $\Rightarrow^*$ 的丘奇-罗瑟性质可以证明这样定义的 $com(S)$ 确实是一个偏函数。对任意程序 S（即程序体的语句），抽象机对 S 的执行过程都是由一个初始状态 (S, σ, ε) 开始，如果能到达一个终止状态 $(\varepsilon, \sigma', \varepsilon)$，则称 S 从初始状态 σ 开始的执行能终止；或简单地说，其在初始状态 σ 下是**终止的** (terminating)，而且最终状态为 σ'。

　　从一个初始大状态出发未必能到达终止大状态。例如从 $(tt * \mathbf{skip}, \sigma, \varepsilon)$ 出发的执行将永不终止，这种现象称为**发散** (diverging)。因此 com 的类型为 $(Sts \mapsto (\Sigma \rightarrowtail \Sigma))$，其中 Sts 为所有程序语句的集合，$\mapsto$ 表示全函数，$\rightarrowtail$ 表示偏函数。可以证明，从一个初始大状态出发或者发散或者终止，不会出现既可能终止又可能发散的不确定性。这一性质不难从丘奇-罗瑟性质得到。

[①] 罗瑟 (John Barkley Rosser, 1907~1989) 是美国逻辑学家，丘奇的学生，因 λ-演算方面的工作知名。丘奇-罗瑟性质也称为关系的菱形性质。

一种语义的"合理性"或"正确性"通常很难严格证明，如果没有"标准"语义作为参考的依据，合理性和正确性都无法严格地表述。鉴别一个语义合适的一种常见方法是检查该语义是否满足一些应该有的特征。我们可以证明前面定义的语义具有如下的程序应该有的性质。

命题 8.2 对于前面定义的 com，以及任意的程序语句 S、S_1、S_2 和布尔表达式 B，下面关于顺序组合、条件语句和循环语句的等式总成立：

(1) $com(S_1; S_2) = com(S_1); com(S_2)$，等式左边的分号是程序语句的复合操作符，右边的分号是函数的复合运算符。

(2) $com(S_1 \lhd B \rhd S_2) = cond(\llbracket B \rrbracket, com(S_1), com(S_2))$。

(3) $com(B * S) = cond(\llbracket B \rrbracket, com(S; B * S), Id)$。

在上面 (2) 和 (3) 中，$\llbracket B \rrbracket$ 是类型为 $\Sigma \mapsto \mathbb{T}$ 函数，使得对任意的程序状态 σ，$\llbracket B \rrbracket(\sigma) = \sigma(B)$；$Id$ 为 Σ 上的恒等函数；且对任意的 $f_1, f_2 : \Sigma \longmapsto \Sigma$ 和布尔表达式 B

$$cond(B, f_1, f_2)(\sigma) = \begin{cases} f_1(\sigma), & \text{if } \llbracket B \rrbracket(\sigma) = tt \\ f_2(\sigma), & \text{if } \llbracket B \rrbracket(\sigma) = ff \end{cases}$$

请特别注意，命题中的方程 (3) 是一个形式为 $\mathcal{X} = cond(\llbracket B \rrbracket, (com(S); \mathcal{X}), Id)$ 的递归方程。我们把命题的证明留做习题。

8.3.3 结构化操作语义

自动机与形式语言理论揭示了形式文法和自动机（即状态迁移系统）的对应关系，每个形式文法都有一个推演系统。对一个程序语言，我们也可以建立一个如第 4 章和第 6 章中的逻辑推演那样的**推演系统**，对程序进行解释，称为程序推演或**程序归约**。归约刻画程序的执行过程，每次归约抽象刻画一步计算，每步计算依据程序的当前状态执行一个**原子操作**。当程序执行终止，程序寄存器应该为空。具体的操作语义基于原子操作的语义，我们先假设有一个"智囊器 (oracle)"能完成在任意状态下求值表达式的操作，执行计算时直接"咨询"它。因此，我们的归约系统只需要记住程序中待执行部分和当前执行状态。为此定义集合：

$$Con = (Sts \times \Sigma) \cup \Sigma$$

$con \in Con$ 称为程序执行时的**格局** (configuration)。一个格局或者是一个二元组 (S, σ)，表示要求在状态 σ 下执行语句 S；或者是一个状态 σ，表示程序执行已结束，终止状态是 σ。程序执行用格局的归约描述，每步操作由一步归约刻画，程序语言的解释器实现格局之间的归约关系。

定义 Mini 语言的归约关系 $\hookrightarrow: Con \times Con$ 的公理和推理规则[①]如下：

(P1) $< \textbf{skip}, \sigma > \hookrightarrow \sigma$。这一公理说明在任何状态 σ 下执行程序 **skip** 为一个原子步骤，总是终止，而且不改变程序状态。

(P2) $< x := E, \sigma > \hookrightarrow \sigma[x \leftarrow \sigma(E)]$。赋值语句也是原子步骤，其中表达式求值 $\sigma(E)$ 由"智囊器"完成。在状态 σ 下，只要 $\sigma(E)$ 成功，$x := E$ 的执行就终止并将 x 的值更新为 $\sigma(E)$。

(P3) 顺序组合语句 $S_1; S_2$ 中的 S_1 可以分为两种情况，一是原子语句 **skip** 或者赋值语句，二是 S_1 本身又是复合语句。其执行可以用两条归约规则描述：

(1) 如果 S_1 是原子语句

$$\frac{< S_1, \sigma > \hookrightarrow \sigma'}{< S_1; S_2, \sigma > \hookrightarrow < S_2, \sigma' >}$$

如第 4 章和第 6 章中逻辑推演 $\Gamma \vdash \mathcal{P}$ 以 Γ 为前提，$\mathcal{P}$ 为结论，上面规则中横线之上的部分表示**前提**，横线下是**归约结论**。这条规则说，如果 S_1 在状态 σ 一步终止并将 σ 转换为 σ'，则 $S_1 : S_2$ 在状态 σ 下先执行一步至状态 σ'，然后在 σ' 下执行 S_2。

(2) 如果 S_1 不是原子语句，则在状态 σ 下先执行 S_1 的第一个原子步骤，然后继续。

$$\frac{< S_1, \sigma > \hookrightarrow < S', \sigma' >}{< S_1; S_2, \sigma > \hookrightarrow < S_1'; S_2, \sigma' >}$$

这两条可以用下面的形式写成一条

$$\frac{< S_1, \sigma > \hookrightarrow < S', \sigma' > \ | \ \sigma'}{< S_1; S_2, \sigma > \hookrightarrow < S_1'; S_2, \sigma' > \ | \ < S_2, \sigma' >}$$

(P4) 条件语句在一个状态 σ 下的执行根据选择条件 B 决定执行相应的分句。

(1) 如果 $\sigma(B) = tt$, $< S_1 \triangleleft B \triangleright S_2, \sigma > \hookrightarrow < S_1, \sigma >$；

(2) 如果 $\sigma(B) = ff$, $< S_1 \triangleleft B \triangleright S_2, \sigma > \hookrightarrow < S_2, \sigma >$。

(P5) 类似条件语句，循环语句由两条归约规则

(1) 如果 $\sigma(B) = tt$, $< B * S, \sigma > \hookrightarrow < S : B * S, \sigma >$；

(2) 如果 $\sigma(B) = ff$, $< B * S, \sigma > \hookrightarrow < \textbf{skip}, \sigma >$。

这些归约规则都是以模式的形式给出，每一条都代表无穷条规则实例。

例 8.4　下面是例8.3 中程序 FAC 从状态 $(x, y, z) = (2, 0, 0)$ 开始的归约：

(1) $< y := 1, (2,0,0) > \hookrightarrow (2,1,0)$ (P2)

(2) $< FAC, (2,0,0) > \hookrightarrow < (z := x; (z \neq 0) * (y := y \times z; z := z-1)), (2,1,0) >$ (1, P3(1))

(3) $< z := x, (2,1,0) > \hookrightarrow (2,1,2)$ (P2)

(4) $< (z := x; (z \neq 0) * (y := y \times z; z := z - 1), (2,1,0) > \hookrightarrow$
     $< (z \neq 0) * (y := y \times z; y := z - 1), (2,1,2) >$ (3, P2(1))

(5) $< (z \neq 0) * (y := y \times z; y := z - 1), (2,1,2) > \hookrightarrow$
     $< (y := y \times z; y := z - 1); (z \neq 0) * (y := y \times z; z := z - 1), (2,1,2) >$ (4, P5(1))

(6) $< y := y \times z, (2,1,2) > \hookrightarrow (2,2,2)$ (P2)

(7) $< (y := y \times z; y := z - 1); (z \neq 0) * (y := y \times z; z := z - 1), (2,1,2) > \hookrightarrow$
     $< (z := z - 1); (z \neq 0) * (y := y \times z; z := z - 1), (2,2,2) >$ (6, P3(1))

(8) $< (z := z - 1), (2,2,2) > \hookrightarrow (2,2,1)$ (P2)

(9) $< (z := z - 1); (z \neq 0) * (y := y \times z; z := z - 1), (2,2,2) > \hookrightarrow$
     $< (z \neq 0) * (y := y \times z; z := z - 1), (2,2,1) >$ (8, P3(1))

(10) $< (z \neq 0) * (y := y \times z; y := z - 1), (2,2,1) > \hookrightarrow$
     $< (y := y \times z; y := z - 1); (z \neq 0) * (y := y \times z; z := z - 1), (2,2,1) >$ (9, P5(1))

(11) $< (y := y \times z, (2,2,1) > \hookrightarrow (2,2,1)$ (P2)

(12) $< (y := y \times z; y := z - 1); (z \neq 0) * (y := y \times z; z := z - 1), (2,2,1) > \hookrightarrow$
     $< y := z - 1; (z \neq 0) * (y := y \times z; z := z - 1), (2,2,1) >$ (11, P3(1))

(13) $< y := z - 1; (2,2,1) > \hookrightarrow (2,2,0)$ (P2)

(14) $< y := z - 1; (z \neq 0) * (y := y \times z; z := z - 1), (2,2,1) > \hookrightarrow$
     $< (z \neq 0) * (y := y \times z; z := z - 1), (2,2,0) >$ (13, P3(1))

(15) $< (z \neq 0) * (y := y \times z; z := z - 1), (2,2,0) > \hookrightarrow < \mathbf{skip}, (2,2,0) >$ (P5(2))

(16) $< \mathbf{skip}, (2,2,0) > \hookrightarrow (2,2,0)$ (P1)

FAC 从初始状态 $(2,0,0)$ 开始，经过一系列归约步骤达到终止状态 $(2,2,0)$。直观上讲，可以将上述归约步骤写成一个连续的归约序列

$$< FAC, (2,0,0) > \hookrightarrow < (z := x; (z \neq 0)*(y := y \times z; z := z-1), (2,1,0) > \hookrightarrow, \cdots, \hookrightarrow (2,2,0)$$

为严格刻画程序归约和程序计算的结果，我们定义 $\hookrightarrow$ 的自反传递闭包 $\hookrightarrow^*: Con \times Con$，并以归纳规则的形式给出。

(P6) $\hookrightarrow^*: Con \times Con$ 表示程序格局的归约序列，对应程序的执行序列，用如下公理和规则刻画

(1) $con \hookrightarrow^* con$

(2) $\dfrac{con \hookrightarrow^* con', con' \hookrightarrow^* con''}{con \hookrightarrow^* con''}$

例 8.4 中的归约证明 $< FAC, (2,0,0) > \hookrightarrow^* (2,2,0)$。上一小节中抽象机的单步状态迁移关系 $\Rightarrow$ 是确定性的，单步归约关系 $\hookrightarrow$ 也是确定的。

命题 8.3　归约关系 $\hookrightarrow: Con \times Con$ 是确定的, 即对任意的 $con, con_1, con_2 \in Con$, 如果 $con \hookrightarrow con_1$ 且 $con \hookrightarrow con_2$, 则 $con_1 = con_2$。

通过对程序语句的语法做结构归纳法, 很容易证明此命题, 具体的证明留做习题。进一步还有 $\hookrightarrow$ 的自反传递闭包 $\hookrightarrow^*: Con \times Con$ 具有丘奇-罗瑟性质。

命题 8.4　归约关系 $\hookrightarrow^*: Con \times Con$ 有丘奇-罗瑟性质, 即对任意的 $con, con_1, con_2 \in Con$, 若 $con \hookrightarrow^* con_1$ 且 $con \hookrightarrow^* con_2$, 则存在 con' 使得 $con_1 \hookrightarrow^* con'$ 且 $con_2 \hookrightarrow^* con'$。

根据归约规则 (P6) 可以完成这个证明, 具体证明留做习题。

由 $\hookrightarrow^*: Con \times Con$ 的丘奇-罗瑟性质, 我们可以参考用抽象机的解释定义计算 com 的方法, 用 Sts 表示 Mini 的程序语句集合, 定义 $Com: Sts \mapsto (\Sigma \mapsto \Sigma)$, 使得对任意的语句 S 和状态 σ 及 σ', 有 $Com(S)(\sigma) = \sigma'$ 当且仅当 $<S, \sigma> \hookrightarrow^* \sigma'$。与关于 com 有命题8.2 一样, 关于 Com 有下面的命题:

命题 8.5　对任意的程序语句 S、S_1、S_2 和布尔表达式 B, 有如下关于顺序组合、条件语句和循环语句满足的等式

(1) $Com(S_1; S_2) = Com(S_1); Com(S_2)$, 即 $<S_1; S_2, \sigma> \hookrightarrow^* \sigma'$ 当且仅当存在 σ'', 使得 $<S_1, \sigma> \hookrightarrow^* \sigma''$ 且 $<S_2, \sigma''> \hookrightarrow^* \sigma'$。

(2) $Com(S_1 \triangleleft B \triangleright S_2) = cond(\llbracket B \rrbracket, Com(S_1), Com(S_2))$, 即 $<S_1 \triangleleft B \triangleright S_2, \sigma> \hookrightarrow^* \sigma'$ 当且仅当 $\sigma(B) = tt$ 时 $<S_1, \sigma> \hookrightarrow^* \sigma'$, $\sigma(B) = ff$ 时 $<S_2, \sigma> \hookrightarrow^* \sigma'$。

(3) $Com(B*S) = cond(\llbracket B \rrbracket, Com(S; B*S), Id)$, 即 $<B*S, \sigma> \hookrightarrow^* \sigma'$ 当且仅当 $\llbracket B \rrbracket(\sigma) = tt$ 时 $<S; B*S, \sigma> \hookrightarrow^* \sigma'$, $\llbracket B \rrbracket(\sigma) = ff$ 时 $\sigma = \sigma'$。

其中函数 $\llbracket B \rrbracket$ 和 $cond$ 的定义与命题8.2 中一样。

使用 $\hookrightarrow^*$ 的传递性和丘奇-罗瑟性质, 命题的证明并不困难, 留做习题。进一步, 我们还有 $Com = com$, 写成命题就是:

命题 8.6　$Com=com$, 即对任意的 $S \in Sts$ 和 $\sigma \in \Sigma$, $(S, \sigma, \varepsilon) \Rightarrow^* (\epsilon, \sigma', \epsilon)$ 当且仅当 $<S, \sigma> \hookrightarrow^* \sigma'$。

证明:　这里只给出证明梗概, 第8.3.1 节的状态迁移规则分为三组, 语法分析规则 (a1) 和 (a2) 与控制表达式求值规则 (b) 不改变程序状态, 计算规则 (c1)~(c5) 可能改变程序状态但不改变栈。我们用 $\Rightarrow_{ab}$ 表示使用前两组规则的状态迁移, 用 $\Rightarrow_c$ 表示使用第三组规则的状态迁移, 定义状态转移序列 $\Rightarrow_1$ 使得对任意大状态 gs 和 gs', $gs \Rightarrow_1 gs'$ 当且仅当存在有穷个大状态 $gs_0, \cdots, gs_{n+1}$, 使得

- $gs = gs_0$, $gs' = gs_{n+1}$, 且

- 对 $i = 0, \cdots, n-1$, $gs_i \Rightarrow_{ab} gs_{i+1}$, 但

- $gs_n \Rightarrow_c gs_{n+1}$。

令 $\Rightarrow_1^*$ 为 $\Rightarrow_1$ 的自反传递闭包。先证明两个引理：

引理 8.1 $(S, \sigma, \varepsilon) \Rightarrow^* (S', \sigma, \varepsilon)$ 当且仅当 $(S, \sigma, \varepsilon) \Rightarrow_1^* (S', \sigma, \varepsilon)$。

证明留做习题，注意状态迁移 $\Rightarrow_{ab}$ 不能达到堆栈为空的大状态。再证明 $\Rightarrow_1^*$ 和 $\hookrightarrow$ 的如下关系：

引理 8.2 $(S, \sigma, \varepsilon) \Rightarrow_1 (S', \sigma, \varepsilon)$ 当且仅当 $<S, \sigma> \hookrightarrow (S; \sigma)$。

可以通过对 S 进行归纳给证明。由引理8.1和引理8.2很容易证明命题。 $\square$

8.3.4 完整的结构化操作语义

完整的结构化操作语义的归约规则应该从表达式的求值归约开始，不使用 "智囊器"。为了描述表达式的归约规则，我们对一些数学符号（前面也用过）作出严格说明：

- 用 $\mathbb{Z}$ 表示由第8.2节语法定义的整数集合（重载整数标准模型的表示），对真值集 $\mathbb{T}$，用可带角标的 t 表示 $\mathbb{T}$ 中的布尔值。

- 用 *IntExp* 表示第8.2节的语法定义的整数表达式集合，用可带角标的 e 表示 *IntExp* 的元素；用 *BExp* 表示布尔表达式集合，用 B 和带角标的 B 表示 *BExp* 的元素；令 $Exp = InExp \cup BExp$，用 E 和带角标的 E 表示 Exp，用可带角标的 v 表示 $V = \mathbb{Z} \cup \mathbb{T}$ 中的值。

- 为了简便而且不失理论上的普遍性，我们只考虑 $\{+, \times, -, div, /, <, =, \neq\}$ 中的算术运算符和关系符号；我们只考虑两个布尔操作 $\wedge$ 和 $\neg$，其他布尔操作的可以由 $\wedge$ 和 $\neg$ 定义。

- 算术表达式集合 *IntExp* 中任何一个表达式 e 和布尔表达式 *BExp* 集合中任意的表达式 B 由如下 BNF 规则定义

$$e \quad ::= \quad n \in \mathbb{Z} \mid x \in var \mid (e + e) \mid (e \times e) \mid (e - e) \mid (e\ div\ e) \mid (e/e)$$
$$B \quad ::= \quad \textit{ff} \mid \textit{tt} \mid (e < e) \mid (e = e) \mid (\neg B) \mid (B \wedge B)$$

为表示表达式到值的归约，需要扩展格局的集合至 $((Sts \cup Exp) \times \Sigma) \cup \Sigma$，然后增加有关表达式的归约规则模式如下，包括 4 条公理模式和 1 条归约规则模式。

(E1) $<x, \sigma> \hookrightarrow <\sigma(x), \sigma>$，原子表达式是变量，$\sigma(x)$ 是 V 中的一个值。因此 $<v, \sigma>$ 是表达式归约的终止格局。

(E2) $<op(v_1, v_2), \sigma> \hookrightarrow <v, \sigma>$，其中 $v = op(v_1, v_2)$。譬如，$5 = 3 + 2$，$\textit{ff} = 3 < 2$ 等。

(E3) $<t_1 \wedge t_2, \sigma> \hookrightarrow <t, \sigma>$，其中 $t = t_1 \wedge t_2$，譬如，$\textit{ff} = \textit{ff} \wedge \textit{tt}$，$\textit{tt} = \textit{tt} \wedge \textit{tt}$ 等。

(E4) $<\neg t_1, \sigma> \hookrightarrow <t, \sigma>$，其中 $t = \neg t_1$，如 $\textit{ff} = \neg \textit{tt}$，$\textit{tt} = \neg \textit{ff}$。

(E5) $\dfrac{<E_1, \sigma> \hookrightarrow <v, \sigma>}{<E, \sigma> \hookrightarrow <E[v/E_1], \sigma>}$，如果 E 中一个子表达式 E_1 在状态 σ 下可以一步归约到值 v，则在 E 中用 v 替换 E' 并继续归约，直至将 E 归约到一个值。

上面规则刻画了计算机对表达式的求值过程, 在这个过程中程序状态不变。可以想象, 这种归约过程的形式化基础是形式算术系统。程序的结构化操作语义用如下归约规则模式定义:

(S1) $< \mathbf{skip}, \sigma > \hookrightarrow \sigma$, 和上一节完全一样。

(S2) 如果赋值语句中的表达式不是原子表达式, 需要先对表达式求值, 再进行赋值

$$\frac{< E, \sigma > \hookrightarrow < E_1, \sigma >}{< x := E, \sigma > \hookrightarrow < x := E_1, \sigma >},$$

$$< x := v, \sigma > \hookrightarrow \sigma[x \leftarrow v], \quad < x := x_1, \sigma > \hookrightarrow \sigma[x \leftarrow \sigma(x_1)]$$

(S3) 顺序组合语句有如下两条规则模型

$$\frac{< S_1, \sigma > \hookrightarrow < S_1', \sigma' >}{< S_1; S_2, \sigma > \hookrightarrow < S_1'; S_2, \sigma' >}, \quad \frac{< S_1, \sigma > \hookrightarrow \sigma'}{< S_1; S_2, \sigma > \hookrightarrow < S_2, \sigma' >}$$

虽然和上一小节的规则一样, 但是在两个分句的归约过程中可能出现表达式的归约步骤。

(S4) 条件语句首先要经过对选择条件布尔表达式求值过程, 然后选择要执行的语句

$$\frac{< B, \sigma > \hookrightarrow < B_1, \sigma >}{< S_1 \lhd B \rhd S_2, \sigma > \hookrightarrow < S_1 \lhd B_1 \rhd S_2, \sigma >},$$

$$< S_1 \lhd tt \rhd S_2, \sigma > \hookrightarrow < S_1, \sigma >, \quad < S_1 \lhd f\!f \rhd S_2, \sigma > \hookrightarrow < S_2, \sigma >$$

(S5) 循环语句根据循环条件的值循环选择继续迭代还是终止

$$< B * S, \sigma > \hookrightarrow < (S; B * S) \lhd B \rhd \mathbf{skip}, \sigma >$$

最后, 我们还需要定义自反传递闭包的归约规则, 记为 (RT*)

$$con \hookrightarrow^* con, \quad \frac{con \hookrightarrow^* con', con' \hookrightarrow^* con''}{con \to con''}$$

表达式归约规则 (E5) 破坏了归约 $\hookrightarrow$ 的确定性, 但 $\hookrightarrow^*$ 仍有丘奇-罗瑟性质。不难证明关于表达式的归约和在程序状态下表达式的求值, 有如下的一致性:

命题 8.7 对任意的程序状态 σ、表达式 E、布尔表达式 B 和程序语句 S,

(1) $\sigma(E) = v$ 当且仅当 $< E, \sigma > \hookrightarrow^* v$.

(2) $< x := E, \sigma > \hookrightarrow^* \sigma'$ 当且仅当 $\sigma(E)$ 的值存在且 $\sigma' = \sigma[x \leftarrow \sigma(E)]$.

(3) $< B, \sigma > \hookrightarrow^* < tt, \sigma >$ 当且仅当 $< S_1 \lhd B \rhd S_2, \sigma > \hookrightarrow^* < S_1, \sigma >$, 且 $< B, \sigma > \hookrightarrow^* < f\!f, \sigma >$ 当且仅当 $< S_1 \lhd B \rhd S_2, \sigma > \hookrightarrow^* < S_2, \sigma >$。

(4) $< B, \sigma > \hookrightarrow^* < tt, \sigma >$ 当且仅当 $< B * S, \sigma > \hookrightarrow^* < S; B * S, \sigma >$, 且 $< B, \sigma > \hookrightarrow^* < f\!f, \sigma >$ 当且仅当 $< B * S, \sigma > \hookrightarrow^* \sigma$。

(5) $Com(S)(\sigma) = \sigma'$ 当且仅当 $<S,\sigma>\hookrightarrow \sigma'$。注意，$Com$ 是在没有引进表达式归约的归约系统下定义的。因此，这一性质说明在引进表达式归约后 Com 的定义依然适用。

根据上面命题，第8.3.3 节中表达式 E 在程序状态 σ 下的 "智囊器" 求值 $\sigma(E)$ 可以作为 $<E,\sigma>\hookrightarrow^* <v,\sigma>$ 的简写。用一个迁移关系符号表示为 $<E,\sigma>\rightsquigarrow v$ 当且仅当 $\sigma(E) = v$，当且仅当 $<E,\sigma>\hookrightarrow^* <v,\sigma>$，上述归约规则 (S2)、(S4) 和 (S5) 有如下等价形式：

(S2') 需要先对表达式求值，再进行赋值

$$\frac{<E,\sigma>\rightsquigarrow v}{<x := E,\sigma>\hookrightarrow \sigma[x \leftarrow v]}$$

(S4') 条件语句首先要经过对选择条件布尔表达式的求值过程，然后选择要执行的语句

$$\frac{<B,\sigma>\rightsquigarrow tt}{<S_1 \triangleleft B \triangleright S_2,\sigma>\hookrightarrow <S_1,\sigma>},\quad \frac{<B,\sigma>\rightsquigarrow ff}{<S_1 \triangleleft B \triangleright S_2,\sigma>\hookrightarrow <S_2,\sigma>},$$

(S5') 类似地，循环语句有规则

$$\frac{<B,\sigma>\rightsquigarrow tt}{<B * S,\sigma>\hookrightarrow <S;B*S,\sigma>},\quad \frac{<B,\sigma>\rightsquigarrow ff}{<B * S,\sigma>\hookrightarrow \sigma},$$

(S1) 和 (S3) 保持不变,这样的归约规则明确分离了表达式求值过程和程序语句的执行过程。

上面给出了两种抽象粒度不同的操作语义。这里的 "语义" 是指程序语言的意思或意义，与 "语法" 相对应，都来自语言学。"操作" 指语义的定义方法是模拟计算机执行程序过程中对数据（即变量的状态）的机械动作和结果。程序的语义就是这个操作流程，用大状态或格局的归约序列表示。结构化操作语义是指，迁移序列和归约序列的定义根据程序语言的语法结构递归定义，一个程序的行为由其组成部分（分句和表达式）的行为定义，因此也称为是面向语法的定义方式，就像逻辑公式的语义（真值）基于子公式的语义定义。

初步接触形式语义学的人看到类似例8.3 和例8.4 常感到困惑，觉得如 FAC 一样的 "玩具" 程序都要那么多非常烦琐的推演步骤，而且还很容易做错，这样的理论和方法的意义何在呢？其实，这一困惑应该在学习形式逻辑证明系统时就已经有过，而且得到了解答。如果读者细心思考一下这样的例子，就会明白，这些推演步骤是通用的，复杂的程序都能用这样的规则进行结构分解。理解了这些规则方能设计出正确的解释或编译程序，使这些操作步骤自动化。

习题 8.9 在解释 Mini 的抽象机的任意大状态 (c,σ,st) 中，c 和 st 都是固定的有穷符号集合上的符号串，请分别定义 c 和 st 的形式语法规则，并在此基础上给出命题8.1。

习题 8.10 证明对变量 x 任意初值 n，例8.3 程序 FAC 的计算结果 y 在终止状态的值为 $n!$。

习题 8.11 令 GCD 是例8.2 中求最大公因数的程序。

(1) 令程序变量 (x, y) 的状态 $\sigma_0 = (4, 6)$, S 为 GCD 中的循环语句, 给出以 $< S, \sigma_0, \varepsilon >$ 为初始格局的程序归约, 包括表达式的归约, 并证明 $Com(\sigma_0) = (2, 2)$。

(2) 令程序变量 (x, y) 的状态 $\sigma_0 = (0, 2)$, S 为 GCD 中的循环语句, 证明以 $< S, \sigma_0, \varepsilon >$ 开始的归约不终止。不要求使用表达式的形式归约。

习题 8.12　给出推论8.1 和命题8.2 的证明。

习题 8.13　给出命题8.3 和命题8.4 的证明。

习题 8.14　给出命题8.5 和命题8.6 的证明。

8.4　程序语言的指称语义

本节首先介绍指称语义的基本思想, 而后通过定义 Mini 的指称语义, 说明程序语言的语义可以如一阶逻辑语言的解释一样定义, 而且具有操作语义所不具备的意义和用途。

8.4.1　基本思想和技术

用程序设计语言编写程序, 就是为了指挥计算机完成计算任务。同一个语言可以在不同计算机系统上实现, 同一计算机系统上也可以有同一个语言的不同实现。同一语言的不同实现对同一个程序的执行过程有可能不同, 但是完成的计算应该相同。然而, 操作语义规定了程序的执行步骤, 包括表达式求值和程序语句的操作顺序。在用栈-状态-控制抽象机定义语义时, 甚至严格规定了对程序的语法成分的分析顺序和过程。虽然它们抽象和系统地刻画了一般冯·诺伊曼架构计算机执行串行程序的基本行为, 但我们没理由假设所有计算机系统执行程序的方式和过程都完全一致。另一方面, 操作语义定义的语言解释过程, 相当于语言的一个实现, 即解释或编译算法。可以想象, 同一个语言允许有不同的解释或编译算法。我们可以要求一个语言的不同实现算法定义的程序执行过程 "等价" 于我们给出的操作语义的计算过程, 但如何比较或证明不同实现的等价呢? 譬如, 考虑程序 $x := E_1; y := E_2$, 一定要先执行第一个赋值语句再执行第二个吗? 什么情况下计算结果与两个赋值语句的执行顺序无关? 什么时候两个赋值语句可以同时执行? 要回答这些问题, 用操作语义就不方便了, 分析和证明也会非常烦琐。

8.4.1.1　基本思想

指称语义学认为语言成分的语义应该是其本身固有的, 与具体计算机系统无关。语言的语义完全由计算过程的结果定义, 不涉及计算机系统的特征或执行过程。这种结果被认为是语言成分（符号）所指称的外在对象（或存在）, 称为语言成分的**指称物** (denotation)。**指称语义** (denotational semantics) 也由此得名。显然, 第 5 章中一阶语言的解释也是这种思想。

指称语义学由英国计算机科学家斯特拉奇 (Christopher Strachey, 1916~1975) 于 1964 年前后提出, 之后斯高特 (Dana Stewart Scott, 1932~) 创建了**论域理论**, 为指称语义学奠定了坚实的数学基础。因此, 指称语义也称为**斯特拉奇-斯高特语义**。由于斯高特有关论域的工作主要在牛津大学完成，故指称语义亦称**牛津语义学**。论域理论的基本内容就是第 2.7.5 节介绍的完全偏序集及不动点理论[①]。

　　IBM 维也纳实验室在研究 VDL 的基础上，20 世纪 70 年代初开始指称语义的研究，并基于指称语义建立了称为**维也纳开发方法** (VDM) 的软件开发方法，是最早的**软件形式化方法**。VDM 被用于定义包括 Ada 等程序语言的语义，后来广泛用于软件需求规约和基于精化的设计。

8.4.1.2　基本定义方法

　　第 5 章通过解释函数 I 定义一阶语言的解释。I 也称为**语义函数**，它把各种语言成分映射到相应的指称，而这些指称都定义在一个**论域** D_I 上，而且满足如下两个条件：

(1) 每个语言成分都有对应的指称，函数符号的指称为论域上的函数、项的指称为复合函数、原子公式符号的指称为关系，一阶逻辑运算符号指称为关系的复合运算；

(2) 复合成分的指称只依赖于它的子成分以及作为复合算子的语义。

进一步，在一阶谓词语言的解释上定义项的**赋值**，这样的一个解释和其上的一个赋值定义了谓词公式的真值。而且，在一个解释下，项的值完全由其中变量的赋值决定。

　　程序语言指称语义的定义方法与一阶逻辑语言的解释和求值完全一致。对语言 Mini，我们假设其论域包含整数集合 $\mathbb{Z}$ 和布尔值 $\mathbb{T}$。一般程序语言的论域的构成可能复杂得多。一阶语言的语言成分的语义和程序语言的语言成分的语义有如下的一致对应关系：

- 一阶语言的函数符号对应程序语言中构造表达式的操作符，如 Mini 中的算术运算符号和布尔运算符号。

- 一阶语言中的项对应程序语言中的表达式，如 Mini 中的整数表达式和布尔表达式。

- 一阶语言中的原子公式对应程序语言的原子语句，如 Mini 中的 **skip** 和赋值语句。

- 一阶语言中的逻辑符号对应程序语言的语句复合**算子** (operator)，也称为**构造子** (constructor) 或**算子** (operator)，如 Mini 的顺序组合算子 ";"，条件选择算子 "◁ ▷" 和循环算子 "*"。

- 一阶语言解释下对变量的赋值对应程序的状态，而对一般项的求值对应程序语言的表达式在状态下的求值。

　　上面条件 (2) 要求语言的语义结构和语法结构一致，以支持程序的可组合性分析和验证。满足该条件的就是**语法引导的** (syntax-directed) 或**结构化** (structural) 的语义定义。我们将看到，对 Mini 这样只有基本结构的小语言，这个条件不难满足。但对复杂的实际程序语言，满足条件 (2) 就有挑战性，如包含过程调用的程序语言中子部分的语义依赖上下文。为此，需要定义如**环境** (environment) 和**后续** (continuation) 等较高深概念。这些不在本书的讨论范围。

[①] 注意，第 2.7.5 节的脚注说明大卫·帕克在更早时间就提出完全偏序的不动点理论。

8.4.2   核心问题

根据一阶语言的语言成分及其语义和程序语言的语言成分和其语义的对应关系，通过第8.3 节操作语义的学习，特别是在给定状态下求值表达式及通过两个操作语义分别定义的程序计算 *com* 和 *Com* 的性质，我们不难初步设想程序语言中语言成分的指称论域（集合）以及**语义函数**。我们用符号 $[\![\ ]\!]$: syntax-elements $\mapsto$ semantic-domain 表示所有语言成分的语义函数。以 Mini 为例，我们首先假设值域 $V = \mathbb{Z} \cup \mathbb{T}$，可数无穷的变量集合 X，并用 Σ 表示 X 上的全体状态集（相当于一阶逻辑语言中变量的所有赋值），则 Mini 语言成分的语义函数可以初步定义为：

表达式： $[\![\ ]\!]$: $Exp \mapsto (\Sigma \rightharpoonup V)$，使得对任意表达式 E 和状态 σ，若 $E \in IntExp$ 是整数算术表达式，则 $[\![E]\!](\sigma) \in \mathbb{Z}$ 是整数；若 $E \in BExp$ 是布尔表达式，则 $[\![E]\!](\sigma) \in \mathbb{T}$ 是布尔值。

原子语句： $[\![\ ]\!]$: $\{\mathbf{skip}\} \cup \{x := E \mid x \in X, E \in Exp\} \mapsto (\Sigma \rightharpoonup \Sigma)$，使得对任意的状态 σ，变量 x 和表达式 E，$[\![\mathbf{skip}]\!](\sigma) = \sigma$ （即 $[\![\mathbf{skip}]\!] = Id$ 为恒等函数）；$[\![x := E]\!](\sigma) = \sigma[x \leftarrow [\![E]\!](\sigma)] = \sigma[x \leftarrow \sigma(E)]$。可以看出，$[\![\mathbf{skip}]\!] = com(\mathbf{skip}) = Com(\mathbf{skip})$，且 $[\![x := E]\!] = com(x := E) = Com(x := E)$。

复合语句： $[\![\ ]\!]$: $Sts \mapsto (\Sigma \rightharpoonup \Sigma)$，和 *com* 及 *Com* 一样，一个语句对应一个从状态集合到状态集合的偏函数。参考命题8.2 和 8.5，复合语句语义的递归表达式如下：

- 顺序组合 $[\![S_1; S_2]\!] = [\![S_1]\!]; [\![S_2]\!]$，即对 σ，$[\![S_1; S_2]\!](\sigma) = [\![S_2]\!]([\![S_1]\!](\sigma))$。显然，$[\![S_1; S_2]\!](\sigma)$ 有定义当且仅当 $[\![S_1]\!](\sigma)$ 和 $[\![S_2]\!]([\![S_1]\!](\sigma))$ 都有定义。

- 条件选择 $[\![S_1 \lhd B \rhd S_2]\!] = cond([\![B]\!], [\![S_1]\!], [\![S_2]\!])$，因此对任意的 $\sigma \in \Sigma$，$[\![S_1 \lhd B \rhd S_2]\!] = cond([\![B]\!], [\![S_1]\!], [\![S_2]\!])(\sigma)$，即如果 $[\![B]\!](\sigma) = tt$ 则是 $[\![S_1]\!](\sigma)$，如果 $[\![B]\!](\sigma) = ff$ 则是 $[\![S_2]\!](\sigma)$。这个函数值有定义当且仅当 $[\![B]\!](\sigma)$ 有定义，而且当 $[\![B]\!](\sigma) = tt$ 时 $[\![S_1]\!](\sigma)$ 有定义，当 $[\![B]\!](\sigma) = ff$ 时 $[\![S_2]\!](\sigma)$ 有定义。

- 循环语句 $[\![B * S]\!] = cond([\![B]\!], [\![S; B * S]\!], Id) = cond([\![B]\!], ([\![S]\!]; [\![B * S]\!]), Id)$。

顺序复合语句和条件语句的语义的计算似乎不成问题，但循环语句的语义的定义是一个递归方程，即如果将出现在等式两边的 $[\![B * S]\!]$ 用变量 $\mathcal{X}$ 代替，就得到方程

$$\mathcal{X} = cond([\![B]\!], ([\![S]\!]; \mathcal{X}), Id) \tag{LEQ}$$

问题就变成求此方程的解，或说求函数 $cond([\![B]\!], ([\![S]\!]; \mathcal{X}), Id)$ 的**不动点**。然而这个函数是否有不动点？如果有，不动点是否唯一？如果有多个不动点，哪一个是 $[\![B * S]\!]$ 的语义？还有，如何有效地求出这个不动点？例如，当 B 为 tt 且 S 为 **skip** 时的方程如下

$$[\![tt * \mathbf{skip}]\!] = [\![tt * \mathbf{skip}]\!] \quad \text{即} \quad \mathcal{X} = \mathcal{X}$$

任何类型为 $\Sigma \rightharpoonup \Sigma$ 的函数都是这个方程的解。但语句 $tt * \mathbf{skip}$ 对任何初始状态都不停机，也就是说，$[\![tt * \mathbf{skip}]\!]$ 对任何状态都无定义。斯高特建立的论域理论，即第 2.7.5 节完全偏序集及基于完全偏序集的不动点理论，为回答这些问题提供了坚实的数学基础。

8.4.3 Mini 的指称语义定义

为完整定义程序语言的指称语义，关键是求解循环语句的递归方程 (LEQ)。根据第 2.7.5 节中完全偏序 (CPO) 及不动点理论，我们将程序语言成分的指称论域 "提升" 到平坦域（它们是完全偏序集），并定义其上的连续函数。基本做法参考例 2.21。首先定义两个基本的平坦域。

值域完全偏序集 为了简单且不失理论上的一般性，假设程序的布尔变量和布尔表达式的值空间为 $\mathbb{T} = \{ff, tt\}$，其他变量和表达式的值空间为自然数 $\mathbb{N}$，并令 $V = \mathbb{N} \cup \mathbb{T}$。我们依然用 σ 表示一个从（可数无穷的）程序变量集合 X 到值集合 V 的函数（一个状态），$\sigma(x)$ 表示变量 x 在状态 σ 的值，并根据第 2.7.5 节介绍的完全偏序集理论，将值域 $\mathbb{N}$ 提升为平坦域 $\mathbb{N}_\perp$，$\mathbb{T}$ 提升为平坦域 $\mathbb{T}_\perp$，并令 $V_\perp$ 为 $\mathbb{N} \cup \mathbb{T}$ 的平坦域。

状态完全偏序集 基于值域的提升，我们将状态集合 Σ 提升为平域 $\Sigma_\perp$，其中的底元（状态）$\perp$ 定义为对任意程序变量 x 都有 $\perp(x) = \perp$。请注意，为了方便，我们在这里重载了符号 $\perp$，它既表示一个 "值"，又表示每个变量都取值 $\perp$ 的函数（状态）。

8.4.3.1 表达式的语义函数

前面定义的表达式的语义函数的类型改为 $[\![\,]\!] : Exp \mapsto (\Sigma_\perp \mapsto V_\perp)$，并递归定义如下：

(1) 对任意的常数自然数 $n \in \mathbb{N}$ 和任意的状态 $\sigma \in \Sigma$，$[\![n]\!](\sigma) \overset{\text{def}}{=} n$，$[\![n]\!](\perp) \overset{\text{def}}{=} \perp$，也就是说，$[\![n]\!] : \Sigma_\perp \to_\perp V_\perp$ 为常函数 $K_n : \Sigma \mapsto V$ 的极小扩充。

(2) 对任意程序变量 $x \in X$ 和任意状态 $\sigma \in \Sigma$，$[\![x]\!](\sigma) \overset{\text{def}}{=} \sigma(x)$，而 $[\![x]\!](\perp) = \perp$。不难证明，$[\![x]\!] : \Sigma_\perp \to_\perp V_\perp$ 是严格的连续函数。

(3) 对自然数表达式，我们只考虑自然数的加法 + 和乘法 + 操作。对任意表达式 $E_1, E_2 \in IntExp$，任意状态 $\sigma \in \Sigma_\perp$，任意二元操作符 $op \in \{+, \times\}$，

$$[\![op(E_1, E_2)]\!](\sigma) \overset{\text{def}}{=} op_\perp([\![E_1]\!](\sigma), [\![E_1]\!](\sigma))$$

其中 $op_\perp$ 是 $\mathbb{N}$ 上相应的操作 op 到 $\mathbb{N}_\perp$ 的极小扩充。例如，$+_\perp(2,3) = +(2,3) = 5$，$+_\perp(\perp, 3) = \perp$。因此，$[\![op(E_1, E_2)]\!](\sigma) \in \mathbb{N}_\perp$。在算术表达式中运算符通常用中缀形式表示，如 $E_1 + E_2$，我们在下面也常使用这种传统形式。

(4) 对布尔表达式，我们只考虑类型为 $\mathbb{N} \times \mathbb{N} \mapsto \mathbb{T}$ 关系运算 $\{<, =\}$ 以及布尔操作 $\{\neg, \wedge\}$。

① 对 $E_1, E_2 \in IntExp$，$r \in \{<, =\}$ 和 $\sigma \in \Sigma_\perp$，

$$[\![r(E_1, E_2)]\!](\sigma) = r_\perp(([\![E_1]\!](\sigma), [\![E_1]\!](\sigma))$$

其中 $r_\perp$ 是 $\mathbb{N}$ 上相应的关系操作 r 到 $\mathbb{N}_\perp$ 的极小扩充。例如，$<_\perp (2,3) = < (2,3) = tt$，$<_\perp (2, \perp) = \perp$。因此，$[\![r(E_1, E_2)]\!](\sigma) \in \mathbb{T}_\perp$。

② 对任意常数布尔值 $t \in \mathbb{T}$ 和任意的状态 $\sigma \in \Sigma$，$[\![t]\!](\sigma) \stackrel{\text{def}}{=} t$，$[\![t]\!](\bot) \stackrel{\text{def}}{=} \bot$，即 $[\![t]\!] : \Sigma_\bot \to_\bot \mathbb{T}_\bot$ 为常函数 $K_t : \Sigma \mapsto V$ 的极小扩充：若 $\sigma \in \Sigma$，$[\![t]\!](\sigma) = t$，$t(\bot) = \bot$。

③ 对任意布尔表达式 $B \in BExp$ 和状态 $\sigma \in \Sigma_\bot$，$[\![\neg B]\!](\sigma) \stackrel{\text{def}}{=} \neg_\bot([\![B]\!](\sigma))$。这里 $\neg_\bot$ 是 $\neg$ 的极小扩充。即 $\neg_\bot tt = ff$，$\neg_\bot ff = tt$，$\neg_\bot \bot = \bot$。

对任意的布尔表达式 $B_1, B_2 \in BExp$ 和状态 $\sigma \in \Sigma_\bot$，

$$[\![B_1 \wedge B_2]\!](\sigma) \stackrel{\text{def}}{=} ([\![B_1]\!](\sigma) \wedge_\bot [\![B_2]\!](\sigma))$$

这里，$\wedge_\bot$ 是布尔运算 $\wedge$ 的极小扩充。

因此，对任意的表达式 E，$[\![E]\!]$ 是完全偏序集 $(\Sigma_\bot \to_\bot V_\bot)$ 的元素，是连续且严格的函数。

8.4.3.2　语句的语义函数

语句的语义函数应该定义为在状态的平坦域上严格的连续函数：

$$[\![\ ]\!] : Sts \mapsto (\Sigma_\bot \to_\bot \Sigma_\bot)$$

原子语句的语义函数　首先给出从原子语句的语义如下：

- 程序 skip 不改变状态，所以 $[\![\text{skip}]\!] \stackrel{\text{def}}{=} Id$，这里的 Id 是 $\Sigma_\bot$ 上的恒等函数，对任意的 $\sigma \in \Sigma$ 都有 $[\![\text{skip}]\!](\sigma) = \sigma$，而且 $[\![\text{skip}]\!](\bot) = \bot$。显然，$[\![\text{skip}]\!]$ 是严格的连续函数。

- 赋值语句 $x := E$ 在状态 $\sigma \in \Sigma_\bot$ 的执行将变量 x 的值改为表达式 E 在 σ 的值，其他变量保持不变。这也就是将程序状态从 σ 迁移到新状态 $\sigma[x \leftarrow [\![E]\!](\sigma)]$，形式化定义为：

$$[\![x := E]\!] : \Sigma_\bot \mapsto \Sigma_\bot, \qquad [\![x := E]\!](\sigma) \stackrel{\text{def}}{=} \sigma[x \leftarrow [\![E]\!](\sigma)]$$

其中

$$\sigma[x \leftarrow [\![E]\!](\sigma)] \stackrel{\text{def}}{=} \begin{cases} \bot, & \text{如果 } \sigma = \bot \text{ 或 } [\![E]\!](\sigma) = \bot \\ \sigma[x \leftarrow v], & \text{如果 } [\![E]\!](\sigma) = v \in V \end{cases}$$

易见，$[\![x := E]\!]$ 的类型为 $\Sigma_\bot \to_\bot \Sigma_\bot$，它也是完全偏序集集 $\Sigma_\bot$ 上严格的连续函数。

如果语言中还有其他原子语句，它们的语义函数都应该定义为 $\Sigma_\bot$ 上严格的连续函数。在**领域相关语言** (domain specific language，DSL) 和**需求规约语言** (requirements specification language，RLS) 的设计中经常有这样的需要。

复杂程序由语句通过**程序构造子**组合而成，复杂程序的语义也依赖于这些构造子的语义。构造子的语义作用在一个或两个函数上，得到一个函数为 "值"，也称为**算子** (operator)。

顺序组合算子的语义函数 第 2.7.5 节中习题 2.20 定义了复合算子：

$$\circ: (\Sigma_\perp \to_\perp \Sigma_\perp) \times (\Sigma_\perp \to_\perp \Sigma_\perp) \to_c (\Sigma_\perp \to_\perp \Sigma_\perp)$$

对任意状态迁移函数 $F_1, F_2 \in (\Sigma_\perp \to_\perp \Sigma_\perp)$，$\circ(F_1, F_2): \Sigma_\perp \to_\perp \Sigma_\perp$ 是连续且严格的状态迁移函数：对任意的 $\sigma \in \Sigma_\perp$，$\circ(F_1, F_2)(\sigma) = F_2(F_1(\sigma))$。给定两个程序（语句）$S_1$ 和 S_2，定义

$$[\![S_1; S_2]\!] \overset{\text{def}}{=} \circ([\![S_1]\!], [\![S_2]\!]), \quad \text{即对任意的 } \sigma \in \Sigma_\perp, [\![S_1; S_2]\!](\sigma) = [\![S_2]\!]([\![S_1]\!](\sigma))$$

我们把程序的顺序组合算子 ";" 直接定义为上述复合算子 $\circ$。为了方便有较强程序设计背景的读者，在不引起混淆时，我们也用 ";" 表示复合算子 $\circ$。

条件选择算子的语义函数 同样，第 2.7.5 节习题 2.20 中还定义了条件算子

$$cond: (\Sigma_\perp \to_\perp \mathbb{T}_\perp) \times (\Sigma_\perp \to_\perp \Sigma_\perp)^2 \to_c (\Sigma_\perp \to_\perp \Sigma_\perp)$$

对任意的 $b: \Sigma_\perp \to_\perp \mathbb{T}_\perp$，$f_1, f_2: \Sigma_\perp \to_\perp \Sigma_\perp$ 和 $\sigma \in \Sigma_\perp$，

$$cond(b, f_1, f_2)(\sigma) \overset{\text{def}}{=} \begin{cases} f_1(\sigma), & \text{如果 } b(\sigma) = tt \\ f_2(\sigma), & \text{如果 } b(\sigma) = f\!f \\ \perp, & \text{如果 } b(\sigma) = \perp \end{cases}$$

因此，给定布尔表达式 B 以及两个程序 S_1 和 S_2，我们定义条件语句的语义为

$$[\![S_1 \lhd B \rhd S_2]\!] \overset{\text{def}}{=} cond([\![B]\!], [\![S_1]\!], [\![S_2]\!])$$

所以，对任意的状态 $\sigma \in \Sigma_\perp$，

$$\begin{aligned} [\![S_1 \lhd B \rhd S_2]\!](\sigma) &= \begin{cases} \perp, & \text{如果 } [\![B]\!](\sigma) = \perp \\ [\![S_1]\!](\sigma), & \text{如果 } [\![B]\!] = tt \\ [\![S_1]\!](\sigma), & \text{如果 } [\![B]\!] = f\!f \end{cases} \\ &= cond([\![B]\!], [\![S_1]\!], [\![S_2]\!])(\sigma) \end{aligned}$$

直观上讲，对于状态 $\sigma \in \Sigma_\perp$，如果 B 在 σ 的值是 $\perp$，$S_1 \lhd B \rhd S_2$ 在状态 σ 的执行结果也为 $\perp$。如果 B 在 σ 的值是 tt，$S_1 \lhd B \rhd S_2$ 就按照 S_1 执行，否则就按照 S_2 执行。我们把 $\lhd \cdot \rhd$ 看作一个程序构造子，它对任给的布尔表达式 B 和程序语句 S_1 及 S_2，构造出程序语句 $S_1 \lhd B \rhd S_2$。这个条件构造子的指称语义 $[\![\lhd \cdot \rhd]\!]$ 定义为上述的条件算子 $cond$。

循环算子的语义函数 对循环语句 $B * S$，如果从 σ 开始执行 S 两次将使 B 为假，则 $([\![B * S]\!](\sigma)$ 执行可以展开为：

$$\begin{aligned} [\![B * S]\!](\sigma) &= ([\![S]\!]; [\![B * S]\!])(\sigma)), & \text{如果 } [\![B]\!](\sigma) = tt \\ &= [\![B * S]\!]([\![S]\!](\sigma)), & \text{如果 } [\![B]\!](\sigma) = tt \\ &= ([\![S]\!]; [\![B * S]\!])([\![S]\!](\sigma)), & \text{如果 } [\![B]\!]([\![S]\!](\sigma)) = tt \\ &= [\![B * S]\!])([\![S]\!]^2(\sigma)), & \text{如果 } [\![B]\!]([\![S]\!](\sigma)) = tt \\ &= [\![S]\!]^2(\sigma), & \text{如果 } [\![B]\!]([\![S]\!]^2(\sigma)) = f\!f \end{aligned}$$

每次迭代是一个条件语句 $(S; B * S) \lhd B \rhd \text{skip}$，可以看到迁移函数 $[\![B * S]\!]$ 满足等式：

$$[\![B * S]\!] = [\![(S; B * S) \lhd B \rhd \text{skip}]\!]$$

已经知道 $[\![\text{skip}]\!] = Id$ 是类型为 $\Sigma_\perp \to_\perp \Sigma_\perp$ 的恒等函数。上述等式可以重写为

$$[\![B * S]\!] = cond([\![B]\!], ([\![S]\!][\![;]\!][\![B * S]\!]), Id)$$

顺序组合构造子的语义 $[\![;]\!]$ 是函数的复合算子，所以上述等式可以再重写为

$$[\![B * S]\!] = cond([\![B]\!], ([\![S]\!]; [\![B * S]\!]), Id)$$

注意到 $[\![B * S]\!]$ 是类型为 $\Sigma \to_\perp \Sigma$ 的（未知）函数，并且在等式左右两边都出现。将 $[\![B * S]\!]$ 记为 $\mathcal{X}$，并记 $cond([\![B]\!], ([\![S]\!]; \mathcal{X}), Id)$ 为 $\mathcal{G}(\mathcal{X})$。根据第 2.7.5 节中习题 2.20 中 $curry$ 算子的定义，我们有 $\mathcal{G}$ 是类型为 $(\Sigma_\perp \to_\perp \Sigma_\perp) \to_c (\Sigma_\perp \to_\perp \Sigma_\perp)$ 的函数，而且

$$\mathcal{G} = curry(\circ)([\![S]\!]) \circ curry(cond)([\![B]\!], Id)$$

由于 $(\Sigma_\perp \to_\perp \Sigma_\perp)$ 是 CPO，而且 $\mathcal{G}$ 是其上的连续函数。根据第 2.7.5 节中习题 2.20 中定理 2.21$\mathcal{G}$ 最小不动点 $\mu\mathcal{G}$ 存在。

定义 8.4　对 Mini 的任意循环语句 $B * S$，定义 $B * S$ 的指称语义为 $[\![B * S]\!] \overset{\text{def}}{=} \mu\mathcal{G}$，其中

$$\mathcal{G} : (\Sigma_\perp \to_\perp \Sigma_\perp) \to_c (\Sigma_\perp \to_\perp \Sigma_\perp) \text{ 且 } \mathcal{G}(\mathcal{X}) = cond([\![B]\!], ([\![S]\!]; \mathcal{X}), Id)$$

根据 CPO 上连续函数的最小不动点的计算

$$[\![B * S]\!] = \bigsqcup_{n \geqslant 0} \mathcal{G}^n(\perp) \tag{8.1}$$

命题 8.8　对任意布尔表达式 $B \in BExp$ 和程序语句 $S \in Sts$，等式 (8.1) 中定义的 $[\![B * S]\!]$ 是类型为 $\Sigma_\perp \mapsto \Sigma_\perp$ 的连续函数。

可以看到，一个确定性程序的语义是从**初始状态**到**终止状态**的函数。但是，一个具体程序有可能不会正常终止，或者严格讲，一个程序可能进入**死循环**或**异常中断** (abort)，譬如在计算表示偏函数的表达式时。在我们定义的语义模型中，这两种情况统一地用 $\perp$ 状态表示。

习题 8.15　求出如下有循环语句的程序的指称语义函数：

(1) 求出例8.3 中程序 FAC 的语义函数，并求 $[\![\text{FAC}]\!]((4, 0, 0))$。

(2) 求出例8.2 中求最大公因数的程序 GCD 的语义函数，求 $[\![\text{GCD}]\!]((6, 9))$，并证明对任意的状态 σ，如果 $\sigma(x) \leqslant 0$ 或 $\sigma(y) \leqslant 0$，则 $[\![\text{GCD}]\!](\sigma) = \perp$，即 GCD 对输入 σ 不停机。

习题 8.16　求出习题8.3 模拟从咖啡罐中取豆过程的程序的指称语义函数，并证明如果过程开始时罐中至少有一个豆子，过程一定终止而且终止时罐中有一个咖啡豆。进一步思考如何证明过程开始时罐中有偶数个（包括零个）白色咖啡豆当且仅当过程结束时罐中剩下的豆子是黑色。

8.5 指称语义和操作语义的一致性

操作语义很直观，接近计算机执行程序的过程，对语言实现有直接的指导意义。虽然操作语义的正确性难以严格证明，但通过证明一些如命题8.2 和命题8.5 的性质，再进行一些测试，其合理性还是容易理解和接受的。然而，指称语义抽象掉计算机执行程序的细节，要考虑其合理性和正确性，只能以一个建立好的操作语义为标准，证明指称语义和该操作语义的一致性。我们下面证明 8.4 节定义的 Mini 的指称语义与 8.3.3 节定义的 Mini 的结构化操作语义一致。有程序测试经验的读者知道，通过测试无法得出关于这个程序的终止性和正确性（即是否会正常终止及终止时的状态和初始状态的关系）确定的结论。

我们知道操作语义定义程序的计算 $Com : Sts \mapsto (\Sigma \mapsto \Sigma)$，对具体的程序语句 S，$Com(S)$ 可能是偏函数。现在我们把它提升为 $\Sigma_\perp$ 上的全函数 $Com : Sts \mapsto (\Sigma_\perp \mapsto \Sigma_\perp)$。对任意的程序语句 S 和状态 $\sigma \in \Sigma_\perp$，令：

$$Com(S)(\sigma) \stackrel{\text{def}}{=} \begin{cases} \sigma', & \text{如果 } \sigma \neq \perp \text{ 且 } <S,\sigma> \hookrightarrow^* \sigma' \\ \perp, & \text{否则} \end{cases}$$

我们首先证明如下引理。

引理 8.3 设 $Com(S)$ 是上面定义的函数，$\hookrightarrow: Con \times Con$ 是结构化操作语义的归约关系。$[\![\ ]\!]$ 是程序语句的指称语义函数，对任意 Mini 程序语句 S、S' 和程序状态 $\sigma,\sigma' \in \Sigma_\perp$ 总有：

(1) 如果 $<S,\sigma> \hookrightarrow <S',\sigma'>$，则 $[\![S]\!](\sigma) = [\![S']\!](\sigma')$；

(2) 如果 $<S,\sigma> \hookrightarrow \sigma'$，则 $[\![S]\!](\sigma) = \sigma'$。

证明： 对 Mini 的程序语句归约关系归纳如下：

基础： 归约规则中有四条公理，即没有前提条件的归约规则（或公理）。

- S 为 **skip** 时，$<\mathbf{skip},\sigma> \hookrightarrow \sigma$。而 $[\![\mathbf{skip}]\!](\sigma) = Id(\sigma) = \sigma$。因此引理成立。

- S 为赋值语句 $x := E$ 时，$<x := E,\sigma> \hookrightarrow \begin{cases} \sigma[x \leftarrow [\![E]\!](\sigma)] & \text{如果 } [\![E]\!](\sigma) \in V \\ \perp & \text{如果 } [\![E]\!](\sigma) = \perp \end{cases}$，

  而 $[\![x := E]\!](\sigma) = \begin{cases} \sigma[x \leftarrow [\![E]\!](\sigma)], & \text{如果 } [\![E]\!](\sigma) \in V \\ \perp, & \text{如果 } [\![E]\!](\sigma) = \perp \end{cases}$，引理成立。

- S 为条件语句 $S_1 \triangleleft B \triangleright S_2$ 时，如果 $[\![B]\!](\sigma) = tt$，则 $<S_1 \triangleleft B \triangleright S_2,\sigma> \hookrightarrow <S_1,\sigma>$。而 $[\![S_1 \triangleleft B \triangleright S_2]\!] = cond([\![B]\!],[\![S_1]\!],[\![S_2]\!])$，故当 $[\![B]\!](\sigma) = tt$ 时，

$$[\![S_1 \triangleleft B \triangleright S_2]\!](\sigma) = cond([\![B]\!],[\![S_1]\!],[\![S_2]\!])(\sigma) = [\![S_1]\!](\sigma)$$

如果 $[\![B]\!](\sigma) = ff$，则 $<S_1 \triangleleft B \triangleright S_2,\sigma> \hookrightarrow <S_2,s>$，而在这种情况下

$$[\![S_1 \triangleleft B \triangleright S_2]\!](\sigma) = cond([\![B]\!],[\![S_1]\!],[\![S_2]\!])(\sigma) = [\![S_2]\!](\sigma)$$

所以，引理成立。

- S 为循环语句 $B * S_1$ 时，如果 $[\![B]\!](\sigma) = tt$ 则 $< B * S_1, \sigma > \hookrightarrow < S_1; B * S_1, \sigma >$；如果 $[\![B]\!](\sigma) = ff$ 则 $< B * S_1, \sigma > \hookrightarrow < \mathbf{skip}, \sigma >$。而 $[\![B * S_1]\!] = cond([\![B]\!], [\![S_1; B * S_1]\!], Id)$，因此

$$[\![B * S_1]\!](\sigma) = \begin{cases} [\![S_1; B * S_1]\!](\sigma), & \text{如果 } [\![B]\!](\sigma) = tt \\ [\![\mathbf{skip}]\!](\sigma) = \sigma, & \text{如果 } [\![B]\!](\sigma) = ff \end{cases}$$

如此引理得证。

归纳：　关于规则 $\dfrac{< S_1, \sigma > \hookrightarrow < S_1', \sigma' > \mid \sigma'}{< S_1; S_2, \sigma > \hookrightarrow < S_1'; S_2, \sigma' > \mid < S_2, \sigma' >}$。假设引理对规则的前提条件成立，即如果 $< S_1, \sigma > \hookrightarrow < S_1, \sigma' >$，则 $[\![S_1]\!](\sigma) = [\![S']\!](\sigma')$；如果 $< S_1, \sigma > \hookrightarrow \sigma'$，则 $[\![S_1]\!](\sigma) = \sigma'$。因此有，如果 $< S_1, \sigma > \hookrightarrow < S_1, \sigma' >$，

$$[\![S_1; S_2]\!](\sigma) = ([\![S_1]\!]; [\![S_2]\!])(\sigma) = [\![S_2]\!]([\![S_1]\!](\sigma)) = [\![S_2]\!]([\![S_1']\!](\sigma'))$$

所以，如果 $< S_1, \sigma > \hookrightarrow \sigma'$，则

$$[\![S_1; S_2]\!](\sigma) = ([\![S_1]\!]; [\![S_2]\!])(\sigma) = [\![S_2]\!]([\![S_1]\!](\sigma)) = [\![S_2]\!](\sigma')$$

因此，引理成立。　　　　　　　　　　　　　　　　　　　　　　　　　$\square$

由上面引理很容易得到一个简单推论：

推论 8.2　Mini 程序语句的指称函数满足如下两个条件：

(1) 如果 $< S, \sigma > \hookrightarrow^* < S', \sigma' >$，则 $[\![S]\!](\sigma) = [\![S']\!](\sigma')$；

(2) 如果 $< S, \sigma > \hookrightarrow^* \sigma'$，则 $[\![S]\!](\sigma) = \sigma'$。

其中 $\hookrightarrow^*$ 是操作语义的归约 $\hookrightarrow$ 的自反传递闭包。

命题 8.9　令 $[\![\ ]\!]$ 是程序语句的指称语义函数，则有 $Com(S) = [\![S]\!]$，即对任意的 Mini 程序语句 S 和程序状态 $\sigma \in \Sigma_\perp$，总有 $Com(S)(\sigma) = [\![S]\!](\sigma)$。

证明：首先按偏序集 $\Sigma_\perp \mapsto \Sigma_\perp$ 的偏序关系 $\leqslant$ 证明对任意 Mini 程序语句 S 有 $Com(S) \leqslant [\![S]\!]$。因此，当 $Com(S)(\sigma) \neq \perp$ 时，有 $< S, \sigma > \hookrightarrow^* Com(S)(\sigma)$。对 $< S, \sigma > \hookrightarrow^* < S, \sigma' >$ 及 $< S, \sigma > \hookrightarrow^* \sigma'$ 进行结构归纳（也称为基于规则的归纳）。

基础：$S = S'$，则 $\sigma = \sigma'$。$Com(S)(\sigma) \leqslant [\![S]\!](\sigma)$，其实是相等。

归纳：设 $< S, \sigma > \hookrightarrow^* < S', \sigma' >$，而且 $Com(S')(\sigma') \leqslant [\![S']\!](\sigma')$。由于推论8.2，$[\![S]\!](\sigma) = [\![S']\!](\sigma')$。假设 $< S', \sigma' > \hookrightarrow < S'', \sigma'' >$ 或 $< S', \sigma' > \hookrightarrow \sigma''$，则根据引理8.3 分别有 $[\![S']\!](\sigma') = [\![S'']\!](\sigma'')$ 或 $[\![S']\!](\sigma') = \sigma''$。而根据 Com 的定义，分别有

$$Com(S)(\sigma) = Com(S')(\sigma') = Com(S'')(\sigma'') \quad \text{或} \quad Com(S)(\sigma) = Com(S')(\sigma') = \sigma''$$

因此，当 $Com(S)(\sigma) \neq \perp$ 时，有 $Com(S)(\sigma) \leqslant [\![S]\!](\sigma)$。

现在证明 $\llbracket \cdot \rrbracket \leqslant Com$，请注意关于 Com 的命题8.5。我们对 Mini 语句进行结构归纳。
基础： $Com(\mathbf{skip}) = Id = \llbracket \mathbf{skip} \rrbracket$，结论成立。对任意的程序变量 x、表达式 E 和状态 σ，如果 $\llbracket E \rrbracket(\sigma) \neq \bot$，就有 $Com(x := E)(\sigma) = \sigma[x \leftarrow \llbracket E \rrbracket(\sigma)] = \llbracket x := E \rrbracket(\sigma)$；如果 $\llbracket E \rrbracket(\sigma) = \bot$，则 $\llbracket x := E \rrbracket(\sigma) = \bot$。因此 $\llbracket \, \rrbracket \leqslant Com$。

归约： 我们对每种复合语句进行归约如下：

- 关于顺序组合，假设 $\llbracket S_1 \rrbracket \leqslant Com(S_1)$ 且 $\llbracket S_2 \rrbracket \leqslant Com(S_2)$。由于函数的复合算子"；"在 CPO $\Sigma_\bot \mapsto \Sigma_\bot$ 上单调，因此 $\llbracket S_1; S_2 \rrbracket = \llbracket S_1 \rrbracket; \llbracket S_2 \rrbracket \leqslant Com(S_1); Com(S_2)$（命题8.5）。

- 关于条件选择，假设 $\llbracket S_1 \rrbracket \leqslant Com(S_1)$ 且 $\llbracket S_2 \rrbracket \leqslant Com(S_2)$，对任意的布尔表达式 B，

$$\llbracket S_1 \lhd B \rhd S_2 \rrbracket = cond(\llbracket B \rrbracket, \llbracket S_1 \rrbracket, \llbracket S_2 \rrbracket)$$

根据命题8.5，$Com(S_1 \lhd B \rhd S_2) = cond(\llbracket B \rrbracket, Com(S_1), Com(S_2))$。根据 $cond$ 的单调性，$\llbracket S_1 \lhd B \rhd S_2 \rrbracket \leqslant Com(S_1 \lhd B \rhd S_2)$ 成立。

- 关于循环语句，$\llbracket S \rrbracket \leqslant Com(S)$，$\llbracket B * S \rrbracket = \mu(\mathcal{G}(\mathcal{X}))$。其中 $\mathcal{G}(\mathcal{X}) = cond(\llbracket B \rrbracket, (\llbracket S \rrbracket; \mathcal{X}), Id)$。由于 $cond$ 和函数复合"；"的单调性，我们有

$$\begin{aligned} \mathcal{G}(Com(B * S)) &= cond(\llbracket B \rrbracket, (\llbracket S \rrbracket; Com(B * S)), Id) \\ &\leqslant cond(\llbracket B \rrbracket, (Com(S); Com(B * S)), Id) \\ &= Com(B * S) \end{aligned}$$

因此，$\llbracket B * S \rrbracket = \mu(\mathcal{G}(\mathcal{X})) \leqslant Com(B * S)$ 可以由下面有关域论的不动点的命题得出。

$\square$

命题 8.10 设 $(D, \leqslant)$ 为 CPO，f 为 D 上的连续函数。对任 $d \in D$，如果 $f(d) \leqslant d$，则 $\mu(f) \leqslant d$。

一般情况，如果 F 是满足引理8.3 中 (1) 和 (2) 的状态转换函数，就有 $Com \leqslant F$，即 Com 是满足这两个条件的最小函数（程序语句的语义函数 $\llbracket \, \rrbracket$ 也是满足 (1) 和 (2) 的最小函数）。

习题 8.17 请给出命题8.10 的证明。

习题 8.18 有了程序语言的语法和语义的形式化定义，就可以严格定义**程序的正确性**。这个概念又是建立在**程序需求规约**这一概念的基础上的。

简单讲，一个程序的需求规约，简称**程序规约** (program specification)，表述该程序应实现的功能。如果用自然语言表述规约，如"初始时变量 x 和 y 保存两个任意整数，程序 S 保证结束时 x 的值不大于 y 的值"，但我们无法证明写出的程序相对这个规约是正确的。严格的规约可以通过对程序中（一些）变量的初始状态和终止状态的关系表述。譬如，x 和

y 程序 S 的变量，对任何初始状态 σ_0，如果 $\sigma_0(x), \sigma_0(y) \in \mathbb{Z}$，$S$ 执行后的状态 $[\![S]\!](\sigma_0)$ 一定满足：

$$(\sigma_0(x) \leqslant \sigma_0(y)) \to ([\![S]\!](\sigma_0)(x) = \sigma_0(x) \wedge [\![S]\!](\sigma_0)(y) = \sigma_0(y))$$
$$\wedge \quad (\sigma_0(x) > \sigma_0(y)) \to ([\![S]\!](\sigma_0)(x) = \sigma_0(y) \wedge [\![S]\!](\sigma_0)(y) = \sigma_0(x))$$

上述断言是规约了将程序变量 x 和 y 的初始值按大小排序的程序功能需求。一个程序 S 的规约的一般形式是 "如果初始状态满足 P 则终止状态满足条件 Q"。

(1) 称程序 S **相对给定的规约正确** (correct for the specification)，如果可以证明 S 的语义函数满足规约的条件。请写一个满足上述排序规约的 Mimi 程序，并证明该程序正确。

(2) 根据操作语义修改上述排序规约的表述形式，使得程序的正确性证明根据操作语义给出。

(3) 编写上述排序程序可能会用到除 x 和 y 外的程序变量，它们一般称为局部（内部）变量。请阅读有关包含局部变量的程序语言的语法和非形式语义，设法给出允许有局部变量的程序的指称语义。值得指出，抽象的程序规约通常不会显式说明计算中使用的局部变量。

(4) 举例说明对同一个程序可以有不同的但相互等价的规约，一个程序可以满足很多不等价的规约，不同程序可以满足相同的规约。

(5) 如果一个程序 S_1 满足程序 S_2 满足的所有规约，则称 S_1 是 S_2 的**精化** (refinement)。给出程序精化的例子。

(6) 根据上面讨论的程序规约和正确性证明等重要概念，讨论程序测试和程序正确性证明之间的关系、本质区别和优缺点。

8.6　程序语言的公理语义

　　早期，操作语义和指称语义的研究者主要考虑程序语言的设计与实现，以及对语言的理解。随着程序语言的表达形式和抽象层次的不断提升，语言成分和结构的复杂性的增长，程序的功能和规模的增大，程序的非功能性（运行时间、空间、容错等）需求，程序的用户、程序的设计者以及程序的客户（拥有者）越来越多样化和差异化的需要，程序设计理论必须应对这些发展，更多关注和研究程序需求规约、程序的正确性分析和验证等问题。

　　不难理解，程序的正确只能相对于需求规约来判定。一个程序相对给定的规约正确，指该程序满足这个规约。严格定义程序的正确性，需要建立在程序的**运行模型**或语义模型的基础上，譬如操作语义或指称语义。但是，要进行程序正确性分析和验证，还需要一套系统的规则和方法，最自然的就是用数理逻辑的技术和方法。**公理语义**研究如何用形式化的逻辑语言描述程序需求规约，并严格定义程序语言的语义。在这些工作的基础上，就可以用形式逻辑去做程序正确性的分析和验证了。这样的需求规约称为**形式化需求规约** (formal specification)，这样的程序分析称为**形式化程序分析**，这样的程序验证称为**形式化程序验证**。

1967 年美国学者罗伯特·弗洛伊德 (Robert W. Floyd，1936~2001) 发表《给程序赋予语义》(Assigning Meanings to Programs) 一文，首次提出用谓词断言表达程序的意义并用逻辑论证程序是否具有所赋予的意义。该论文提出的方法是在流程图的每一连接线上标注一个逻辑断言，并且证明控制经过连接线时对应断言一定成立。论文还提出了基于这种逻辑标记的形式推理，证明了该系统的完备性，解决了如何证明程序终结的问题。这种方法称为**归纳断言法** (inductive assertion method) 或**前后断言法** (pre- and post-assertion method)。

1969 年英国学者托尼·霍尔 (Charles Antony Richard Hoare，1934~) 发表了具有里程碑意义的论文《计算机程序设计的公理基础》(An axiomatic basis for computer programming)，用一个形式逻辑公理系统定义了简单结构化程序语言的语义。该系统后来被称为**霍尔逻辑** (Hoare Logic)，由于可以看作弗洛伊德语义的发展，因此也被称为**弗洛伊德-霍尔逻辑**。这种在描述程序语义的同时提供语义推演能力的逻辑语言称为**程序语言语义定义的元语言**，这样的逻辑系统也称为**程序设计逻辑** (programming logic)。

程序逻辑统一了程序的语义定义和性质（需求）规约，也统一了程序的正确性分析和证明与语义分析和论证，它是程序正确性研究的理论基础，也是现代大型复杂软件的需求形式规约、设计和实现的形式化分析和验证的基础。需要指出，现代计算机和软件系统的需求早已超出了纯粹的数据处理功能（即程序实现的状态转换关系），还包括许多非功能要求，如**实时性、容错性**、（信息）**安全性、可靠性、鲁棒性、能耗**等。这些不同需求和特征同样要在程序语言（或模型语言）的语义中表述，也需要相关的分析和验证方法。例如，针对不确定性程序和并发程序的语义，20 世纪 70 年代末有人提出用**时态逻辑**定义语言的语义，称为**时态语义**。近年，随着基于因特网和各种通信网络的分布式系统的发展，带时间的和**概率的时态逻辑**也相继出现在语义学中。霍尔逻辑一直被作为各种新兴程序逻辑的基础。本节将介绍霍尔逻辑的思想、概念和规则。

8.6.1 非形式霍尔逻辑

我们首先分析所关心的程序的语义及其表达形式，然后按建立逻辑系统的常规，先定义需要的逻辑语言，再建立推理系统，最后讨论逻辑语言的解释以及可靠性和完备性问题。

本章开头就说过，一个递归函数、λ-表达式、图灵机和顺序程序，都表示一个从输入到输出的偏函数。一个 Mini 程序定义了一个从程序变量的初始值到终止值的函数。操作语义中的 com、Com 和语句的指称语义函数严格描述了程序的这种意义。程序 S 的操作语义通过具体的程序状态操作的归约，从给定初始状态 σ 出发，一步一步归约到终止状态 $com(S)(\sigma)$ 或 $Com(S)(\sigma)$；指称语义直接把 S 的语义定义为其实现的函数 $[\![S]\!]$，对于初始状态 σ，程序执行的终止状态是 $[\![S]\!](\sigma)$，隐去了中间执行信息（但递归计算 $[\![S]\!](\sigma)$ 的过程依然展示一些执行信息）。第 2 章说函数是一类特殊关系，关系也是集合，而一个集合对应一个性质或谓词公式（集合的内涵定义）。第 5 章进一步讨论了一阶语言的解释，说明可以用谓词表示函数的变量取值和相应函数值的对应。因此，用逻辑语言表述函数并不难理解。

根据上面的说明，一个 n-元偏函数 $f(x_1, \cdots, x_n)$ 可以表示为一个集合

$$\underline{f}(x_1, \cdots, x_n) \stackrel{\text{def}}{=} \{((v_1, \cdots, v_n), (v'_1, \cdots, v'_n)) \mid P(v_1, \cdots, v_n) \to Q(v'_1, \cdots, v'_n)\}$$

意思是，如 $(x_1, \cdots, x_n)$ 的取值满足条件 $P(v_1, \cdots, v_n)$ 且 $f(x_1, \cdots, x_n)$ 有定义，则 $f(x_1, \cdots, x_n)$ 的值 $(v'_1, \cdots, v'_n)$ 保证满足条件 $Q(v'_1, \cdots, v'_n)$。譬如，阶乘函数 $f(x) = x!$ 可以表述为 $\{(v, v') \mid v \in \mathbb{N} \to v' = v!\}$，互换两个变量值的函数 $SWAP(x, y)$ 可以表述为

$$\{((v_1, v_2), (v'_1, v'_2)) \mid (v_1, v_2) \text{ 可取任意值}, v'_1 = v_2 \text{ 且 } v'_2 = v_1\}$$

如此看，偏函数 $f(x_1, \cdots, x_n)$ 可以用三元组 $\{P\}f(x_1, \cdots, x_n)\{Q\}$ 表述。由于确定性串行程序 S 实现一个偏函数，所以也可以用三元组表述为 $\{P\}S\{Q\}$，这种表述形式通常称为**霍尔三元组**，其中的 P 和 Q 是以程序变量为自由变量的谓词公式，S 是程序（语句）。P 称为程序 S 的**前置条件** (precondition)，Q 称为 S 的**后置条件** (postcondition)。这样一个三元组构成了一个**程序归纳命题** (program induction proposition)，其含义大致是 "如果程序 S 的变量初始值满足前置条件 P，则 S 执行后的程序变量的结果值满足后置条件 Q"。

程序的归纳命题可以完全地刻画确定性程序的语义，即程序实现的函数，如例 8.3 中的程序 FAC 可以用归纳命题 $\{x \in \mathbb{N}\}FAC\{y = x!\}$ 严格定义。实际上，归纳命题可以表示程序的任何性质，例如 $\{x \in \mathbb{N} \wedge x > 4\}FAC\{y > x^2\}$。如果一个归纳命题能在霍尔逻辑系统中证明是定理，就说明程序相对该归纳命题是 "正确的"。如果发现归纳命题不是定理，则可以说程序不正确或有错误，常说是有 bug（漏洞）。这说明，霍尔三元组可用于描述程序的各种有意义的性质或需求。例如 $\{x \notin \mathbb{N}\}FAC\{\text{false}\}$ 表示如果 x 的初始值是负数时（注意，已假设 x 是整数），程序 FAC 不会得到结果（任何值都不能使恒假命题 false 为 "真"），或者说 FAC 不终止。

表述归纳命题中前置条件和后置条件的谓词公式称为关于程序状态的状态断言，简称**断言** (assertion)。书写断言的语言称为**断言语言** (assertion language)，通常选自某个给定数学系统的形式语言，如第 7 章中的公理集合论、形式算术系统。具体选择与程序语言中变量的取值空间有关。不同数学系统的定理集合不同，断言之间的等价关系不同。譬如，如果选定形式自然数算术语言，则 $x \in \mathbb{N}$ 等价于对 x 无约束，即恒真命题 true。这样 $\{x \in \mathbb{N}\}FAC\{y = x!\}$ 就等价于 $\{\text{true}\}FAC\{y = x!\}$，$\{x \in \mathbb{N} \wedge x > 4\}FAC\{y > x^2\}$ 等价于 $\{x > 4\}FAC\{y > x^2\}$，而 $\{x \notin \mathbb{N}\}FAC\{\text{false}\}$ 不合法。也可以关心 FAC 中变量 z 的值，例如写归纳命题 $\{\text{true}\}FAC\{z = 0\}$ 表示无论 FAC 的变量（也可以包括不在 FAC 中的变量）初值如何，FAC 执行后 z 的值总是 0。如果把断言语言改为整数或实数算术系统的语言，true 的含义就不同了，$\{\text{true}\}FAC\{z = 0\}$ 的含义也不同了。

只允许用以程序变量为自由变量的断言，无法用归纳命题显式表示程序是否终止。程序终止与否的意义需要在定义霍尔逻辑的语义的元语言中说明。我们严格地说 $\{P\}S\{Q\}$ 的含义是 "对任意状态 σ，如果程序变量在 σ 的值满足 P，而且 S 从 σ 的执行终止，则终止时程序变量的值满足 Q"。因此 $\{P\}S\{Q\}$ 成立并不保证从满足前置条件的初始状态执行 S 一定终止。对霍尔逻辑的这样表述的解释称为**部分正确性** (partial correctness) 语义。$\{P\}S\{Q\}$ 的另一含义可以是 "对任意状态 σ，如果程序变量在状态 σ 的值满足 P，则 S

从状态 σ 的执行会终止而且终止时程序变量的值满足 Q"。在这种解释基础上的霍尔逻辑表述和证明的正确性称为霍尔逻辑的**完全正确性** (total correctness) 语义。为了与部分正确性的霍尔逻辑区别，我们将完全正确性的归纳命题写为 $[P]S[Q]$。下面主要讨论有关程序部分正确性的霍尔逻辑。

习题 8.19 设 S 是一个 Mini 程序，并令 A 表示命题 "程序 S 初始状态满足前置条件"，B 表示命题 "程序 S 执行停机"，C 表示 "程序 S 执行终止状态满后置条件"。通过命题逻辑中 $A \wedge B \to C$ 和 $A \to B \wedge C$ 的区别，讨论理解霍尔逻辑的部分正确性语义和完全正确性语义的区别和关系，并举例说明。

8.6.2 霍尔逻辑

我们现在按一般形式逻辑的定义方式介绍霍尔逻辑的形式化系统，首先定义其形式语言，然后给出公理和推理规则，进而定义该逻辑中的定理。

霍尔逻辑的形式语言 霍尔逻辑的形式语言首先包括表达程序断言的断言语言。譬如，为了定义 Mini 的公理语义，我们可使用第7.4 节的形式化算术系统的形式语言作为断言语言。但是，为使定义的霍尔逻辑具有普适性，我们假设用一个一般数学系统 S 的语言 $\mathscr{L}_S$ 作为断言语言，以 $\mathscr{L}_S$ 的合式公式作为断言。这样，我们的霍尔逻辑语言 $\mathscr{L}_H$ 是 $\mathscr{L}_S$ 一个扩充，包括：

- 符号表：除了 $\mathscr{L}_S$ 的符号，增加程序语言语法定义需要的符号。

- 合式公式：除了 $\mathscr{L}_S$ 的合式公式（称为断言），增加程序归纳命题，即如果 P 和 Q 是断言，S 是符合语法的程序语句，则程序归纳命题 $\{P\}S\{Q\}$ 也是合式公式。

霍尔逻辑的公理系统 Mini 语义的公理系统，记为 $\mathcal{H}$，是数学系统 S 通过增加如下有关程序归纳命题的公理模式和推理模式规则（在第7章中称为**合适的**公理和规则）得到的扩展：设 P、Q、R、P_1、P_2、Q_1、Q_2 和 Iv 为 $\mathscr{L}_S$ 的合式公式，S、S_1 和 S_2 是程序语句

(1) **skip 语句**：空语句 **skip** 的语义由如下公理模式定义：

$$(\text{SKIP}) \qquad \{P\}\textbf{skip}\{P\}$$

语句 **skip** 的执行不改变程序变量的值，其指称函数就是恒等函数。因此，如果 **skip** 执行前程序变量的值使断言 P 成真，则 **skip** 执行终止后程序变量的值仍然使断言 P 成真。

(2) **赋值语句**：赋值语句 $x := E$ 的语义由如下公理模式定义：

$$(\text{ASIG}) \qquad \{P[E/x]\}x := E\{P\}$$

$x := E$ 的执行将变量 x 的值修改为该语句执行前表达式 E 的值，而其他变量的值保持不变（Mini 中赋值语句无**副作用**）。因此，如果 $x := E$ 执行前的状态使 $P[E/x]$

成真，这里 $P[E/x]$ 表示将 P 中 x 的所有自由出现同时替换为表达式 E，而且 E 在 P 中对 x 自由（见 5.2.6 节），则 $x := E$ 结束时的状态使 P 成真，因为结束时和执行前状态的唯一差别就是结束时 x 的值是执行前 E 的值。譬如 $x := x + 1$ 执行后 x 值是执行前 $x + 1$ 的值，因此如果执行前 $x + 1$ 的值为 2，即 x 的值为 1，则执行后 x 的值为 2，因此 $\{x + 1 = 2\}x := x + 1\{x = 2\}$ 成立，对任意的断言 P 有 $\{P[(x+1)/x]\}x := x + 1\{P\}$ 成立。公理 $\{P[E/x]\}x := E\{P\}$ 常被称为赋值语句的**逆向替换规则** (backward substitution law)。

(3) **顺序组合语句**：$S_1; S_2$ 的语义由如下的推理规则定义：

$$(\text{SEQN}) \quad \frac{\{P\}S_1\{R\}, \ \{R\}S_2\{Q\}}{\{P\}S_1; S_2\{Q\}}$$

顺序组合语句 $S_1; S_2$ 的执行先在其初始状态执行 S_1，将 S_1 的终止状态作为 S_2 的初始状态执行 S_2，并将 S_2 终止时的状态作为复合语句 $S_1; S_2$ 执行的终止状态。因此，对于断言 P 和 Q，如果存在一个中间（链接）断言 R 使得若 S_1 执行前的状态使 P 真，则 S_1 执行后的状态使 R 真；而且如果 S_2 执行前的状态使 R 成真，S_2 执行后的状态就使 Q 真，那么如果 $S_1; S_2$ 执行前的状态使 P 成真，先执行 S_1 后的状态就是接着执行 S_2 前的状态，使断言 R 真，S_2 执行结束时也是复合语句执行结束时，那时的状态将使 Q 成真。

(4) **条件语句**：条件语句 $S_1 \lhd B \rhd S_2$ 的语义由下面的推理规则模式定义：

$$(\text{COND}) \quad \frac{\{B \wedge P\}S_1\{Q\}, \{\neg B \wedge P\}S_2\{Q\}}{\{P\}S_1 \lhd B \rhd S_2\{Q\}}$$

语句 $S_1 \lhd B \rhd S_2$ 在执行前的状态满足条件 B 时执行 S_1，满足条件 $\neg B$ 时执行 S_2。因此，要保证条件语句在执行前的状态满足前置条件 P 时其执行后的状态满足后置条件 Q，当且仅当在执行前状态满足 B 时执行 S_1 后的状态满足 Q，而且在执行前状态满足 $\neg B$ 时执行 S_2 后的状态也满足 Q。从操作语义定义的计算 $com(S_1 \lhd B \rhd S_2)$ 和 $Com(S_1 \lhd B \rhd S_2)$ 以及指称语义函数 $[\![S_1 \lhd B \rhd S_2]\!]$，都可知 $S_1 \lhd B \rhd S_2$ 实现一个分情况函数：

$$F(x_1, \cdots, x_n) = \begin{cases} F_1(x_1, \cdots, x_n), & \text{如果 } B(x_1, \cdots, x_n)\text{成立} \\ F_2(x_1, \cdots, x_n), & \text{如果 } \neg B(x_1, \cdots, x_n)\text{成立} \end{cases}$$

这里假设 F_1 和 F_2 分别是程序语句 S_1 和 S_2 实现的函数。

(5) **循环语句**：循环语句 $B * F$ 的语义由下面的推理规则模式定义：

$$(\text{LOOP}) \quad \frac{\{Iv \wedge B\}S\{Iv\}}{\{Iv\}B * S\{Iv \wedge \neg B\}}$$

语句 $B * S_2$ 在执行前状态满足条件 B 时执行 S，如果执行 S 后状态仍满足 B 就再次执行 S，如此迭代直到 B 不满足（可能永远不出现 B 不满足的情况）时终止（可能永不终止)。本规则模式的前提 $\{Iv \wedge B\}S\{Iv\}$ 保证,只要执行 S 前的状态满足条件 Iv,执行 S 后的状态将依然满足 Iv。这样,循环语句执行终止时的状态依然满足 Iv,而且还满足终止条件 $\neg B$。按照函数的观点,这个规则表示循环语句 $B * S$ 的意义为一个把满足 Iv 的状态映射到满足 $Iv \wedge \neg B$ 的状态的函数。这个映射通过一个迭代过程完成,而条件 Iv 保证迭代过程在 "正确的方向或轨道进行"。语义规则 (LOOP) 中的 Iv 称为循环语句的**不变式** (invariant),确定合适的不变式是设计循环语句和证明循环语句的正确性的关键。

(6) **加强前置条件减弱后置条件**:我们往往不能直接证明归纳命题 $\{P\}S\{Q\}$,而是需先证明一个更强的归纳命题。为此,有如下的推理规则模式:

$$\text{(SPWP)} \quad \frac{P \to P_1, \{P_1\}S\{Q_1\}, Q_1 \to Q}{\{P\}S\{Q\}}$$

这条规则与语句 S 的具体结构无关,$P \to P_1$ 和 $Q_1 \to Q$ 都不是归纳命题,而是形式系统 $\mathscr{L}_S$ 的公式,需要证明为逻辑系统 S 的定理(因此全称闭式 $(P \to P_1)'$ 和 $(Q_1 \to Q)'$ 也是定理)。这条规则说明如果一个归纳命题 $\{P_1\}S\{Q_1\}$ 成立,即是 $\mathcal{H}$ 中的定理,则其前置条件加强为 P 且后置条件减弱为 Q 后的归纳命题同样成立。

我们可以把归纳命题 $\{P\}S\{Q\}$ 视为 S 的一个**契约**,在保证了前置条件 P 的前提下,S 的执行保证建立后置条件。规则 (SPWP) 意指如果 S 在较弱的前提条件下保证一个更强的后置条件,则它一定能在更强的前提下保证建立更弱的后置条件。如果 $P \to P_1$ 和 $Q_1 \to Q$ 成立,我们称契约 $\{P_1\}S\{Q_1\}$ 是契约 $\{P\}S\{Q\}$ 的**精化**,记为 $(\{P\}S\{Q\}) \sqsubseteq (\{P_1\}S\{Q_1\})$。在霍尔逻辑基础上发展出了一种称为**基于契约的程序设计方法学**。

从霍尔逻辑上述六条公理和规则可以看出,Mini 语言的公理语义系统中所基于的一阶语言必须包括 Mini 中的表达式为项。

霍尔逻辑中的定理 有了霍尔逻辑的公理系统,证明程序 S 具有由程序归纳命题 $\{P\}S\{Q\}$ 所描述的语义(或说需求),就是证明它为霍尔逻辑 $\mathcal{H}$ 的一个**定理**。但要注意,推理规则模式 (SPWP) 涉及断言语言 $\mathscr{L}_S$ 的证明系统 S,因此 $\mathcal{H}$ 中的证明和定理的定义如下。

定义 8.5 (霍尔逻辑证明和定理) $\mathcal{H}$ 中的一个有穷合式公式序列 $\mathcal{P}_1, \cdots, \mathcal{P}_n$ 称为一个**霍尔逻辑证明** (Hoare Logic proof),如果对任意的 $i : 1 \leqslant i \leqslant n$ 有

(1) 如果 $\mathcal{P}_i$ 是断言语言 $\mathscr{L}_S$ 中的合式公式,则 $\mathcal{P}_i$ 是断言系统 S 中的定理,即 $\vdash_S \mathcal{P}_i$。

(2) 如果 $\mathcal{P}_i$ 不是 $\mathscr{L}_S$ 的合式公式,则 $\mathcal{P}_i$ 或是公理模式 (SKIP) 或 (ASIG) 的实例,或是由 $\mathcal{P}_1, \cdots, \mathcal{P}_{i-1}$ 通过推理规则模式 (SEQN)、(COND)、(LOOP) 或 (SPWP) 得到。

如果 $\mathcal{P}_1, \cdots, \mathcal{P}_n$ 是一个霍尔逻辑证明而且 $\mathcal{P}_n$ 不是 $\mathscr{L}_S$ 的合式公式,则 $\mathcal{P}_n$ 就是一个**霍尔逻辑定理**,简称 $\mathcal{H}$ **定理**,记作 $\vdash_{\mathcal{H}} \mathcal{P}_n$,简记为 $\vdash \mathcal{P}_n$。

注意,根据命题 6.9 (全称闭式定理),对 $\mathscr{L}_S$ 中任意合式公式 $\mathcal{P}$,$\vdash_S \mathcal{P}$ 当且仅当 $\vdash_S \mathcal{P}'$。

例 8.5   以公理集合论为断言语言，考虑简单程序 $x := x + 3$ 的性质如何表示为霍尔逻辑定理。用大写的 K 和 M 表示任意自然数常数，也称**逻辑变量** (logical variable) 或**刚量** (rigid variable)，与程序变量不同，刚量的值不随程序的执行而变。因此，我们有如下的霍尔定理。

$$\{K = x + 3 \wedge M = y\}x := x + 3\{x = K \wedge y = M\}$$
$$\{x = K \wedge y = M\}x := x + 3\{x = K + 3 \wedge y = M\}$$
$$\{x + 3 > 10 \wedge y = M\}x := x + 3\{x > 10 \wedge y = M\}$$

例 8.6   取断言语言系统为公理集合论，考虑计算整数阶乘的程序 FAC，证明 $\{x \in \mathbb{N}\}$ $FAC\{y = x!\}$ 是霍尔定理。我们可以构造出如下的证明：

(1) $\{x \in \mathbb{N} \wedge 1 = 1\}y := 1\{x \in \mathbb{N} \wedge y = 1\}$ (ASIG)

(2) $x \in \mathbb{N} \to (x \in \mathbb{N} \wedge 1 = 1)$ S 的定理

(3) $\{x \in \mathbb{N}\}y := 1\{x \in \mathbb{N} \wedge y = 1\}$ (1) (2) (SPWP)

(4) $(x \in \mathbb{N} \wedge y = 1) \to (x \in \mathbb{N} \wedge y = 1 \wedge x = x)$ S 的定理

(5) $\{x \in \mathbb{N}\}y := 1\{x \in \mathbb{N} \wedge y = 1 \wedge x = x\}$ (3) (4) (SPWP)

(6) $\{x \in \mathbb{N} \wedge y = 1 \wedge x = x\}z := x\{x \in \mathbb{N} \wedge y = 1 \wedge z = x\}$ (ASIG)

(7) $\{x \in \mathbb{N}\}y := 1; z := x\{x \in \mathbb{N} \wedge y = 1 \wedge z = x\}$ (5) (6) (SEQN)

(8) $(x \in \mathbb{N} \wedge y = 1 \wedge z = x) \to$

   $(x \in \mathbb{N}) \wedge (\exists k)(k \in \mathbb{N} \wedge y = 1 \times x \times \cdots \times (x - (k-1)) \wedge (z = x - k))$

   令 $Iv = (x \in \mathbb{N}) \wedge$

     $(\exists k)(k \in \mathbb{N} \ \wedge y = 1 \times x \times \cdots \times (x - (k-1)) \wedge (z = x - k))$

   令 $B = (z \neq 0)$

(9) $\{x \in \mathbb{N}\}y := 1; z := x\{Iv\}$ (8) (SPWP)

(10) $B \wedge Iv \to (x \in \mathbb{N} \wedge (\exists k)(k \in \mathbb{N} \wedge$

    $y \times z = 1 \times x \times \cdots \times (x - (k-1)) \times (x - k) \wedge (z = x - k)))$ S 的定理

(11) $\{x \in \mathbb{N} \wedge (\exists k)(k \in \mathbb{N} \wedge$

    $y \times z = 1 \times x \times \cdots \times (x - (k-1)) \times (x - k) \wedge (z = x - k))\}$

   $y := y \times z$

   $\{x \in \mathbb{N} \wedge (\exists k)(k \in \mathbb{N} \wedge$

    $y = 1 \times x \times \cdots \times (x - (k-1)) \times (x - k) \wedge (z = x - k))\}$ (ASIG)

(12) $\{B \wedge Iv\}$

   $y := y \times z$ 循环体语句 1

   $\{x \in \mathbb{N} \wedge (\exists k)(k \in \mathbb{N} \wedge$ (10) (11)

    $y = 1 \times x \times \cdots \times (x - (k-1)) \times (x - k) \wedge (z = x - k))\}$ (SPWP)

(13) $x \in \mathbb{N} \wedge (\exists k)(k \in \mathbb{N} \wedge$

   $y = 1 \times x \times \cdots \times (x - (k-1)) \times (x - k) \wedge (z = x - k)) \to$

   $x \in \mathbb{N} \wedge (\exists k)(k \in \mathbb{N} \wedge$

   $y = 1 \times x \times \cdots \times (x - (k-1)) \times (x - k) \wedge (z - 1 = x - (k+1)))$ S 的定理

(14) $\{B \wedge Iv\}$

$\quad y := y \times z$

$\quad \{x \in \mathbb{N} \wedge (\exists k)(k \in \mathbb{N} \wedge$ (12) (13)

$\quad\quad y = 1 \times x \times \cdots \times (x-(k-1)) \times (x-k) \wedge (z-1 = x-(k+1)))\}$ (SPWP)

(15) $\{x \in \mathbb{N} \wedge (\exists k)(k \in \mathbb{N} \wedge$

$\quad\quad y = 1 \times x \times \cdots \times (x - (k-1)) \times (x-k) \wedge (z-1 = x - (k+1)))\}$

$\quad z := z - 1$ 循环体语句 2

$\quad \{x \in \mathbb{N} \wedge (\exists k)(k \in \mathbb{N} \wedge$

$\quad\quad y = 1 \times x \times \cdots \times (x - (k-1)) \times (x-k) \wedge (z = x - (k+1)))\}$ (ASIG)

(16) $(x \in \mathbb{N} \wedge (\exists k)(k \in \mathbb{N} \wedge$

$\quad\quad y = 1 \times x \times \cdots \times (x - (k-1)) \times (x-k) \wedge (z = x - (k+1)))) \to$

$\quad x \in \mathbb{N} \wedge (\exists k)(k \in \mathbb{N} \wedge$

$\quad\quad y = 1 \times x \times \cdots \times (x - (k-1)) \times (x-k) \wedge (z = x - k)))$ S 的定理

(17) $\{B \wedge Iv\}$

$\quad y := y \times z; z := z - 1$ 循环体

$\quad \{Iv\}$ (16) $\to$ 的右边就是 Iv

(18) $\{Iv\}B * (y := y \times z; z := z - 1)\{Iv \wedge \neg B\}$ (17) (LOOP)

(19) $\neg B \wedge Iv \to (y = x!)$ $\neg B$ 是 $(z = 0)$ S 的定理

(20) $\{Iv\}B * (y := y \times z; z := z - 1)\{(y = x!)\}$ (18) (19) (SPWP)

(21) $\{n \in \mathbb{N}\}FAC\{(y = x!)\}$ (9) (20) (SEQN)

    上面证明的步骤虽然很烦琐，但却 "机械" 而普适。其中为循环语句找到合适的不变式是证明的关键。实际上，我们还是可以简化上述证明的表达方式。一种受欢迎的表达方式称为一种证明概略形式。基本要点是：

- 将使用规则 (SEQN)，由 $\{P\}S_1\{R\}, \{R\}S_2\{Q\}$ 推出 $\{P\}S_1; S_2\{Q\}$ 的证明步骤改写成 $\{P\}S_1; \{R\}S_2\{Q\}$。譬如

$$\{(x+1) \times 2 = 4\}$$
$$x := x + 1;$$
$$\{x \times 2 = 4\}$$
$$x := x \times 2$$
$$\{x = 4\}$$

- 将使用规则 (SPWP)，由 $P \to P_1, \{P_1\}S\{Q_1\}, Q_1 \to Q$ 推出 $\{P\}S\{Q\}$ 的证明步骤改写成 $\{P\}, \{P_1\}S\{Q_1\}, \{Q\}$，譬如上面证明概略的细节可以写成

$$\{x = 1\}$$
$$\{x + 1 = 2\}$$
$$x := x + 1;$$
$$\{x = 2\}$$

$$\{x \times 2 = 4\}$$
$$x := x \times 2$$
$$\{x = 4\}$$

- 将使用规则 (COND) 的证明步骤 $\{B \wedge P\}S_1\{Q\}, \{\neg B \wedge P\}S_2\{Q\}, \{P\}S_1 \triangleleft B \triangleright S_2\{Q\}$ 改写为 $\{P\}\{B \wedge P\}S_1\{Q\} \triangleleft B \triangleright \{\neg B \wedge P\}S_2\{Q\}\{Q\}$。

- 类似条件语句的证明步骤，循环语句的归纳命题可以改写成 $\{Iv\}B*\{Iv \wedge B\}S\{Iv\}\{Iv \wedge \neg B\}$。作为例子，考虑求阶乘的另一个循环 $(x \neq 0) * (y := y \times x; x := x - 1)$，证明

$$\{x = K \wedge x \geqslant 0 \wedge y = 1\}(x \neq 0) * (y := y \times x; x := x - 1)\{y = K!\}$$

在证明中我们假设 $x, y, K \in \mathbb{N}$，$Iv \stackrel{\text{def}}{=} y \times x! = K!$，

$$\{x = K \wedge x \geqslant 0 \wedge y = 1\}$$
$$\{y \times x! = K! \wedge x \geqslant 0\}$$
$$(x \neq 0)*$$
$$\{y \times x! = K! \wedge (x - 1) \geqslant 0\}$$
$$\{(y \times x) \times (x - 1)! = K! \wedge (x - 1) \geqslant 0\}$$
$$y := y \times x;$$
$$\{y \times (x - 1)! = K! \wedge (x - 1) \geqslant 0\}$$
$$x := x - 1$$
$$\{y \times x! = K! \wedge x \geqslant 0\}$$
$$\{y \times x! = K! \wedge \neg(x \neq 0)\}$$
$$\{y = K!\}$$

为了易读易懂，人们还提出了一些表示霍尔逻辑证明的其他形式，如周巢尘著的《形式语义学引论》（湖南科学技术出版社 1985 年出版；科学出版社 2017 年再版），书中将胡世华、陆钟万著《数理逻辑基础》（科学出版社 1981 年出版）中的"斜形证明"方法引入了霍尔逻辑证明。我们的讨论却是聚焦对程序执行的抽象机理和正确性分析的认知层面。

8.6.3　霍尔逻辑可靠性和完全性

前面对 $\mathcal{H}$ 的归纳命题以及六条公理和推理规则的语义说明都是非形式的。与任何逻辑系统一样，严格证明 $\mathcal{H}$ 的可靠性和完全性，需要严格定义逻辑语言的解释和证明系统的模型结构。建立 $\mathcal{H}$ 的最终目的是为了严格描述和验证程序执行的行为（的性质）。因此，我们要为 $\mathcal{H}$ 找一个语义模型。为此，证明 Mini 的操作语义是它的一个模型。

$\mathcal{H}$ 的模型和可靠性　霍尔逻辑 $\mathcal{H}$ 是包含断言语言 $\mathscr{L}_S$ 的形式系统 S 的扩充，要建立 $\mathcal{H}$ 的模型，必须基于 S 的模型。第 7 章介绍了公理集合论 $\mathcal{ZF}$ 和形式算术系统 $\mathcal{FA}$，并说明 $\mathcal{ZF}$ 的合理性尚未证明，其模型没有找到。因此，我们令 S 为 $\mathcal{FA}$，且采用其标准模型，并

定义 $\mathcal{H}$ 的解释 I 限制到 $\mathcal{FA}$ 就是 $\mathcal{FA}$ 的标准解释。$\mathcal{H}$ 的项是程序表达式，项在解释 I 下的求值由程序变量的赋值完全决定，而程序变量的一个赋值就是一个程序状态 σ。我们重载 σ，也用它表示它确定的求值。不难证明，在 Mini 的操作语义（和指称语义）中算术表达式和布尔表达式的语义和 I 下的求值 σ 是一致的，也就是说，给定 I 的求值 σ，

$$\sigma(E) = [\![E]\!](\sigma), \quad E \in Exp$$
$$\sigma(B) = [\![B]\!](\sigma), \quad B \in BExp$$

就像在一般形式系统中，$\mathcal{FA}$ 公式 $\mathcal{P}$ 在解释 I 下为真，当且仅当程序状态 σ 确定的表达式求值使 $\mathcal{P}$ 为真，即 $(I, \sigma) \models \mathcal{P}$。下面用 $\models \mathcal{P}$ 表示 $\mathcal{P}$ 在解释 I 下为真。我们知道，如果 $\vdash_{\mathcal{FA}} \mathcal{P}$ 则 $\models \mathcal{P}$，下面讨论中我们将 $\vdash_{\mathcal{H}} \mathcal{P}$，简记作 $\vdash \mathcal{P}$。

定义 8.6 (程序归纳命题的解释) 设 P 和 Q 为断言，S 为程序语句，σ 为程序状态。称在 I 下 σ 满足归纳命题 $\{P\}S\{Q\}$，记作 $(I, \sigma) \models \{P\}S\{Q\}$，当且仅当如果 $(I, \sigma) \models P$ 而且存在 $\sigma' \in \Sigma$ 使得 $Com(S)(\sigma) = \sigma'$，则 $(I, \sigma') \models Q$。注意，这里存在 $\sigma' \in \Sigma$ 使得 $Com(S)(\sigma) = \sigma'$ 意指在操作语义定义下程序 S 执行终止。因此，解释是关于程序的部分性正确性的。

如果在 I 下的所有程序状态都满足归纳命题 $\{P\}S\{Q\}$，则称 $\{P\}S\{Q\}$ **为真**或者**成立**，记作 $\models \{P\}S\{Q\}$。

注意，这个定义中没直接给出程序的解释。要给 S 一个解释，存在两种方法。第一种是将语句 S 作为项递归地解释为解释域的 n-元函数，这里的解释域是整数集合，n 是 S 中变量的个数。第二种方法是从原子公式 **skip** 和 $x := E$ 出发递归地定义和解释 S。具体细节留给读者作为练习。现在我们可以给出 $\mathcal{H}$ 的**可靠性定理**。

命题 8.11 ($\mathcal{H}$ 的可靠性) 设 P 和 Q 为断言，S 为程序语句，如果 $\vdash \{P\}S\{Q\}$，则 $\models \{P\}S\{Q\}$。

命题的证明可以通过 $\mathcal{H}$ 证明的结构（基于规则的）归纳法给出，留作习题。

$\mathcal{H}$ 的完全性问题 我们已经证明 $\mathcal{H}$ 有模型，所以它是合理的，即如果 $\vdash \{P\}S\{Q\}$，则 $\models \{P\}S\{Q\}$。而其完全性是问 $\mathcal{H}$ 是否"充分"刻画了这个模型，完全性定理需要证明如果 $\models \{P\}S\{Q\}$，则 $\vdash \{P\}S\{Q\}$。需要指出，因为我们的考虑是相对给定的模型，因此，$\mathcal{H}$ 的完全性和其完备性概念是一致的。原因在于，如果 $\mathcal{H}$ 不完备，则存在一个闭公式 $\mathcal{P}$，使 $\vdash \mathcal{P}$ 和 $\vdash \neg\mathcal{P}$ 都不成立。然而，$\models \mathcal{P}$ 和 $\models \neg\mathcal{P}$ 中一定有一个成立（也只有一个成立）。

$\mathcal{H}$ 是形式化算术 $\mathcal{FA}$ 的相容扩展，所以 $\mathcal{H}$ 的完全性依赖于 $\mathcal{FA}$ 完全性。但是，第7.4节说过 $\mathcal{FA}$ 是不完备的，因此 $\mathcal{H}$ 也是不完全的：存在 $\mathcal{FA}$ 中的合式闭公式 $\mathcal{P}$，$\models \mathcal{P}$，但 $\vdash \mathcal{P}$ 不成立。由此可以证明 $\mathcal{H}$ 中存在为真但在 $\mathcal{H}$ 中不可证明的程序归纳命题。

引理 8.4 令 Q 为 $\mathcal{FA}$ 的闭公式，则

(1) $\models \{\text{true}\}\text{skip}\{Q\}$ 当且仅当 $\models Q$。

(2) $\vdash \{\text{true}\}\text{skip}\{Q\}$ 当且仅当 $\vdash Q$。

证明: 关于 (1) 的证明,根据归纳命题的解释的定义8.6,有

$\models \{\text{true}\}\textbf{skip}\{Q\}$ 当且仅当   对任意的程序状态 σ, $(I, \sigma) \models Q$,

                         当且仅当   对任意的程序状态 σ, 存在 σ' 使得 $\sigma' = Com(\textbf{skip})(\sigma)$

                                              且 $(I, \sigma') \models Q$

                         当且仅当   对任意的程序状态 σ, $(I, \sigma) \models Q$, 因为 $\sigma = Com(\textbf{skip})(\sigma)$

                         当且仅当 $\models Q$

通过对 $\vdash \{P\}\textbf{skip}\{Q\}$ 在 $\mathcal{H}$ 的证明做结构归纳,可以证明如果 $\vdash \{P\}\textbf{skip}\{Q\}$ 且 $\vdash P$,则 $\vdash Q$。

- **基础**:设 $\vdash \{P\}\textbf{skip}\{Q\}$ 由公理模式 (SKIP) 得到,则有 P 与 Q 相同(语法上相等),因此如果 $\vdash P$,则 $\vdash Q$。

- **归纳**:如果 $\vdash \{P\}\textbf{skip}\{Q\}$ 是通过使用 (SPWP) 推演得到,即存在 P_1 和 Q_1

$$P \to P_1, \{P_1\}\textbf{skip}\{Q_1\}, Q_1 \to Q$$

假设如果 $\vdash P_1$ 则 $\vdash Q_1$,那么如果 $\vdash P$,由于 $\vdash P \to P_1$,则有 $\vdash P_1$。所以 $\vdash Q_1$。再由于 $\vdash Q_1 \to Q$, 因此 $\vdash Q$。

如果 $\vdash Q$,自然有 $\vdash \{\text{true}\}\textbf{skip}\{Q\}$,这样就证明了 (2)。   □

根据引理,我们得出 $\mathcal{H}$ 关于程序归约的不完全性定理。

命题 8.12 ($\mathcal{H}$ 的不完全性定理) $\mathcal{H}$ 是不完全的,即存在 P、Q 和 S 使得 $\models \{P\}S\{Q\}$,但 $\vdash \{P\}S\{Q\}$ 不成立。

值得说明,$\mathcal{H}$ 的不完全性主要来源于 $\mathcal{FA}$ 的不完全性。因此这个不完全性定理并不说明 $\mathcal{H}$ 的六条公理和推理规则模式没有完全刻画 Mini 的操作模型。库克 (S. A. Cook) 提出的**相对完全性** (relative completeness) 概念回答了这个问题:在假设断言系统 S 完全的前提下,如 Mini 这样简单程序语言的 $\mathcal{H}$ 系统是完全的。然而,对更复杂的程序语言,相对完全的霍尔逻辑系统也可能不存在。下面给出为 Mini 定义的 $\mathcal{H}$ 系统的相对完全性定理,其证明涉及一点更深刻的知识,因此留给有兴趣的读者自己研修。

由于 $\mathcal{FA}$ 不完全,所以现在假设 $\mathcal{T}$ 是在霍尔逻辑语言的解释 I 下为真的公式集合,作为假设定理集。我们将定义8.5 的霍尔逻辑证明和定理修改为相对性证明和**相对性定理** (relative theorem)。

定义 8.7 (相对霍尔逻辑证明) $\mathcal{H}$ 中的一个有穷合式公式序列 $\mathcal{P}_1, \cdots, \mathcal{P}_n$ 称作一个相对霍尔逻辑证明,如果对任意的 $i : 1 \leqslant i \leqslant n$ 有:

(1) 如果 $\mathcal{P}_i$ 是断言语言 $\mathscr{L}_S$ 的合式公式,则 $\mathcal{P}_i \in \mathcal{T}$。

(2) 如果 $\mathcal{P}_i$ 不是 $\mathscr{L}_S$ 的合式公式,则 $\mathcal{P}_i$ 或是公理模式 (SKIP) 或 (ASIG) 的实例,或是由 $\mathcal{P}_1, \cdots, \mathcal{P}_{i-1}$ 通过推理规则模式 (SEQN)、(COND)、(LOOP) 或 (SPWP) 得到。

如果 $\mathcal{P}_1, \cdots, \mathcal{P}_n$ 是一个相对霍尔逻辑证明，而 $\mathcal{P}_n$ 不是 $\mathcal{L}_S$ 合式公式，则称 $\mathcal{P}_n$ 是一个相对霍尔逻辑定理，记为 $\vdash_{TH} \mathcal{P}$。

命题 8.13 ($\mathcal{H}$ 相对完全性定理) 设 P 和 Q 为断言公式，S 为 Mini 的程序语句，如果 $\models \{P\}S\{Q\}$，则 $\vdash_{TH} \{P\}S\{Q\}$。

习题 8.20 (霍尔逻辑的指称语义模型) 给出 Mini 程序的霍尔逻辑在 Mini 的指称语义下的解释，并证明 Mini 的指称语义是它的一个模型。这也从逻辑的角度说明了 Mini 的操作语义、指称语义和公理语义的一致性。

习题 8.21 (完全正确性霍尔逻辑) 根据定义8.6 对霍尔逻辑的解释，$\{P\}S\{Q\}$ 断言 "如果程序 S 从满足 P 的状态开始而且其执行终止，则终止状态满足 Q"。这样解释的霍尔逻辑没有刻画程序的终止性，自然也不能证明终止性，而可能不终止的程序不能算 "完全" 正确的程序。因此霍尔逻辑这个解释被称为**部分正确性语义** (partial correctness semantics)。

我们定义关于**完全正确性** (total correctness semantics) 的霍尔逻辑如下：程序的归约命题用 $[P]S[Q]$ 表示，$(I, \sigma) \models [P]S[Q]$，当且仅当如果 $(I, \sigma) \models P$，则存在 $\sigma' \in \Sigma$ 使得 $Com(S)(\sigma) = \sigma'$ 而且 $(I, \sigma') \models Q$。其中 I、σ、σ'、Com、P、Q 和 S 皆同定义8.6。我们还需要将关于部分正确性的霍尔逻辑中关于赋值语句和循环语句的推理规则模式分别修改为[①]

(tASIG) $\quad [d(E) \wedge P[E/x]] \, x := E \, [P]$，$d(E)$ 表示 E 在初始状态下的求值存在

(tLOOP) $\quad \dfrac{[Iv \wedge B \wedge vf = n] \, S \, [Iv \wedge vf < n]}{[Iv] \, S \, [Iv \wedge \neg B]}$，其中 vf 是一个取值为自然数的表达式

注意，自然数集在关系 $<$ 下是一个**良序集** (well-ordered set)，(tLOOP) 规则中的 vf 也可以是取值为任何良序集元素的表达式，其中 $<$ 表示相应良序。

请应用完全正确性霍尔逻辑证明：

(1) 习题8.3 中模拟从咖啡罐中取咖啡豆过程的终止性。

(2) 例8.2 中计算两个整数的最大公因数的程序 GCD

$$[x > 0 \wedge y > 0 \wedge x = m \wedge y = n] \, GCD \, [x = y \wedge y = gcd(m, n)]$$

是完全正确的，其中 $gcd(m, n)$ 表示 m 和 n 的最大公因数。

习题 8.22 (谓词转换子) 对任意程序 S 和断言公式 R，定义 S 建立后置条件 R 需要的**最弱前置条件** (weakest precondition) 为使 $\{P\}S\{R\}$ 成立的最弱断言 P，记为 $wlp(S, R)$。形式化的定义为：$\{wlp(S, R)\}S\{R\}$ 成立，而且对任意断言 P，如果 $\{P\}S\{R\}$，则 $\vdash_{S} P \to wlp(S, R)$，其中 $\mathcal{S}$ 是转换子演算扩展的数学系统，这里可以假设是第7章中的一阶形式化算术系统 $\mathcal{FA}$。

---

① 赋值语句规则中的 $d(E)$ 不能在基础系统 S 中处理，用逻辑方法处理需要三值逻辑或多值逻辑，因此一般假设程序语言中的表达式求值存在；循环语句中的 vf 称为**循环语句的变式** (loop variant)，需要程序验证者另行专门定义。

(1) 证明 $wlp(\mathbf{skip}, R) = R$ 和 $wlp(x := E, R) = R[E/x]$。

(2) 证明 $wlp(S_1; S_2, R) = wlp(S_1, wlp(S_2, R))$。

(3) 证明 $wlp(S_1 \lhd B \rhd S_2, R) = (B \to wlp(S_1, R)) \land (\neg B \to wlp(S_2, R))$。

(4) 请给出循环语句的最弱前置条件的定义 $wlp(B * S, R)$。

(5) 上述谓词转换子演算说的也是程序的部分正确性，$wlp(S, R)$ 也称为**最弱自由前置条件** (weakest liberal precondition)。可以定义它的关于程序完全正确性的变种 **最弱前置条件** (weakest precondition)：$wp(S, R)$ 是使 $[P]S[R]$ 处理的最弱前置条件，即，它使 $[wp(S, R)]S[R]$ 成立，而且对任意断言 P，如果 $[P]S[R]$，则 $P \to wp(S, R)$。请定义 $wp(B * S, R)$。

习题 8.23 (非确定性程序)　本章定义的 Mini 是一个**确定性**程序语言，每个 Mini 程序对一个初始状态只有一个终止状态。对 Mini 语言作如下改动：

- 用一般**选择语句** (selection) $\mathbf{if}\ B_1 \& S_1\ [] \cdots [] B_n \& S_n\ \mathbf{fi}$ 替换条件语句 $S_1 \lhd B \rhd S_2$，其中 $B_1, \cdots, B_n$ 为布尔表达式，称为**卫士** (guard)。选择语句的非形式语义为：如果在初始状态下有一个或多个卫士成立，则从卫士成立的子语句中非确定性地选一个执行；如果在初始状态下没有卫士成立，则程序执行失败（即终止状态为 $\bot$）。

- 用一般**重复语句** (repetition) $\mathbf{do}\ B_1 \& S_1\ [] \cdots [] B_n \& S_n\ \mathbf{od}$ 替换循环语句 $B * S$，其非形式语义为：从初始状态开始按一般选择的方式反复选子语句执行直至无卫士成立时终止。

(1) 称如上修改的语言为 Mini+，请研究定义 Mini+ 的操作语义和指称语义。

(2) 定义 Mini+ 的霍尔逻辑（部分正确性）。

(3) 设 S_1 和 S_2 为 Mini+ 程序，如果对任意断言 P 和 Q 总有 $\{P\}S_1\{Q\}$ 蕴涵 $\{P\}S_2\{Q\}$，则称 S_2 为 S_1 的**精化** (refinement)，记为 $S_1 \sqsubseteq S_2$。证明精化关系 $\sqsubseteq$ 是程序之间的前序，即有自反性、传递性和反对称性（在程序等价的意义下）。如果 $S_1 \sqsubseteq S_2$ 且 $S_2 \sqsubseteq S_3$，则称 S_1 和 S_2 **等价** (equivalent)，记为 $S_1 \equiv S_2$。

设 S_1 和 S_2 为 Mini+ 的程序，证明 $S_1 \sqsubseteq S_2$ 当且仅当对任意断言 R，$wlp(S_1, R) \to wlp(S_2, R)$，即 $wlp(S_1, R)$ 逻辑蕴涵 $wlp(S_2, R)$。此外，$S_1 \equiv S_2$ 当且仅当对任意断言 R，$wlp(S_1, R) \leftrightarrow wlp(S_2, R)$，即 $wlp(S_1, R)$ 和 $wlp(S_2, R)$ 逻辑等价。

(4) 分别在 Mini+ 语言的操作语义和指称语义模型中定义程序的精化关系，并证明它们之间的一致性，以及与上述通过程序逻辑定义的精化关系的一致性。

注：非确定性是并发程序的一个重要的行为特征，上述定义的**卫士命令语言** (guarded command language) 也常用来作为并发程序设计模型语言，也被称**为动作系统** (action system)。其最常用的意义模型**交替执行语义** (interleaving semantics)，这个语义模型也作为程序的**线性时序逻辑** (Linear Temporal Logic) 的语义，用来分析并发程序，包括**死锁** (deadlock)、**活锁** (livelock)、**公平性** (fairness) 和**活性** (liveness) 等性质。

8.7 抽象数据类型

第 7 章介绍了形式化群论、形式化布尔代数以及用类似方法建立的抽象代数系统，可以看出，它们的规范模型都很像程序语言中的**数据类型** (data type)，如**数组、列表、栈、队列**等。实际上，我们确实可以用类似方式定义数据类型。

以栈为例，我们可以设计一个一阶语言 $\mathscr{L}_{stack}$，其字母表包括常元 a_1, a_2, a_3，函数符号 $f_1^1, f_2^1, f_3^1, f_1^2$，谓词符号 $=$ 和 A_2^1, A_3^1, A_4^1，以及变量符号、逻辑连词和量词。我们想给这个语言的解释是：常元 a_1，a_2 和 a_3 将分别解释为空栈，记为 $empty$，布尔值 tt 和 ff；函数符号 f_1^1，f_2^1，f_3^1 和 f_1^2 分别解释为检查一个栈是否空，记为 $isEmpty$；弹出顶元，记为 pop；检查栈顶元素，记为 top，和向栈推入一元素，记为 $push$。我们知道，栈是一种带参类型，定义在一个基础类型（元素类型）之上。譬如以整数类型为基础的栈可称为整数栈。检验栈是否为空的函数返回值是布尔类型，谓词符号 P_2^1、P_3^1 和 P_4^1 的解释为类型检查：$isBool$、$isStack$ 和 $isBase$ 分别检查是否布尔值、栈或基本元素。下面是直接用符号的指称写出的栈操作公理：

(S1) $isEmpty(empty) = tt$

(S2) $(\forall x_1)(\forall x_2)(isBase(x_1) \wedge isStack(x_2) \rightarrow (isEmpty(push(x_1, x_2)) = ff))$

(S3) $(\forall x_1)(\forall x_2)(isBase(x_1) \wedge isStack(x_2) \rightarrow top(push(x_1, x_2)) = x_1)$

(S4) $(\forall x_1)(isStack(x_1) \rightarrow push(top(x_1), pop(x_1)) = x_1)$

(S5) $(\forall x_1)(\forall x_2)(isBase(x_1) \wedge isStack(x_2) \rightarrow pop(push(x_1, x_2)) = x_2)$

它们相应的形式化公理为

(SA1) $f_1^1(a_1) = a_2$

(SA2) $(\forall x_1)(\forall x_2)(P_4^1(x_1) \wedge P_3^1(x_2) \rightarrow (f_1^1(f_1^2(x_1, x_2)) = a_3))$

(SA3) $(\forall x_1)(\forall x_2)(P_4^1(x_1) \wedge P_3^1(x_2) \rightarrow f_2^1(f_1^2(x_1, x_2)) = x_1)$

(SA4) $(\forall x_1)(P_3^1(x_1) \rightarrow f_1^2(f_3^1(x_1), f_2^1(x_1)) = x_1)$

(SA5) $(\forall x_1)(\forall x_2)(P_4^1(x_1) \wedge P_3^1(x_2) \rightarrow f_2^1(f_1^2(x_1, x_2)) = x_2)$

可见，我们可以用带等词的一阶系统定义栈类型，该系统包含二元布尔代数系统和上述公理 (SA1)~(SA5) 或与之等价的 (S1)~(S5)，记为 K_{stack}。对于 K_{stack} 的模型 M，其载子集 D_M 分为三个子集合 $E = \{x \mid isBase(x)\}$，$S = \{x \mid isStack(x)\}$ 和 $\mathbb{T} = \{ff, tt\}$。函数符号的解释则分别为 $isEmpty : S \mapsto \mathbb{T}$，$pop : S \rightarrow S$ 和 $push : E \times S \mapsto S$，使得上述公理 (S1)~(S5) 成立。我们将这样的模型定义称为第 2.1.3 节中定义的一个**泛代数** (universal algebra)，或叫**多类代数** (many-sorted algebra)。可以认为 $Stack = (E, S, \mathbb{T}, empty, isEmpty, pop, top, push)$。

对于上述的形式逻辑语言加公理的一阶系统，人们常将其表示为如下的对程序语言设计者和程序设计者更为习惯且易读的形式：其中 Bool 表示布尔值 $\mathbb{T}$

```
type stack;
     sorts: E, S, Bool;
```

```
        operations;
            empty:    S;
            push:     E×S → S;
            pop:      S  → S;
            top:      S → E;
            isEmpty:  S  → Bool
        axioms;
            isEmpty(empty) = true;
            top(push(e,S)) = e;
            push(top(S),pop(S))=S;
            pop(push(e,S))=S
    end   stack
```

在 20 世纪六七十年代，有关这种形式代数系统及其模型的研究形成了计算机科学中程序语言和程序设计中的**抽象数据类型** (abstract data type, ADT)，也称为**数据类型的代数规约** (algebraic specification)，创始者为女计算机科学家芭芭拉·利斯科夫 (Barbara Liskov, 1939~)，德国计算机科学家教授布罗伊 (Manfred Broy, 1949~) 和沃森 (Martin Wirsing, 1948~) 等也在此方向做出了重要贡献。与形式化群论以及形式化布尔代数类似，这样的形式代数规约依然可能有多个模型，然而计算机程序语言的数据类型应该是唯一确定的（在同构意义下）。为此一般取形式代数规约的**初始代数** (initial algebra) 作为数据类型的定义，与之对应另一端的是**终止代数** (terminal algebra)。形式代数系统中由常量和运算符组成的所有表达式（或项）构成的代数称为**生成代数** (generated algebra)，或称**项代数** (term algebra)，就是一个初始代数。在一个形式代数规约 G 的项代数中，两个项 t_1 和 t_2 相等当且仅当 $\vdash_{K_G} t_1 = t_2$。形式代数规约的初始代数到其任何模型都有**同态映射** (homorphism)，对称地，一个形式代数系统的任何一个代数到其终止代数也都有同态映射。

　　抽象数据类型为程序设计语言提供了一种重要的抽象，这一思想非常重要，原因是程序设计专家在长期的工作中发现如果解决了对数据、**数据结构** (data structure) 的需求以及数据如何使用的问题，则程序设计工作就比较容易了。因此最早的 Fortran 和 Algol 等高级程序语言都引进了**数据类型**的概念。一个数据类型规定了该类型的数据集合以及对这些数据的可用操作，决定了在该类型的数据上可以构造的表达式。这样，语言实现就可以自动检查数据的使用错误，将程序员从烦琐且容易出错的数据使用和操作的程序设计中解放出来。后来发展的**用户定义类型** (user defined type) 概念又进一步增强了数据类型在程序设计中的地位和作用。

　　抽象数据类型提供了数据的**规约**和**实现**的分离，而且支持数据类型的组合。编译器可以自动检查并正确实现数据的规约，避免人为错误。抽象数据类型使程序员仅仅基于使用数据的意图（需求）而不必关心其实现的细节进行程序设计和编写，亦能在具体编写程序前的软件开发阶段就考虑数据结构的需求。在 20 世纪 80 年代，代数规约被推广扩展到顺序（串行）程序和程序模块的规约，因此形成了程序的**代数语义** (algebraic semantics)。

习题 8.24　给出下面数据类型的代数规约

(1) 有穷队列 (Queue)，其操作和堆栈相似，只是出入队列的规则是先进后出。

(2) 元素为整数的有穷字符串 (string)，操作包括构造和检查空串、由一个整数构造一个串、两个串的拼接。

(3) 元素为整数的树 (可以考虑使用上面的字符串，也可以不用)。请读者自己设计需要的类型 (sorts) 和操作。

(4) 有穷整数集合，操作包括空集合 $newSet$，添加一个元素 $insert()$，删除一个元素 $remove()$，检查一个整数是否是集合中的元素 $member()$。

(5) $\langle S, \{0 : S, + : S \times S \mapsto S, - : S \times S \mapsto S\}\rangle$ 为有整数集合上的加法和减法（以及 0 元素）构成的代数结构（数据类型）。

参 考 文 献

[1] Hamilton A G. 1988. Logic for Mathematicians. 2nd Edition. New York, USA: Cambridge University Press.

[2] Ben-Ari M. 2012. Mathematical Logic for Computer Science. 3rd Edition. New York, USA: Springer.

[3] Reeves S, Clarke M. 2003. Logic for Computer Science. 3rd Edition. Boston, USA: Addison-Wesley Publishers Ltd.

[4] 胡世华, 陆钟万. 1982. 数理逻辑基础（上、下册）. 北京: 科学出版社.

[5] 陆钟万. 2002. 面向计算机科学的数理逻辑. 第二版. 北京: 科学出版社.

[6] 王兵山, 张强, 李舟军. 1991. 数理逻辑. 长沙国防科技大学出版社.

[7] Rosen K H. 2020. Discrete Mathematics and Its Applications. 8th Edition. New York, USA: McGraw-Hill Companies, Inc..

[8] 王兵山, 张强, 毛晓光. 1998. 离散数学. 长沙: 国防科技大学出版社.

[9] 周巢尘, 詹乃军. 2017. 形式语义学引论. 第二版. 北京: 科学出版社.

[10] Winskel G. 1993. The Formal Semantics of Programming Languages: An Introduction. Cambridge, USA: The MIT Press.

索　引